新世纪土木工程专业系列教材
“十二五”江苏省高等学校重点教材

地下结构工程

（第3版）

穆保岗　陶　津　主编

穆保岗　陶　津
童小东　缪林昌　编著

龚维明　主审

东　南　大　学　出　版　社

·南京·

内 容 提 要

本书是土木工程专业的专业课程教材，全书分为12章。主要讲述地下结构工程的基本设计理论；深基坑支护工程的设计、施工与监测；地下隧道的设计与施工，包括新奥法、盾构法、TBM法、沉管法；其他地下工程，包括顶管法、沉井法的设计与施工；介绍了上述地下结构工程建造可能引起的环境保护问题。全书采用现行规范，注重理论在最新工程中的实践和发展。

本书可作为土木工程专业高年级本科生或研究生教材或教学参考书，也可供设计单位、施工单位、建设单位的土木工程技术人员参考使用。

（为更好地支持本课程的教学，对采用本书作为教材的教师提供教学素材资料，需要者请登录网址：http://www.seupress.com）

图书在版编目(CIP)数据

地下结构工程/穆保岗，陶津主编．—3版．—南京：东南大学出版社，2016.3（2024.8重印）
新世纪土木工程专业系列教材
ISBN 978-7-5641-5683-1

Ⅰ．①地… Ⅱ．①穆…②陶… Ⅲ．①地下工程—结构工程—高等学校—教材 Ⅳ．①TU94

中国版本图书馆CIP数据核字(2016)第013121号

出版发行：东南大学出版社
社　　址：南京四牌楼2号　邮编210096
出 版 人：白云飞
网　　址：http://www.seupress.com
电子邮件：press@seupress.com
经　　销：全国各地新华书店
印　　刷：江苏扬中印刷有限公司
开　　本：787 mm×1 092 mm　1/16
印　　张：18.75
字　　数：450千
版　　次：2004年2月第1版　2016年3月第3版
印　　次：2024年8月第8次印刷
书　　号：ISBN 978-7-5641-5683-1
印　　数：11001册~12000册
定　　价：38.00元

序

东南大学是教育部直属重点高等学校，在20世纪90年代后期，作为主持单位开展了国家级“20世纪土建类专业人才培养方案及教学内容体系改革的研究与实践”课题的研究，提出了由土木工程专业指导委员会采纳的“土木工程专业人才培养的知识结构和能力结构”的建议。在此基础上，根据土木工程专业指导委员会提出的“土木工程专业本科(四年制)培养方案”，修订了土木工程专业教学计划，确立了新的课程体系，明确了教学内容，开展了教学实践，组织了教材编写。这一改革成果，获得了2000年教学成果国家级二等奖。

这套新世纪土木工程专业系列教材的编写和出版是教学改革的继续和深化，编写的宗旨是：根据土木工程专业知识结构中关于学科和专业基础知识、专业知识以及相邻学科知识的要求，实现课程体系的整体优化；拓宽专业口径，实现学科和专业基础课程的通用化；将专业课程作为一种载体，使学生获得工程训练和能力的培养。

新世纪土木工程专业系列教材具有下列特色：

1. 符合新世纪对土木工程专业的要求

土木工程专业毕业生应能在房屋建筑、隧道与地下建筑、公路与城市道路、铁道工程、交通工程、桥梁、矿山建筑等的设计、施工、管理、研究、教育、投资和开发部门从事技术或管理工作，这是新世纪对土木工程专业的要求。面对如此宽广的领域，只能从终身教育观念出发，把对学生未来发展起重要作用的基础知识作为优先选择的内容。因此，本系列的专业基础课教材，既打通了工程类各学科基础，又打通了力学、土木工程、交通运输工程、水利工程等大类学科基础，以基本原理为主，实现了通用化、综合化。例如工程结构设计原理教材，既整合了建筑结构和桥梁结构等内容，又将混凝土、钢、砌体等不同材料结构有机地综合在一起。

2. 专业课程教材分为建筑工程类、交通土建类、地下工程类三个系列

由于各校原有基础和条件的不同，按土木工程要求开设专业课程的困难较大。本系列专业课教材从实际出发，与设课群组相结合，将专业课程教材分为建筑工程类、交通土建类、地下工程类三个系列。每一系列包括有工程项目的规划、选型或选线设计、结构设计、施工、检测或试验等专业课系列，使自然科学、工程技术、管理、人文学科乃至艺术交叉综合，并强调了工程综合训练。不同课群组可以交叉选课。专业系列课程十分强调贯彻理论联系实际的教学原则，融知识和能力为一体，避免成为职业的界定，而主要成为能力培养的载体。

3. 教材内容具有现代性，用整合方法大力精减

对本系列教材的内容，本编委会特别要求不仅具有原理性、基础性，还要求具有现代性，纳入最新知识及发展趋向。例如，现代施工技术教材包括了当代最先进的施工技术。

在土木工程专业教学计划中，专业基础课（平台课）及专业课的学时较少。对此，除了少而精的方法外，本系列教材通过整合的方法有效地进行了精减。整合的面较宽，包括了土木工程各领域共性内容的整合，不同材料在结构、施工等教材中的整合，还包括课堂教学内容与实践环节的整合，可以认为其整合力度在国内是最大的。这样做，不只是为了精减学时，更主要的是可淡化细节了解，强化学习概念和综合思维，有助于知识与能力的协调发展。

4. 发挥东南大学的办学优势

东南大学原有的建筑工程、交通土建专业具有80年的历史，有一批国内外著名的专家、教授。他们一贯严谨治学，代代相传。按土木工程专业办学，有土木工程和交通运输工程两个一级学科博士点、土木工程学科博士后流动站及教育部重点实验室的支撑。近十年已编写出版教材及参考书40余本，其中9本教材获国家和部、省级奖，4门课程列为江苏省一类优秀课程，5本教材被列为全国推荐教材。在本系列教材编写过程中，实行了老中青相结合，老教师主要担任主审，有丰富教学经验的中青年教授、教学骨干担任主编，从而保证了原有优势的发挥，继承和发扬了东南大学原有的办学传统。

新世纪土木工程专业系列教材肩负着“教育要面向现代化，面向世界，面向未来”的重任。因此，为了出精品，一方面对整合力度大的教材坚持经过试用修改后出版，另一方面希望大家在积极选用本系列教材中，提出宝贵的意见和建议。

愿广大读者与我们一起把握时代的脉搏，使本系列教材不断充实、更新并适应形势的发展，为培养新世纪土木工程高级专门人才作出贡献。

最后，在这里特别指出，这套系列教材，在编写出版过程中，得到了其他高校教师的大力支持，还受到作为本系列教材顾问的专家、院士的指点。在此，我们向他们一并致以深深的谢意。同时，对东南大学出版社所作出的努力表示感谢。

中国工程院院士 吕志涛

2001年9月

前　言

地下结构工程是土木工程专业的主干课程之一。根据教育部新的普通高等学校本科专业目录,原建筑工程、交通土建工程、桥梁工程、地下工程等多个专业合并为土木工程专业。当前人才培养模式已向宽专业口径发展,原有教材远远不能满足现在专业要求。为了适应土木工程专业课程教学的要求,编写本书。

由于地下结构工程涉及面广,不同地下结构有各自的规范。本书力图考虑学科发展新水平,结合新规范,着重从基本概念、基础理论角度讲解主要的地下结构,反映地下结构的成熟成果与观点。全书重点突出,深入浅出,加强了各章之间的相互衔接,各章还附有习题及思考题。同时,由于相关专业的参考书籍也较多,学习时可以结合参考文献课外阅读其他的专著。

本书第 1、2、3 章由龚维明编写,第 4、7、8 章由童小东编写,第 5、9 章由穆保岗编写,第 6、10、11 章由缪林昌编写。本书由龚维明主编,蒋永生主审。

希望读者在使用过程中多提意见,使本书日臻完善。

龚维明

2003.6

第2版前言

《地下结构工程》一书，自2004年首次出版以来，在东南大学和其他兄弟院校的土木专业中广泛使用，并在使用过程中提出了很多中肯的意见和建议，我们近期组织编写了该教材的第2版，力争反映近期地下工程技术最新进展。

在第1版的基础上，第2版对书中部分章节的顺序进行了修订，并对全书的内容作了补充和调整，教材内容更加丰富。补充了土和岩石地下结构的计算理论，丰富了盾构隧道设计理论，增加了整体式隧道结构的设计计算理论，介绍了最新的地下结构工程的环境保护原理和理论，并对地下结构工程的防水和降水进行了系统的阐述。第2版更加注重章节之间的逻辑性，充实了更多的关于地下结构方面的基本理论阐述，尽量与现行规程、规范保持一致，并注意与不断发展的工程实践相结合，力图提供给读者更多的有效信息。

第1版教材中，编写者为龚维明、童小东、缪林昌、穆保岗，由蒋永生教授主审。第2版教材中，第1、3、4、5、6、7章由穆保岗负责调整和编写，第2、8、9、10、11、12、13、14、15章由陶津负责调整和编写，全书由龚维明教授主审，硕士研究生龚丛强不辞辛苦的承担了文字录入工作。

本书编写过程中参考了很多同行的现行教材、专著、图片资料等，在此表示感谢，并期望得到同行的宝贵意见，以利于我们教材水平的不断提高。限于作者的水平与经验，书中可能尚有不妥之处，敬请读者指正。

本教材出版获得了“江苏省高校优势学科建设工程”资助。

穆保岗　陶　津

2011年10月

第3版前言

《地下结构工程》一书，自2004年出版，2011年改版以来，在东南大学和其他兄弟院校的土木工程学科教学中广泛使用，读者在使用过程中提出了很多中肯的建议，我们近期组织了该教材的重新再版，力争反映近年来地下结构工程学科的最新进展。

原版教材中，编写者为龚维明、童小东、缪林昌、穆保岗，由蒋永生教授审核，在此非常感谢原编写者提供的良好工作基础。

本版在第2版的基础上，对书中部分章节的顺序进行了调整和修订。精简了地下结构的计算理论，对基坑支护部分更新了最新规范，增加了施工监测内容，丰富了盾构隧道设计理论，介绍了最新的地下结构工程的环境保护原理和理论，并将降水、防水分散在各种地下结构类型中。与第2版相比，本版更加注重章节之间的逻辑性，并与现行规程、规范保持一致。

本版教材中，第1、3、4、5、9、10、11章由穆保岗老师负责调整和编写，第2、6、7、8、12章由陶津老师负责调整和编写。全书由龚维明教授审核，研究生冯超元、钱程、龚相源承担了部分文字编排工作，在此表示感谢。

编写过程中参考引用了很多同行的现行教材和专著、图片、文献资料等，在此不能一一列出，在此一并致谢，并真诚期望得到读者的批评指正。

本教材为“十二五”江苏省高等学校重点教材，并获得了国家科技支撑计划(2012BAJ14B02)、国家自然科学基金(51208105)、“江苏省高校优势学科建设工程”的联合资助。

穆保岗　陶　津

2015年12月

目　录

1 绪论

本章简单介绍了地下结构的用途、地下结构型式，设计的内容与设计的原则，从而了解本课程的主要内容和学习要求。

1.1 地下结构的用途

地下结构是指保留上部地层(山体或土层)的前提下，在开挖出能提供某种用途的地下空间内修建的结构物，统称为地下结构。

人类在原始时期就利用天然洞穴作为群居、活动场所和墓室，这是最初的古代地下建筑。从公元前 3 000 年至 5 世纪，古代埃及金字塔、古巴比伦引水隧道均为那个时代的工程典范。在我国地下储粮已有 5 000 多年历史，敦煌、云岗、龙门三大石窟群也是我国古代杰出的地下建筑工程。但这个历史时期地下建筑工程多局限于帝王贵族的陵墓和人类居住的窑洞。

随着城市人口的急剧膨胀，生存空间拥挤、交通阻塞、环境恶化等问题已开始凸显，地下空间的发展则是缓解这一系列问题的重要途径，地下空间的合理利用前景广阔，地下空间的开发与日俱增。开发利用地下空间，通过空间形态竖向优化来克服“城市病”，已成为城市发展的重要布局原则和成功模式。自上世纪初以来，发达国家大力发展地下化和集约化的交通和市政公用设施，并将一部分公共建筑布置在地下空间，这对有效扩大空间供给、提高城市效率、减少地面占用、保护地面景观和环境均做出了重要贡献。

近代地下建筑从英国 1860 年修建、1863 年运营的第一条地下铁道算起，至今也只有 150 多年的历史。国外地下空间的发展已经历了相当长的一段时间，已经从大型建筑物向地下的自然延伸发展到复杂的地下综合体(地下街)，再到地下城(与地下快速轨道交通系统相结合的地下街系统)，地下建筑在旧城的改造开发中发挥了重要作用。同时，地下市政设施也从地下供、排水管网发展到地下大型供水系统，地下大型能源供应系统，地下大型排水及污水处理系统，地下生活垃圾的清除、处理和回收系统，以及地下综合管线廊道(共同沟)。

伴随着旧城改造，在北美、西欧及日本出现了相当数量的大型地下公共建筑。有公共图书馆、大学图书馆、会议中心、展览中心，以及体育馆、音乐厅、大型实验室等地下设施。地下建筑的内部空间环境质量、防灾措施以及运营管理都达到了较高的水平，地下空间利用逐步形成了系统的规划。地下空间利用较早的国家，如北欧的芬兰、瑞典、挪威以及日本、加拿大等国，正从城市中某个区域的综合规划走向整个城市和某些系统的综合规划。

日本的第一条地下街是 1930 年建成的东京上野火车站地下街道，现在地下街分布在日本的 21 座主要城市，其总面积约为 110 万平方米，其中有 80%集中在东京、大阪和名古屋三大都市圈内。日本地下街一般可以分为四个阶段:第一阶段(1955—1964 年)，地下街围绕车站布局，主要配建地下停车场，疏解地面人流，置换原地面广场商业摊贩;第二阶段(1965—1969 年)，地下街发展的规模化阶段，地下街逐渐成为规模更大、连接更广、用途更多的地下城市空间；第三阶段(1970—1980年)，地下空间向城市公共空间的转化阶段。地下街在完善防灾、安全等技术和法规要求的同时，成为城市公共空间的重要组成部分；第四阶段(1990年代至今)，地下街与城市空间整合为新的城市空间。通过地下空间开发，整合城市交通枢纽、商业设施、开放空间、公园绿地等城市要素，形成地上地下一体化、复合化的新型城市公共空间。国外的经验表明，城市中心的地下空间主要在综合管廊技术、地下轨道交通、地下商业设施三个方面快速发展。

广义上来讲，按照不同用途，地下工程可分为下列九类：

(1) 交通隧道。包括铁路隧道、公路隧道、城市地下铁道和水底隧道等。1949年以来，中国大陆修建的铁路隧道累计约2 500 km。其中：大瑶山隧道为14.295 km(1987)，居世界第十位；秦岭隧道(1999)由两座基本平行的单线隧道组成，间距30 m，各全长18.46 km，居亚洲第二位，世界第六位，最大埋深1 600 m，为目前世界之最；水下隧道中规模较大的打浦路隧道，上海外环沉管隧道，甬江、珠江江底隧道，崇明大通道隧道，南京长江过江隧道，在建的港珠澳海底隧道，未来还可能修建渤海湾隧道、琼州海峡隧道、台湾海峡隧道等高难度和宏大规模的工程。

日本修建达2 000 km，青函隧道(53.85 km)为世界之最。瑞士圣哥达大隧道全长16.5 km，穿越海拔2千多米的阿尔卑斯山、连接瑞士南部和意大利北部的主要公路干道，为世界第二长隧道。英法海峡隧道于1987年12月开始，到1990年12月结束。1994年5月6日正式通车。这条双轨隧道长49.94 km，直径7.6 m。连接欧非大陆的直布罗陀海峡隧道和对马海峡隧道(连接日本与韩国，230 km)也在筹划之中。

截至2015年初，我国已有近30个城市开建地铁，已建成运营总里程2 074 km，北京和上海的地铁运营总里程均超过了400 km，位居世界前列，承担客流比例逐年上升，有效缓解了交通拥挤，快速、安全运送乘客，在战时还能起到防护的作用。

(2) 水工隧洞。水工隧洞是水利枢纽中的重要组成部分之一，一般是在山体中或地下开凿的过水洞，可用于灌溉、发电、供水、泄水、输水、施工导流和通航。中国在水利水电建设中，已建成长度在2 000m以上的隧洞30余座，长于10 000 m的大型隧洞有11座。其中规模较大的有渔子溪一级水电站引水隧洞长8 610 m，冯家山灌区引水隧洞长达12 600 m，引滦入津工程的输水隧洞全长为11 380 m。世界上长度超过10 km的单体隧洞近40条，其中芬兰派延奈隧洞长达120 km。

(3) 矿山巷道。采矿业历史悠久，是最为传统的地下工程，很多现代地下工程技术均来源于此。在地表与矿体之间钻凿出各种通路，用来运矿、通风、排水、行人以及为冶金设备采出矿石新开凿的各种必要准备工程等，这些统称为矿山巷道。主要包括探矿巷道、生产巷道和采准巷道。

(4) 地下仓库。地下冷藏库既能充分利用地下空间资源，又能利用地层作为隔热和保温层。由于燃油(柴油、汽油、原油等)和燃气(液化天然气等)极易燃烧和爆炸，需求量又大，修建地下燃油库(包括地下水封油库)和燃气库可达到安全储存的目的。此外，各国还有不少为储藏鱼肉类食品而修建的地下低温冷库。

(5) 地下工厂，如水力和火力发电站的地下厂房以及各种轻、重工业的地下厂房等。

(6) 地下民用与公共建筑，如地下商店、图书馆、体育馆、展览厅、影剧院、旅馆、餐厅、住宅及其综合建筑体系——城市地下街等。

(7) 地下市政工程，如给水工程、污水、管路、线路、废物处理中心等。

(8) 人防工程，如人员隐蔽部、指挥所、疏散干道、连接通道、医院、救护站及大楼防空地下室，根据以战为主，平战结合的原则，这些建筑物平时可以作为办公室，会议室、工厂仓库、食堂和招待所等。

(9) 国防地下工程，如飞机库、舰艇库、武器库、弹药库、作战指挥所、通信枢纽、军医院和各类野战工事以及永备筑城工事等。

地下结构也可以根据地质情况差异，分为土层和岩层两种形式。土层地下建筑结构分为浅埋式结构、附建式结构、沉井(沉箱)结构、地下连续墙结构、盾构结构、沉管结构、顶管和箱涵结构等。岩石地下建筑结构形式主要包括直墙拱形、圆形、曲墙拱形，还有如喷锚结构、穹顶结构、复合结构等。

1.2 地下结构型式

地下结构的形状和尺寸根据其用途、地形、地质、施工和结构性能等条件差异而不同，通过勘测和初步设计来加以选用。按照其相对于地表面的位置，地下结构可以是水平的(称为水平坑道)、倾斜的(称为斜井)和竖直的(称为竖井)。按水平坑道埋置深度的不同，又可以分为浅埋和深埋两种。

结构型式首先由受力条件来控制，即在一定地质条件的土水压力下和一定的爆炸与地震等动载作用下下求出最合理和经济的结构型式。地下结构断面可以有如图 1-1 的几种型式。矩形隧道的直线构件不利于抗弯，故在荷载较小，即地质较好、跨度较小或埋深较浅时常被采用。圆形隧道受到均匀径向压力时，弯矩为零，可充分发挥混凝土结构的抗压强度，当地质较差时应优先使用。其余四种型式按具体荷载和尺寸决定，如顶压较大则采用直墙拱形，大跨度结构可用落地拱，底板常做成仰拱式。

图 1-1　地下结构型式

结构型式也受功能使用要求的制约。一个地下建筑物必须考虑使用需要，如人行通道，可做成单跨矩形或拱形结构；地下铁道车站或地下医院等应采用多跨结构，既减少内力，又利于使用；飞机库因中间不能设柱而常用大跨度落地拱；作为工业车间时矩形隧道更接近使用状况；当欲利用拱形空间放置通风等管道时，亦可做成直墙拱形或圆形隧道。

施工复杂程度和可行性也是决定地下结构型式的重要因素之一，在使用和地质条件相同情况下，由于施工方法不同而采用不同的结构型式。常用施工方法有明挖法、逆作法、沉井(沉箱)法、盾构法、顶管法、TBM 工法、沉管法、矿山法、新奥法，为了保证施工安全，常用的辅助工法有注浆、降水、冻结等施工技术。近年来大量采用新型机械施工，施工工艺显著改进，质量明显提高，新型材料(如高效防水材料、纤维混凝土隧道管片)开始采用，环境保护意识增强，对信息化施工要求更高。

常见的地下结构型式有以下几种：

(1) 附建式结构：一般是高层下面的地下室，有承重的外墙、内墙（地下室作为大厅时则为内柱）和板或梁板式平底结构，如图 1-2 所示。

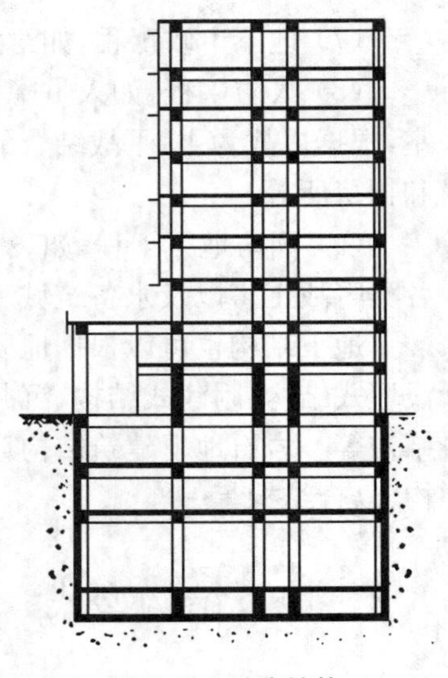

图 1-2　附建结构

(2) 浅埋式结构：平面呈方形或长方形，当顶板做成平顶时，常用梁板式结构。地下指挥所可以采用平面呈条形的单跨或多跨结构，为节省材料顶部可做成拱形，如一般人员掩蔽部常做成直墙拱形结构，如平面为长条形的地下车站等大中型结构，则常做成矩形框架结构，如图 1-3 所示。

(3) 地道式结构：采用矿山法暗挖施工，有直墙拱形结构（图 1-4）或曲墙式结构。

(4) 沉井法结构：沉井施工时需要在沉井底部挖土，顶部出土，故施工时的沉井为一开口的井筒结构，水平断面一般做成方形，也有圆形，可以单孔也可以多孔，沉至要求标高后再做底板、顶板，如图 1-5 所示。

图 1-3　浅埋式结构(王府井地铁站)

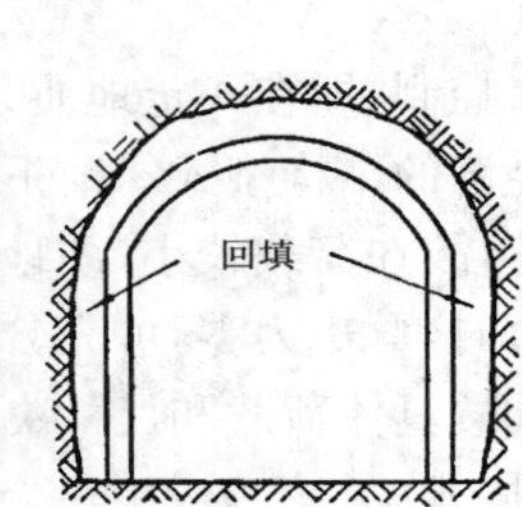

图 1-4　地道式结构

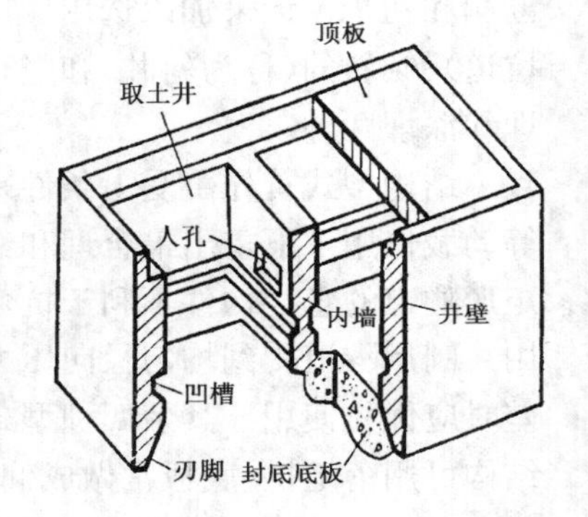

图 1-5　沉井

(5) 盾构法结构：盾构推进时，以圆形最为常见，故常采用装配式圆形衬砌，也有做成方形和半圆形的，如图 1-6 所示。

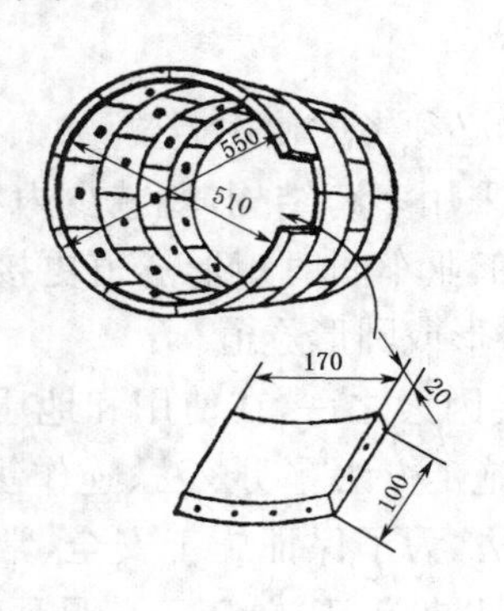

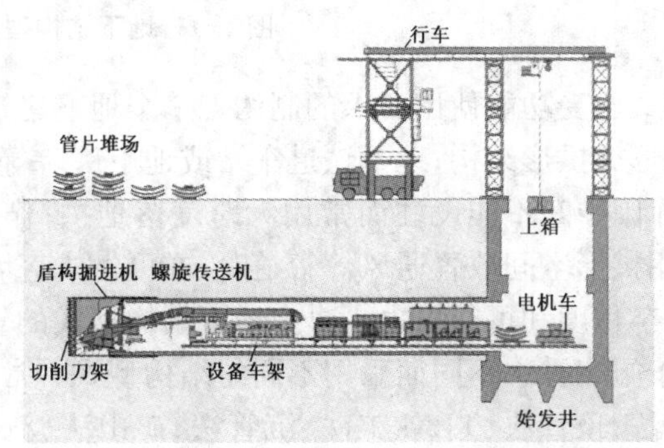

图 1-6　盾构

(6) 连续墙结构：先建造连续墙，然后在中间挖土，修建底板、顶板和中间楼层，如图1-7所示。

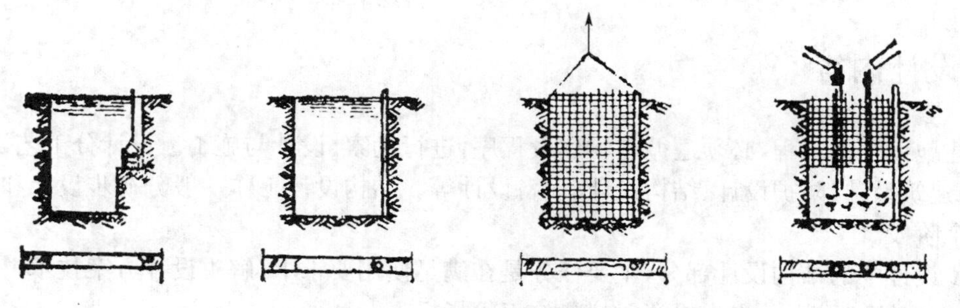

图 1-7　地下连续墙结构

(7) 顶管结构：以千斤顶顶进就位的地下结构称为顶管结构。断面小而长的顶管结构一般采用圆形结构，断面大而短时可采用矩形结构或多跨箱涵结构。图 1-8 是顶管结构的一种典型形式。

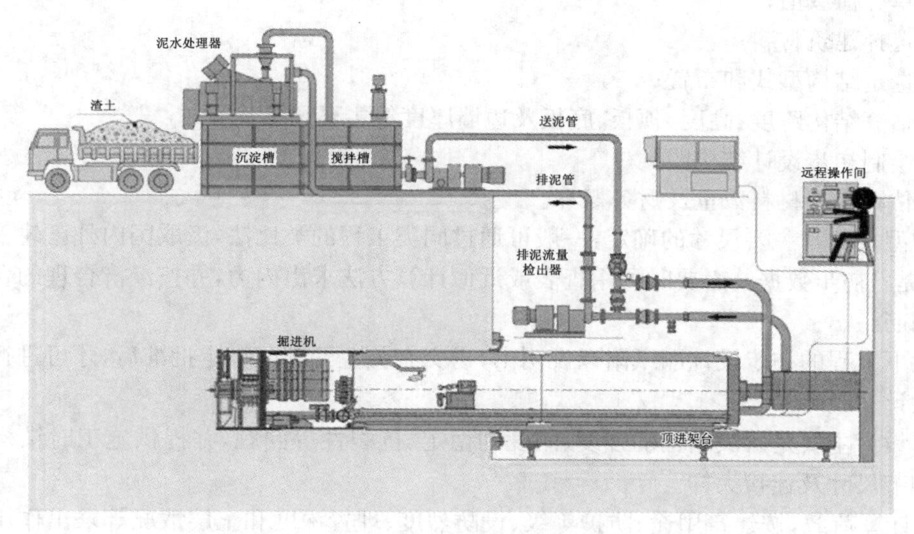

图 1-8　顶管

(8) 沉管法结构：一般做成箱型结构，两端加以临时封口，运至预定水面处，沉放至设计位置，规模宏大的港珠澳大桥的沉管隧道初步设计如图 1-9 所示。

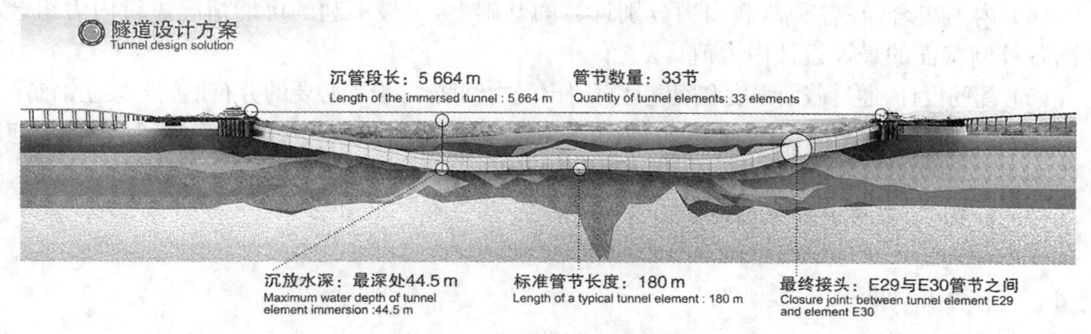

图 1-9　港珠澳大桥沉管部分

(9) 基坑工程：由地面向下开挖的一个地下空间，四周一般为放坡或设置垂直的挡土结构。

1.3 设计内容

修建地下结构工程，必须遵循基本建设程序，进行勘察、设计与施工。设计分工艺设计、规划设计、建筑设计、防护设计、结构设计、设备设计等。结构设计工作一般分初步设计和施工图设计两个阶段。

初步设计中的结构设计部分，主要任务是在满足使用要求下，解决设计方案技术上的可能性与经济上的合理性，并提出投资、材料、施工等指标。

初步设计的内容大体是：

(1) 工程防护等级、三防要求和动载标准的确定；

(2) 确定埋置深度与施工方法；

(3) 草算荷载值；

(4) 选择建筑材料；

(5) 选定结构型式和布置；

(6) 估算结构跨度、高度、顶板、底板及边墙厚度等主要尺寸；

(7) 绘制初步设计结构图；

(8) 估算工程材料数量及财务概算。

结构型式及其主要尺寸的确定，一般可通过同类工程的类比法，汲取国内外已建工程的经验教训，提出初步数据。必要时可用查表或近似计算方法求出内力，并按经济合理的含钢率初步配置钢筋。

将地下工程的初步设计图纸附以说明书，送交有关主管部门审定批准后，才可进行下一步的技术设计。

技术设计主要是解决结构的强度、刚度和稳定、抗裂性等问题，并提供施工时结构各部件的具体细节尺寸及连接大样。

(1) 计算荷载，按建筑用途、防护等级、设防烈度、埋置深度和土层情况等求出作用在结构上的各种荷载值；

(2) 计算简图，根据实际结构和计算工具情况，拟定出合理的计算图式；

(3) 内力分析，选择结构内力计算方法，得出结构各控制设计截面的内力；

(4) 内力组合，在各种荷载内力分别计算的基础上，对最不利的可能情况进行内力组合，求出各控制截面的最大设计内力值；

(5) 配筋设计，通过截面强度和裂缝计算得出受力钢筋，并设置必要的分布钢筋与架立钢筋；

(6) 绘制结构施工详图，如结构平面图、结构构件配筋图、节点详图，还有通风、水、电和其他内部设备的预埋件图；

(7) 材料、工程数量和工程财务预算。

1.4 计算原则

1) 适用规范

当前在地下结构设计中实行的规范、规程、条例有多种。有的沿用地上结构的设计规范。

设计时应遵守各有关规范中强制性条文的规定。

2）设计标准

(1) 根据建筑用途、防护等级、设防烈度等确定地下建筑物的荷载。此外，各种地下建筑工程均应承受正常使用时的静力荷载。

地下工程有别于地面结构荷载的显著特征主要在于围岩与地下结构的相互作用。相互作用的效果主要取决于地层条件以及结构与地层的相对刚度。对于稳固地层，地层刚度大于结构刚度，地层约束作用大，而产生的围岩压力小；对于不稳固地层，结构刚度大于地层刚度，地层约束作用小，甚至忽略不计，则产生的围岩压力大。

(2) 地下建筑工程建筑材料的选用，一般不得低于表1-1所列数据。

表1-1 材料选用表

材料名称	现浇混凝土	预制混凝土	砖	砂浆
强度等级	C30	C30	MU7.5	M7.5

钢材一般用HPB235、HRB335、HRB400级；防炮(炸)弹局部作用的整体式工程或遮弹层混凝土不低于C30。

(3) 地下衬砌结构一般为超静定结构，其内力在弹性阶段按结构力学计算。考虑抗爆动荷载时，允许考虑由塑性变形引起的内力重分布。

(4) 截面设计原则

结构截面计算时按可靠度理论进行，一般进行强度、裂缝(抗裂度或裂缝宽度)和变形的验算等。素混凝土和砖石结构仅需进行强度计算，并在必要时验算结构的稳定性。

钢筋混凝土结构在施工和正常使用阶段的静荷载作用下，除强度计算外，一般验算其裂缝宽度，根据工程的重要性，限制裂缝宽度小于0.10～0.20 mm，但不允许出现通透性裂缝。对较重要的结构则不能开裂，即应验算抗裂度。

钢筋混凝土结构在爆炸动荷载作用下只需要进行强度计算，不做裂缝验算。因为在爆炸情况下，只要求结构不倒塌，允许出现裂缝，日后可做修复使用。

(5) 材料强度指标

一般采用混凝土结构规范中的规定值，应区分情况参照水利、交通和人防和国防等专门规范。

结构在动荷载作用下，材料强度可以提高，提高系数见有关规定。

3）计算理论

(1) 计算原理

在地下建筑结构设计中，除了要计算因素多变的岩(土)体压力之外，还要考虑地下结构与周围岩土体的共同作用，此乃地下建筑结构在计算理论上与地面建筑结构最主要的差别。按对衬砌与地层相互作用模拟方式的不同，地下结构计算方法可区分为两类：荷载-结构法和地层-结构法。荷载-结构法认为地层对结构的作用只是产生作用在地下结构上的荷载(包括主动地层压力和被动地层压力)，衬砌在荷载作用下产生内力和变形；地层-结构法认为衬砌与地层共同作用构成受力变形的整体，并可按连续介质力学的原理计算。通常地层岩性较差、洞室跨度较大时宜采用荷载结构法，地层构造较完整、围岩自支承能力较好时宜采用地层结构法，也可用两种方法相互校验补充。

地下结构的计算理论较多地应用以温克尔假定的基础局部变形理论以及以弹性理论为基础的共同变形理论。地下结构与地面结构不同之处在于地下结构周围都被土层包围着，在外部主动荷载作用下，衬砌发生变形，由于衬砌外围与地层紧密接触，因此衬砌向地层方向变形的部分会受到来自地层的抵抗力。这种抵抗力称为地层弹性抗力，属于被动性质，其数值大小和分布规律与衬砌的变形有关。与其他主动荷载不同，弹性抗力限制了结构的变形，故改善了结构的受力情况，如图 1-10 所示。拱形、圆形等曲线形式的结构弹性抗力作用显著。而矩形结构的抗力作用较小，在软土中常忽略不计。在计算中是否考虑弹性抗力的作用，以及如何考虑，应视具体的地层条件、结构型式而定。

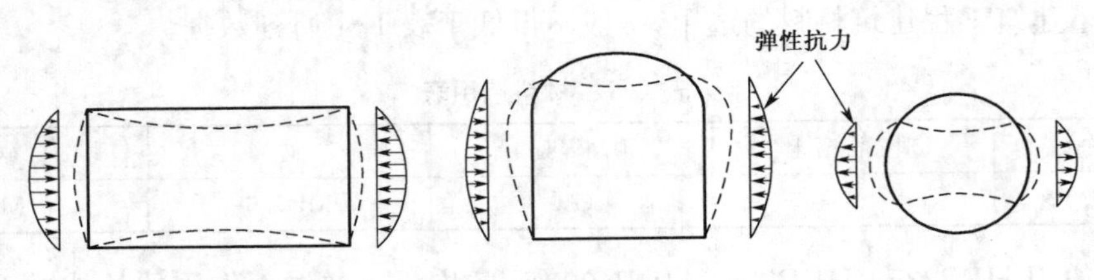

图 1-10　土层被动抗力

(2) 计算方法

土层地下建筑结构的计算方法有：一般结构力学法、弹性地基梁法、矩阵分析法。近来发展用连续介质力学的有限单元法来计算结构与地层的内力，并进而考虑弹塑性、非线性、黏弹性的计算方法。随着科学技术的进步，会发展出更切合实际的计算方法。

目前，城市建设中，深基坑越来越多，且越来越复杂，并往往成为决定工程成败的关键，它涉及土力学、基础工程、结构力学和原位测试技术等多学科的交叉，本书第 3～5 章将进行专门讲解。

1.5　本课程的内容和任务

本课程是土木工程的一门专业课。课程的任务是使学生通过学习，获得地下结构工程的基础知识，掌握地下结构工程的技术性能、应用方法及施工工艺，以便在今后的工作实践中能正确选择与合理设计地下结构，亦可为进一步学习其他专业课打下基础。

本课程主要讲述各类基坑工程及设计，各种型式的地下结构计算及建造方法，包括：地下工程的基本理论、大开挖基坑、深基坑工程、沉井法、顶管法、盾构法、TBM、新奥法、沉管隧道、地下环境保护等。

为了加深了解地下结构工程型式及施工工艺，培养科学研究能力，树立严谨的科学态度，必须结合课堂讲授的内容，加强实践。本课程根据课堂教学要求，对主要地下结构安排了课程设计、工程软件的应用练习。

2 地下结构的计算理论

2.1 地下结构计算理论的发展

地下工程建筑物是置于地层中的结构物，它的受力和变形与周围介质（岩石或土）密切相关，地下结构与围岩相互约束，共同工作，这种共同作用正是地下结构与地面结构的主要区别。如何客观地反映地下结构物与围岩相互作用的力学特征，是地下结构计算理论需要解决的重要课题。地下工程从开挖、支护，直到形成稳定的地下结构体系所经历的力学过程中，围岩的地质条件、施工过程等因素对围岩—地下结构体系状态的安全性影响极大，准确地将其反映到计算模型中，是十分困难的。

地下工程结构计算理论的发展至今已有百余年的历史，与岩土力学的发展关系密切。经典土力学的理论奠定了松散地层围岩稳定和围岩压力理论的基础，而岩土力学的发展促使围岩压力和地下工程结构理论的进一步飞跃。随着新型施工技术的出现，以及岩土力学、测试仪器、计算机技术和数值分析方法的发展，地下工程结构计算理论正在逐渐成为一门完善的科学。

地下工程结构计算理论的一个重要问题是如何确定作用在地下结构上的荷载以及如何考虑围岩的承载能力。地下工程结构计算理论的发展大概可分为四个阶段，即刚性结构阶段、弹性结构阶段、连续介质阶段、现代支护理论阶段。

1）刚性结构阶段

19 世纪的地下建筑物大都是以砖石材料砌筑的拱形圬工结构，建筑材料的抗拉强度很低，容易产生断裂。为了保持地下结构的稳定，其截面尺寸都很大，结构受力后的弹性变形较小，因而最先出现的是将地下结构视为刚性结构的压力线理论。这种理论认为，地下结构是由一系列刚性块组成的拱形结构，所受的主动荷载是地层压力，当地下结构处于极限平衡状态时，是由绝对刚体组成的三铰拱静定体系，铰的位置分别假设在墙底和拱顶，其内力可按静力学原理进行计算。

对于作用在地下结构上的压力，认为等于其上覆地层的重力，不考虑围岩自身的承载能力，也不考虑围岩对衬砌变形的约束和由此产生的弹性抗力。因此偏于保守，设计的截面尺寸偏大。

2）弹性结构阶段

19 世纪后期，混凝土和钢筋混凝土材料陆续出现，并用于建造地下工程。同时，将超静定结构计算力学方法引入地下结构计算中，开始考虑地层对结构的弹性抗力作用。由于有可靠的力学原理为依据，至今在地下结构设计时仍采用。该计算模式根据考虑围岩对结构变形的约束作用分为三个阶段：不计围岩抗力阶段、假定弹性抗力阶段和弹性地基梁阶段。

（1）不计围岩抗力阶段

此阶段对地下结构进行内力计算时，仅考虑作用在结构上的围岩压力，这是一种主动约束荷载作用，与地面建筑结构的受力分析相同，不考虑结构变形受到的围岩约束。

对围岩压力有了进一步的认识，认为其不能简单的等于上覆围岩重力，围岩压力仅是围岩松动圈范围内岩土体的重力，而松动圈范围的大小与围岩类型、地下工程跨度等因素相关。按照松动圈形态的不同，计算围岩压力的方法有普氏方法和太沙基方法，普氏方法认为松动体形状为抛物线形，太沙基方法则认为应为矩形。两种方法尽管不能全面反映围岩压力的组成特征，但有了很大的进步。尤其是对埋深较大的地下结构，目前仍在设计中采用。

(2) 假定弹性抗力阶段

地下结构的衬砌是埋设在岩土内的结构物，它与周围岩体相互接触，因此衬砌在承受岩体所给的主动压力作用并产生弹性变形的同时，将受到周围地层对其变形的约束作用。地层对衬砌变形的约束作用力称之为弹性抗力。

弹性抗力的分布是与衬砌的变形相对应的。20 世纪初期，康姆列尔(O. Kommerall)、约翰逊(Johason)等人提出弹性抗力的分布图形为直线(三角形或梯形)。这种分布模式的缺点是过高估计了地层弹性抗力的作用，使结构设计偏于不安全。为了弥补这一缺点，结构设计采用的安全系数常常被提高 3.5～4 以上。

1934 年，朱拉夫和布加耶娃对拱形结构按变形曲线假定了月牙形的弹性抗力图形，并按局部变形理论认为弹性抗力与结构周边地层的变形成正比。该法将拱形衬砌(曲墙式或直墙式)的拱圈与边墙整体考虑，视为一个直接支承在地层上的高拱，用结构力学原理计算其内力。

(3)弹性地基梁阶段

由于假定弹性抗力法对其分布图形的假定有较大的任意性，人们开始研究将边墙视为弹性地基梁的结构计算理论，将隧道边墙视为支承在侧面和基底地层上的双向弹性地基梁，即可计算在主动荷载作用下拱圈和边墙的内力。

首先应用的局部变形理论。20 世纪 30 年代，前苏联地下铁道设计事务所提出按圆环地基局部变形理论计算圆形隧道衬砌的方法，20 世纪 50 年代又将其发展为侧墙(指直边墙)按局部变形弹性地基梁理论计算拱形结构的方法。

共同变形弹性地基梁理论也被用于地下结构计算。1939 年和 1950 年，达维多夫先后发表了按共同变形弹性地基梁理论计算整体式地下结构的方法。1954 年，奥尔洛夫用弹性理论进一步研究了按地层共同变形理论计算地下结构的方法。1964 年，舒尔茨(S. Schuze)和杜德克(H. Dudek)在分析圆形衬砌时，不仅按共同变形理论考虑了径向变形的影响，而且还计入了切向变形的影响。

3) 连续介质阶段

由于人们认识到地下结构与地层是一个受力整体，20 世纪中期以来，随着岩体力学开始形成一门独立的学科，用连续介质力学理论计算地下结构内力的方法也逐渐发展，围岩的弹性、弹塑性及黏弹性解答逐渐出现。

这种方法以岩体力学原理为基础，认为断面开挖后向洞室内变形而释放的围岩压力将由支护结构与围岩组成的地下结构体系共同承受。该方法的重要特征是把支护结构与岩体作为一个统一的力学体系来考虑。两者之间的相互作用则与岩体的初始应力状态、岩体的特性、支护结构的特性、支护结构与围岩的接触条件等一系列因素有关。

由连续介质力学建立地下结构的解析计算方法是一个很困难的任务，目前仅对圆形衬砌有了较多的研究成果。典型的有；史密德(H. schmid)和温德尔斯(R. windels)得出的有压水工隧道弹性解；费道洛夫得出的有压水工隧洞衬砌弹性解；缪尔伍德(A. M. Muirwood)得出的圆形衬砌的简化弹性解析解，柯蒂斯(D. J. curtis)又对缪尔伍德的计算方法做了改进；塔罗勃(J. Talobre)和卡斯特奈(H. Kastner)得出的圆形洞室的弹塑性解;塞拉格(S. sernta)、柯蒂斯和樱井春辅采用岩土介质的各种流变模型进行了圆形隧道的黏弹性分析;我国学者也对弹塑性和黏弹性本构模型进行了很多研究工作,发展了圆形隧道的解析解理论,并利用地层与衬砌之间的位移协调条件,得出圆形隧道的弹塑性和黏弹性解。

4) 现代支护理论阶段

20 世纪 50 年代以来,喷射混凝土和锚杆被用于隧道支护,与此相应的一整套新奥地利隧道设计方法随之兴起,形成了以岩体力学原理为基础的、考虑支护与围岩共同作用的地下工程现代支护理论。新奥法认为围岩具有自承能力,如果能最大限度发挥这种能力,可以得到最好的经济效果。

近年来,地下结构中使用的工程类比法,也向着定量化和精确化发展。与此同时,应用可靠度理论,采用动态设计方法,利用现场监测信息,反馈数据预测地下工程的稳定性,从而对支护结构进行优化设计等方法也取得了重要进展。

2.2 地下结构荷载

地下建筑结构承受的荷载是比较复杂的,其确定方法还不够完善。

2.2.1 荷载分类和组合

地下结构所承受的荷载按作用特点以及使用中出现的频率,分为永久荷载、可变荷载和偶然荷载三大类。

(1) 永久荷载:设计基准期内不随时间变化或其变化与平均值相比可忽略的荷载,或变化是单调的并能趋于某一限值的作用。主要有:结构自重、地层压力、静水压力、混凝土收缩和徐变的影响等。

(2) 可变荷载:设计基准期内量值随时间而变化,且变化与平均值相比不可忽略的荷载。可分为使用荷载、施工荷载和特殊荷载。

(3) 偶然荷载:设计基准期内不一定出现,且一旦出现,其量值很大且持续时间很短的荷载。落石冲击力和地震力都属于偶然荷载。

《铁路隧道设计规范》给出的作用(荷载)分类如表 2-1 所示。

表 2-1 作用(荷载)分类

序号	作用分类	结构受力及影响因素	荷载分类	
1	永久作用	结构自重	恒载	主要荷载
2		结构附加恒载		
3		围岩压力		
4		土压力		
5		混凝土收缩和徐变的影响		
6	可变作用	列车活载	活载	
7		活载产生的土压力		
8		公路活载		

（续　表）

序号	作用分类	结构受力及影响因素	荷载分类	
9	可变作用	冲击力	活载	主要荷载
10		渡槽流水压力(设计渡槽明洞时)		
11		制动力	附加荷载	
12		温度变化的影响		
13		灌浆压力		
14		冻胀力		
15		施工荷载(施工阶段的某些外加力)	特殊荷载	
16	偶然作用	落石冲击力	附加荷载	
17		地震力	特殊荷载	

表 2-1 中，永久荷载除表中所列外，在有水或含水地层中的隧道结构，必要时还应考虑水压力。

《地铁设计规范》给出的荷载分类如表 2-2 所示。

表 2-2　荷载分类

序号	荷载分类		荷 载 名 称
1	永久荷载		结构自重
2			地层压力
3			结构上部和破坏棱体范围内的设施及建筑物压力
4			水压力及浮力
5			混凝土收缩和徐变的影响
6			预加应力
7			设备重量
8			地基下沉影响
9	可变荷载	基本可变荷载	地面车辆荷载及其动力作用
10			地面车辆荷载引起的侧向土压力
11			地铁车辆荷载及其动力作用
12			人群荷载
13		其他可变荷载	温度变化影响
14			施工荷载
15	偶然荷载		地震力
16			沉船、抛锚或河道疏浚产生的撞击力等灾害性荷载
17			人防荷载

《公路隧道的设计规范》给出的荷载分类如表 2-3 所示。

表 2-3　荷载分类

序号	荷载分类		荷 载 名 称
1	永久荷载		围岩形变压力或膨胀压力
2			围岩松动压力
3			结构自重
4			结构附加恒载(装修或设备自重荷载)
5			混凝土收缩和徐变的影响
6			水压力
7			水的浮力
8			结构基础变位影响力
9			地面永久建筑荷载影响力
10	可变荷载	基本可变荷载	通过隧道的公路车辆荷载、人群荷载(路面)
11			与隧道立交的公路车辆荷载及其所产生的冲击力、土压力
12			与隧道立交的铁路车辆荷载及其所产生的冲击力、土压力
13			风机等设备引起的动荷载
14		其他可变荷载	与隧道立交的渡槽流水压力
15			温度变化的影响力
16			冻胀力
17			地面施工荷载(加载或减载)
18			隧道施工荷载(注浆等)
19	偶然荷载		落石冲击力
20			地震作用力、地层液化产生的压力与浮力
21			人防荷载

注:1. 围岩弹性抗力不作为设计荷载。
2. 若考虑爆炸、火灾引起的荷载,可参考偶然荷载相关规定。

采用可靠性理论和概率极限状态设计法,是国内外工程结构设计发展的必然趋势。但是由于目前对地下结构荷载的认识尚不够全面,在目前的地下结构设计规范中,还保留了早期规范中对荷载和结构计算中的一些规定,概率极限状态法、破损阶段法或容许应力法仍然并用。

一般来说,地下结构的荷载组合中,最重要的是结构的自重和地层压力。

由于地下结构的类型很多,使用条件差异较大,不同的地下结构在荷载组合上有不同的要求,因而在荷载组合时,必须遵守相应规范对荷载组合的规定。

《铁路隧道设计规范》中规定,当采用概率极限状态法设计隧道结构时,隧道结构的作用应根据不同的极限状态和设计状况进行组合,一般情况下可按作用的基本组合进行设计:结构自重+围岩压力或土压力。基本组合中各作用的组合系数取 1.0,当考虑其他组合时,应另行确定作用的组合系数。当采用破损阶段法或容许应力法进行隧道结构设计时,应按其可能的最不利荷载组合情况进行计算。

《公路隧道设计规范》中规定,隧道结构按极限状态计算时,应根据各类荷载可能出现的组合状况分别按满足结构承载能力和满足结构正常使用要求进行验算,并按最不利荷载组合进行设计或验算。荷载组合分类如下:

（1）基本组合Ⅰ(QZH-Ⅰ)

用于正常使用极限状态的校核，即在结构设计基准期内可能出现的全部永久荷载＋在结构使用期间可能出现的基本可变荷载＋其他可变荷载。该项荷载组合验算结构在荷载作用下的变形或裂缝开展，控制其在规定范围之内。

$$Q_1^{\mathrm{I}} = \sum(Q_1 + Q_2 + Q_3 + Q_4 + Q_5 + Q_6 + Q_7 + Q_8 + Q_9)$$

$$Q_2^{\mathrm{I}} = \sum(Q_1^{\mathrm{I}} + Q_{10} + Q_{11} + Q_{12} + Q_{13} + Q_{14} + Q_{15} + Q_{16})$$

（2）基本可变荷载组合Ⅱ(QZH-Ⅱ)

用于承载能力极限状态的校核，即在结构设计基准期内可能出现的全部永久荷载＋在结构使用期间可能出现的基本可变荷载。该项荷载组合验算结构在基本可变荷载作用下的可靠度。

$$Q^{\mathrm{II}} = \sum(Q_1 + Q_2 + Q_3 + Q_4 + Q_5 + Q_6 + Q_7 + Q_8 + Q_9 + Q_{10} + Q_{11} + Q_{12} + Q_{13})$$

（3）其他可变荷载组合Ⅲ(QZH-Ⅲ)

用于承载能力极限状态的校核，即在结构设计基准期内可能出现的全部永久荷载＋在结构使用期间可能出现的基本可变荷载＋在结构使用期间可能出现的其他可变荷载。该项荷载组合验算结构在其他可变荷载参与作用下的可靠度。

$$Q_1^{\mathrm{III}} = \sum(Q_1^{\mathrm{I}} + Q_{10} + Q_{11} + Q_{12} + Q_{13} + Q_{14} + Q_{15} + Q_{17} + Q_{18})$$

$$Q_2^{\mathrm{III}} = \sum(Q_1 + Q_3 + Q_4 + Q_5 + Q_7 + Q_8 + Q_9 + Q_{10} + Q_{11} + Q_{12} + Q_{13} + Q_{14} + Q_{15} + Q_{16} + Q_{17} + Q_{18})$$

本类组合中，冻胀力不参与水压力及松散土压力组合。

（4）偶然荷载组合Ⅳ(QZH-Ⅳ)

用于承载能力极限状态的校核，即在结构设计基准期内可能出现的全部永久荷载＋在结构使用期间可能出现的偶然荷载＋可能与偶然荷载同时出现的基本可变荷载。该项荷载组合验算结构在偶然荷载参与作用下的可靠度。

偶然坍塌组合：

$$Q_1^{\mathrm{IV}} = \sum(Q_1 + Q_2 + Q_3 + Q_4 + Q_5 + Q_6 + Q_7 + Q_8 + Q_9 + Q_{10} + Q_{13} + Q_{19})$$

偶然地震组合：

$$Q_2^{\mathrm{IV}} = \sum(Q_1 + Q_2 + Q_3 + Q_4 + Q_5 + Q_6 + Q_7 + Q_8 + Q_9 + Q_{10} + Q_{13} + Q_{20})$$

偶然人防组合：

$$Q_3^{\mathrm{IV}} = \sum(Q_1 + Q_2 + Q_3 + Q_4 + Q_5 + Q_6 + Q_7 + Q_8 + Q_9 + Q_{10} + Q_{13} + Q_{21})$$

基本可变荷载中，立交公路和立交铁路荷载不参与偶然荷载组合；其他可变荷载不参与偶然荷载组合；偶然荷载相互之间不组合。

（5）验算荷载组合Ⅴ(QZH-Ⅴ)

用于承载能力极限状态的校核，即在结构设计基准期内可能出现的全部永久荷载＋在结构使用期间可能出现的基本可变荷载。该项荷载组合验算结构在变形压力、水压力及基础变位影响力参与作用下的可靠度。

$$Q^V = \sum (Q_1 + Q_2 + Q_3 + Q_4 + Q_5 + Q_6 + Q_7 + Q_8 + Q_9 + Q_{10} + Q_{11} + Q_{12} + Q_{13})$$

当采用分项安全系数法进行结构承载能力校核时，各类荷载的分项安全系数应参考表2-4取用。

表2-4　各类荷载作用下内力组合的分项系数

序号	荷载分类	荷载名称	QZH-Ⅰ	QZH-Ⅱ	QZH-Ⅲ	QZH-Ⅳ	QZH-Ⅴ
1	永久荷载	围岩形变压力或膨胀压力	1.0	1.2	1.1	1.0	1.35
2		围岩松动压力	1.0	1.35	1.2	1.0	1.2
3		结构自重	1.0	1.35	1.2	1.0	1.2
4		结构附加恒载	1.0	1.35	1.2	1.0	1.2
5		混凝土收缩和徐变的影响	1.0	1.35	1.2	1.0	1.2
6		水压力	1.0	1.0	1.0	1.0	1.0
7		水的浮力	1.0	1.0	1.0	1.0	1.0
8		结构基础变位影响力	1.0	1.2	1.2	1.0	1.35
9		地面永久建筑荷载影响力	1.0	1.35	1.2	1.0	1.2
10	基本可变荷载	通过隧道的公路车辆荷载、人群荷载	1.0	1.4	1.4	1.0	1.2
11		与隧道立交的公路荷载	1.0	1.4	1.4	—	1.2
12		与隧道立交的铁路荷载	1.0	1.4	1.4	—	1.2
13		风机等设备引起的动荷载	1.0	1.4	1.4	1.0	1.2
14	其他可变荷载	与隧道立交的渡槽流水压力	1.0	—	1.4	—	—
15		温度变化的影响力	1.0	—	1.4	—	—
16		冻胀力	1.0	—	1.4	—	—
17		地面施工荷载	—	—	1.4	—	—
18		隧道施工荷载	—	—	1.4	—	—
19	偶然荷载	落石冲击力	—	—	—	—	—
20		地震作用力	—	—	—	—	—
21		人防荷载	—	—	—	—	—

表2-5　荷载组合表

序号	荷载组合验算工况	永久荷载	可变荷载	偶然荷载	
				地震荷载	人防荷载
1	基本组合构件强度计算	1.35	1.4		
2	标准组合构件裂缝宽度验算	1.0	1.0		
3	构件变形计算	1.0	1.0		
4	地震荷载作用下构件强度验算	1.2(1.0)		1.3	
5	人防荷载作用下构件强度验算	1.2(1.0)			1.0

此外，地铁等部门也结合本部门地下工程的特点，对其荷载组合做出了相应的规定，在进行具体的设计计算时，应遵守相应的规范和规则。《建筑结构荷载规范》GB50009 给出的荷载组合如表 2-5 所示。

2.2.2 围岩压力

地层压力是地下结构承受的主要荷载，主要包括围岩压力、土压力及弹性抗力。土压力按照朗肯土压力理论进行计算，在此仅介绍围岩压力和弹性抗力的计算。

1）围岩的概念

洞室开挖之前，地层中的岩体处于复杂的原始应力状态。洞室开挖后，应力平衡状态遭到破坏，应力重分布，从而使围岩产生变形。但这种应力重分布仅限于洞室周围一定范围内的岩体，在此范围以外仍保持初始应力状态。洞室周围发生应力重分布的这部分岩体叫做围岩。

2）围岩压力的概念

围岩压力，是指洞室开挖后的二次应力状态，围岩产生变形或破坏所引起的作用在衬砌或支护结构上的压力。是作用在地下结构的主要荷载。

3）围岩压力分类

(1) 形变压力

形变压力是由于围岩变形受到支护的抗力而产生的，所以形变压力的大小，既决定于原岩应力大小、岩体力学性质，也决定于支护结构刚度和支护时间。

(2) 松动压力

由于开挖而松动或塌落的岩体，以重力形式直接作用在支护上的压力称为松动压力。

由于洞室的开挖，若不进行任何支护→周围岩体会经过应力重分布→变形→开裂→松动逐渐塌落的过程，在洞室的上方形成近似拱形的空间后停止塌落。将洞室上方所形成的相对稳定的拱称为“自然平衡拱”（如图 2-1）。自然平衡拱上方的一部分岩体承受着上覆地层的全部重力，如同一个承载环一样，并将荷载向两侧传递下去，这就是围岩的“成拱作用”。而自然平衡拱范围内破坏了的岩体的重力，就是作用在支护结构上围岩松动压力的来源。

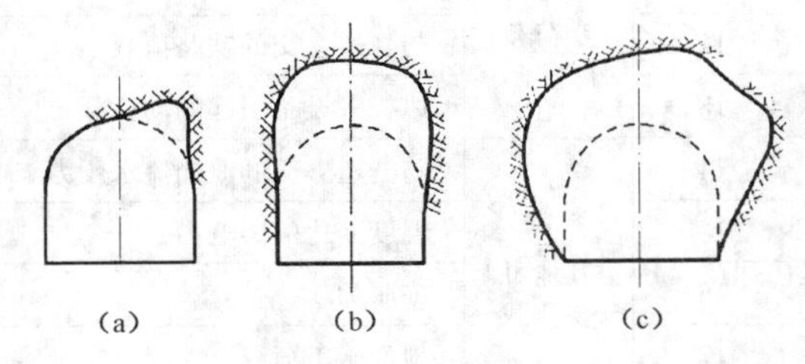

图 2-1　因塌方形成的自然平衡拱

(3) 膨胀压力

岩体具有吸水膨胀崩解的特性，其膨胀、崩解、体积增大可以是物理性的，也可以是化学性的，于围岩膨胀崩解而引起的压力称为膨胀压力。膨胀压力与形变压力的基本区别在于它是由吸水膨胀引起的。

(4) 冲击压力

冲击压力又称岩爆，它是在围岩积聚了大量的弹性变形能之后，由于开挖突然释放出来的能量所产生的压力，一般是在高地应力的坚硬岩石中发生。

围岩压力按其作用方向，又可分为垂直压力、水平侧向压力和底部压力。在坚硬岩层中，围岩水平压力很小，常可忽略不计。在松软岩层中，围岩水平压力较大，计算中必须考虑。围岩底部压力是向上作用在衬砌结构底板上的荷载，一般来说，在松软地层和膨胀性岩层中建造的地下结构会受到较大的底部压力。

4）围岩压力的计算

（1）深浅埋隧道的判定原则：

$$H_p = (2 \sim 2.5)h_q$$

式中 H_p——深、浅埋隧道分界的深度（m）；

h_q——荷载等效高度（m）。

Ⅰ-Ⅲ级围岩取 $H_p = 2.0h_q$，Ⅳ-Ⅵ级围岩取 $H_p = 2.5h_q$。

对于公路隧道，当隧道埋深 $H \geqslant H_p$ 时为深埋隧道，当 $h_q < H < H_p$ 为浅埋隧道。

对于铁路隧道，根据《铁路隧道设计规范》规定：当地面水平或接近水平，且隧道覆盖厚度小于表2-6所列数值时，应按浅埋隧道设计。$H < h_q$ 为超浅埋隧道。

表2-6 浅埋隧道覆盖厚度临界值(m)

围岩级别	Ⅲ	Ⅳ	Ⅴ
单线隧道	5～7	10～14	18～25
双线隧道	8～10	15～20	30～35

（2）深埋铁路隧道围岩压力的计算方法

我国《铁路隧道设计规范》（TB10003）推荐的统计法中，垂直均布压力作用下结构上的作用（荷载）计算公式如下：

$$q = \gamma h_q \tag{2-1}$$

式中 q——垂直围岩压力（kPa）；

γ——围岩重度（kN/m^3）；

h_q——荷载等效高度（m）。

① 当为单线铁路隧道时

$$h_q = 0.41 \times 1.79^S \tag{2-2}$$

式中 S——围岩级别的等级，如Ⅱ级围岩 $S=2$。

② 当为双线及以上隧道时

$$h_q = 0.45 \times 2^{S-1} \times \omega \tag{2-3}$$

式中 ω——开挖宽度影响系数，以 $B=5$ m 为基准，B 每增减1 m时围岩压力的增减率 $\omega = 1 + i(B-5)$，其中，当 $B<5$ m，取 $i=0.2$；当 $B>5$ m，取 $i=0.1$。

以上公式适用于钻爆法施工的深埋隧道，不适用于有显著偏压及膨胀压力的围岩。

水平均布压力如表2-7所示。

表2-7 围岩水平作用压力

围岩级别	Ⅰ、Ⅱ	Ⅲ	Ⅳ	Ⅴ	Ⅵ
水平均布压力	0	$<0.15q$	$(0.15\sim0.30)q$	$(0.30\sim0.50)q$	$(0.50\sim1.00)q$

在按荷载结构模型计算结构的内力时，除要确定均布围岩压力的数值外，更重要的是要考虑荷载分布的不均匀性。对于图 2-2 中所示的非均布压力用等效压力计算结构内力，即非均布压力的总和应与均布压力的总和相等的方法来确定各荷载图形中的最大压力值。

在通常情况下，可以垂直和水平均布压力图形为主计算结构内力，并用偏压及不均匀分布荷载图形进行校核。有时，还应考虑围岩水平压力非均匀分布的情况。该压力分布图形只概括了一般情况，当有地质、地形或其他原因产生特殊的荷载时，围岩松动压力的大小和分布应根据实际情况分析确定。

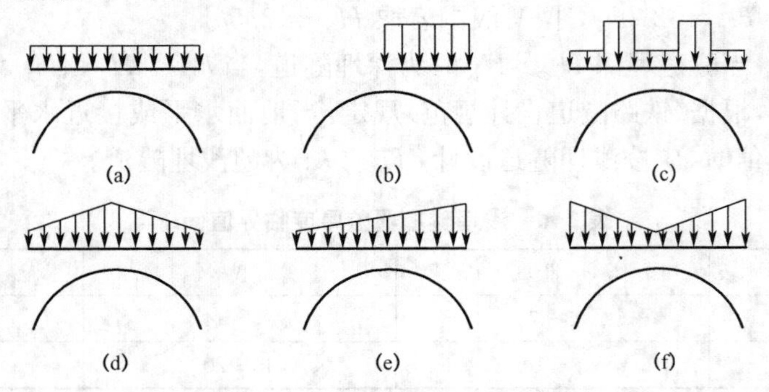

图 2-2　不均匀荷载的分布特征

(3) 浅埋铁路隧道的围岩压力

地面基本水平的浅埋隧道，所受的作用(荷载)具有对称性，如图 2-3 所示。

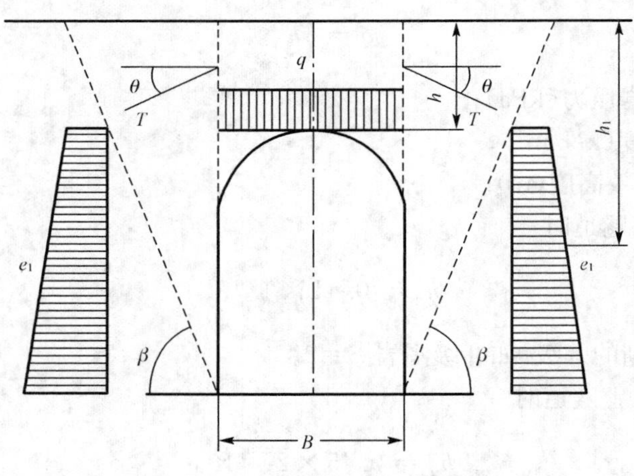

图 2-3　围岩压力示意图

① 垂直压力可按下式计算：

$$q = \gamma h\left(1 - \frac{\lambda h \tan\theta}{B}\right)$$

$$\lambda = \frac{\tan\beta - \tan\varphi_c}{\tan\beta[1 + \tan\beta(\tan\varphi_c - \tan\theta) + \tan\varphi_c \tan\theta]} \tag{2-4}$$

$$\tan\beta = \tan\varphi_c + \sqrt{\frac{(\tan^2\varphi_c + 1)\tan\varphi_c}{\tan\varphi_c - \tan\theta}}$$

式中　B——坑道跨度(m)；

γ——围岩重度(kN/m^3)；

h——洞顶至地面高度(m)；

θ——顶板土柱两侧摩擦角(°)，为经验数值，对于超浅埋隧道，取 $\theta=0$；

λ——侧压力系数；

φ_c——围岩计算摩擦角(°)；

β——产生最大推力时的破裂角(°)。

② 水平压力可按下式计算：

$$e_i = \gamma h_i \lambda \tag{2-5}$$

式中　h_i——内外侧任意点至地面的距离(m)。

(4) 公路隧道围岩压力确定方法

当隧道埋深 $H \geqslant H_p$ 时为深埋隧道，当 $H < H_p$ 为浅埋隧道。

① 深埋公路隧道围岩压力计算方法

垂直均布压力：

$$q = \gamma h_q \tag{2-6}$$

水平均布压力同铁路隧道。

② 浅埋公路隧道围岩压力计算方法

隧道埋深 $H \leqslant h_q$ 时，荷载视为均布垂直压力。

$$q = \gamma H \tag{2-7}$$

式中　q——垂直均布压力(kN/m^2)；

γ——隧道上覆围岩重度(kN/m^3)；

H——隧道埋深，指坑顶至地面的距离(m)。

侧向压力按均布考虑时为

$$e = \gamma\left(H + \frac{1}{2H_t}\right)\tan^2\left(45° - \frac{\varphi_c}{2}\right) \tag{2-8}$$

式中　e——侧向均布压力(kN/m^2)；

H_t——隧道高度(m)；

φ_c——围岩计算摩擦角(°)。

$h_q < H \leqslant H_p$ 时，同浅埋铁路隧道围岩压力计算公式。

作用在支护结构两侧的水平侧压力(图 2-4)

$$\begin{cases} e_1 = \gamma H \lambda \\ e_2 = \gamma h \lambda \end{cases} \tag{2-9}$$

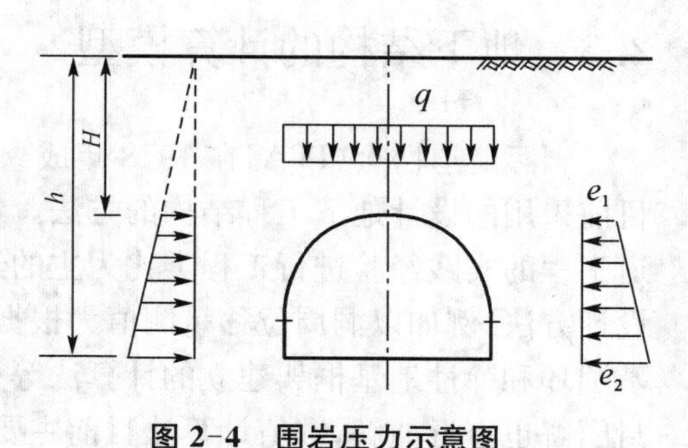

图 2-4　围岩压力示意图

2.2.3　弹性抗力

地下结构除承受主动荷载(土压力、结构自重等)作用外，还承受一种被动荷载，即地层的弹性抗力。结构在主动荷载作用下，要产生变形。以隧道工程的曲墙式衬砌结构为例，在主动荷载(垂直荷载大于水平荷载)作用下，产生的变形如图 2-5 虚线所示。

在拱顶，变形背向地层，岩土体对结构不产生约束作用，称为“脱离区”，在靠拱脚和边墙部位，结构产生压向地层的变形，由于结构和岩土体紧密接触，岩土体将约束结构的变形，从而产生对结构的反作用力，称为弹性抗力。

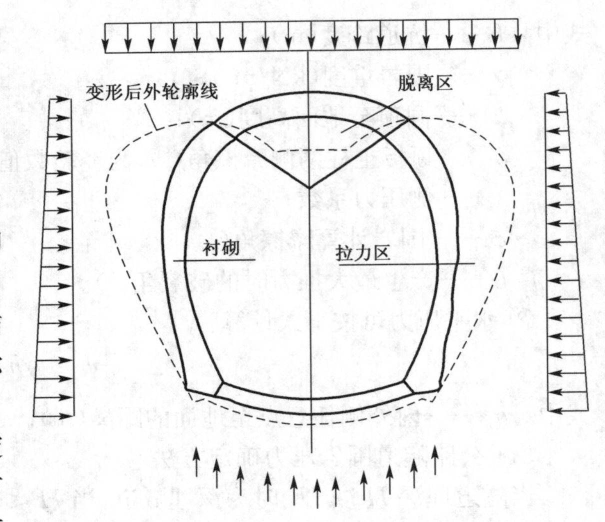

图 2-5　衬砌结构在外力作用下的变形规律

弹性抗力的大小和分布规律不仅决定于结构的变形，还与地层的物理力学性质有密切的关系。目前有两种理论确定弹性抗力的大小和作用范围，一种是局部变形理论，认为弹性地基某点上施加的外力只会引起该点的沉陷；另一种是共同变形理论，认为弹性地基上一点的外力，不仅引起该点发生沉陷，还会引起附近一定范围内地基沉陷。后一种理论较为合理，但由于局部变形理论较为简单，一般能满足工程精度的要求，目前多采用局部变形理论计算弹性抗力。

在局部变形理论中，以温克尔(E. Winkler)假设为基础，认为地层的弹性抗力与结构的变位成正比，即

$$\sigma = k\delta \tag{2-10}$$

式中　σ——弹性抗力强度(kPa)；

k——弹性抗力系数(kN/m^3)；

δ——岩土体计算点的位移值(m)。

对于各种地下结构和不同介质，弹性抗力系数值不同，可根据工程实践经验或参考相关规范确定。

2.3　地下结构的计算模型

国际隧道协会(ITA)在 1978 年成立了隧道结构设计模型研究组，收集和汇总了各会员国目前采用的设计地下工程结构的方法。经过总结，将其归纳为以下四种模型：(1)参照已往隧道工程的实践经验进行工程类比为主的经验设计法；(2)以现场量测和实验室试验为主的实用设计方法，例如以洞周位移量测值为根据的收敛限制法；(3)作用-反作用模型，例如对弹性地基圆环和弹性地基框架建立的计算法等；(4)连续介质模型，包括解析法和数值法，解析法中有封闭解也有近似解，数值计算法目前主要是有限单元法。

按照多年来地下工程结构设计的实践，我国采用的设计方法分属以下四种设计模型：

(1) 经验类比模型。即完全依靠经验设计地下结构的设计模型。

(2) 荷载-结构模型。荷载-结构模型采用荷载结构法计算衬砌内力，并据此进行构件截面设计。其中衬砌结构承受的荷载主要是松动压力。这一方法与设计地面结构时采用的方法

基本一致，区别是计算衬砌内力时需考虑周围地层介质对结构变形的约束作用。

(3) 地层-结构模型。其原理是将衬砌和地层视为整体，在满足变形协调条件的前提下分别计算衬砌与地层内力，并据此验算地层稳定性和进行构件截面设计。

(4) 收敛-约束模型。收敛-约束模型的计算理论也是地层-结构模型的原理，常称特征曲线法。

2.3.1 荷载-结构模型

荷载-结构模型在我国 20 世纪 50—70 年代曾居主导地位，这是按照地面结构的计算模式，即将荷载作用在结构上，以一般结构力学的方法进行计算。长期以来，因其理论明确、设计简便的特点，在地下结构设计中一直沿用，目前隧道设计规范中二次衬砌的内力按照荷载-结构模型来计算。

荷载-结构模型将支护结构和围岩分开考虑，支护结构是承载主体，围岩作为荷载的来源和支护结构的弹性支承(图 2-6)。其中，隧道支护结构与围岩的相互作用是通过弹性支承对支护结构施加约束来体现的，而围岩的承载能力则在确定围岩压力和弹性支承的约束能力时间接考虑。围岩的承载能力越高，给予支护结构的压力越小，弹性支承约束支护结构变形的抗力越大，相对来说，支护结构所起的作用变小了。

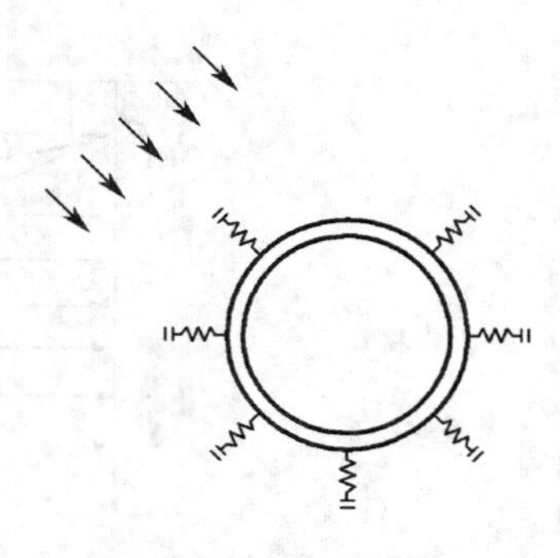

图 2-6　荷载-结构模型

该方法主要适用于围岩因大变形而发生松弛和崩塌，支护结构主动承担围岩“松动”压力的情况。因此，设计的关键是如何确定作用在支护结构上的主动荷载，其中最主要的是围岩所产生的松动压力，以及围岩的弹性抗力，然后运用常规结构力学方法求出超静定体系的内力和位移。

计算方法有弹性连续框架(含拱形)法、假定抗力法和弹性地基梁(含曲梁和圆环)法等。当软弱地层对结构变形的约束能力较差时(或衬砌与地层间的空隙回填、灌浆不密实时)，地下结构内力计算常用弹性连续框架法；反之，可用假定抗力法或弹性地基梁法。弹性连续框架法即力法与位移法，假定抗力法和弹性地基梁法则已形成了一些经典计算方法。

下面简单介绍弹性地基梁的方法。

弹性地基梁是指放置在一定弹性性质的地基上且各点与地基紧密相贴的梁，这种梁可以是平放的，也可以是竖放的。弹性地基梁是超静定梁。地基介质可以是岩石、黏土等固体材料，也可以是水、油之类的液体材料。通过这种梁，将作用在它上面的荷载，分布到较大面积的地基上，既使承载能力较低的地基能承受较大的荷载，又能使梁的变形减小，提高刚度、降低内力。

弹性地基梁计算理论中的关键问题是如何确定地基反力与地基沉降之间的关系，或者说如何选取弹性地基的计算模型。常用的有两种模型：基于温克尔假设的局部弹性地基模型、半无限体弹性地基模型。

在工程实践中，经计算比较及分析表明，可以根据不同的换算长度 $\lambda = \alpha l$，将地基梁进行分类，然后采用不同的方法进行简化，通常分为三种类型。

(1) 短梁。当弹性地基梁的换算长度 $1 < \lambda < 2.75$ 时，属于短梁，是弹性地基梁的一般情

况。梁的一端受力及变形会影响到另一端，亦即墙顶的位移计算要考虑墙底的受力和变形的影响。

(2) 长梁。可分为无限长梁、半无限长梁。当 $\lambda \geqslant 2.75$ 时，属于长梁。若荷载作用点距梁两端的换算长度均不小于 2.75 时，可忽略该荷载对梁端的影响，称为无限长梁；若荷载作用点仅距梁其中一端的换算长度不小于 2.75 时，可忽略该荷载对这一端的影响，而对另一端的影响不能忽略，称为半无限长梁。

(3) 刚性梁。当 $\lambda \leqslant 1$ 时，可以近似看作绝对刚性梁。此时可不考虑边墙本身的弹性变形，在外力作用下，只有整个边墙沿垂直方向的沉陷及绕墙脚某一点作刚体转动。

1) 弹性地基短梁

图 2-7 为一等截面的基础梁，设左端有位移 y_0、角变 θ、弯矩 M 和剪力 Q，正向如图 2-7 所示，利用梁挠曲线微分方程，可以求得短梁内力及变形的齐次解答。

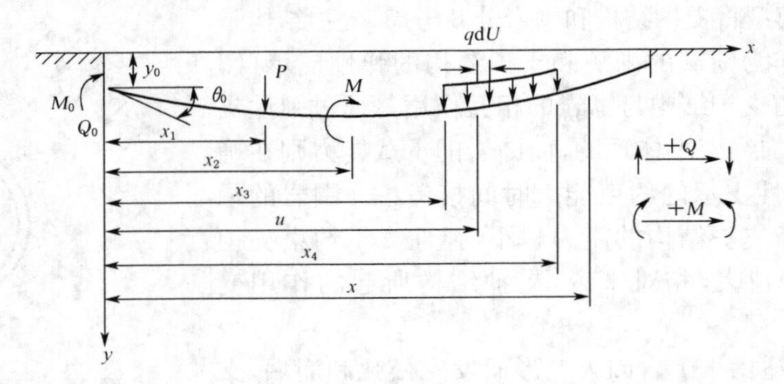

图 2-7 温克尔地基短梁计算示意图

$$
\left.
\begin{aligned}
y &= y_0\varphi_1 + \theta_0 \frac{1}{2\alpha}\varphi_2 - M_0 \frac{2\alpha^2}{K}\varphi_3 - Q_0 \frac{\alpha}{K}\varphi_4 \\
\theta &= -y_0\alpha\varphi_4 + \theta_0\varphi_1 - M_0 \frac{2\alpha^3}{K}\varphi_2 - Q_0 \frac{2\alpha^2}{K}\varphi_3 \\
M &= y_0 \frac{K}{2\alpha^2}\varphi_3 + \theta_0 \frac{K}{4\alpha^3}\varphi_4 + M_0\varphi_1 + Q_0 \frac{1}{2\alpha}\varphi_2 \\
Q &= y_0 \frac{K}{2\alpha}\varphi_2 + \theta_0 \frac{K}{2\alpha^2}\varphi_3 - M_0\alpha\varphi_4 + Q_0\varphi_1
\end{aligned}
\right\} \quad (2\text{-}11)
$$

式中 α——梁的弹性标值，$\alpha = \sqrt[4]{\dfrac{K}{4EI}}$；

EI——梁的抗弯刚度；

φ_1、φ_2、φ_3、φ_4——双曲线三角函数，可以从相关的设计手册查得。

对于梁上作用有荷载时的计算，应加上荷载项的影响。在地下结构中，常见的荷载有均布荷载、三角形分布荷载、集中荷载和力矩荷载(图 2-8)。梁的位移、角变、弯矩和剪力的计算公式如下：

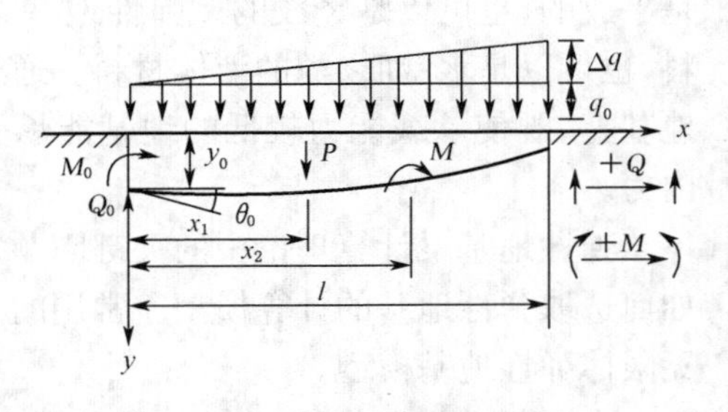

图 2-8 梁的全跨满布荷载

$$
\left.\begin{aligned}
y &= y_0\varphi_1 + \theta_0\frac{1}{2\alpha}\varphi_2 - M_0\frac{2\alpha^2}{K}\varphi_3 - Q_0\frac{\alpha}{K}\varphi_4 + \frac{q_0}{K}(1-\varphi_1) + \frac{\Delta q}{Kl}\left(x - \frac{1}{2\alpha}\varphi_2\right) \\
&+ \Big\|_{x_1}\frac{\alpha}{K}P\varphi_{4\alpha(x-x_1)} - \Big\|_{x_2}\frac{2\alpha^2}{K}M\varphi_{3\alpha(x-x_2)} \\
\theta &= -y_0\alpha\varphi_4 + \theta_0\varphi_1 - M_0\frac{2\alpha^2}{K}\varphi_2 - Q_0\frac{2\alpha^2}{K}\varphi_3 + \frac{q_0\alpha}{K}\varphi_4 + \frac{\Delta q}{Kl}(1-\varphi_1) \\
&+ \Big\|_{x_1}\frac{2\alpha^2}{K}P\varphi_{3\alpha(x-x_1)} - \Big\|_{x_2}\frac{2\alpha^3}{K}M\varphi_{2\alpha(x-x_2)} \\
M &= y_0\frac{K}{2\alpha^2}\varphi_3 + \theta_0\frac{K}{4\alpha^3}\varphi_4 + M_0\varphi_1 + Q_0\frac{1}{2\alpha}\varphi_2 - \frac{q_0}{2\alpha^2}\varphi_3 - \frac{\Delta q}{4\alpha^3 l}\varphi_4 \\
&- \Big\|_{x_1}\frac{1}{2\alpha}P\varphi_{2\alpha(x-x_1)} - \Big\|_{x_2}M\varphi_{1\alpha(x-x_2)} \\
Q &= y_0\frac{K}{2\alpha}\varphi_2 + \theta_0\frac{K}{2\alpha^2}\varphi_3 - M_0\alpha\varphi_4 + Q_0\varphi_1 - \frac{q_0}{2\alpha}\varphi_2 - \frac{\Delta q}{2\alpha^2 l}\varphi_3 \\
&- \Big\|_{x_1}P\varphi_{1\alpha(x-x_1)} - \Big\|_{x_2}\alpha M\varphi_{4\alpha(x-x_2)}
\end{aligned}\right\} \tag{2-12}
$$

2）弹性地基长梁

在前面介绍了短梁的计算方法，但在某些特定情况下可以简化计算，长梁的计算方法就是短梁的计算方法的简化。

（1）无限长梁（图 2-9）

引入符号 φ，令

$$
\left.\begin{aligned}
\varphi_5 &= e^{-\alpha x}(\cos\alpha x - \sin\alpha x) \\
\varphi_6 &= e^{-\alpha x}\cos\alpha x \\
\varphi_7 &= e^{-\alpha x}(\cos\alpha x + \sin\alpha x) \\
\varphi_8 &= e^{-\alpha x}\sin\alpha x
\end{aligned}\right\} \tag{2-13}
$$

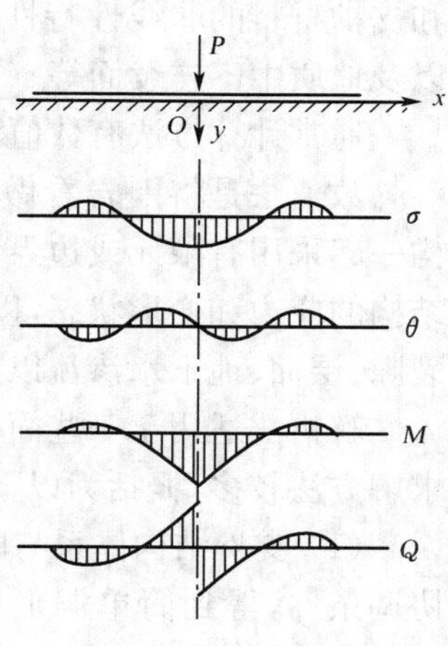

图 2-9　无限长梁

$$
\left.\begin{aligned}
y &= \frac{P\alpha}{2K}\varphi_7 \\
\theta &= -\frac{P\alpha^2}{K}\varphi_8 \\
M &= \frac{P}{4\alpha}\varphi_5 \\
Q &= -\frac{P}{2}\varphi_6
\end{aligned}\right\} \tag{2-14}
$$

式（2-14）就是计算无限长梁的方程。

（2）半无限长梁

如图 2-10 所示的基础梁，在坐标原点作用集中力 Q_0 和力矩 M_0。

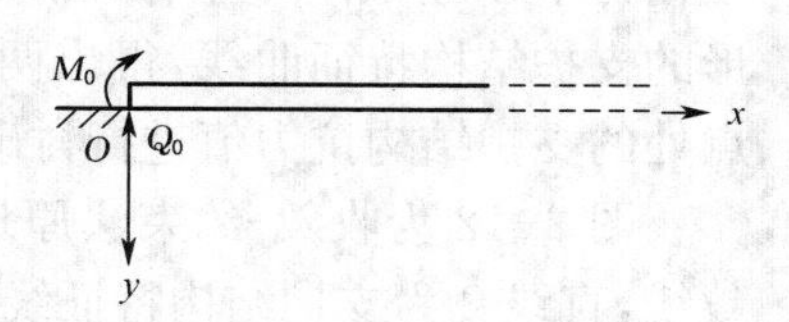

图 2-10　半无限长梁

半无限长梁的计算原理与无限长梁相同，只是常数需要根据梁左端的边界条件重新确定。

则

$$\left.\begin{aligned}
y&=\frac{2\alpha}{K}(-Q_0\varphi_6-M_0\alpha\varphi_5)\\
\theta&=\frac{2\alpha^2}{K}(Q_0\varphi_7+2M_0\alpha\varphi_6)\\
M&=-\frac{1}{\alpha}(-Q_0\varphi_8-M_0\alpha\varphi_7)\\
Q&=-(-Q_0\varphi_5+2M_0\alpha\varphi_8)
\end{aligned}\right\}\tag{2-15}$$

对于刚性梁，经计算证明，梁的弯曲变形与地面沉陷相比甚小，可以忽略不计。这样，地基反力可以按直线分布计算。

2.3.2　地层-结构模型

地层-结构模型是将支护结构与围岩视为一体，作为共同承载的结构体系。其中，围岩是主要的承载单元，支护结构只是用来约束和限制围岩的变形，这一点正好和荷载-结构模型相反，如图 2-11 所示。地层-结构模型，可以考虑各种几何形状、围岩和支护材料的非线性特性、开挖面空间效应所形成的三维状态以及地质中不连续面等。

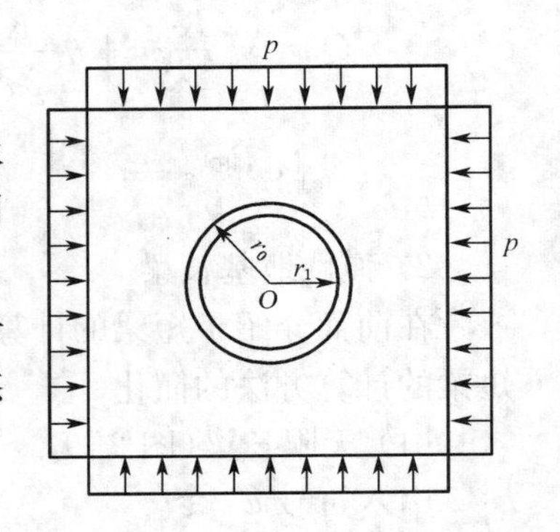

图 2-11　地层结构模型

通常计算方法有数值法和解析法两种。

数值法是将围岩看做弹塑性体或黏弹塑性体，并与支护结构一起采用有限元或边界元法求解。可以直接算出围岩与支护结构的应力和变形状态，以判断围岩是否失稳和支护是否破坏。数值法可考虑岩体中的节理裂隙、层面、地下水渗流以及岩体膨胀性等因素的影响，是目前主要的计算方法。

解析法适用于一些简单情况，以及进行某些简化情况下的近似计算。目前，国内外相关的求解方法较多，概括为以下几种方法：

(1) 支护结构体系与围岩共同作用的解析法。这种方法利用围岩与支护结构之间的位移协调条件，得到简单洞形(如圆形)下围岩与衬砌结构的弹性、弹塑性及黏弹性解。

(2) 收敛-约束法。按照弹塑-黏弹性理论推导出公式后，建立以洞周位移为横坐标、支护结构反力为纵坐标的坐标系，绘制出反映地层受力变形特征的围岩特征曲线；并按结构力学原理在同一坐标系内绘制出反映衬砌结构受力变形的支护结构特征曲线，得出两条曲线的交点。最后根据交点处的支护结构抗力值进行衬砌结构设计。

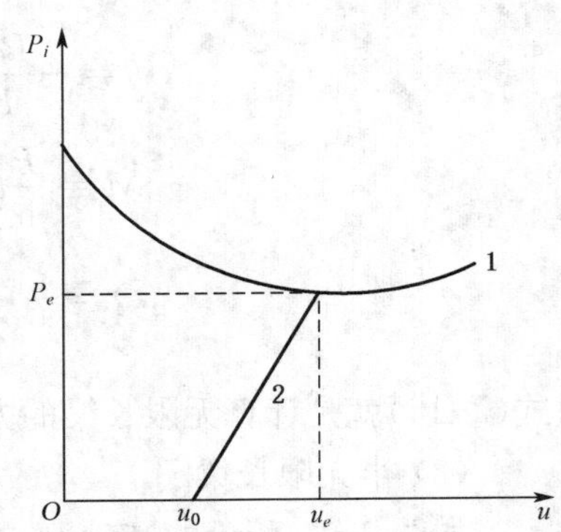

图 2-12　收敛-约束法原理示意图

图 2-12 为收敛-约束法原理的示意图，曲线 1 为地层收敛线，直线 2 为支护结构特征线。两条线的交点的纵坐标 P_e 即作用在支护结构上的最终地层压力，横坐标 u_e 则为衬砌变

形的最终位移。因洞室开挖后一般需隔开一段时间后才修筑衬砌，图中以 u_0 值表示洞周地层在衬砌修筑前已经发生的初始自由变形值。

软岩地下洞室、大跨度地下洞室和特殊洞形的地下洞室较适合采用收敛-约束法进行设计。

(3) 剪切滑移楔体法。这种方法源于 Robcewicz 提出的"剪切破坏理论"。该理论认为，围岩稳定性丧失主要发生在洞室与主应力方向垂直的两侧，并形成剪切滑移楔体。当侧压力系数小于 1 时，地下洞室开挖时岩体的破坏过程经历了两个阶段：首先在剪切作用下，两侧壁的楔体岩块分离，并向洞内移动，随后由于楔形岩块的滑移造成岩体跨度加大，上下岩体向洞内挠曲变形，直至滑移(图 2-13)。以支护抗力与塑性滑移楔体的滑移力相等作为平衡条件，进行衬砌结构设计。由于该方法假设条件多，数学推演并不十分严格，因而只是一种近似的工程计算方法。

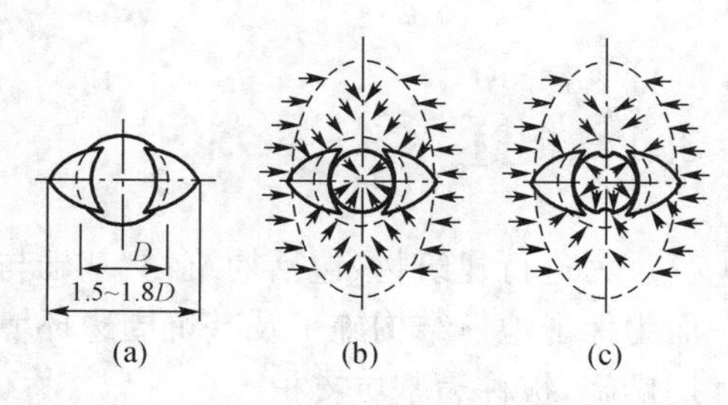

图 2-13　剪切滑移楔体法示意图

本章小结

由于地下结构赋存环境的复杂性，作用于地下结构的荷载具有多样性、不确定性和随机性。本章介绍作用于地下结构的荷载种类、组合形式以及荷载的确定方法。阐述了目前常用的地下结构计算方法。目前我国的设计方法主要以荷载-结构模型、地层-结构模型、经验类比模型和收敛-约束模型为主，简要介绍了荷载-结构模型中的弹性地基梁法，主要描述了荷载-结构模型和地层-结构的设计原理和计算方法。

复习思考题

2-1　简述地下结构计算理论的发展过程。

2-2　简述地下结构计算方法的类型及其含义。

2-3　在计算弹性地基梁时，对地基有哪几种假设？

2-4　短梁和长梁是如何划分的？

2-5　简述长梁和短梁的计算步骤。

2-6　简述荷载-结构法、地层-结构法的基本含义和主要区别。

3 深基坑工程概述

3.1 概述

为进行建筑物(包括构筑物)基础与地下室的施工所开挖的地面以下空间称为建筑基坑。而为保证地下结构施工及基坑周边环境的安全,对基坑侧壁及周边环境采用的支挡、加固与保护措施,被称为基坑支护。

基坑支护是地下工程施工中内容丰富而富于变化的领域,是一项风险工程,也是一门综合性很强的学科,它涉及工程地质、土力学、基础工程、结构力学、原位测试技术、施工技术、土与结构相互作用以及环境岩土工程等多学科问题。

基坑土方开挖的施工工艺一般有两种:放坡开挖(无支护开挖)和在支护体系保护下开挖(有支护开挖)。前者简单、经济,但需具备放坡开挖的条件——基坑不太深而且基坑平面之外有足够的空间供放坡使用。

随着经济的发展,城市化步伐的加快,为满足日益增长的市民出行、轨道交通换乘、商业、停车等功能的需要,在用地愈发紧张的密集城市中心,结合城市建设和改造,开发大型地下空间已成为一种必然,大规模的高层建筑地下室、地下商场的建设和大规模的市政工程如地下停车场、大型地铁车站、地下变电站、大型排水及污水处理系统等的施工都面临深基坑工程。从发展趋势看,我国正在建设的高层建筑越来越高,向地下发展越来越深,同时密集的建筑群、超深度的基坑、周围复杂的地下设施都给基坑工程带来了一定的难度,这对基坑工程提出了严峻的挑战。

在国外,圆形基坑的深度已达到74 m(日本),直径最大的达到98 m(日本),而非圆形基坑的深度已达到地下9层(法国);在国内,基坑的平面尺寸与深度在不断增加,基坑的深度主要取决于地下室层数。一般一层地下室的基坑深度大致为4～6 m;两层地下室的基坑深度大致为8～9 m;三层地下室的基坑深度大致为11～12 m;四层地下室的基坑深度大致为14～18 m。目前国内高层建筑最深的地下室基坑为六层,深度为地下26.2 m,如上海的金茂大厦,其基坑平面尺寸为170 m×150 m,基坑开挖深度为19.5 m。

随着城市建设的发展,特别是上世纪90年代以来,基坑工程已成为我国建筑工程界的热点问题之一。基坑工程数量、规模、分布急剧增加,其主要特点如下:

(1) 基坑工程是与众多因素相关的综合技术,如场地勘察,基坑设计、施工、监测,现场管理、相邻场地施工的相互影响等。

(2) 建筑趋向高层化,基坑工程正向大深度、大面积方向发展,有的长度和宽度达百余米,给支撑系统带来较大的难度。

(3) 随着旧城改造的推进,基坑工程经常在已建或在建、密集的或紧靠重要市政设施的建筑群中施工,场地狭窄,邻近常有必须保护的永久性建筑和市政公用设施,不能放坡开挖,对基坑稳定和位移控制的要求很严。地基坑分步施工,其打桩、降水、挖土等各施工环节都会产生相互影响和制约，增加协调工作的难度。

(4) 工程地质条件复杂，城市建设不像水电站、核电站等重要设施那样，可以在广阔地域中选择优越的建设场地，只能根据城市规划需要安置，因此地质条件多样，常遇到较差的地质条件。

(5) 基坑工程施工周期长，从开挖到完成地面以下的全部隐蔽工程，常需经历多次降雨、周边堆载、振动、道路改迁等，对基坑稳定性不利。

(6) 基坑支护型式具有多样性，同时也各有其适用范围和优缺点，相同的地质条件可以采用几种不同支护结构类型，可从各方面相互比较，选取最合适的支护型式。

(7) 基坑工程事故增多，无论地质条件优劣、基坑深浅，都有可能发生事故，造成一定的经济损失，影响居民安定生活。

大量工程实例研究表明，深基坑支护工程目前发展方向可以概括如下：

(1) 基坑向着深、大、周边环境复杂的方向发展，使得深基坑开挖与支护的难度愈来愈大。受地下空间的限制，内支撑或新型锚拉体系使用的越来越多。

(2) 为减少基坑工程带来的环境效应问题，或出于保护地下水资源的需要，基坑一般采用截水帷幕形式进行支护，除地下连续墙外，一般采用高压旋喷桩或深层搅拌桩等方法构筑截水帷幕。

(3) 基坑降水时，为减少因降水引起的地面附加沉降或对邻近建筑物的影响，常采用井点回灌技术。

(4) 在软土地区，为避免基坑底部隆起的踢脚破坏，造成支护结构水平位移加大和邻近建筑物下沉，常采用深层搅拌或注浆技术对基坑底部土体进行加固，以提高支护结构被动区土体强度。

(5) 为减少坑壁土体的侧向变形，可以通过基坑内外双液快速注浆加固土体，也可以对支撑(或拉结)施加预应力，还可以调整挖土进度以及支撑的施工顺序等措施来限制基坑的侧向变形。

目前深基坑支护存在的主要问题：

(1) 支护结构设计中土体的物理力学参数选择不当

深基坑支护结构所承担的土压力大小直接影响其安全度，但由于地质情况多变且十分复杂，要精确地计算土压力目前还十分困难，至今仍在采用库伦公式或朗肯公式。关于土体物理参数的选择是一个非常复杂的问题，尤其是在深基坑开挖后，含水率、内摩擦角和黏聚力三个参数是可变值，很难准确计算出支护结构的实际受力。

在深基坑支护结构设计中，如果对地基土体的物理力学参数取值不准，将对设计的结果产生很大影响。土力学试验数据表明：内摩擦角值相差 5°，其产生的主动土压力明显不同；原状土体的内聚力与开挖后土体的内聚力则差别更大。施工工艺和支护结构形式不同，对土体的物理力学参数的影响也很大。

(2) 基坑土体取样的局限性

在深基坑支护结构设计之前，必须对地基土层进行取样分析，以取得土体比较合理的物理力学指标，为支护结构的设计提供可靠的依据。一般在深基坑开挖区域内，按国家规范的要求进行钻探取样，所取得的土样具有一定的随机性和不完全性。但是，地质构造是极其复杂多变的，取得的土样不可能全面反映土层的真实性。

(3) 基坑开挖存在的空间效应

深基坑开挖中大量的实测资料表明:基坑周边向基坑内发生的水平位移是中间大两边小。深基坑边坡的失稳,常常发生在长边居中的位置,说明深基坑开挖是一个空间问题。传统的深基坑支护结构的设计是按平面应变问题处理的,对一些细长条基坑来讲,这种平面应变假设是比较符合实际的,而对近似方形或长方形的深基坑则差别比较大。所以,在未进行空间问题计算而按平面应变假设设计时,支护结构要适当进行调整,以适应开挖空间效应的要求。

(4) 支护结构设计计算与实际受力不符

深基坑支护结构的设计计算仍基于极限平衡理论,但支护结构的实际受力比较复杂。工程实践证明,有的支护结构按极限平衡理论设计计算的安全系数,从理论上讲是绝对安全的,但有时却仍然发生破坏;有的支护结构安全系数虽然比较小,甚至达不到规范的要求,但在实际工程中却能够满足要求。

极限平衡理论是深基坑支护结构的一种静态设计,而实际上开挖后的土体是一种动态平衡状态,也是一个土体逐渐松弛的过程,随着时间的增长,土体强度逐渐下降,并产生一定的变形,在设计中必须充分考虑到这一点。

3.2 基坑支护结构设计原则

3.2.1 基坑支护结构极限状态

基坑支护结构采用分项系数表示的极限状态设计表达式进行设计,基坑支护结构极限状态可分为下列两类:

承载能力极限状态:对应于支护结构达到最大承载能力或土体失稳过大变形导致支护结构或基坑周边环境破坏。主要表现为支护结构构件材料强度破坏、过度变形而不适于继续承受荷载、出现压屈、局部失稳;支护结构及土体整体滑动;坑底土体隆起而丧失稳定;推移、滑移或倾覆;地下水渗流造成的渗透破坏等。

正常使用极限状态:对应于支护结构的变形已妨碍地下结构施工或影响基坑周边环境的正常使用功能。主要表现为周边建(构)筑物、地下管线、道路等损坏或位移,影响其正常使用的支护结构位移等;影响地下结构正常施工的地下水渗流、支护位移。

根据承载能力极限状态和正常使用极限状态的设计要求,支护结构、基坑周边建筑物和地面沉降、地下水控制的计算和验算应采用下列设计表达式:

1) 承载能力极限状态:

(1) 支护结构构件或连接因超过材料强度或过度变形的承载能力极限状态设计,应符合下式要求:

$$\gamma_0 S_d \leqslant R_d \tag{3-1}$$

式中 γ_0——支护结构重要性系数,应按表格 3-1 采用;

S_d——作用基本组合的效应(轴力、弯矩等)设计值;

R_d——结构构件的抗力设计值。

对临时性支护结构，作用基本组合的效应设计值应按下式确定：

$$S_{\mathrm{d}} = \gamma_{\mathrm{F}} S_k \tag{3-2}$$

式中　γ_{F}——作用基本组合的综合分项系数，一般不小于1.25；

S_k——作用标准组合的效应。

(2) 坑体滑动、坑底隆起、挡土构件嵌固段推移、锚杆与土钉拔动、支护结构倾覆与滑移、基坑土的渗透变形等稳定性计算和验算，均应符合下式要求：

$$\frac{R_k}{S_k} \geqslant K \tag{3-3}$$

式中　R_k——抗滑力、抗滑力矩、抗倾覆力矩、锚杆和土钉的极限抗拔承载力等土的抗力标准值；

S_k——滑动力、滑动力矩、倾覆力矩、锚杆和土钉的拉力等作用标准值的效应；

K——稳定性安全系数。

2) 正常使用极限状态

由支护结构的位移、基坑周边建筑物和地面的沉降等控制的正常使用极限状态设计，应符合下式要求：

$$S_{\mathrm{d}} \leqslant C \tag{3-4}$$

式中　S_{d}——作用标准组合的效应(位移、沉降等)设计值；

C——支护结构的位移、基坑周边建筑物和地面的沉降的限值。

基坑支护结构设计应根据表3-1选用相应的侧壁安全等级及重要性系数。对支护结构安全等级采用原则性划分方法而未采用定量划分方法，是考虑到基坑深度、周边建筑物距离、埋深、结构及基础形式，土的性状等因素对破坏后果的影响程度难以用统一标准界定，不能保证普遍适用，定量化的方法对具体工程可能会出现不合理的情况。

表3-1　侧壁安全等级及重要性系数

安全等级	破坏后果	重要性系数 γ_0
一级	支护结构失效、土体过大变形对基坑周边环境或主体结构施工安全的影响很严重	1.10
二级	支护结构破坏、土体失稳或过大变形对基坑周边环境及地下结构施工影响严重	1.00
三级	支护结构破坏、土体失稳或过大变形对基坑周边环境及地下结构施工影响不严重	0.90

注：有特殊要求的建筑基坑侧壁安全等级可根据具体情况另行确定。

支护结构内力设计值可表示如下：

弯矩设计值 M

$$M = \gamma_0 \gamma_{\mathrm{F}} M_k \tag{3-5}$$

剪力设计值 V

$$V = \gamma_0 \gamma_{\mathrm{F}} V_k \tag{3-6}$$

轴向力设计值 N

$$N=\gamma_0\gamma_F N_k \tag{3-7}$$

式中 M_k——按作用标准组合计算的弯矩值(kN·m)；

V_k——按作用标准组合计算的剪力值(kN)；

N_k——按作用标准组合计算的轴向拉力或轴向压力值(kN)。

3.2.2 基坑支护结构设计的勘察要求

在主体建筑地基的初步勘察阶段和详细勘察阶段，应根据岩土工程条件，进行勘察和室内试验，提出基坑支护的建议方案。

(1) 勘察范围应根据开挖深度及场地的岩土工程条件确定：基坑外布置勘探点其范围不宜小于基坑深度的1倍；当需要采用锚杆时，基坑外勘探点的范围不宜小于基坑深度的2倍；对于软土，勘察范围尚宜扩大。

(2) 基坑周边勘探孔的深度不宜小于基坑深度的2倍，基坑面以下存在软弱土层或承压含水层时，勘探孔深度应穿过软弱土层或承压含水层。

(3) 勘探点间距应视地层条件而定，可在15～25 m内选择，地层变化较大时，应增加勘探点，查明分布规律。

场地水文地质勘察应达到以下要求：

(1) 查明开挖范围及邻近场地地下水含水层和隔水层的层位、埋深和分布情况，查明各含水层(包括上层滞水、潜水、承压水)的补给条件和水力联系。

(2) 测量场地各含水层的渗透系数和渗透影响半径。

(3) 分析施工过程中水位变化对支护结构和基坑周边环境的影响，提出应采取的措施。

3.2.3 土的抗剪强度指标规定

各类稳定性验算时，土的抗剪强度指标类别应符合下列规定：

(1) 对地下水位以上的各类土，土压力计算、土的滑动稳定性验算时，对黏性土、黏质粉土，土的抗剪强度指标应采用三轴固结不排水抗剪强度指标 c_{cu}、φ_{cu}或直剪固结快剪强度指标 c_{cq}、φ_{cq}；对砂质粉土、砂土、碎石土，土的抗剪强度指标应采用有效应力强度指标 c'、φ'。

(2) 对地下水位以下的黏性土、黏质粉土，可采用土压力、水压力合算方法，土压力计算、土的滑动稳定性验算可采用总应力法；此时，对正常固结和超固结土，土的抗剪强度指标应采用三轴固结不排水抗剪强度指标 c_{cu}、φ_{cu}或直剪固结快剪强度指标 c_{cq}、φ_{cq}，对欠固结土，宜采用有效自重压力下预固结的三轴不固结不排水抗剪强度指标 c_{uu}、φ_{uu}；

(3) 对地下水位以下的砂质粉土、砂土和碎石土，应采用土压力、水压力分算方法。土压力计算、土的滑动稳定性验算应采用有效应力法，此时，土的抗剪强度指标应采用有效应力强度指标 c'、φ'。对砂质粉土，缺少有效应力强度指标时，也可采用三轴固结不排水抗剪强度指标 c_{cu}、φ_{cu}或直剪固结快剪强度指标 c_{cq}、φ_{cq}代替；对砂土和碎石土，有效应力强度指标 φ'可根据标准贯入试验实测击数和水下休止角等物理力学指标取值；

土压力、水压力采用分算方法时，水压力可按静水压力计算；当地下水渗流时，宜按渗流理论计算水压力和土的竖向有效应力；当存在多个含水层时，应分别计算各含水层的水压力。

3.3 支护结构方案及选择

3.3.1 常用的支护形式及使用条件

基坑支护包括两个主要功能:一是挡土,二是止水。目前工程所采用的支护结构型式多样,通常可分为桩(墙)式支护体系和重力式支护体系两大类,根据不同的工程类型和具体情况又可派生出各种支护结构型式,且其分类方法众多。

在基坑工程实践中,围护结构形成了多种成熟的类型,每种类型在适用条件、工程经济性和工期等方面各有侧重,且围护结构形式的选用直接关系到工程的安全性、工期和造价,因此需根据每个工程特性和各种围护结构的特点,综合考虑基坑周边环境、开挖深度、工程地质与水文地质、施工作业设备和施工季节等条件,合理选用周边围护结构类型,表 3-2 列出了常用的支护形式及适用条件。

现行规范推荐按表 3-2 选用支护结构类型。

表 3-2 支护结构选型表

<table>
<tr><th colspan="2" rowspan="2">结构类型</th><th colspan="3">适用条件</th></tr>
<tr><th>安全等级</th><th colspan="2">基坑深度、环境条件、土类和地下水条件</th></tr>
<tr><td rowspan="5">支挡式结构</td><td>锚拉式结构</td><td rowspan="5">一级
二级
三级</td><td>适用于较深的基坑</td><td rowspan="5">1. 排桩适用于可采用降水或截水帷幕的基坑
2. 地下连续墙宜同时用作主体地下结构外墙,可同时用于截水
3. 锚杆不宜用在软土层和高水位的碎石土、砂土层中
4. 当邻近基坑有建筑物地下室、地下构筑物等,锚杆的有效锚固长度不足时,不应采用锚杆
5. 当锚杆施工会造成基坑周边建(构)筑物的损害或违反城市地下空间规划等规定时,不应采用锚杆</td></tr>
<tr><td>支撑式结构</td><td>适用于较深的基坑</td></tr>
<tr><td>悬臂式结构</td><td>适用于较浅的基坑</td></tr>
<tr><td>双排桩</td><td>当锚拉式、支撑式和悬臂式结构不适用时,可考虑采用双排桩</td></tr>
<tr><td>支护结构与主体结构结合的逆作法</td><td>适用于基坑周边环境条件很复杂的深基坑</td></tr>
<tr><td rowspan="4">土钉墙</td><td>单一土钉墙</td><td rowspan="4">二级
三级</td><td>适用于地下水位以上或经降水的非软土基坑,且基坑深度不宜大于 12 m</td><td rowspan="4">当基坑潜在滑动面内有建筑物、重要地下管线时,不宜采用土钉墙</td></tr>
<tr><td>预应力锚杆复合土钉墙</td><td>适用于地下水位以上或经降水的非软土基坑,且基坑深度不宜大于 15 m</td></tr>
<tr><td>水泥土桩垂直复合土钉墙</td><td>用于非软土基坑时,基坑深度不宜大于 12 m;用于淤泥质土基坑时,基坑深度不宜大于 6 m;不宜用在高水位的碎石土、砂土、粉土层中</td></tr>
<tr><td>微型桩垂直复合土钉墙</td><td>适用于地下水位以上或经降水的基坑,用于非软土基坑时,基坑深度不宜大于 12 m;用于淤泥质土基坑时,基坑深度不宜大于 6 m</td></tr>
<tr><td colspan="2">重力式水泥土墙</td><td>二级 三级</td><td colspan="2">适用于淤泥质土、淤泥基坑,且基坑深度不宜大于 7 m</td></tr>
<tr><td colspan="2">放坡</td><td>三级</td><td colspan="2">1. 施工场地应满足放坡条件
2. 可与上述支护结构形式结合</td></tr>
</table>

3.3.2 支撑体系

深基坑工程中的支护结构一般有两种形式,围护墙结合内支撑系统的形式和围护墙结合锚杆的形式。作用在围护墙上的水土压力可以由内支撑传递和平衡，也可以由坑外设置的土层锚杆平衡。内支撑可以直接平衡两端围护墙上所受的侧压力，构造简单，受力明确；锚杆设置在围护墙的外侧，为挖土、结构施工创造了空间，有利于提高施工效率。常见支撑工程图片如图 3-1 所示。

深基坑工程的支撑体系是用来支挡围护墙体，承受墙背侧土层及地面超载在围护墙上的侧压力。内支撑体系是由支撑、围檩、立柱三部分组成，围檩和立柱是根据基坑具体规模、变形要求的不同而设置的，表 3-3 为常见的支撑布置方式及其特点。

表 3-3　支撑布置方式及其特点

布置方式	特　点
斜角撑	平面尺寸不大，且长短边相差不多的基坑宜布置角撑。它的开挖土方空间较大，但变形控制要求不能很高
直撑	钢支撑和钢筋混凝土支撑均可布置；支撑受力明确，安全稳定，有利于墙体的变形控制，但开挖土方较为困难
桁架撑	多采用钢筋混凝土支撑；中部形成大空间，有利于土方开挖和主体结构施工
圆撑	多采用钢筋混凝土支撑；支撑受力条件好；开挖空间大，便于施工
斜撑	开挖面积大、深度小的基坑宜采用；在软弱土层中，不宜控制基坑的稳定和变形
斜拉锚	便于土方开挖和主体结构施工，但仅适用于周边环境具有设锚杆的环境和地质条件

(a) 钢管内对撑

(b) 斜角撑和短方向的直撑

(c) 圆撑

(d) 桁架撑

图 3-1　各种支撑的工程照片

3.4 支护结构上的作用

3.4.1 土压力

1）土压力类型

基坑支护结构上的压力即称为土压力，它是作用于支护工程的主要荷载。土压力的大小和分布主要与土体的物理力学性质、地下水位状况、墙体位移、支撑刚度等因素有关。基坑支护结构上的土压力计算是基坑支护工程设计的第一步骤。

根据支护结构的位移方向和大小的不同，将存在有三种不同极限状态的土压力，如图 3-2 所示，一般分为：静止土压力、主动土压力与被动土压力。

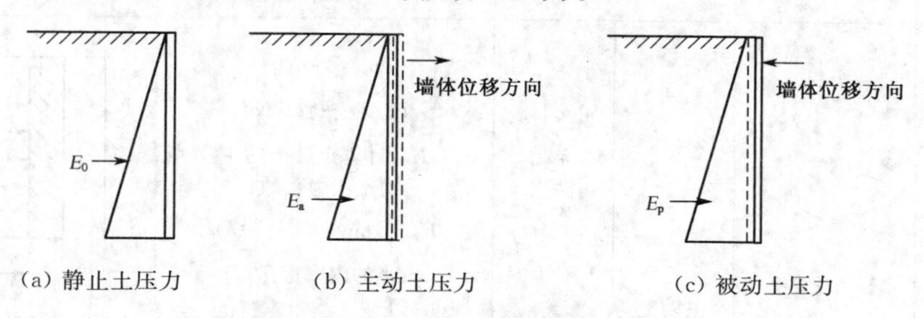

(a) 静止土压力　(b) 主动土压力　(c) 被动土压力

图 3-2　三种不同极限状态的土压力

(1) 静止土压力 E_0

静止土压力是墙体无侧向变位或侧向变位微小时，土体作用于墙面上的土压力。如建筑物地下室的永久外墙，由于横墙与楼板的侧向支承作用，外墙墙体变形很小，可以忽略，则作用于墙上的土压力可认为是静止土压力。

(2) 主动土压力 E_a

主动土压力是墙体在墙后土体作用下发生背离土体方向的变位(水平位移或转动)达到极限平衡时的最小土压力。

支护结构在土压力的作用下，将向基坑内移动或绕前趾向基坑内转动。墙体受土体的推力而发生位移，土中发挥的剪切阻力可使土压力减小。位移越大，土压力值越小，一直到土的抗剪强度完全发挥出来，即土体已达到主动极限平衡状态，以致产生了剪切破坏，形成了滑动面，这时土压力处于最小值，称为主动土压力，通常用 E_a 表示。

(3) 被动土压力 E_p

被动土压力是墙体在外力作用下发生向土体方向的变位(水平位移或转动)达到极限平衡时的最大土压力。

基坑支护结构上部在向基坑内移动或绕前趾向基坑内转动时，基坑支护结构开挖面以下部分，由于结构向坑内的可能位移，结构受外力被推向土体，使土体发生变形，土中发挥的剪切阻力可使土对墙的抵抗力增大。墙推向土体的位移越大，土压力值也越大，直到抗剪强度完全发挥出来，即土体达到被动极限平衡状态，以致产生了剪切破坏，形成了另一种滑动面，这时土压力处于最大值，称为被动土压力，通常用 E_p 表示。

计算土压力的经典理论主要有弹性平衡静止土压力理论、朗肯(Rankine)土压力理论和库仑(Coulomb)土压力理论，对常用计算理论的基本假定、计算公式与土压力分布形式如表 3-4 所示。

表 3-4　土压力计算的经典理论汇总表

土压力理论	基本假定	计算公式			土压力分布图
静止土压力理论	地表面水平，墙背竖直、光滑	$p_0=(\gamma z+q)K_0$ $E_0=\frac{1}{2}\gamma H^2K_0$ γ：土的重度(kN/m³)；z：计算点深度(m)； q：地面均布超载(kPa)；H：围护墙高度； K_0：计算点处土的静止土压力系数			z H p_0 E_0 $H/3$ γHK_0
朗肯土压力理论	地表面水平，墙背竖直、光滑	主动土压力	无黏性土	$p_a=\gamma zK_a$ $E_a=\frac{1}{2}\gamma H^2K_a$ K_a:计算点处土的主动土压力系数； $K_a=\tan^2(45°-\frac{\varphi}{2})$ φ:土的内摩擦角(°)	z H p_a E_a $H/3$ γHK_a
			黏性土	$p_a=\gamma zK_a-2c\sqrt{K_a}$ $E_a=\frac{1}{2}\gamma(H-z_0)^2K_a$ $z_0=\frac{2c}{\gamma\sqrt{K_a}}$ c:土的黏聚力(kPa)	$2c\sqrt{K_a}$ z_0 z H p_a E_a $(H-z_0)/3$ $\gamma HK_a-2c\sqrt{K_a}$
		被动土压力	无黏性土	$p_p=\gamma zK_p$ $E_p=\frac{1}{2}\gamma H^2K_p$ K_p:计算点处土的被动土压力系数 $K_p=\tan^2\left(45°+\frac{\varphi}{2}\right)$	z H p_p E_p $H/3$ γHK_p
			黏性土	$p_p=\gamma zK_p+2c\sqrt{K_p}$ $E_p=\frac{1}{2}\gamma H^2K_p+2cH\sqrt{K_p}$	$2c\sqrt{K_p}$ z H p_p E_p $H/3$ $\gamma HK_p+2c\sqrt{K_p}$

在基坑工程中，主动土压力极限状态一般较易达到，而达到被动土压力极限状态则需要较大的土体位移，如图3-3所示，因此，应根据围护墙与土体的位移情况和采取的施工措施等因素确定土压力的计算状态。设计时的土压力取用值应根据围护墙与土体的位移情况分别取主动土压力极限值、被动土压力极限值或主动土压力提高值、被动土压力降低值(如采用弹性地基反力)等。对于无支撑或锚杆的基坑支护(如板桩、重力式挡墙等)，其土压力通常可以按极限状态的主动土压力进行计算；当对支护结构水平位移有严格限制时，如出于环境保护要求对基坑变形有严格限制，采用了刚度大的支护结构体系或本身刚度较大的圆形基坑支护结构等，墙体的变位不容许土体达到极限平衡状态，此时主动侧的土压力值将高于主动土压力极限值。对此，设计时宜采用提高的主动土压力值，提高的主动土压力强度值理论上介于主动土压力强度 p_a 与静止土压力强度 p_0 之间。对环境位移限制非常严格或刚度很大的圆形基坑，可将主动侧的土压力取为静止土压力值。

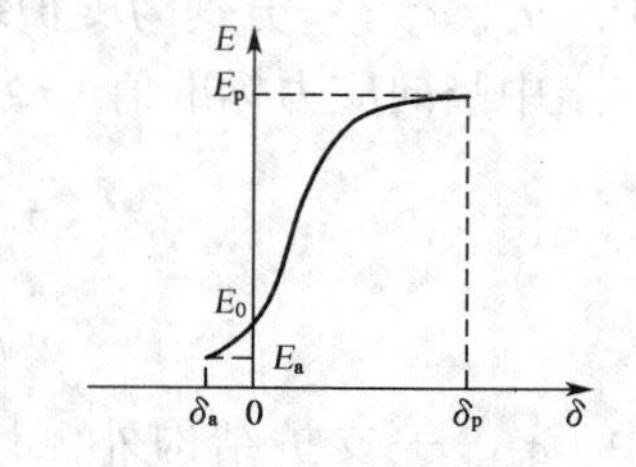

图 3-3　土压力与支护结构水平位移的关系

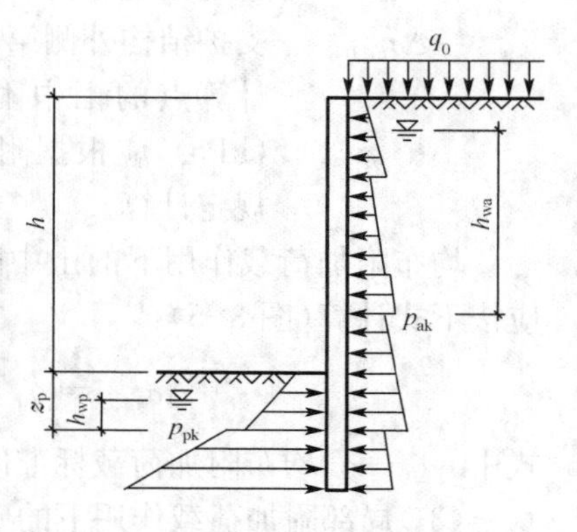

图 3-4　土压力计算简图

2）规程规定的荷载和抗力计算方法

作用在支护结构外侧、内侧的主动土压力强度标准值、被动土压力强度标准值宜按下列公式计算(图 3-4)：

(1) 对于地下水位以上或水土合算的土层

$$p_{ak} = \sigma_{ak} K_{a,i} - 2c_i \sqrt{K_{a,i}} \tag{3-8}$$

$$K_{a,i} = \tan^2\left(45° - \frac{\varphi_i}{2}\right) \tag{3-9}$$

$$p_{pk} = \sigma_{pk} K_{p,i} + 2c_i \sqrt{K_{p,i}} \tag{3-10}$$

$$K_{p,i} = \tan^2\left(45° + \frac{\varphi_i}{2}\right) \tag{3-11}$$

式中　p_{ak} ——支护结构外侧，第 i 层土中计算点的主动土压力强度标准值(kPa)；当 $p_{ak} < 0$ 时，应取 $p_{ak} = 0$；

σ_{ak}、σ_{pk} ——分别为支护结构外侧、内侧计算点的土中竖向应力标准值(kPa)；

$K_{a,i}$、$K_{p,i}$—— 分别为第 i 层土的主动土压力系数、被动土压力系数；

c_i、φ_i——第 i 层土的粘聚力(kPa)、内摩擦角(°)，按 3.2.3 的规定取值；

p_{pk}——支护结构内侧，第 i 层土中计算点的被动土压力强度标准值(kPa)。

(2) 对于水土分算的土层

$$p_{ak} = (\sigma_{ak} - u_a) K_{a,i} - 2c_i \sqrt{K_{a,i}} + u_a \tag{3-12}$$

$$p_{pk} = (\sigma_{pk} - u_p) K_{p,i} + 2c_i \sqrt{K_{p,i}} + u_p \tag{3-13}$$

式中　u_a、u_p——分别为支护结构外侧、内侧计算点的水压力(kPa)。

土中竖向应力标准值(σ_{ak}、σ_{pk})应按下式计算:

$$\sigma_{ak} = \sigma_{ac} + \sum \Delta\sigma_{k,j} \tag{3-14}$$

$$\sigma_{pk} = \sigma_{pc} \tag{3-15}$$

式中　σ_{ac}——支护结构外侧计算点,由土的自重产生的竖向总应力(kPa);

σ_{pc}——支护结构内侧计算点,由土的自重产生的竖向总应力(kPa);

$\Delta\sigma_{k,j}$——支护结构外侧第 j 个附加荷载作用下计算点的土中附加竖向应力标准值(kPa),应根据附加荷载类型,按以下规定计算。

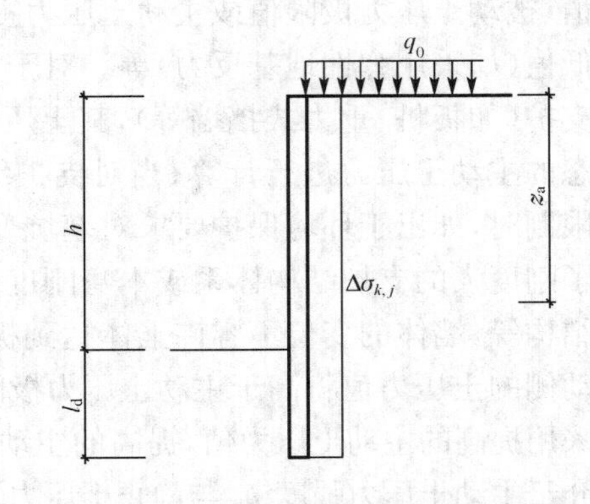

图 3-5　均布竖向附加荷载作用下的土中附加竖向应力计算

均布附加荷载作用下的土中附加竖向应力标准值应按下式计算(图 3-5):

$$\Delta\sigma_{k,j} = q_0 \tag{3-16}$$

式中　q_0——均布附加荷载标准值(kPa)。

(3)局部附加荷载作用下的土中附加竖向应力标准值,根据计算点的深度,按照下列规定计算:

① 对于条形基础下的附加荷载(图 3-6a):

当 $d + a/\tan\theta \leqslant z_a \leqslant d + (3a+b)/\tan\theta$ 时

$$\Delta\sigma_{k,j} = \frac{p_0 b}{b+2a} \tag{3-17}$$

式中　p_0——基础底面附加压力标准值(kPa);

d——基础埋置深度(m);

b——基础宽度(m);

a——支护结构外边缘至基础的水平距离(m);

θ——附加荷载的扩散角,宜取 $\theta=45°$;

z_a——支护结构顶面至土中附加竖向应力计算点的竖向距离。

当 $z_a < d + a/\tan\theta$ 或 $z_a > d + (3a+b)/\tan\theta$ 时,取 $\Delta\sigma_{k,j} = 0$。

② 对于矩形基础下的附加荷载(图 3-6a):

当 $d + a/\tan\theta \leqslant z_a \leqslant d + (3a+b)/\tan\theta$ 时

$$\Delta\sigma_{k,j} = \frac{p_0 bl}{(b+2a)(l+2a)} \tag{3-18}$$

式中　b——与基坑边垂直方向上的基础尺寸(m);

l——与基坑边平行方向上的基础尺寸(m)。

当 $z_a < d + a/\tan\theta$ 或 $z_a > d + (3a+b)/\tan\theta$ 时,取 $\Delta\sigma_{k,j} = 0$。

③ 对作用在地面的条形、矩形附加荷载，计算土中附加竖向应力标准值 $\Delta\sigma_{k,j}$ 时，应取 $d=0$（图 3-6b）。

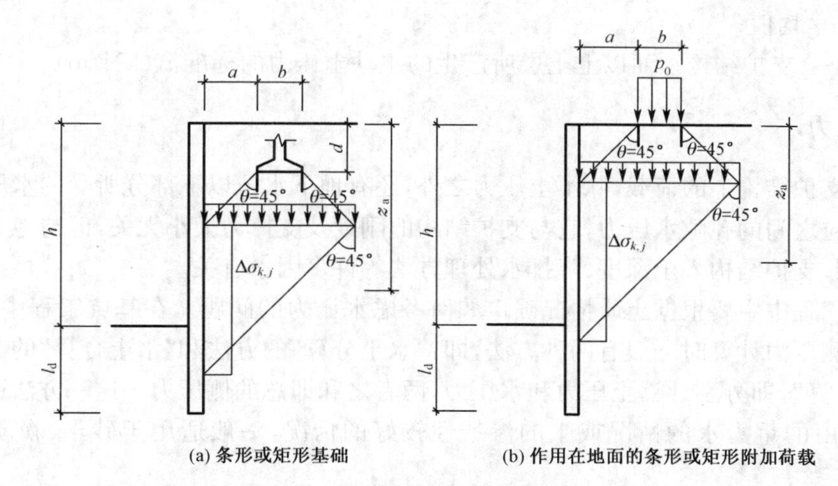

图 3-6　局部附加荷载作用下的土中附加竖向应力计算

④ 当支护结构的挡土构件顶部低于地面，其上方采用放坡时，挡土构件顶面以上土层对挡土构件的作用宜按库仑土压力理论计算，也可将其视作附加荷载并按下列公式计算土中附加竖向应力标准值（图 3-7）：

（Ⅰ）当 $a/\tan\theta \leqslant z_a \leqslant (a+b_1)/\tan\theta$ 时

$$\Delta\sigma_{k,j}=\frac{\gamma_m h_1}{b_1}(z_a-a)+\frac{E_{ak1}(a+b_1-Z_a)}{K_{am}b_1^2} \tag{3-19}$$

$$E_{ak1}=\frac{1}{2}\gamma_m h_1^2 K_{am}-2c_m h_1\sqrt{k_{am}}+\frac{2c_m^2}{\gamma_m} \tag{3-20}$$

（Ⅱ）当 $z_a>(a+b_1)/\tan\theta$ 时

$$\Delta\sigma_{k,j}=\gamma_m h_1 \tag{3-21}$$

（Ⅲ）当 $z_a<a$ 时

$$\Delta\sigma_{k,j}=0 \tag{3-22}$$

式中　z_a——支护结构顶面至土中附加竖向应力计算点的竖向距离（m）；

a——支护结构外边缘至放坡坡脚的水平距离（m）；

b_1——放坡坡面的水平尺寸（m）；

h_1——地面至支护结构顶面的竖向距离（m）；

γ_m——支护结构顶面以上土的重度（kN/m^3），对多层土取各层土按厚度加权的平均值；

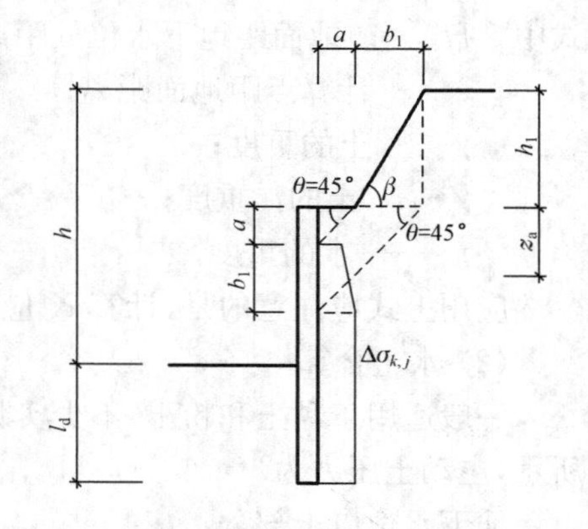

图 3-7　挡土构件顶部以上放坡时土中附加竖向应力计算

c_m——支护结构顶面以上土的粘聚力(kPa),对多层土取各层土按厚度加权的平均值;

K_{am}——支护结构顶面以上土的主动土压力系数,对多层土取各层土按厚度加权的平均值;

E_{ak1}——支护结构顶面以上土层所产生的主动土压力的标准值(kN/m)。

3.4.2 水压力

作用在支护结构上的荷载,除了土压力之外,还有地下水位以下部分所受的水压力。水压力就是土颗粒之间的孔隙水压力,它与支护结构的刚度及支撑力大小无关,但与地下水的补给量、土质类别、支护结构入土深度、降排水处理方法等许多因素有关。

在实际工程中主要根据土质情况确定如何考虑水压力的问题。在基坑工程中,地下水位以下的土体侧压力计算时一般有两种方法,即:"水土分算"的方法和"水土合算"的方法。

"水土分算",即分别计算土压力和水压力,两者之和即总的侧压力。这一方法适用于土孔隙中存在自由的重力水的情况或土的渗透性较好的情况,一般适用于砂土、粉质土和粉质黏土。

"水土合算"的方法认为土孔隙中不存在自由的重力水,而存在结合水,不传递静水压力,以土粒与孔隙水共同组成的土体作为对象,直接用土的饱和重度计算侧压力,这一原则适用于不透水的黏土层。

(1) 水土分算

对无地下水渗漏的永久性地下结构,即使有附加应力,地下孔隙水压力的分布最终和静水压力相一致,可采用"水土分算"。对临时性支护工程,砂性土地基一般也应采用"水土分算"。

采用"水土分算"时,作用在支护结构上的侧压力计算(如图 3-8)可采用下面公式:

地下水位以上部分:

$$p_a = \gamma z K_a \tag{3-23}$$

地下水位以下部分:

$$p_a = K_a[\gamma H_1 + \gamma'(z - H_1)] + \gamma_w(z - H_1) \tag{3-24}$$

式中 H_1—— 地面距地下水位处距离;

z—— 计算点距地面距离;

γ—— 土的重度;

γ'—— 土的浮重度;

γ_w—— 水的重度。

应用上式应注意的是,计算 K_a应采用土的有效抗剪强度指标 c'、φ'。

(2) 水土合算

一般适用于黏土和粉土,不少实测资料证实,对这种土采用水土合算是合适的。如图 3-9 所示,主动土压力为

地下水位以上部分:

$$p_a = \gamma z K_a \tag{3-25}$$

地下水位以下部分：

$$p_a = K'_a[\gamma H_1 + \gamma_{sat}(z - H_1)] \tag{3-26}$$

式中 γ_{sat}—— 土的饱和重度；

K'_a—— 水位以下土的主动土压力系数。

计算 K'_a时，土的强度指标应采取总应力指标 c、φ 值进行计算。

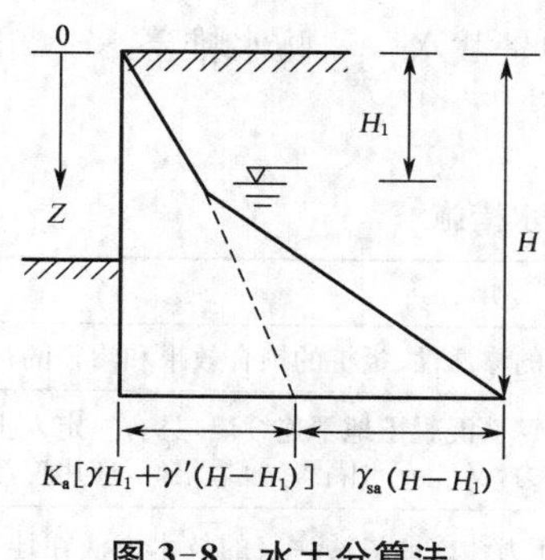

图 3-8　水土分算法

0
Z
H_1
H
$\gamma H_1 K_a$
$\gamma H_1 K_a$
$\gamma_{sat}(H-H_1)K_a$

图 3-9　水土合算法

3.5　基坑工程地下水的作用与处理

开挖基坑时，土的含水层常被挖土的行为切断，地下水就会渗流到基坑内，因此，做好基坑的降水、防水工作，使坑底保持干燥，成为深基坑开挖和支护的重要任务。

3.5.1　地下水的基本性质

地下水泛指一切存在于地表以下的水，其渗入和补给与邻近的江、河、湖、海有密切联系，受大气降水的影响，并随着季节变化。地下水根据埋藏条件可以分为包气带水、潜水和承压水。包气带水位于地表最上部的包气带中，受气候影响很大。潜水和承压水储存于地下水位以下的饱水带中，是基坑开挖时工程降水的主要对象。潜水则是指位于饱水带中第一个具有自由表面的含水层中的水，是无压水。承压水是指充满于两个隔水层之间的含水层中的水，具有承压性。

地下水在土中的流动称为渗流。两点间的水头差与渗透过程长度之比，称为水力坡度，并以 I 表示，$I=(H_1-H_2)/L$，水力坡度 $I=1$ 时的渗透速度称为渗透系数 K，常用 m/d, m/s 等表示。

土的渗透系数 K 的大小，影响降水方法的选用，K 是计算涌水量的重要参数，表 3-5 为岩土透水性等级表。

表 3-5　岩土透水性等级表

透水性等级	极强透水性	强透水性	中透水性	弱透水性	微透水性	不透水性
渗透系数 K(m/s)	$>10^{-2}$	$10^{-4}\sim10^{-2}$	$10^{-6}\sim10^{-4}$	$10^{-7}\sim10^{-6}$	$10^{-8}\sim10^{-7}$	$<10^{-8}$
土类	巨砾	砂砾、卵石	砂、砂砾	粉土、粉砂	黏土、粉土	黏土

基坑在开挖过程中受到周围土体、地表荷载和坑底承压水的浮托力等各种荷载的作用，往往产生一定的变形和位移，当位移和变形超过基坑支护的承受能力时，基坑就会产生破坏。由于地下水处理不当而造成基坑开挖时，场地里的大量积水和地下水的渗流会影响工程施工，若

坑底和坑壁长期处于地下水淹没的状态下，土体强度降低，则基坑的安全和稳定受到威胁。土壤颗粒细且含水量高的土层中，如粉土、粉砂土层中，主要表现为突涌、流沙和管涌等，因此，基坑施工时经常采用基坑降水来降低地下水位，避免流沙和突涌，防止坑壁土体坍塌，保证施工安全和工程质量。

3.5.2 地下水的处理方法

地下水处理方法可以归结成两种：一种是降水，一种是截水——防水帷幕。

具体详见表 3-6：

表 3-6 基坑工程中的截排水措施

分类	说明	
截水措施	钢板桩	其有效程度取决于土的渗透性、板桩的锁合效果和渗径的长度等因素
	地下连续墙	深基坑工程中常使用钢筋混凝土地下连续墙，具有一定入土深度，既能承受较大的侧向土压力，又能止水隔渗，效果很好，应用广泛
	水泥和化学灌浆帷幕	采用高压喷射注浆，压力注浆或渗透注浆的技术方法在地下形成一道连续帷幕，其有效程度取决于土的颗粒性质，灌浆孔必须一个个紧靠着形成连续的隔水帷幕
	搅拌桩隔水帷幕	采用深层搅拌桩的技术方法施工隔水帷幕，有很好的防渗阻水效果，能有效支撑边坡，应用较广
	冻结法	采用冷冻技术将基坑四周的土层冻结，达到阻水和支撑边坡的目的，适用于淤泥质砂和黏土质砂及砂卵石土；造价昂贵，且一旦失效则补救非常困难，使用较少
排水措施	集水明排	在基坑内部开挖集水井和集水沟，用泵从集水井中抽水的方法疏干基坑，适用于含水层薄，降水深度小且基坑环境简单的弱透水层中的浅基坑
	井点降水	通过对地下水施加作用力来促使地下水排出，使基坑范围内的地下水降至设计水位以下；有克服流沙和稳定边坡的作用，应用十分广泛；常用的井点降水法分为轻型井点、喷射井点、电渗井点和管井井点等，可依据土层的岩性、渗透性和工程特点选用；其中管井井点降水在有流砂和重复挖填方区使用的效果尤佳

井点降水法有轻型井点、喷射井点、电渗井点、管井井点等。各种井点降水法的选择视含水地层、土的渗透系数、降水深度、施工条件和经济分析结果等而定。

从施工的经济性出发，通常将各种方法结合使用。适用地下水控制方法的基坑，其降水可采用管井、真空井点、喷射井点等方法，并宜按表 3-7 的适用条件选用。

表 3-7 各种降水方法的适用条件

方 法	土 类	渗透系数(m/d)	降水深度(m)
管井	粉土、砂土、碎石土	0.1～200.0	不限
真空井点	粘性土、粉土、砂土	0.005～20.0	单级井点＜6 多级井点＜20
喷射井点	粘性土、粉土、砂土	0.005～20.0	＜20

1）管井降水

管井的口径和深度供选择的幅度很大，降水管井口径一般为 200～500 mm，井深可从 10 m到 100 m 以上，单井抽水量可从 1 m^3/h 到 80 m^3/h 以上。管井常采用一井一泵抽水，含水层富水性很强时，如降水井口径够大，也可一井多泵抽水。能够满足对地下水来源比较丰富的砂、砾、卵石和基岩裂隙含水层的工程降水需要。管井降水工艺成熟，设备简单，维护管理便利，故广泛应用于各类工程的降水施工中。

降水管井的目的在于人工降低地下水位，以便基坑开挖达到无水安全作业要求，工程施工结束后，降水管井也就完成使命而报废，因而降水管井是临时的抽水构筑物。

降水管井平面布置，宜符合下列要求：对于长宽比不大的深基坑，宜采取环形封闭式布置。降水管井一般布置在基坑或隧道的外侧，距基坑外缘线不小于 2 m。当降深要求很大，中间部位的水位降深难以满足要求时，也可在基坑内部布置降水管井，通常采用钢管，以防基坑开挖时被破坏。邻近地下水补给边界时，应在地下水补给方向一侧适当加密降水井。降水管井的井位，可根据场地地下管线的实际情况适当调整，当井位移动较大时，应验算不利点的水位降深值。

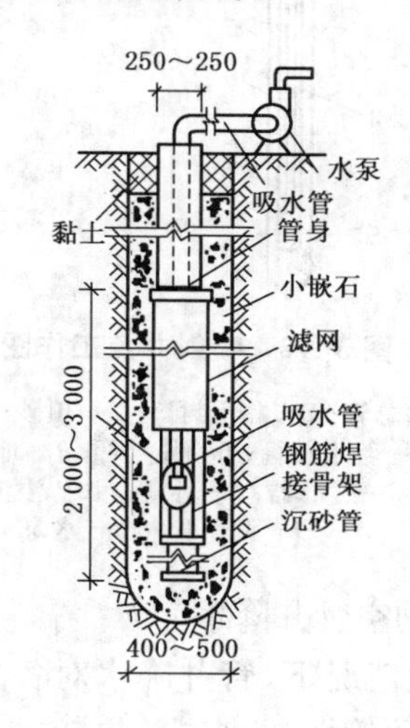

图 3-10　管井构造图（单位：mm）

降水管井的井深，根据降水或降压目的层位置、干扰计算得出的设计动水位深度、井深大小、滤水管工作部分长度及沉淀管的长度确定。降水管井一般都不太深。应注意安泵段井管内径要比选用的水泵泵体直径大 50 mm 以上，否则无法顺利将水泵下入井中。

管井井点系统由井壁管、过滤器、水泵组成，如图 3-10 所示。

2）轻型井点降水

轻型井点系统内井点管、连接管、集水总管及抽水设备等组成，如图 3-11 所示。钻孔孔径常用 250～300 mm，间距 1.2～2.0 m，冲孔深度应超过过滤管管底 0.5 m。井点管采用 38～55 mm 直径的钢管，长度一般为 5～7 m，井点管下部过滤管长度为 1.0～1.7 m。集水总管每节长 4 m，一般每隔 0.8～1.6 m 设一个连接井点管的接头。

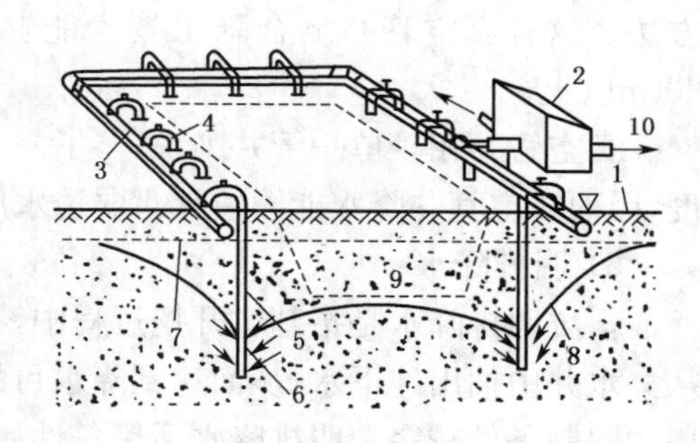

图 3-11　轻型井点降低地下水位

1—地面；2—水泵房；3—总管；4—弯联管；5—井点管；6—油管；7—原有地下水位线；8—降低后地下水位线；9—基坑；10—降水排放河道

3）喷射井点降水

喷射井点由喷射井管、高压水泵和管路组成，以压力水为工作源，如图 3-12 所示。当基坑宽度小于 10 m 时，井点可单排布置，大于 10 m 时，可双排布置。当基坑面积较大时，宜采用环形布置。喷射井点间距 2～3 m，成孔的孔径常用 400～600 mm。间距 3～6 m，冲孔深度超过过滤管管底。

4）电渗井点降水

电渗井点是将井点管井做阴极，以钢管做阳极，阴、阳极用电线连成通路，使孔隙水向阴极方向集中产生电渗现象，如图 3-13 所示。

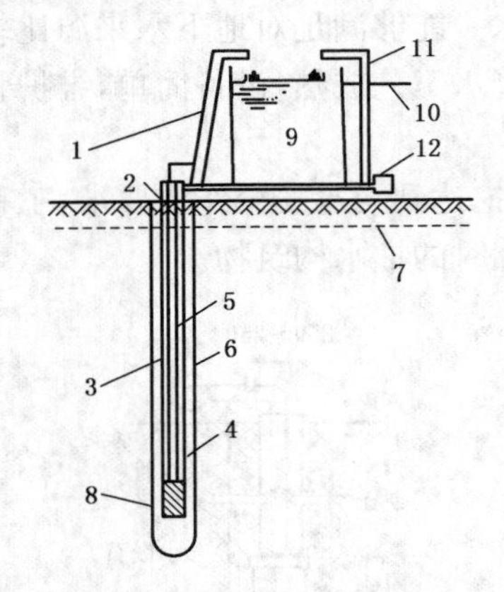

图 3-12　喷射井点工作图

1—排水总管；2—黏土封口；3—填砂；4—喷射器；5—给水总管；6—井点管；7—地下水；8—过滤器；9—水箱；10—溢流管；11—调压管；12—水泵

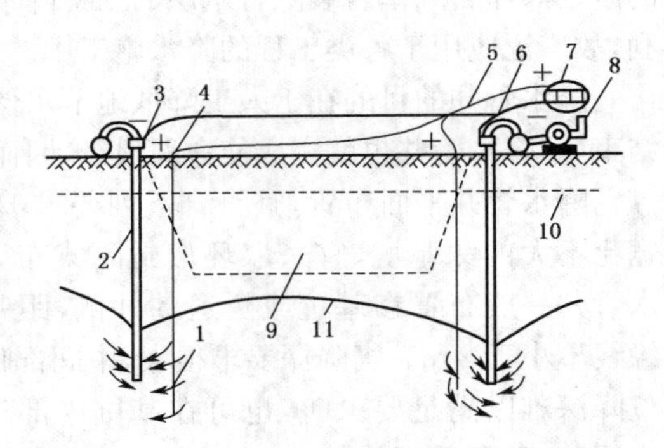

图 3-13　电渗井点布置图

1—阳极；2—阴极；3—连接阴极；4—连接阳极；5—阳极与点击连接电线；6—阴极与发电机连接电线；7—直流发电机；8—水泵；9—基坑；10—原有地下水位线；11—降水后的水位线

5）真空管井降水

一般情况下，管井降水对各类透水性强的砂、砾、卵石含水层十分有效，对于黏质粉土、粉土、粉砂等弱透水层效果较差，其主要原因是弱透水层的毛细作用较强，仅靠重力作用地下水难以形成井流。真空管井降水在管井基础上，对井管抽真空，在以井管为中心的一定范围的含水层施加负压，迫使弱透水层中地下水流入井中，再通过潜水泵抽水的一种降水方法。这种真空管井复合降水技术能够较好地解决弱透水层的疏干问题，降水深度可达 30 m以上。

真空管井相较单一管井来说，多了一套抽真空系统，相当于加大了地下水流向井的水力梯度，因而真空管井降水能缩短针对弱透水层的预降水时间，并提高降水效果。

6）明排降水

基坑明排降水是指基坑开挖过程中，在基坑周边开挖排水沟并设置一定数量集水井，然后从集水井中抽出地下水，从而达到降水目的。这种降水方法设施简单，成本低，管理方便，但使用的限制条件较多。明排降水适用条件如下：地下水类型一般为上层滞水或薄层潜水含水层，含水层渗透性能较差。对于渗透性能较强的含水层，通常不能采用明排降水方法。一般适用于浅基坑降水或隧道内排出残留水，降水深度不大于 2 m，降水时间不宜过长。含水层土质密实，坑壁稳定，不会产生流砂、管涌等渗透破坏。

3.5.3　地下工程降水设计计算

1）基坑涌水量

按照图 3-14，根据井底所处位置地下水的性质和隔水层的关系，可以将井分为承压完整井、承压非完整井、无压完整井、无压非完整井。

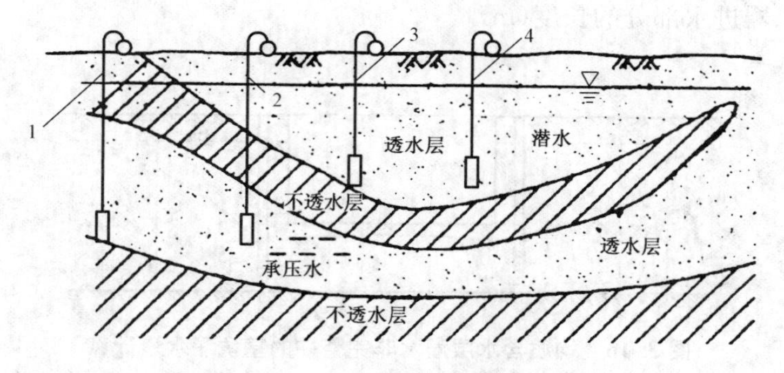

图 3-14　地下水的性质和隔水层的关系

1—承压完整井；2—承压非完整井；3—无压完整井；4—无压非完整井

(1) 群井按大井简化时，均质含水层潜水完整井的基坑降水总涌水量可按下列公式计算(图 3-15)：

$$Q = \pi k \frac{(2H - s_d)s_d}{\ln\left(1 + \frac{R}{r_0}\right)} \tag{3-27}$$

式中　Q——基坑降水总涌水量(m^3/d)；

k——渗透系数(m/d)；

H——潜水含水层厚度(m)；

s_d——基坑水位降深(m)；

R——降水影响半径(m)；

r_0——基坑等效半径(m)；可按 $r_0 = \sqrt{A/\pi}$ 计算，此处，A 为基坑面积(m^2)。

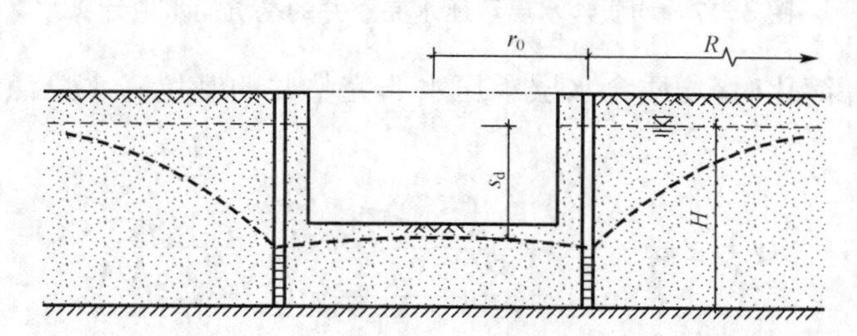

图 3-15　均质含水层潜水完整井的基坑涌水量计算

(2) 群井按大井简化时，均质含水层潜水非完整井的基坑降水总涌水量可按下列公式计算(图 3-16)：

$$Q = \pi k \frac{H^2 - h^2}{\ln\left(1 + \frac{R}{r_0}\right) + \frac{h_m - l}{l}\ln\left(1 + 0.2\frac{h_m}{r_0}\right)} \tag{3-28}$$

式中　$h_m = \frac{H + h}{2}$；

h——降水后基坑内的水位高度(m)；

l——过滤器进水部分的长度(m)。

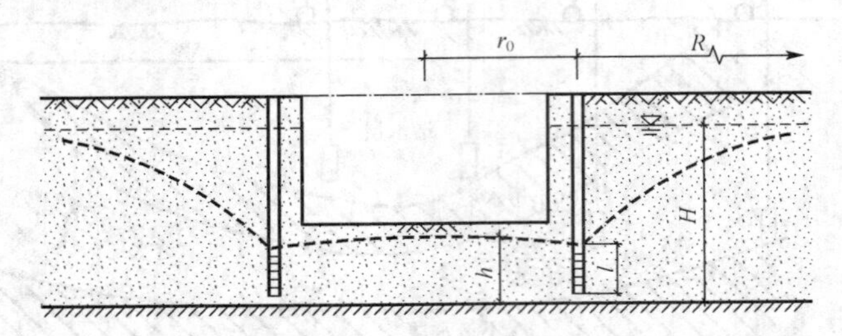

图 3-16　均质含水层潜水非完整井的基坑涌水量计算

(3) 群井按大井简化时，均质含水层承压水完整井的基坑降水总涌水量可按下列公式计算(图 3-17)：

$$Q = 2\pi k \frac{Ms_{\mathrm{d}}}{\ln\left(1 + \frac{R}{r_0}\right)} \tag{3-29}$$

式中　M——承压水含水层厚度(m)。

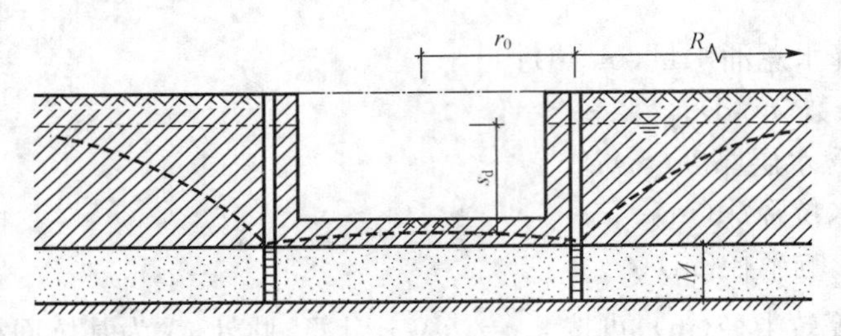

图 3-17　均质含水层承压水完整井的基坑涌水量计算

(4) 群井按大井简化时，均质含水层承压水非完整井的基坑降水总涌水量可按下式计算(图 3-18)：

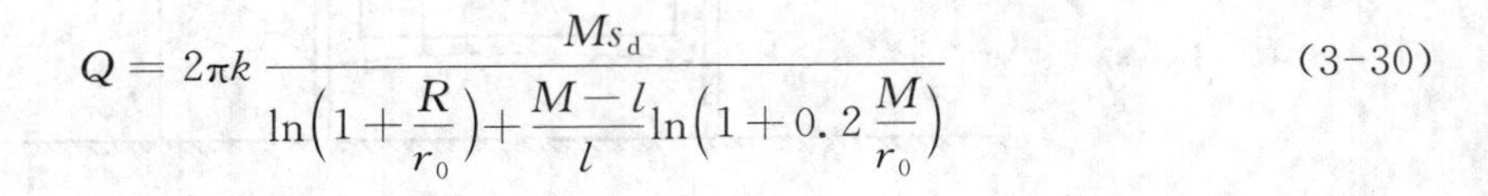

$$Q = 2\pi k \frac{Ms_{\mathrm{d}}}{\ln\left(1 + \frac{R}{r_0}\right) + \frac{M - l}{l}\ln\left(1 + 0.2\frac{M}{r_0}\right)} \tag{3-30}$$

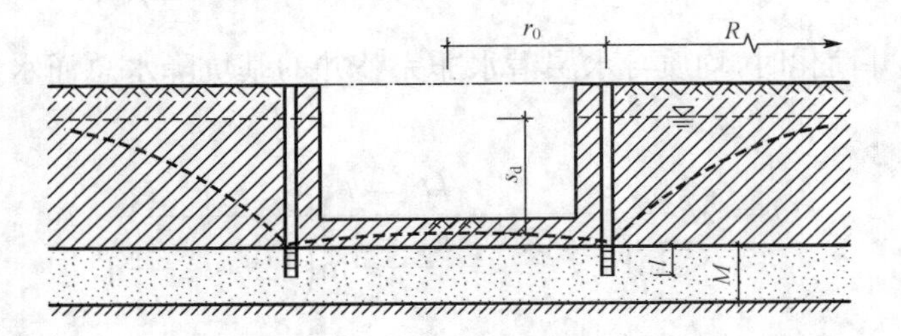

图 3-18　均质含水层承压水非完整井的基坑涌水量计算

(5) 群井按大井简化时，均质含水层承压水～潜水完整井的基坑降水总涌水量可按下式计算(图 3-19)：

$$Q = \pi k \frac{(2H_0 - M)M - h^2}{\ln\left(1 + \frac{R}{r_0}\right)} \tag{3-31}$$

式中　H_0——承压水含水层的初始水头。

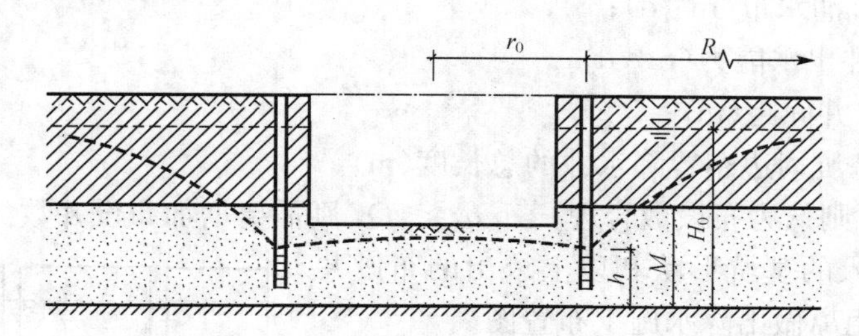

图 3-19　均质含水层承压～潜水完整井的基坑涌水量计算

2）单井出水能力计算

单井出水能力取决于降水场地的水文地质条件、滤水管结构、成井工艺和抽水设备能力。

(1) 真空井点和喷射井点单井出水能力

就目前常用的抽水设备与井点结构，在渗透系数较小地区，真空井点出水能力可取36～60 m^3/d；喷射井点的出水量按 4.22～30 m^3/h。实际使用过程中，应根据具体情况按下表 3-8 取值。

表 3-8　喷射井点的出水能力

外管直径(mm)	喷射管		工作水压力(MPa)	工作水流量(m^3/d)	设计单井出水流量(m^3/d)	适用含水层渗透系数(m/d)
	喷嘴直径(mm)	混合室直径(mm)				
38	7	14	0.6～0.8	112.8～163.2	100.8～138.2	0.1～5.0
68	7	14	0.6～0.8	110.4～148.8	103.2～138.2	0.1～5.0
100	10	20	0.6～0.8	230.4	259.2～388.8	5.0～10.0
162	19	40	0.6～0.8	720.0	600.0～720.0	10.0～20.0

(2) 管井的单井出水能力

管井出水能力可按下式计算：

$$q_1 = 120\pi r_s l^3 \sqrt{k} \tag{3-32}$$

式中　r_s——过滤器半径(m)；

l——过滤器进水部分长度(m)；

q_1——单井出水能力(m^3/d)；

k——含水层渗透系数(m/d)。

3）降水井数量及间距的确定

根据基坑总排水量及设计出水量确定初步布设井数 n

$$n = 1.1\frac{Q}{q_1} \tag{3-33}$$

$$a = \frac{L}{n} \tag{3-34}$$

式中 n——降水井数量；

Q——基坑涌水量(m^3/d)；

q_1——单井出水能力(m^3/d)；

a——降水井间距(m)；

L——沿基坑周边布置降水井的总长度(m)。

若 $nq_1 > Q$，则认为布设数合理；若 $nq_1 < Q$，则需要增加布设井数。

根据工程输入的基坑形状和以上求出的布设井点数量和井点的距离做出降水施工布置图。

4) 降深与降水预测

井点数量、井点间距及排列方式确定后要计算基坑的水位降深，主要计算基坑内降水影响最小处的水位降深值。

(1) 潜水完整井

当含水层为粉土、砂土或碎石土时，潜水完整井的地下水位降深可按式(3-35)计算：

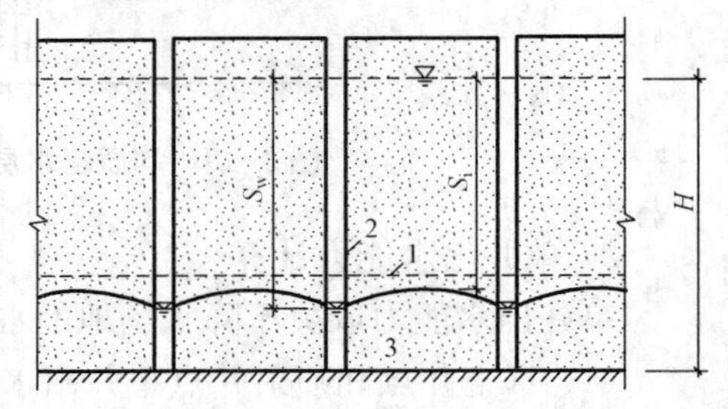

图 3-20 潜水完整井地下水位降深计算

1—基坑面；2—降水井；3—潜水含水层底板

$$s_i = H - \sqrt{H^2 - \sum_{j=1}^{n}\frac{q_j}{\pi k}\ln\frac{R}{r_{ij}}} \tag{3-35}$$

式中 s_i——基坑内任一点的地下水位降深(m)；

H——潜水含水层厚度(m)；

q_j——按干扰井群计算的第 j 口降水井的单井流量(m^3/d)；

k——含水层的渗透系数(m/d)；

R——影响半径(m)，应按现场抽水试验确定；

r_{ij}——第 j 口井中心至地下水位降深计算点的距离(m)，当 $r_{ij} > R$ 时，应取 $r_{ij} = R$；

n——降水井数量。

对潜水完整井，按干扰井群计算的第 j 个降水井的单井流量可通过求解下列 n 维线性方程组计算：

$$s_{w,m} = H - \sqrt{H^2 - \sum_{j=1}^{n}\frac{q_j}{\pi k}\ln\frac{R}{r_{jm}}} \quad (m = 1, \cdots, n) \tag{3-36}$$

式中 $s_{w,m}$——第 m 口井的井水位设计降深(m)；

r_{jm}——第 j 口井中心至第 m 口井中心的距离(m)；当 $j = m$ 时，应取降水井半径 r_w；当 $r_{jm} > R$ 时，应取 $r_{jm} = R$。

当含水层为粉土、砂土或碎石土时，各降水井所围平面形状近似圆形或正方形且各降水井的间距、降深相同时，潜水完整井的地下水位降深也可按式(3-37)计算：

$$s_i = H - \sqrt{H^2 - \frac{q}{\pi k}\sum_{j=1}^{n}\ln\frac{R}{2r_0\sin\frac{(2j-1)\pi}{2n}}} \tag{3-37}$$

$$q = \frac{\pi k(2H - s_w)s_w}{\ln\frac{R}{r_w} + \sum_{j=1}^{n-1}\ln\frac{R}{2r_0\sin\frac{j\pi}{n}}} \tag{3-38}$$

式中　q——按干扰井群计算的降水井单井流量(m^3/d)；

r_0——井群的等效半径(m)；井群的等效半径应按各降水井所围多边形与等效圆的周长相等确定，取 $r_0 = u/(2\pi)$；当 $r_0 > R/(2\sin((2j-1)\pi/2n))$ 时，式(3-37)中应取 $r_0 = R/(2\sin((2j-1)\pi/2n))$；当 $r_0 > R/(2\sin(j\pi/n))$ 时，式(3-38)中应取 $r_0 = R/(2\sin(j\pi/n))$；

j——第 j 口降水井；

s_w——井水位的设计降深(m)；

r_w——降水井半径(m)；

u——各降水井所围多边形的周长(m)。

(2) 承压完整井

当含水层为粉土、砂土或碎石土时，承压完整井的地下水位降深可按式(3-39)计算：

$$s_i = \sum_{j=1}^{n}\frac{q_j}{2\pi Mk}\ln\frac{R}{r_{ij}} \tag{3-39}$$

式中　M——承压水含水层厚度(m)。

对承压完整井，按干扰井群计算的第 j 个降水井的单井流量可通过求解下列 n 维线性方程组计算：

$$s_{w,m} = \sum_{j=1}^{n}\frac{q_j}{2\pi Mk}\ln\frac{R}{r_{jm}}(m = 1, \cdots, n) \tag{3-40}$$

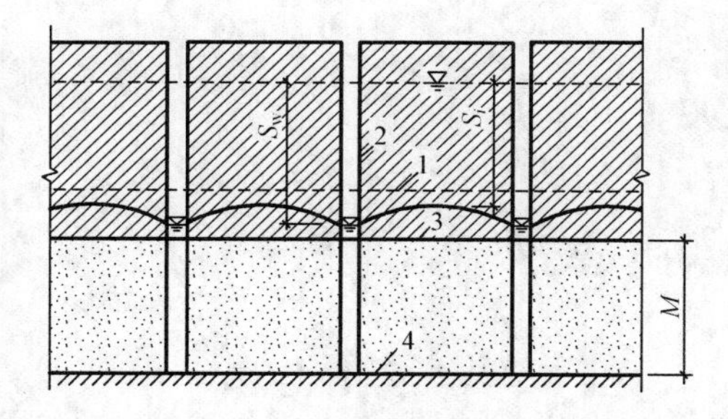

图 3-21　承压水完整井地下水位降深计算

1—基坑面；2—降水井；3—承压水含水层顶板；4—承压水含水层底板

当含水层为粉土、砂土或碎石土，各降水井所围平面形状近似圆形或正方形且各降水井的间距、降深相同时，承压完整井的地下水位降深也可按式(3-41)计算：

$$s_i = \frac{q}{2\pi Mk} \sum_{j=1}^{n} \ln \frac{R}{2r_0 \sin \frac{(2j-1)\pi}{2n}} \tag{3-41}$$

$$q = \frac{2\pi Mks_{\mathrm{w}}}{\ln \frac{R}{r_{\mathrm{w}}} + \sum_{j=1}^{n-1} \ln \frac{R}{2r_0 \sin \frac{j\pi}{n}}} \tag{3-42}$$

式中　r_0——井群的等效半径(m)；井群的等效半径应按各降水井所围多边形与等效圆的周长相等确定，取 $r_0 = u/(2\pi)$；当 $r_0 > R/(2\sin((2j-1)\pi/2n))$ 时，式(3-41)中应取 $r_0 = R/(2\sin((2j-1)\pi/2n))$；当 $r_0 > R/(2\sin(j\pi/n))$ 时，式(3-42)中应取 $r_0 = R/(2\sin(j\pi/n))$。

当基坑降水影响范围内存在隔水边界、地表水体或水文地质条件变化较大时，可根据具体情况，对式(3-35)～式(3-42)计算的单井流量和地下水位降深进行适当修正或采用非稳定流方法、数值法计算。

经过计算，如果达不到设计水位降深的要求，重新调整井点数和井距，重新计算。

本章小结

本章介绍了一般基坑的设计原则、参数取值、水土压力的荷载计算方法，讲述了支撑体系布置的一般原则，并对基坑降排水的原理和计算进行介绍。

复习思考题

3-1　基坑侧壁安全等级划分为那几级，重要性系数分别是多少？

3-2　基坑地表超载如何计算？

3-3　基坑工程中，抗剪强度指标的取值原则是什么？

3-4　基坑工程中，未开挖侧对围护结构的土压力是否一定取主动土压力？为什么。

3-5　内支撑中，混凝土支撑和钢管支撑各有哪些优缺点？

3-6　简述常用降水手段，并按照降水能力排序。

4 常见基坑支护形式的设计与施工

4.1 大开挖基坑工程

大开挖基坑工程是指不采用支撑而采用直立或放坡进行开挖的基坑工程，由于其费用低、工期短，是首先考虑的基坑开挖方式，又可分为竖直开挖和放坡开挖。

4.1.1 竖直开挖

该法适用于开挖深度不大、无地下水、基坑土质条件较好的场地。竖直开挖时坑壁自然稳定的最大临界深度 H_c 可按下式估算：

$$H_c=\frac{2c}{\gamma\sqrt{K_a}} \tag{4-1}$$

式中 c——坑壁土的黏聚力标准值(kPa)；

γ——坑壁土的天然重度(kN/m^3)；

K_a——主动土压力系数，当基坑侧壁的顶部地表面与水平夹角 $\beta=0$ 时，$K_a=\tan^2\left(45°-\frac{\varphi}{2}\right)$；当 $\beta>0$ 时，采用库伦主动土压力系数，φ 为坑壁土的内摩擦角标准值。

使用式(4-1)时，宜采用1.2～1.5的安全系数。当基坑附近有超载时，应重新验算坑壁的稳定性；当坑壁因失水或吸水等原因，一旦形成裂缝时，公式不成立；对黄土及具有裂隙的胀缩性土，该式不适用。

在无地下水的情况下，各中软土直立开挖的容许深度也可参考表4-1。

表4-1 无地下水时直立开挖的允许高度

土层类别	高度允许值(m)
密实、中密的砂土和碎石类土(充填物为砂土)	1.00
硬塑、可塑的粉质黏土及黏质粉土	1.25
硬塑、可塑的黏性土和碎石类土(充填物为黏性土)	1.50
坚硬的黏性土	2.00

4.1.2 放坡开挖

1）放坡开挖分类

无支护的放坡开挖，是另一种普遍采用的基坑开挖方法(图4-1)。开挖深度可深可浅，主要取决于场地条件。放坡分类可根据地下水条件及排水方式分为一般放坡，明排放坡及井点降水放坡(见表4-2)：

图 4-1　无水的放坡开挖

表 4-2　放坡分类表

分　类	适用条件
无地下水的一般放坡开挖	适用于地下水在开挖深度以下。对于坑底以下存在承压水时，应判明是否会产生基坑突涌破坏
明沟排水放坡开挖	适用于地下水为潜水型、涌水量较小、坑壁土及坑底土不会产生流沙、管涌、基坑突涌的场地条件
井点降水放坡开挖	当地下水埋深较浅、基坑开挖较深或由于地下水的存在可能产生流沙、管涌、基坑突涌等不良现象时，可采用井点降水放坡开挖。使用该法时应特别注意降水对周边建(构)筑物产生的不良影响

2）开挖坡度确定

放坡开挖时的坡度直接影响坑壁的稳定性和土方量的大小，一般可按下述三种方法确定坡度。

(1) 查表法

对开挖深度不大，基坑周围无较大地表荷载时，可按表 4-3 选用。

表 4-3　开挖允许坡度值(垂直：水平)

坑壁土类型	状态	边坡高度	
		6 m 以内	10 m 以内
软质岩石	微风化	1：0.0	1：0.10
	中等风化	1：0.10	1：0.20
	强风化	1：0.20	1：0.25
碎石类土	密实	1：0.20	1：0.25
	中密	1：0.25	1：0.30
	稍密	1：0.30	1：0.40
黏性土	坚硬	1：0.35	1：0.50
	硬塑	1：0.45	1：0.55
	可塑	1：0.55	1：0.65
粉土	$Sr<0.5$	1：0.45	1：0.55

砂性土的坡度可根据当地经验，参照自然休止角确定，表 4-3 不适用于黄土、胀缩性裂隙土。

(2) Taylor 法

该法建立在总应力基础上，并假定黏聚力不随深度而变化。对于一个给定的土内摩擦角值，边坡的临界高度由下式确定：

$$H_c = N_s \frac{c}{\gamma} \tag{4-2}$$

式中　H_c——边坡的临界高度(m)；

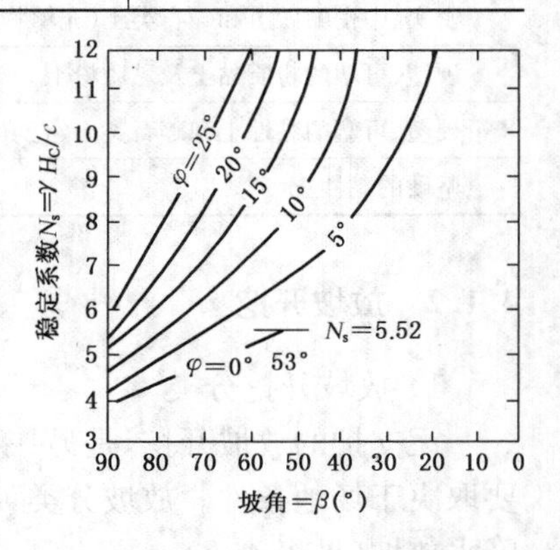

图 4-2　Taylor 稳定系数

N_s——稳定系数，由图 4-2 查得；

c——黏聚力(kPa)；

γ——土的重度(kN/m^3)。

[例题 4-1] 某基坑工程土的黏聚力为 2×10^4 Pa，重度为 18 kN/m^3，内摩擦角 $\varphi=18°$，如该挖方的坡角 $\beta=60°$，边坡高度的安全系数为 1.5 时，求该挖方允许的最大深度。

解： 当 $\varphi=18°$，$\beta=60°$时，查得 $N_s=9.8$，则按式(4-2)得：

$$H_c=9.8\times\frac{20\,000}{18\,000}=10.88\ \text{m}$$

允许的最大深度

$$H=\frac{10.88}{1.5}=7.25\ \text{m}$$

(3) 条分法

条分法(图 4-3)是先找出滑动圆心 O，画出滑动圆弧后，将滑动圆弧分成若干宽度相等的土条(一般可取每条宽度 $b_i=\left(\frac{1}{10}\sim\frac{1}{20}\right)R$，$R$ 为滑动半径)。取任一土条 i 为脱离体，则作用在土条 i 上的力有：土条自重 W_i，该土条上的荷载 Q_i，滑动面 ef 上的法向反力 N_i 和切向反力 T_i，有地下水时还有孔隙水压力 U_i，以及竖直面上的法向力 E_{1i}、E_{2i} 和切向力 F_{1i}、F_{2i}。这一受力体系是超静定的，为了简化计算，设 F_{1i}、F_{2i} 的合力和 E_{1i}、E_{2i} 的合力相等且作用在同一直线上。这样，由土条的静力平衡条件可得作用在 ef 面上的法向应力及剪应力为

$$\sigma_i=\frac{N_i}{l_i}=(W_i+Q_i)\cdot\frac{\cos\alpha_i}{l_i} \tag{4-3}$$

$$\tau_i=\frac{T_i}{l_i}=(W_i+Q_i)\cdot\frac{\sin\alpha_i}{l_i} \tag{4-4}$$

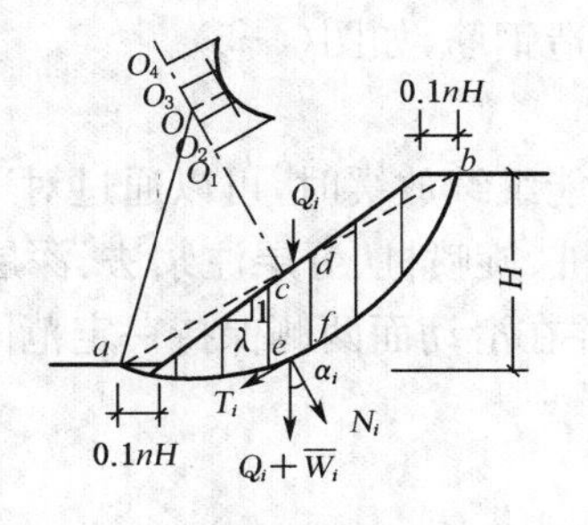

(a) 土坡剖面

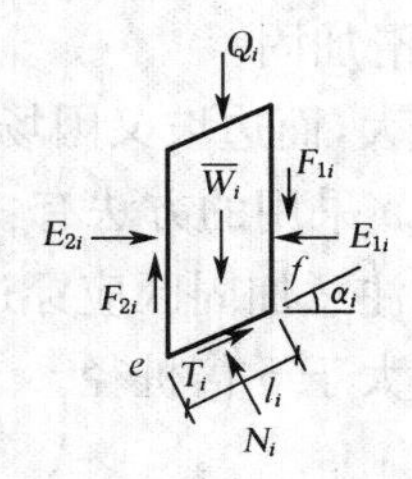

(b) 作用于土条上的力

图 4-3 黏性土土坡稳定分析条分法的计算示意图

当有地下水时，土的有效应力 $\sigma_i'=\sigma_i-U_i$，土条 ef 上的抗剪力

$$S_i=(c_i'+\sigma_i'\tan\varphi_i')\cdot l_i=c_i'l_i+[(W_i+Q_i)\cos\alpha_i-U_il_i]\cdot\tan\varphi_i' \tag{4-5}$$

式中 c_i'——土的有效黏聚力；

φ_i'——土的有效内摩擦角。

边坡稳定安全系数可按下式计算:

$$K=\frac{\text{抗滑力矩}}{\text{滑动力矩}}=\frac{\sum S_i}{\sum T_i}=\frac{\sum\{c_i'l_i+[(W_i+Q_i)\cos\alpha_i-U_il_i]\cdot\tan\varphi_i'\}}{\sum(W_i+Q_i)\sin\alpha_i} \tag{4-6}$$

式(4-6)所得 K 值是在任意滑动圆心条件下求得的,该滑弧并非最危险滑动面,必须不断试算。采用陈惠发(美国肯塔基州大学,1980)大量计算的试验,其最危险滑弧两端距坡顶点和坡脚点各为 $0.1nH$ 处,且最危险滑弧中心在 ab 线的垂直平分线上。这样,只需在此垂直平分线上取若干点作为滑弧圆心,可得最小的安全系数。最小安全系数 K 大于 1.1~1.5 时,土坡是稳定的。

3) 边坡失稳的防治措施

当上述计算安全系数不能满足要求时,应采取以下几项措施:

(1) 边坡修坡

改变边坡外形,将边坡修缓或修成台阶形(图 4-4)。这种方法的目的是减少基坑边坡的下滑力,因此必须结合在坡顶卸载(包括卸土)才更有效。

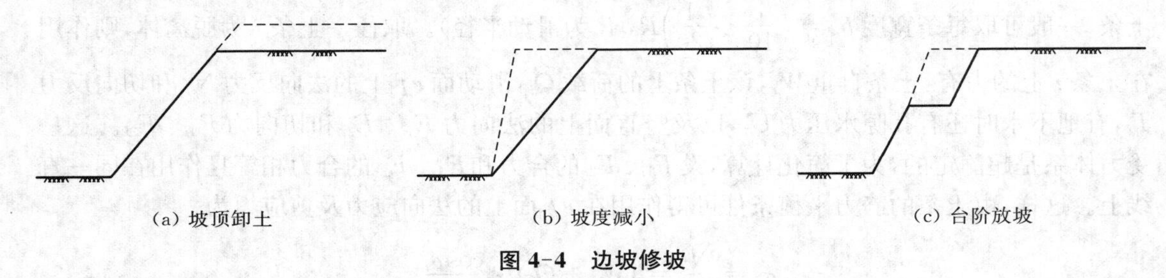

(a) 坡顶卸土　(b) 坡度减小　(c) 台阶放坡

图 4-4　边坡修坡

(2) 设置边坡护面

设置基坑边坡混凝土护面的目的是为了控制地表水经裂缝渗入边坡内部,从而减少因为水的因素导致土体软化和孔隙水压力上升的可能性。护面可以做成 10 cm 混凝土面层。为增加边坡护面的抗裂强度,内部可以配置一定的构造钢筋,如图(4-5)。

(3) 边坡坡脚抗滑加固

当基坑开挖深度大,而边坡又因场地限制不能继续放缓时,可以通过对边坡抗滑范围的土层进行加固(图 4-6)。采用的方法有:设置抗滑桩、旋喷桩、分层注浆法、深层搅拌桩等。采用这种方法的时候必须注意加固区应穿过滑动面并在滑动面两侧保持一定范围,一般的,对于混凝土抗滑桩此长度应大于 5 倍桩径。

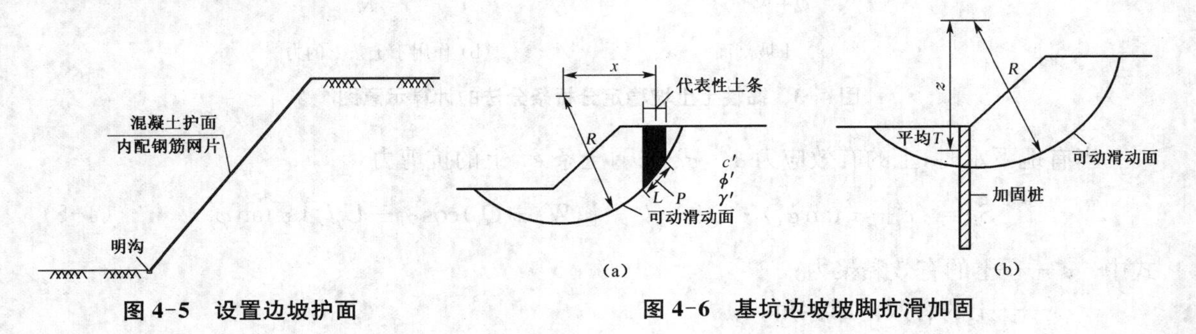

图 4-5　设置边坡护面　　**图 4-6　基坑边坡坡脚抗滑加固**

4.2 支挡式结构

以挡土构件和锚杆或支撑为主的，或仅以挡土构件为主的支护结构称之为支挡式结构。按照内部支撑或外部锚拉情况，支挡式结构分为五种形式：悬臂式、支撑式、锚拉式、双排桩、支护结构与主体结构结合的逆作法。

比较准确的计算方法是采用空间结构分析方法，对支挡式结构进行整体分析或采用数值分析，但建模的前处理、后处理及计算的工作量偏大。

对于悬臂式支挡结构、双排桩支挡结构，宜采用平面杆系结构弹性支点法进行结构分析。对于支撑式支挡结构，可分解为挡土结构、内支撑结构分别进行分析，对挡土结构宜采用平面杆系结构弹性支点法进行分析，内支撑结构按平面结构进行分析。挡土结构传至内支撑的荷载取挡土结构分析时得出的支点力，对挡土结构和内支撑结构分别进行分析时，应考虑其相互之间的变形协调。

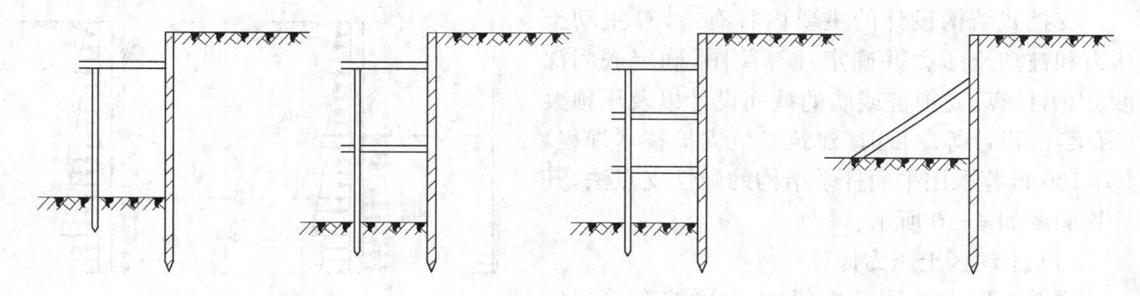

(a) 单层、多层内支撑、倒撑

(b) 内支撑照片

图 4-7　内支撑的支挡围护结构

对于锚拉式支挡结构，将整个结构分解为挡土结构、锚拉结构（锚杆及腰梁、冠梁）分别进行分析，挡土结构宜采用平面杆系结构弹性支点法进行分析，作用在锚拉结构上的荷载应取挡土结构分析时得出的支点力。

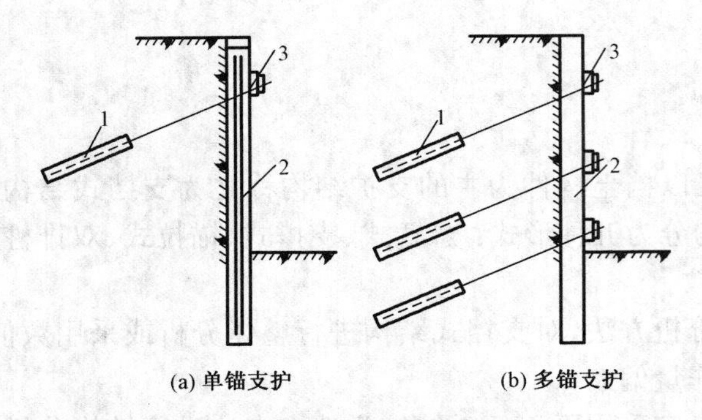

图 4-8 锚拉式支挡围护结构

1—土层锚杆；2—挡土灌注桩或地下连续墙；3—钢围檩

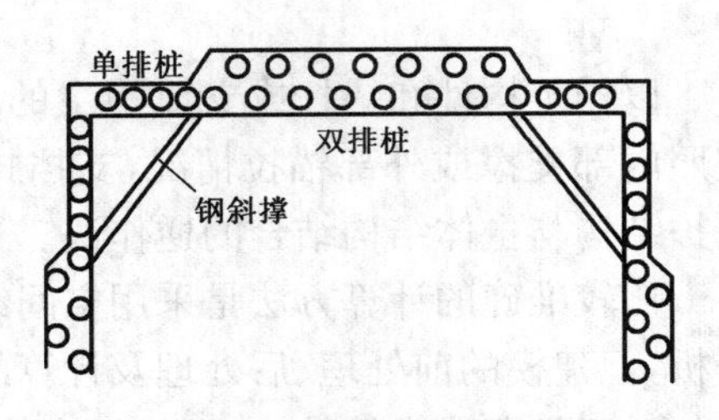

图 4-9 双排桩围护结构

4.2.1 支挡式结构的计算简图

支挡式结构设计的主要内容有：计算主动土压力和被动土压力并确定计算简图，确定嵌固深度、内力计算、支护桩或墙的截面设计以及压顶梁(冠梁)的设计等。目前《建筑基坑支护技术规程》JGJ 120 推荐采用平面杆系结构的弹性支点法，其计算简图如 4-10 所示。

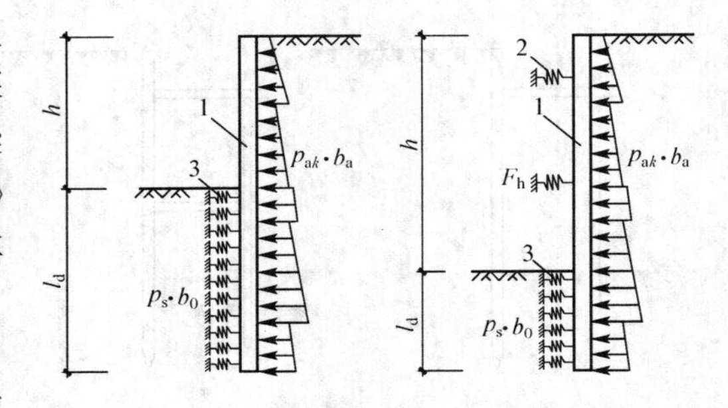

图 4-10 弹性支点法计算简图

1—挡土构件；2—弹性支座；3—计算土反力的弹性支座

(1) 主动区土压力计算

主动土压力强度标准值(p_{ak})可按有关规定确定；

对于地下水位以上或水土合算的土层：

$$p_{ak}=\sigma_{ak}K_{a,i}-2c_i\sqrt{K_{a,i}} \tag{4-7}$$

对于水土分算的土层：

$$p_{ak}=(\sigma_{ak}-u_a)K_{a,i}-2c_i\sqrt{K_{a,i}}+u_a \tag{4-8}$$

(2) 被动区土反力分布

排桩嵌固段上的土反力(p_s)和初始土反力(p_{s0})的计算宽度(b_0)按下列规定取值。

作用在挡土构件上的分布土反力可按下列公式计算：

$$p_s=k_s v+p_{s0} \tag{4-9}$$

按上式计算的挡土构件嵌固段上的基坑内侧分布土反力总和 P_s 应小于被动土压力合力：

$$P_s\leqslant E_p \tag{4-10}$$

当不符合公式(4-10)时，应增加挡土构件的嵌固长度或取 $P_s=E_p$ 时的分布土反力。

式中 p_s——分布土反力(kPa)；

k_s——土的水平反力系数(kN/m^3)；

v——挡土构件在分布土反力计算点的水平位移值(m)；

p_{s0}——初始土反力强度(kPa)；

E_p——作用在挡土构件嵌固段上的被动土压力合力(kN)。

作用在挡土构件嵌固段上的基坑内侧初始土压力强度可按公式(3-8)或公式(3-12)计算,但应将公式中的 p_{ak} 用 p_{s0} 代替、σ_{ak} 用 σ_{pk} 代替、u_a 用 u_p 代替,且不计($2c_i\sqrt{K_{a,i}}$)项,即：

水土分算：$p_{s0}=\sigma_{pk}K_{a,i}$

水土合算：$p_{s0}=(\sigma_{pk}-u_p)K_{a,i}+u_p$

挡土构件内侧嵌固段上土的水平反力系数可按下列公式计算：

$$k_s=m(z-h) \tag{4-11}$$

式中 m——土的水平反力系数的比例系数(kN/m^4)；

z——计算点距自然地面的深度(m)；

h——计算工况下的基坑开挖深度(m)。

土的水平反力系数的比例系数(m)宜按桩的水平荷载试验及地区经验取值,缺少试验和经验时,可按下列经验公式计算：

$$m=\frac{0.2\varphi^2-\varphi+c}{v_b} \tag{4-12}$$

式中 v_b——挡土构件在坑底处的水平位移量(mm),当此处的水平位移不大于10 mm时,可取 $v_b=10$ mm。

锚杆和内支撑对挡土构件的作用应按下式确定：

$$F_h=k_R(v_R-v_{R0})+P_h \tag{4-13}$$

式中 F_h——挡土构件计算宽度内的弹性支点水平反力(kN)；

k_R——计算宽度内弹性支点刚度系数(kN/m)；

v_R——挡土构件在支点处的水平位移值(m)；

v_{R0}——设置支点时,支点的初始水平位移值(m)；

P_h——挡土构件计算宽度内的法向预加力(kN)；采用锚杆或竖向斜撑时,取 $P_h=P\cdot\cos\alpha\cdot b_a/s$；采用水平对撑时,取 $P_h=P\cdot b_a/s$；对不预加轴向压力的支撑,取 $P_h=0$；锚杆的预加轴向拉力(P)宜取($0.75N_k\sim0.9N_k$),支撑的预加轴向压力(P)宜取($0.5N_k\sim0.8N_k$)。此处,P 为锚杆的预加轴向拉力值或支撑的预加轴向压力值,α 为锚杆倾角或支撑仰角,b_a 为结构计算宽度,s 为锚杆或支撑的水平间距,N_k 为锚杆轴向拉力标准值或支撑轴向压力标准值。

1)锚拉式支挡结构的弹性支点刚度系数计算

通过锚杆抗拔试验按下式计算：

$$k_R=\frac{(Q_2-Q_1)b_a}{(s_2-s_1)s} \tag{4-14}$$

式中 Q_1、Q_2——锚杆循环加荷或逐级加荷试验中($Q\sim s$)曲线上对应锚杆锁定值与轴向拉

力标准值的荷载值(kN);进行预张拉时,应取在相当于预张拉荷载的加载量下卸载后的再加载曲线上的荷载值;

s_1、s_2——$(Q\sim s)$曲线上对应于荷载为Q_1、Q_2的锚头位移值(m);

b_a——结构计算宽度(m);

s——锚杆水平间距(m)。

对拉伸型钢绞线锚杆或普通钢筋锚杆,在缺少试验时,弹性支点刚度系数也可按下列公式计算:

$$k_R=\frac{3E_sE_cA_pAb_a}{(3E_cAl_f+E_sA_pl_a)s} \tag{4-15}$$

$$E_c=\frac{E_sA_p+E_m(A-A_p)}{A} \tag{4-16}$$

式中 E_s——锚杆杆体的弹性模量(kPa);

E_c——锚杆的复合弹性模量(kPa);

A_p——锚杆杆体的截面面积(m^2);

A——锚杆固结体的截面面积(m^2);

l_f——锚杆的自由段长度(m);

l_a——锚杆的锚固段长度(m);

E_m——锚杆固结体的弹性模量(kPa)。

当锚杆腰梁或冠梁的挠度不可忽略不计时,尚应考虑其挠度对弹性支点刚度系数的影响。

2)支撑式支挡结构的弹性支点刚度系数计算

一般通过对内支撑结构整体进行线弹性结构分析得出的支点力与水平位移的关系确定。对水平对撑,当支撑腰梁或冠梁的挠度可忽略不计时,计算宽度内弹性支点刚度系数(k_R)可按下式计算:

$$k_R=\frac{\alpha_R EAb_a}{\lambda l_0 s} \tag{4-17}$$

式中 λ——支撑不动点调整系数,当支撑两对边基坑的土性、深度、周边荷载等条件相近,且分层对称开挖时,取$\lambda=0.5$;当支撑两对边基坑的土性、深度、周边荷载等条件或开挖时间有差异时,对土压力较大或先开挖的一侧,取$\lambda=0.5\sim1.0$,且差异大时取大值,反之取小值;对土压力较小或后开挖的一侧,取$(1-\lambda)$;当基坑一侧取$\lambda=1$时,基坑另一侧应按固定支座考虑;对竖向斜撑构件,取$\lambda=1$;

α_R——支撑松弛系数,对混凝土支撑和预加轴向压力的钢支撑,取$\alpha_R=1.0$,对不预加支撑轴向压力的钢支撑,取$\alpha_R=0.8\sim1.0$;

E——支撑材料的弹性模量(kPa);

A——支撑的截面面积(m^2);

l_0——受压支撑构件的长度(m);

s——支撑水平间距(m)。

3）排桩内侧的土反力计算宽度 b_0

对于圆形桩

$$b_0 = 0.9(1.5d + 0.5) \qquad (d \leqslant 1\ \mathrm{m}) \tag{4-18}$$

$$b_0 = 0.9(d + 1) \qquad (d > 1\ \mathrm{m}) \tag{4-19}$$

对于矩形桩或工字形桩

$$b_0 = 1.5b + 0.5 \qquad (b \leqslant 1\ \mathrm{m}) \tag{4-20}$$

$$b_0 = b + 1 \qquad (b > 1\ \mathrm{m}) \tag{4-21}$$

式中 b_0——单桩土反力计算宽度(m)；当按上式计算的 b_0 大于排桩间距时，取 b_0 等于排桩间距；

d——桩的直径(m)；

b——矩形桩或工字形桩的宽度(m)。

4）排桩外侧主动区土压力计算宽度 b_a

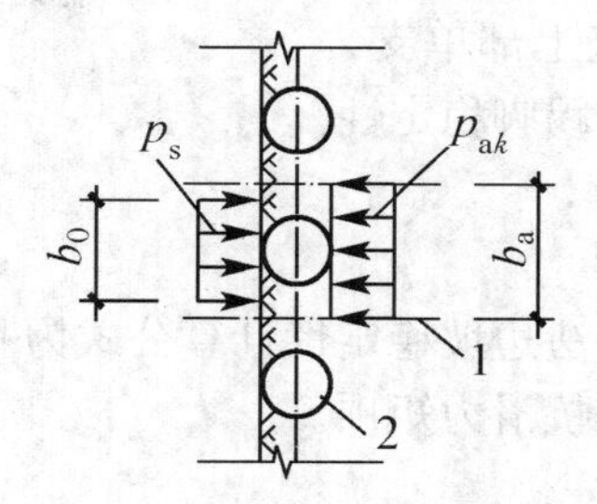

（a）圆形截面桩计算宽度

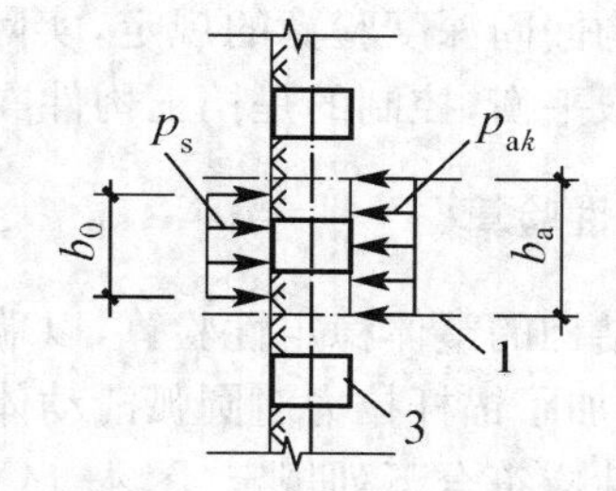

（b）矩形或工字形截面排桩计算宽度

图 4-11　排桩计算宽度

1—排桩对称中心线；2—圆形桩；3—矩形桩或工字型桩

排桩外侧土压力计算宽度(b_a)应取排桩间距，挡土结构采用地下连续墙且取单幅墙进行分析时，地下连续墙外侧土压力计算宽度(b_a)应取包括接头的单幅墙宽度。

4.2.2　支挡式结构的嵌固稳定性

（1）悬臂式支挡结构的嵌固深度的验算应符合下列嵌固稳定性的要求(图 4-12)：

$$\frac{E_{pk}z_{p1}}{E_{ak}z_{a1}} \geqslant K_{em} \tag{4-22}$$

式中 K_{em}——嵌固稳定安全系数；安全等级为一级、二级、三级的悬臂式支挡结构，K_{em} 分别不应小于 1.25、1.2、1.15；

E_{ak}、E_{pk}——基坑外侧主动土压力、基坑

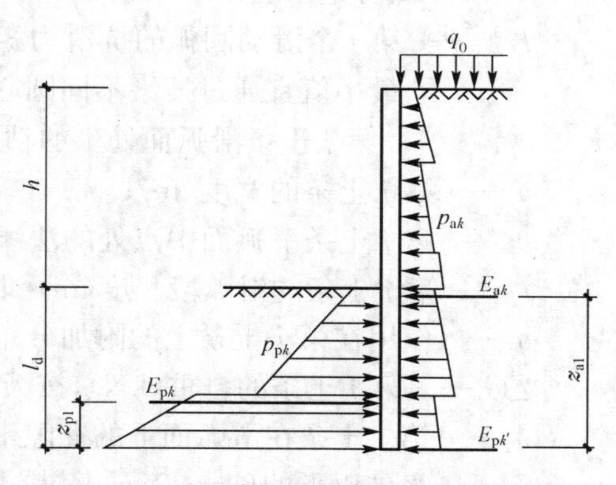

图 4-12　悬臂式结构嵌固稳定性验算

内侧被动土压力合力的标准值(kN)；

z_{a1}、z_{p1}——基坑外侧主动土压力、基坑内侧被动土压力合力作用点至挡土构件底端的距离(m)。

对悬臂结构嵌固深度验算，实际上是绕挡土构件底部转动的整体极限平衡，控制的是挡土构件的倾覆稳定性。

(2) 单层锚杆和单层支撑的支挡式结构的嵌固深度应符合下列要求(图 4-13)：

$$\frac{E_{pk}z_{p2}}{E_{ak}z_{a2}} \geqslant K_{em} \tag{4-23}$$

式中 K_{em}——嵌固稳定安全系数；安全等级为一级、二级、三级的锚拉式支挡结构和支撑式支挡结构，K_{em}分别不应小于 1.25、1.2、1.15；

z_{a2}、z_{p2}——基坑外侧主动土压力、基坑内侧被动土压力合力作用点至支点的距离(m)。

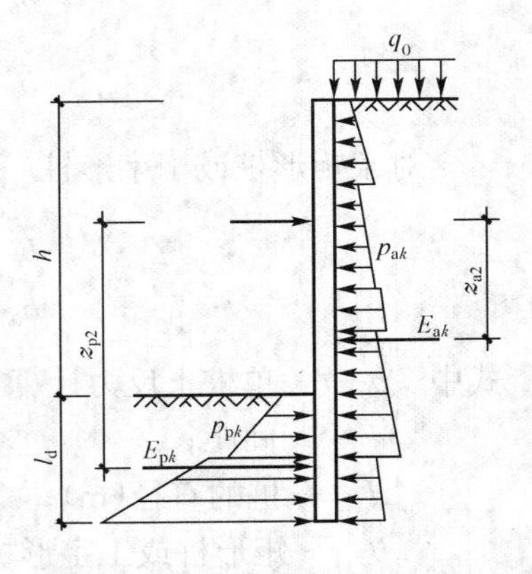

图 4-13　单支点结构的嵌固稳定性验算

对单支点结构嵌固深度验算的规定，实际上是绕上部单支点转动的整体极限平衡，控制的是挡土构件嵌固段的踢脚稳定性。

4.2.3　整体稳定性验算

锚拉式支挡结构的整体稳定性验算，以瑞典条分法边坡稳定性计算公式为基础，在力的极限平衡关系上，增加了锚杆拉力对圆弧滑动体圆心的抗滑力矩项。

其整体稳定性应符合下列规定(图 4-14)：

$$\min\{K_{s,1}, K_{s,2}, \cdots, K_{s,i}, \cdots\} \geqslant K_s \tag{4-24}$$

$$K_{s,i} = \frac{\sum\{c_j l_j + [(q_j l_j + \Delta G_j)\cos\theta_j - u_j l_j]\tan\varphi_j\} + \sum R'_{k,k}[\cos(\theta_j + \alpha_k) + \psi_v]/s_{x,k}}{\sum(q_j b_j + \Delta G_j)\sin\theta_j} \tag{4-25}$$

式中 K_s——圆弧滑动整体稳定安全系数；安全等级为一级、二级、三级的锚拉式支挡结构，K_s分别不应小于 1.35、1.3、1.25；

$K_{s,i}$——第 i 个滑动圆弧的抗滑力矩与滑动力矩的比值；抗滑力矩与滑动力矩之比的最小值宜通过搜索不同圆心及半径的所有潜在滑动圆弧确定；

c_j、φ_j——第 j 土条滑弧面处土的粘聚力(kPa)、内摩擦角(°)；

b_j——第 j 土条的宽度(m)；

θ_j——第 j 土条滑弧面中点处的法线与垂直面的夹角(°)；

l_j——第 j 土条的滑弧段长度(m)，取 $l_j = b_j/\cos\theta_j$；

q_j——作用在第 j 土条上的附加分布荷载标准值(kPa)；

ΔG_j——第 j 土条的自重(kN)，按天然重度计算；

u_j——第 j 土条在滑弧面上的孔隙水压力(kPa)；基坑采用落底式截水帷幕时，对地下水位以下的砂土、碎石土、粉土，在基坑外侧，可取 $u_j = \gamma_w h_{wa,j}$，在基坑内侧，可

取 $u_j = \gamma_w h_{wp,j}$；在地下水位以上或对地下水位以下的粘性土，取 $u_j = 0$；

γ_w——地下水重度(kN/m^3)；

$h_{wa,j}$——基坑外地下水位至第 j 土条滑弧面中点的垂直距离(m)；

$h_{wp,j}$——基坑内地下水位至第 j 土条滑弧面中点的垂直距离 (m)；

$R'_{k,k}$——第 k 层锚杆对圆弧滑动体的极限拉力值(kN)；应取锚杆在滑动面以外的锚固体极限抗拔承载力标准值与锚杆杆体受拉承载力标准值($f_{ptk}A_p$ 或 $f_{yk}A_s$) 的较小值；

α_k——第 k 层锚杆的倾角(°)；

$s_{x,k}$——第 k 层锚杆的水平间距(m)；

ψ_v——计算系数；可按 $\psi_v = 0.5\sin(\theta_k + \alpha_k)\tan\varphi$ 取值，此处，φ 为第k 层锚杆与滑弧交点处土的内摩擦角。

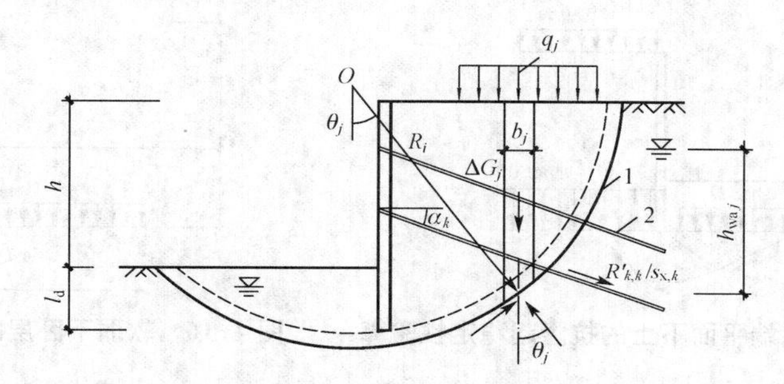

图 4-14　圆弧滑动条分法整体稳定性验算

1—任意圆弧滑动面；2—锚杆

对悬臂式、双排桩支挡结构，采用公式(4-25)时不考虑 $\sum R'_{k,k}[\cos(\theta_j + \alpha_k) + \psi_v]/s_{x,k}$ 项。

当挡土构件底端以下存在软弱下卧土层时，整体稳定性验算滑动面中尚应包括由圆弧与软弱土层层面组成的复合滑动面。

4.2.4　坑底隆起稳定性验算

对深度较大的基坑，当嵌固深度较小、土的强度较低时，土体从挡土构件底端以下向基坑内隆起挤出是锚拉式、支撑式支挡结构的一种典型破坏模式。抗隆起稳定性的验算方法，目前常用的地基极限承载力的 Prandtl(普朗德尔)极限平衡理论公式。

抗隆起稳定性可按下列公式验算(图 4-15、4-16)：

$$\frac{\gamma_{m2} D N_q + c N_c}{\gamma_{m1}(h + D) + q_0} \geqslant K_{he} \tag{4-26}$$

$$N_q = \mathrm{tg}^2\left(45^\circ + \frac{\varphi}{2}\right) e^{\pi\tan\varphi} \tag{4-27}$$

$$N_c = (N_q - 1)/\tan\varphi \tag{4-28}$$

式中　K_{he}——抗隆起安全系数；安全等级为一级、二级、三级的支护结构，K_{he} 分别不应小于

1.8、1.6、1.4；

γ_{m1}——基坑外挡土构件底面以上土的重度(kN/m³)；对地下水位以下的砂土、碎石土、粉土取浮重度；对多层土取各层土按厚度加权的平均重度；

γ_{m2}——基坑内挡土构件底面以上土的重度(kN/m³)；对地下水位以下的砂土、碎石土、粉土取浮重度；对多层土取各层土按厚度加权的平均重度；

D——基坑底面至挡土构件底面的土层厚度(m)；

H——基坑深度(m)；

q_0——地面均布荷载(kPa)；

N_c、N_q——承载力系数；

c、φ——挡土构件底面以下土的粘聚力(kPa)、内摩擦角(°)。

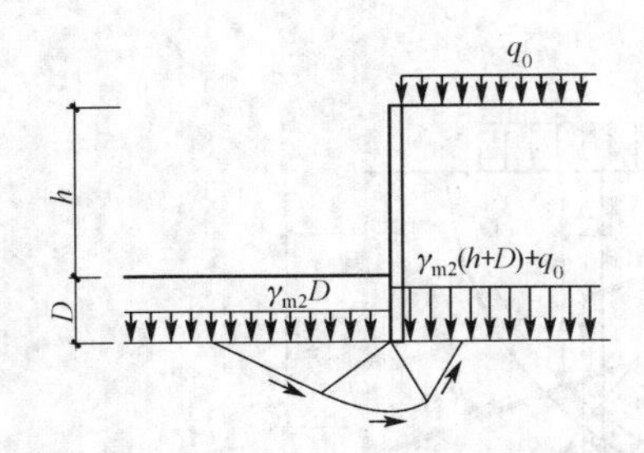

图 4-15　挡土构件底端平面下土的抗隆起稳定性验算

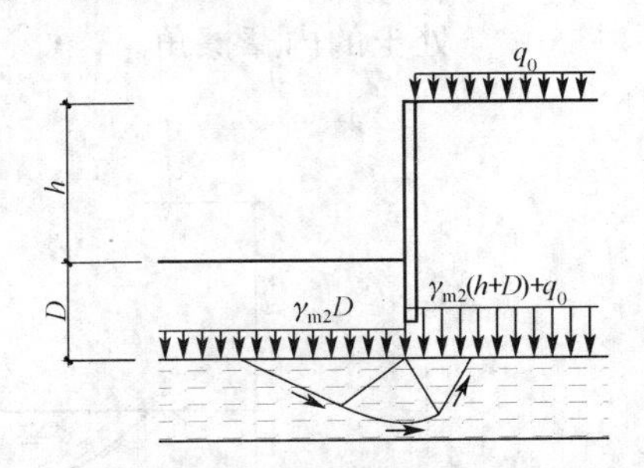

图 4-16　软弱下卧层的抗隆起稳定性验算

当挡土构件底面以下有软弱下卧层时，抗隆起稳定性验算的部位尚应包括软弱下卧层，公式(4-26)中的 γ_{m1}、γ_{m2} 应取软弱下卧层顶面以上土的重度(图 4-16)，D 应取基坑底面至软弱下卧层顶面的土层厚度。

悬臂式支挡结构可不进行抗隆起稳定性验算。

锚拉式支挡结构和支撑式支挡结构，当坑底以下为软土时，尚应按图 4-17 所示的以最下层支点为转动轴心的圆弧滑动模式按下列公式验算抗隆起稳定性：

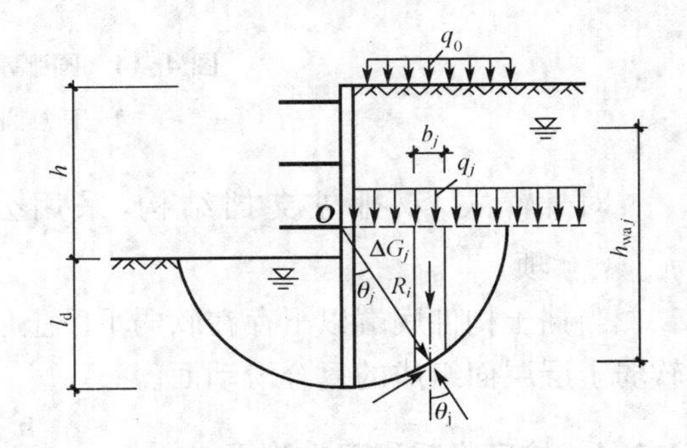

图 4-17　以最下层支点为轴心的圆弧滑动稳定性验算

$$\frac{\sum\left[c_j l_j+(q_j b_j+\Delta G_j)\cos\theta_j\tan\varphi_j\right]}{\sum(q_j b_j+\Delta G_j)\sin\theta_j}\geqslant K_{RL} \tag{4-29}$$

式中　K_{RL}——以最下层支点为轴心的圆弧滑动稳定安全系数；安全等级为一级、二级、三级的支挡式结构，K_{RL} 分别不应小于 2.2、1.9、1.7；

c_j、φ_j——第 j 土条在滑弧面处土的粘聚力(kPa)、内摩擦角(°)；

l_j——第 j 土条的滑弧段长度(m)，取 $l_j=b_j/\cos\theta_j$；

q_j——作用在第 j 土条上的附加分布荷载标准值(kPa)；

b_j——第 j 土条的宽度(m)；

θ_j——第 j 土条滑弧面中点处的法线与垂直面的夹角(°);

ΔG_j——第 j 土条的自重(kN),按天然重度计算。

基坑采用悬挂式截水帷幕或坑底以下存在水头高于坑底的承压含水层时,应进行地下水渗透稳定性验算。

4.2.5 地下连续墙

地下连续墙是利用特制的成槽机械在泥浆(又称稳定液,如膨润土泥浆)护壁的情况下进行开挖,形成一定槽段长度的沟槽,再将在地面上制作好的钢筋笼放入槽段内,采用导管法进行水下混凝土浇筑,完成一个单元的墙段,各墙段之间采用特定的接头方式相互联结,形成一道连续的地下钢筋混凝土墙。地下连续墙具有刚度大、整体性好、抗渗能力强、低噪音和低震动等显著的优点,被公认为是深基坑工程中最佳的挡土结构之一,但也存在弃土和废泥浆处理、粉砂地层易引起槽壁坍塌及渗漏等问题。

目前在工程中应用的地下连续墙的结构形式主要有壁板式、T 型和 Π 形地下连续墙、格形地下连续墙、预应力或非预应力 U 形折板地下连续墙等几种形式(图 4-18),地下连续的常用墙厚为 0.6 m、0.8 m、1.0 m 和 1.2 m,而随着挖槽设备大型化和施工工艺的改进,地下连续墙厚度可达 2.0 m 以上。

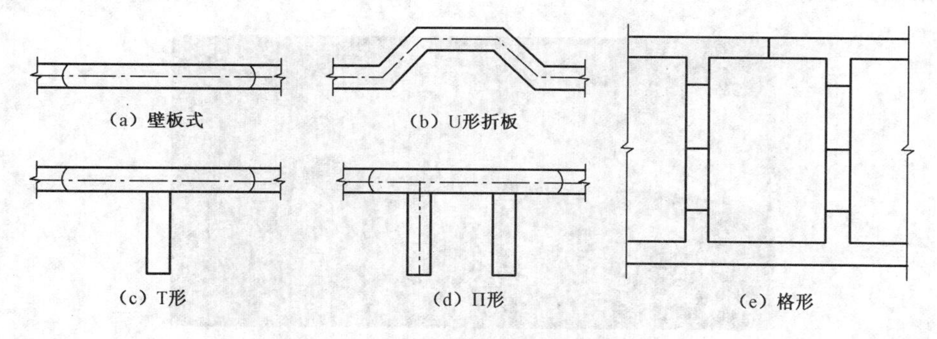

图 4-18 地下连续墙平面结构形式

图 4-19 地下连续墙现场照片

确定地下连续墙单元槽段的平面形状和成槽宽度时需考虑众多因素,如墙段的结构受力特性、槽壁稳定性、周边环境的保护要求和施工条件等,需结合各方面的因素综合确定。一般来说，壁板式一字形槽段宽度不宜大于 6 m，T 形、折线形槽段等槽段各肢宽度总和不宜大于 6 m。

地下连续墙的正截面受弯承载力、斜截面受剪承载力应按现行国家标准《混凝土结构设计规范》GB 50010 的有关规定进行计算；对于圆筒形地下连续墙除需进行正截面受弯、斜截面受剪和竖向受压承载力验算外，尚需进行环向受压承载力验算。地下连续墙的混凝土设计强度等级宜取 C30～C40。地下连续墙用于截水时，墙体混凝土抗渗等级不宜小于 P6，槽段接头应满足截水要求。

地下连续墙的纵向受力钢筋应沿墙身每侧均匀配置，可按内力大小沿墙体纵向分段配置，且通长配置的纵向钢筋不应小于 50%；纵向受力钢筋宜采用 HRB335 级或 HRB400 级钢筋，直径不宜小于 16 mm，净间距不宜小于 75 mm。水平钢筋及构造钢筋宜选用 HPB235、HRB335 或 HRB400 级钢筋，直径不宜小于 12 mm，水平钢筋间距宜取 200～400 mm。

地下连续墙纵向受力钢筋的保护层厚度，在基坑内侧不宜小于 50 mm，在基坑外侧不宜小于 70 mm。

4.2.6 排桩和双排桩

1）排桩

(a) 人工挖孔桩

(b) PHC 管桩

350 350
75 550 75
700
700
700
桩顶混凝土圈梁
(350×700)
D = 550 钻孔灌注桩
75
350
550
350
75
700 700 700 700 700
防渗注浆
@700

(c) 钻孔灌注桩

图 4-20　排桩支护现场照片及示意图

钢筋混凝土桩一般为圆形截面，抗弯纵筋有两种配置方式，可以沿周边均匀配置，也可沿受拉区和受压区周边局部均匀配置。

(1) 当均匀配置纵向钢筋时，且纵向钢筋数量不少于 6 根时，其正截面受弯承载力应符合下列规定(图 4-21)：

$$M \leqslant \frac{2}{3} f_c A r \frac{\sin^3 \pi\alpha}{\pi} + f_y A_s r_s \frac{\sin \pi\alpha + \sin \pi\alpha_t}{\pi} \tag{4-30}$$

$$\alpha f_c A\left(1-\frac{\sin 2\pi\alpha}{2\pi\alpha}\right)+(\alpha-\alpha_t) f_y A_s = 0 \tag{4-31}$$

$$\alpha_t = 1.25 - 2\alpha \tag{4-32}$$

式中 M——桩的弯矩设计值(kN·m)；

f_c——混凝土轴心抗压强度设计值(kN/m^2)；当混凝土强度等级超过 C50 时，f_c 应用 $\alpha_1 f_c$ 代替，当混凝土强度等级为 C50 时，取 $\alpha_1=1.0$，当混凝土强度等级为 C80 时，取 $\alpha_1=0.94$，其间按线性内插法确定；

A——支护桩截面面积(m^2)；

r——支护桩的半径(m)；

α——对应于受压区混凝土截面面积的圆心角(rad)与 2π 的比值；

f_y——纵向钢筋的抗拉强度设计值(kN/m^2)；

A_s——全部纵向钢筋的截面面积(m^2)；

r_s——纵向钢筋重心所在圆周的半径(m)；

α_t——纵向受拉钢筋截面面积与全部纵向钢筋截面面积的比值，当 $\alpha > 0.625$ 时，取 $\alpha_t=0$。

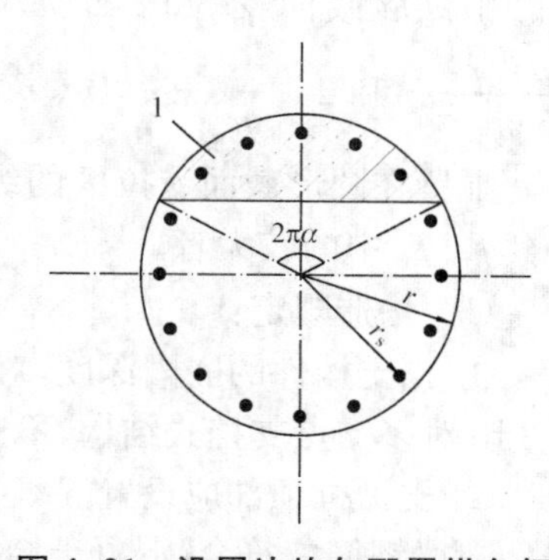

图 4-21 沿周边均匀配置纵向钢筋的圆形截面

1—混凝土受压区

(2) 当局部均匀配置纵向钢筋，且纵向钢筋数量不少于 3 根时，圆形截面混凝土支护桩，其正截面受弯承载力应符合下列规定(图 4-22)：

$$M \leqslant \frac{2}{3} f_c A r \frac{\sin^3 \pi\alpha}{\pi} + f_y A_{sr} r_s \frac{\sin \pi\alpha_s}{\pi\alpha_s} + f_y A'_{sr} r_s \frac{\sin \pi\alpha'_s}{\pi\alpha'_s} \tag{4-33}$$

$$\alpha f_c A\left(1-\frac{\sin 2\pi\alpha}{2\pi\alpha}\right)+f_y (A'_{sr} - A_{sr}) = 0 \tag{4-34}$$

混凝土受压区圆心半角的余弦应符合下列要求：

$$\cos \pi\alpha \geqslant 1 - \left(1+\frac{r_s}{r}\cos \pi\alpha_s\right)\xi_b \tag{4-35}$$

式中 α_s——对应于受拉钢筋的圆心角(rad)与 2π 的比值；α_s 值宜在 1/6～1/3 之间选取，通常可取 0.25；

α'_s——对应于受压钢筋的圆心角(rad)与 2π 的比值，宜取 $\leqslant 0.5\alpha$；

A_{sr}、A'_{sr}——沿周边均匀配置在圆心角 $2\pi\alpha_s$、$2\pi\alpha'_s$ 内的纵向受拉、受压钢筋的截面面积(m^2)；

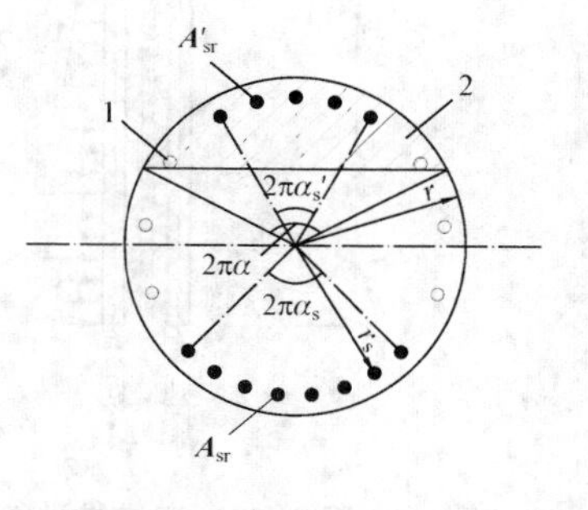

图 4-22 沿受拉区和受压区周边局部均匀配置纵向钢筋的圆形截面

1—构造钢筋；2—混凝土受压区

ξ_b——矩形截面的相对界限受压区高度。

计算的受压区混凝土截面面积的圆心角(rad)与 2π 的比值 α 宜符合下列条件：

$$\alpha \geqslant \frac{1}{3.5} \tag{4-36}$$

当不符合上述条件时，其正截面受弯承载力可按下式计算：

$$M \leqslant f_y A_{sr}\left(0.78r + r_s \frac{\sin \pi\alpha_s}{\pi\alpha_s}\right) \tag{4-37}$$

沿圆形截面受拉区和受压区周边实际配置的均匀纵向钢筋的圆心角应分别取为 $2\frac{n-1}{n}\pi\alpha_s$ 和 $2\frac{m-1}{m}\pi\alpha'_s$，$n$、$m$ 为受拉区、受压区配置均匀纵向钢筋的根数。

配置在圆形截面受拉区的纵向钢筋按全截面面积计算的最小配筋率不宜小于 0.2% 和 $0.45f_t/f_y$ 中的较大者。

(3) 构造规定：

① 挡土构件的嵌固深度，对悬臂式结构，不宜小于 0.8 h；对单支点支挡式结构，不宜小于 0.3 h；对多支点支挡式结构，不宜小于 0.2 h，h 为基坑深度。

② 支护桩顶部应设置混凝土冠梁。冠梁的宽度不宜小于桩径，高度不宜小于桩径的 0.6 倍。冠梁钢筋应符合《混凝土结构设计规范》GB50010 对梁的构造配筋要求。

③ 圆形截面支护桩的斜截面承载力，可用截面宽度(b)为 $1.76r$ 和截面有效高度(h_0)为 $1.6r$ 的矩形截面代替圆形截面后，按矩形截面斜截面承载力的规定进行计算。

④ 桩身混凝土强度等级不宜低于 C25；支护桩的纵向受力钢筋宜选用 HRB400、HRB335 级钢筋，单桩的纵向受力钢筋不宜少于 8 根，净间距不应小于 60 mm。

2) 双排桩设计

双排桩结构可采用图 4-23 所示的平面刚架结构模型进行计算。

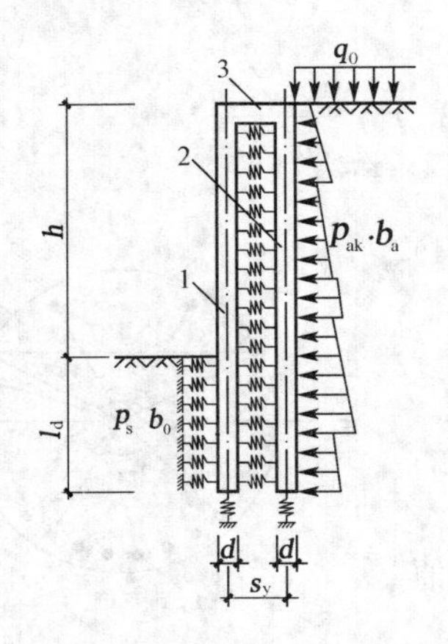

图 4-23 双排桩计算

1—前排桩；2—后排桩；3—刚架梁

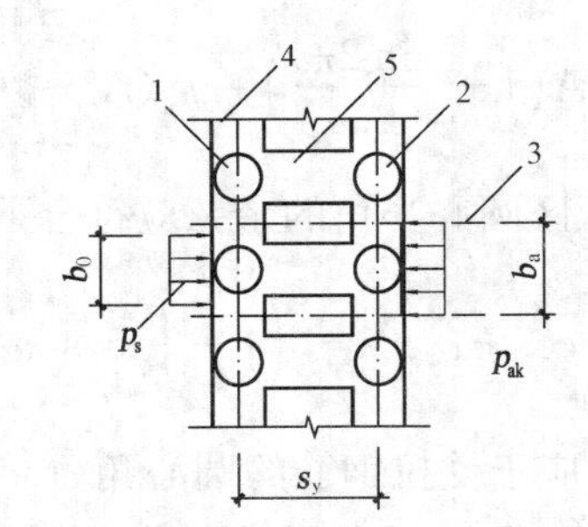

图 4-24 双排桩桩顶连梁布置

1—前排桩；2—后排桩；3—排桩对称中心线；4—桩顶冠梁；5—刚架梁

(1) 采用图 4-23 的结构模型时，作用在结构两侧的荷载与单排桩相同，不同的是如何确定夹在前后排桩之间土体的反力与变形关系，初始压力按桩间土自重占滑动体自重的比值关系确定。

① 前、后排桩的桩间土体对桩侧的压力可按下式计算：

$$p'_s = k'_s \Delta v + p'_{s0} \tag{4-38}$$

式中 p'_s——前、后排桩间土体对桩侧的压力(kPa)；可按作用在前、后排桩上的压力相等考虑；

p'_{s0}——前、后排桩间土体对桩侧的初始压力(kPa)；

k'_s——桩间土的水平刚度系数(kN/m^3)；

$\Delta\nu$——前、后排桩水平位移的差值(m)：当其相对位移减小时为正值；当其相对位移增加时，取 $\Delta v=0$。

② 前、后排桩间土体对桩侧的初始压力 p'_{s0}(kPa)可按下式计算：

$$p'_{s0} = (2\alpha - \alpha^2) p_{ak} \tag{4-39}$$

$$\alpha = \frac{s_y - d}{h\tan\left(45° - \frac{\rho_m}{2}\right)} \tag{4-40}$$

式中 p_{ak}——支护结构外侧，第 i 层土中计算点的主动土压力强度标准值(kPa)；

h——基坑深度(m)；

φ_m——基坑底面以上各土层按土层厚度加权的内摩擦角平均值(°)；

α——计算系数，当计算的 α 大于 1 时，取 $\alpha=1$。

③ 桩间土的水平刚度系数 k'_s(kN/m^3)可按下式计算：

$$K'_s = \frac{E_s}{s_y - d} \tag{4-41}$$

式中 E_s——计算深度处，前、后排桩间土体的压缩模量(kPa)；当为成层土时，应按计算点的深度分别取相应土层的压缩模量；

s_y——双排桩的排距(m)；

d——桩的直径(m)。

(2) 双排桩的嵌固稳定性验算问题与单排悬臂桩类似，应满足作用在后排桩上的主动土压力与作用在前排桩嵌固段上的被动土压力的力矩平衡条件。与单排桩不同的是，将双排桩与桩间土看作整体而将其作为力的平衡分析对象，并且考虑了土与桩自重的抗倾覆作用。

$$\frac{E_{pk}z_p + Gz_G}{E_{ak}z_a} \geqslant k_{em} \tag{4-42}$$

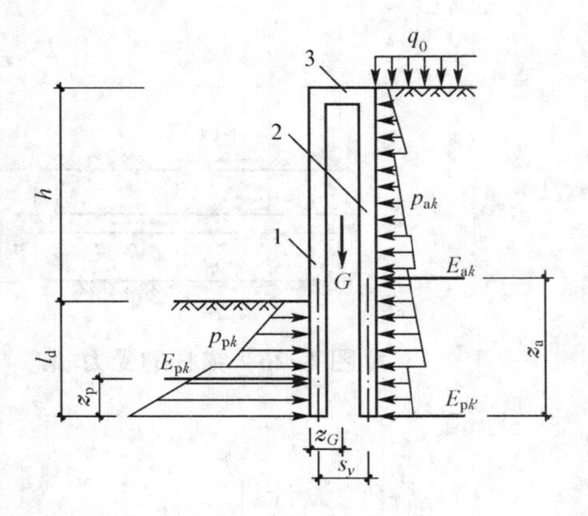

图 4-25 双排桩抗倾覆稳定性验算

1—前排桩；2—后排桩；3—刚架梁

式中 k_{em}——嵌固稳定安全系数；安全等级为一级、二级、三级的支挡式结构，k_{em} 分别不应小于 1.25、1.2、1.15；

E_{ak}、E_{pk}——分别为基坑外侧主动土压力、基坑内侧被动土压力的标准值；

G——排桩、桩顶连梁和桩间土的自重之和(kN)；

z_G——双排桩、桩顶连梁和桩间土的重心至前排桩边缘的水平距离(m)。

4.2.7 土(岩)层锚杆

土层锚杆是一种埋入土层深部的受拉杆件，它一端与构筑物向连，另一端锚固在土(岩)层中，通常对其施加预应力，以承受由土压力、水压力或活荷载产生的拉力，用以保证构筑物的稳定。锚拉结构一般采用钢绞线锚杆，当设计的锚杆抗拔承载力较低时，可采用普通钢筋锚杆。当环境保护不允许在支护结构使用功能完成后锚杆杆体滞留于基坑周边地层内时，则应采用可拆芯钢绞线锚杆，锚杆锚固段不宜设置在淤泥、淤泥质土、泥炭、泥炭质土及松散填土层内。

锚杆注浆宜采用二次压力注浆工艺。在易塌孔的松散或稍密的砂土、碎石土、粉土层，高液性指数的饱和黏性土层，高水压力的各类土层中，钢绞线锚杆、普通钢筋锚杆宜采用套管护壁成孔工艺。

在复杂地质条件下，应通过现场试验确定锚杆的适用性。

土(岩)层锚杆根据主滑动面分为锚固段和非锚固段或称自由段。锚杆受力时，在拉力(N)作用下将有(图 4-26)所示的受力状态。首先，拉力 N 通过拉杆(钢筋或钢绞线)与锚固段内水泥砂浆锚固体之间的握裹力传给锚固体，然后，锚固体通过与土(岩)层孔壁间的摩阻力(亦称土体与锚固体间的粘结力)而传递到整个锚固的土(岩)层中。土(岩)层锚杆的承载能力与受拉杆件的强度、拉杆与锚固体之间的握裹力、锚固体和孔壁间的摩阻力等因素有关。

试验和实践表明，单根锚杆的承载能力，锚筋必须具有足够的截面面积以承受拉力，对于锚固于岩层中的锚杆，其抗拔力取决于砂浆与锚筋间的握裹力；对锚固于土层中的锚杆，其抗拔力取决于锚固体与土层之间的极限摩阻力。

在高层建筑深基坑支护结构中使用的锚杆，一般都锚固于土层中，因而它的极限抗拔力取决于锚固体与其周围土层间的摩阻力即抗剪强度(亦即土体与锚固体间的粘结强度)，当有扩大头时还与扩孔部分的压力有关。

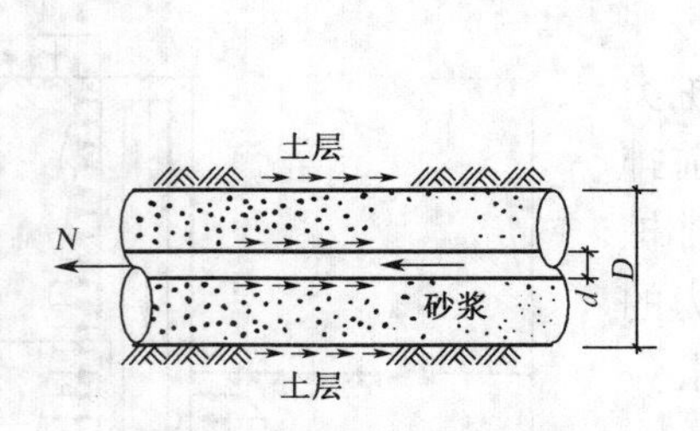

图 4-26 锚杆的受力状态

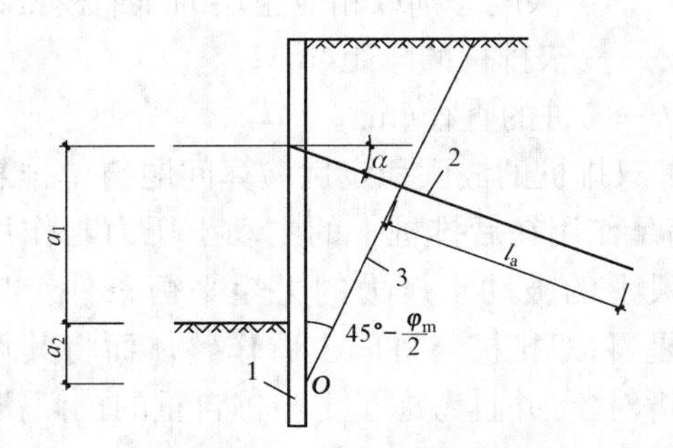

图 4-27 理论直线滑动面

1—挡土构件；2—锚杆；3—理论直线滑动面

1）锚杆的设计计算

锚杆极限抗拔承载力应通过抗拔试验确定，室内计算锚杆极限抗拔承载力标准值 R_k 可按下式估算，但应按规定进行试验验证：

$$R_k = \pi d \sum q_{sik} l_i \tag{4-43}$$

式中 d——锚杆的锚固体直径(m)；

l_i——锚杆的锚固段在第 i 土层中的长度(m)；锚固段长度(l_a)为锚杆在理论直线滑动面以外的长度；

q_{sik}——锚固体与第 i 土层之间的极限粘结强度标准值(kPa)，应根据工程经验并结合表 4-4 取值。

表 4-4 锚杆的极限粘结强度标准值

土的名称	土的状态或密实度	q_{sik}(kPa)	
		一次常压注浆	二次压力注浆
填土		16～30	30～45
淤泥质土		16～20	20～30
黏性土	$I_L>1$	18～30	25～45
	$0.75<I_L\leqslant 1$	30～40	45～60
	$0.50<I_L\leqslant 0.75$	40～53	60～70
	$0.25<I_L\leqslant 0.50$	53～65	70～85
	$0<I_L\leqslant 0.25$	65～73	85～100
	$I_L\leqslant 0$	73～90	100～130
土	$e>0.90$	22～44	40～60
	$0.75\leqslant e\leqslant 0.90$	44～64	60～90
	$e<0.75$	64～100	80～130
粉细砂	稍密	22～42	40～70
	中密	42～63	75～110
	密实	63～85	90～130
中砂	稍密	54～74	70～100
	中密	74～90	100～130
	密实	90～120	130～170
粗砂	稍密	80～130	100～140
	中密	130～170	170～220
	密实	170～220	220～250
砾砂	中密、密实	190～260	240～290
风化岩	全风化	80～100	120～150
	强风化	150～200	200～260

由于我国幅员辽阔，各地区相同土类的土性亦存在较大差异，施工水平也参差不齐，使用该表数值时应适当调整。

(1) 不同工艺的取值：采用泥浆护壁成孔工艺时，应按表取低值后再适当折减；采用套管护壁成孔工艺时，取表中的高值；采用扩孔工艺时，表中数值适当提高；采用分段劈裂二次压力注浆工艺时，表中二次压力注浆数值适当提高。

(2) 不同土体的取值：当砂土中的细粒含量超过总质量的 30%时，按表取值后应乘以0.75的系数；对有机质含量为 5%～10%的有机质土，应按表取值后适当折减；当锚固段主要位于黏土层、淤泥质土层、填土层时，应考虑土的蠕变对锚杆预应力损失的影响，并应根据蠕变试验确定锚杆的极限抗拔承载力。

(3) 锚固段长度的限制：当锚杆锚固段长度大于 16 m 时，应对表中数值适当折减。

锚杆的极限抗拔承载力应符合下式要求：

$$\frac{R_k}{N_k} \geqslant K_t \tag{4-44}$$

式中 K_t——锚杆抗拔安全系数；安全等级为一级、二级、三级的支护结构，K_t 分别不应小于 1.8、1.6、1.4；

N_k——锚杆的轴向拉力标准值 N_k(kN)。

锚杆的轴向拉力标准值 N_k 应按下式计算：

$$N_k = \frac{F_h s}{b_\alpha \cos\alpha} \tag{4-45}$$

式中 s——锚杆水平间距(m)；

α——锚杆倾角(°)。

锚杆的自由段长度应按下式确定(图 4-27)：

$$l_f \geqslant \frac{(a_1 + a_2 - d\tan\alpha)\sin\left(45° - \frac{\varphi_m}{2}\right)}{\sin\left(45° + \frac{\varphi_m}{2} + \alpha\right)} + \frac{d}{\cos\alpha} + 1.5 \tag{4-46}$$

式中 l_f——锚杆自由段长度(m)；

a_1——锚杆的锚头中点至基坑底面的距离(m)；

a_2——基坑底面至挡土构件嵌固段上基坑外侧主动土压力强度与基坑内侧被动土压力强度等值点 O 的距离(m)；对多层土地层，当存在多个等值点时应按其中最深处的等值点计算；

d——挡土构件的水平尺寸(m)；

φ_m——O 点以上各土层按厚度加权的内摩擦角平均值(°)。

锚杆杆体的受拉承载力应符合下式规定：

$$N \leqslant f_{py} A_p \tag{4-47}$$

式中 N——锚杆轴向拉力设计值(kN)；

f_{py}——预应力钢筋抗拉强度设计值(kPa)；当锚杆杆体采用普通钢筋时，取普通钢筋强度设计值(f_y)；

A_p——预应力钢筋的截面面积(m^2)。

2) 锚杆的设计与施工一般规定

(1) 锚杆的布置中，锚杆的水平间距不宜小于 1.5 m；多层锚杆，其竖向间距不宜小于 2.0 m；当锚杆的间距小于 1.5 m 时，应根据群锚效应对锚杆抗拔承载力进行折减或相邻锚杆应取不同的倾角；锚杆锚固段的上覆土层厚度不宜小于 4.0 m，锚杆倾角宜取 15°～25°，且不应大于 45°，不应小于 10°。

(2) 锚杆锁定值宜取锚杆轴向拉力标准值的 0.75～0.9 倍，且应与锚杆预加轴向拉力一致；当锚杆固结体的强度达到设计强度的 75%且不小于 15 MPa 后，方可进行锚杆的张拉锁定；锁定时的锚杆拉力应考虑锁定过程的预应力损失量，预应力损失量宜通过对锁定前、后锚杆拉力的测试确定；缺少测试数据时，锁定时的锚杆拉力可取锁定值的 1.1 倍～1.15 倍。

(3) 钢绞线锚杆、普通钢筋锚杆的成孔直径宜取 100～150 mm，自由段的长度不应小于 5 m，且穿过潜在滑动面进入稳定土层的长度不应小于 1.5 m，钢绞线、钢筋杆体在自由段应设置隔离套管；土层中的锚杆锚固段长度不宜小于 6 m。

(4) 锚杆注浆应采用水泥浆或水泥砂浆，注浆固结体强度不宜低于 20 MPa。注浆液采用水泥浆时，水灰比宜取 0.50～0.55；采用水泥砂浆时，水灰比宜取 0.40～0.45，灰砂比宜取0.5～1.0，拌和用砂宜选用中粗砂；采用二次压力注浆工艺时，二次压力注浆宜采用水灰比0.50～0.55的水泥浆，注浆管的出浆口应采取逆止措施；二次压力注浆时，终止注浆的压力不应小于 1.5 MPa。

(5) 锚杆在顶部常锚固在混凝土冠梁上，中部锚固在腰梁上。锚杆腰梁可采用型钢组合梁或混凝土梁，锚杆腰梁应按受弯构件设计，应根据实际约束条件按连续梁或简支梁计算。计算腰梁的内力时，腰梁的荷载应取结构分析时得出的支点力设计值。

4.3 土钉墙

土钉墙是近 30 多年发展起来的用于土体开挖时保持基坑侧壁或边坡稳定的一种挡土结构，由随基坑开挖分层设置的、纵横向密布的土钉群、喷射混凝土面层及原位土体所组成的支护结构。土钉则是设置在基坑侧壁土体内的承受拉力与剪力的杆件。例如，成孔后植入钢筋杆体并通过孔内注浆在杆体周围形成固结体的钢筋土钉，将设有出浆孔的钢管直接击入基坑侧壁土中并在钢管内注浆的钢管土钉。

除了被加固的原位土体外，土钉墙由土钉、面层及必要的防排水系统组成，其结构参数与土体特性、地下水状况、支护面角度、周边环境(建构筑物、市政管线等)、使用年限、使用要求等因素相关。

4.3.1 土钉墙的特点

与其他支护类型相比，土钉墙有以下一些特点或优点：

(1) 能合理利用土体的自稳能力，将土体作为支护结构不可分割的一部分，结构合理。

(2) 轻型支护结构，柔性大，有良好的抗震性和延性，破坏前有变形发展过程。

(3) 密封性好，完全将土坡表面覆盖，没有裸露土方，阻止或限制了地下水从边坡表面渗出，防止水土流失及雨水、地下水对边坡的冲刷侵蚀。

(4) 土钉数量众多，靠群体作用，即便个别土钉有质量问题或失效对整体影响不大。

(5) 施工所需场地小，移动灵活，支护结构基本不单独占用空间，能贴近已有建筑物开挖，这是桩、墙等支护难以做到的，故在施工场地狭小、建筑距离近、大型护坡施工设备没有足够工作面等情况下，显示出独特的优越性。

(6) 施工速度快。土钉墙随土方开挖施工，分层分段进行，与土方开挖基本能同步，不需养护或单独占用施工工期，故多数情况下施工速度较其他支护结构快。

(7) 施工设备及工艺简单，不需要复杂的技术和大型机具，施工对周围环境干扰小。

(8) 由于孔径小，与桩等施工方法相比，穿透卵石、漂石及填石层的能力更强一些；且施工方便灵活，开挖面形状不规则、坡面倾斜等情况下施工不受影响。

(9) 边开挖边支护便于信息化施工，能够根据现场监测数据及开挖暴露的地质条件及时调整土钉参数，一旦发现异常或实际地质条件与原勘察报告不符时能及时相应调整设计参数，避免出现大的事故，从而提高了工程的安全可靠性。

(10) 材料用量及工程量较少，工程造价较低。据国内外资料分析，土钉墙工程造价比其他类型支挡结构一般低 1/3～1/5。

4.3.2　土钉墙的适用范围

土钉墙适用于地下水位以上或经人工降水后的人工填土、黏性土和弱胶结砂土的基坑支护或边坡加固，不适合以下土层：

(1) 含水丰富的粉细砂、中细砂及含水丰富且较为松散的中粗砂、砾砂及卵石层等。丰富的地下水易造成开挖面不稳定且与喷射混凝土面层黏接不牢固。

(2) 缺少黏聚力的、过于干燥的砂层及相对密度较小的均匀度较好的砂层。这些砂层中易产生开挖面不稳定现象。

(3) 淤泥质土、淤泥等软弱土层。这类土层的开挖面通常没有足够的自稳时间，易于流塑破坏。

(4) 膨胀土。水分渗入后会造成土钉的荷载加大，易产生超载破坏。

(5) 强度过低的土，如新近填土等。新近填土往往无法为土钉提供足够的锚固力，且自重固结等原因增加了土钉的荷载，易使土钉墙结构产生破坏。

除了地质条件外，土钉墙还不适于以下条件：

(1) 对变形要求较为严格的场所。土钉墙属于轻型支护结构，土钉、面层的刚度较小，支护体系变形较大。土钉墙不适合用于一级基坑支护。

(2) 较深的基坑。通常认为，土钉墙适用于深度不大于 12 m 的基坑支护。

(3) 建筑物地基为灵敏度较高的土层。土钉易引起水土流失，在施工过程中对土层有扰动，易引起地基沉降。

(4) 对用地红线有严格要求的场地。土钉沿基坑四周几近水平布设，需占用基坑外的地下空间，一般都会超出红线。如果不允许超红线使用或红线外有地下室等结构物，土钉无法施工或长度太短很难满足安全要求。

4.3.3　土钉墙的设计

单根土钉的抗拔承载力应符合下式规定：

$$\frac{R_{k,j}}{N_{k,j}} \geqslant K_t \tag{4-48}$$

式中　K_t——土钉抗拔安全系数；安全等级为二级、三级的土钉墙，K_t 分别不应小于 1.6、1.4；

$N_{k,j}$——第 j 层单根土钉的轴向拉力标准值(kN)；

$R_{k,j}$——第 j 层根单土钉的极限抗拔承载力标准值(kN)。

单根土钉的轴向拉力标准值 $N_{k,j}$ 可按下式计算：

$$N_{k,j} = \frac{1}{\cos\alpha_j}\zeta\eta_j P_{ak,j} s_{xj} s_{zj} \tag{4-49}$$

式中　α_j——第 j 层土钉的倾角(°)；

ζ——墙面倾斜时的主动土压力折减系数；

η_j——第 j 层土钉轴向拉力调整系数；

$p_{ak,j}$—— 第 j 层土钉处的主动土压力强度标准值(kPa)；

s_{xj}——土钉的水平间距(m)；

s_{zj}——土钉的垂直间距(m)。

坡面倾斜时的主动土压力折减系数(ζ)可按下式计算：

$$\zeta = \tan\frac{\beta-\varphi_m}{2}\left(\frac{1}{\tan\frac{\beta+\varphi_m}{2}}-\frac{1}{\tan\beta}\right)\Bigg/\tan^2\left(45°-\frac{\varphi_m}{2}\right) \quad (4-50)$$

式中 β——土钉墙坡面与水平面的夹角(°)；

φ_m——基坑底面以上各土层按土层厚度加权的内摩擦角平均值(°)。

土钉轴向拉力调整系数(η_j)可按下列公式计算：

$$\eta_j = \eta_a - (\eta_a - \eta_b)\frac{z_j}{h} \quad (4-51)$$

$$\eta_a = \frac{\sum_{i=1}^{n}(h-\eta_b z_j)\Delta E_{aj}}{\sum_{i=1}^{n}(h-z_j)\Delta E_{aj}} \quad (4-52)$$

式中 z_j——第 j 层土钉至基坑顶面的垂直距离(m)；

h——基坑深度(m)；

ΔE_{aj}—— 作用在以 s_{xj}、s_{zj} 为边长的面积内的主动土压力标准值(kN)；

η_a——计算系数；

η_b——经验系数，可取 0.6～1.0；

n——土钉层数。

一般单根土钉的极限抗拔承载力 $R_{k,j}$ 应通过抗拔试验确定，也可按式(4-53)估算：对安全等级为三级的土钉墙，可仅按公式(4-53)确定单根土钉的极限抗拔承载力。

$$R_{k,j} = \pi d_j \sum q_{sik} l_i \quad (4-53)$$

当 $R_{k,j}$ 大于 $f_{yk}A_s$ 时，应取 $R_{k,j} = f_{yk}A_s$。

式中 d_j——第 j 层土钉的锚固体直径(m)；对成孔注浆土钉，按成孔直径计算，对打入钢管土钉，按钢管直径计算；

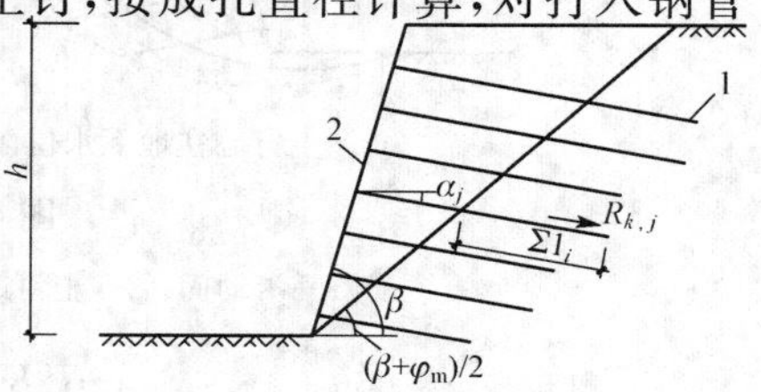

q_{sik}—— 第 j 层土钉在第 i 层土的极限粘结强度标准值(kPa)；应由土钉抗拔试验确定，无试验数据时，可根据工程经验并结合表 4-5 取值；

l_i——第 j 层土钉在滑动面外第 i 土层中的长度(m)；计算单根土钉极限抗拔承载力时，取图 4-28 所示的直线滑动面，直线滑动面与

图 4-28 土钉抗拔承载力计算

1—土钉；2—喷射混凝土面层

水平面的夹角取 $\frac{\beta+\varphi_{m}}{2}$。

表 4-5　土钉的极限粘结强度标准值

土的名称	土的状态	q_{sik} (kPa)	
		成孔注浆土钉	打入钢管土钉
素填土		15～30	20～35
淤泥质土		10～20	15～25
粘性土	$0.75<I_L\leqslant 1$	20～30	20～40
	$0.25<I_L\leqslant 0.75$	30～45	40～55
	$0<I_L\leqslant 0.25$	45～60	55～70
	$I_L\leqslant 0$	60～70	70～80
粉土		40～80	50～90
砂土	松散	35～50	50～65
	稍密	50～65	65～80
	中密	65～80	80～100
	密实	80～100	100～120

同时，土钉杆体的受拉承载力应符合下列规定：

$$N_j \leqslant f_y A_s \tag{4-54}$$

式中　N_j——第 j 层土钉的轴向拉力设计值(kN)；

f_y——土钉杆体的抗拉强度设计值(kPa)；

A_s——土钉杆体的截面面积(m^2)。

土钉墙整体滑动稳定性可采用圆弧滑动条分法进行验算，采用圆弧滑动条分法时，其整体稳定性应符合下列规定(图 4-29)：

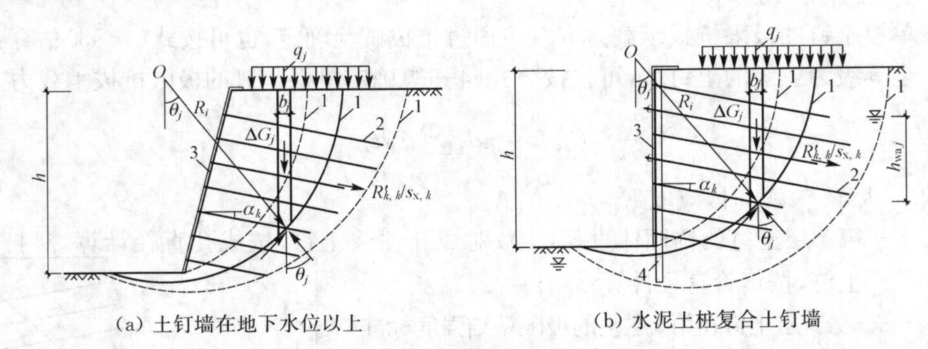

(a) 土钉墙在地下水位以上　　(b) 水泥土桩复合土钉墙

图 4-29　土钉墙整体稳定性验算

1—滑动面；2—土钉或锚杆；3—喷射混凝土面层；4—水泥土桩或微型桩

$$\min\{K_{s,1}, K_{s,2}\cdots, K_{s,j}, \cdots\} \geqslant K_s \tag{4-55}$$

$$K_{s,j}=\frac{\sum\left[c_j l_j+(q_j b_j+\Delta G_j)\cos\theta_j\tan\varphi_j\right]+\sum R'_{k,k}\left[\cos(\theta_k+\alpha_k)+\psi_v\right]/s_{x,k}}{\sum(q_j l_j+\Delta G_j)\sin\theta_j} \tag{4-56}$$

式中 K_s——圆弧滑动整体稳定安全系数；安全等级为二级、三级的土钉墙，K_s分别不应小于1.3、1.25；

$K_{s,i}$——第 i 个滑动圆弧的抗滑力矩与滑动力矩的比值；抗滑力矩与滑动力矩之比的最小值宜通过搜索不同圆心及半径的所有潜在滑动圆弧确定；

c_j、φ_j——第 j 土条滑弧面处土的粘聚力(kPa)、内摩擦角(°)；

b_j——第 j 土条的宽度(m)；

q_j——作用在第 j 土条上的附加分布荷载标准值(kPa)；

ΔG_j——第 j 土条的自重(kN)，按天然重度计算；

θ_j——第 j 土条滑弧面中点处的法线与垂直面的夹角(°)；

$R'_{k,k}$——第 k 层土钉或锚杆对圆弧滑动体的极限拉力值(kN)；

α_k——第 k 层土钉或锚杆的倾角(°)；

θ_k——滑弧面在第 k 层土钉或锚杆处的法线与垂直面的夹角(°)；

$s_{x,k}$——第 k 层土钉或锚杆的水平间距(m)；

ψ_v——计算系数；可取 $\psi_v=0.5\sin(\theta_k+\alpha_k)\tan\varphi$，$\varphi$ 为第 k 层土钉或锚杆与滑弧交点处土的内摩擦角。

4.3.4 构造要求

土钉墙设计及构造应符合下列规定：

(1) 土钉墙墙面坡度不宜大于1∶0.1，当地下水位高于基坑底面时，应采取降水或截水措施，墙顶应采用砂浆或混凝土护面，坡顶和坡脚应设排水措施，坡面上设置泄水孔；

(2) 土钉须和面层有效连接，应设置承压板或加强钢筋等构造措施，承压板或加强钢筋应与土钉螺栓连接或钢筋焊接连接；

(3) 土钉的长度宜为开挖深度的 0.5～1.2 倍，间距宜为 1～2 m，与水平面夹角宜为5°～20°；

(4) 土钉钢筋宜采用Ⅱ、Ⅲ级钢筋，钢筋直径宜为 16～32 mm，钻孔直径宜为 70～120 mm；

(5) 注浆材料宜采用水泥浆或水泥砂浆，其强度等级不宜低于 M10；

(6) 喷射混凝土面层宜配置钢筋网，钢筋直径宜为 6～10 mm，间距宜为 150～300 mm，喷射混凝土强度等级不宜低于 C20，面层厚度不宜小于 80 mm；

(7) 坡面上下段钢筋网搭接长度应大于 300 mm。

4.4 水泥土重力式围护墙

水泥土重力式围护墙是以水泥系材料为固化剂，通过搅拌机械采用喷浆施工将固化剂和地基土强行搅拌，形成连续搭接的水泥土柱状加固体挡墙。水泥土重力式围护墙是无支撑自立式挡土墙，依靠墙体自重、墙底摩阻力和墙前基坑开挖面以下土体的被动土压力稳定墙体，以满足围护墙的整体稳定、抗倾覆稳定、抗滑稳定和控制墙体变形等要求。

4.4.1 水泥土重力式围护墙的类型

判断水泥土重力式围护墙类型的主要依据是搅拌机械类型，根据搅拌轴数的不同，搅拌桩的截面主要有双轴和三轴两类，前者由双轴搅拌机形成，后者由三轴搅拌机形成。近年来，以水泥土为主体的复合重力式围护墙得到了一定的发展，主要有水泥土结合钢筋混凝土预制板桩、钻孔灌注桩、型钢、斜向或竖向土锚等结构形式。

水泥土重力式围护墙按平面布置区分可以有：满堂布置、格栅型布置和宽窄结合的锯齿形布置等形式（见图 4-30），常见的布置形式为格栅型布置；水泥土重力式围护墙按竖向布置区分可以有等断面布置、台阶形布置等形式，常见的布置形式为台阶形布置。

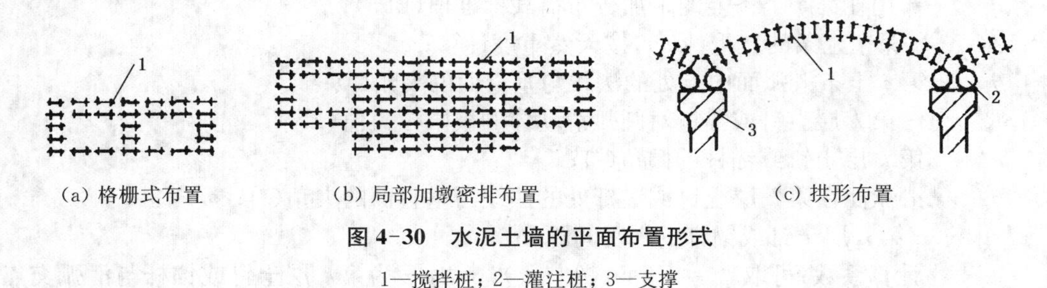

图 4-30　水泥土墙的平面布置形式

1—搅拌桩；2—灌注桩；3—支撑

4.4.2　水泥土重力式围护墙的破坏形式

（1）由于墙体入土深度不够，或由于墙底土体太软弱，抗剪强度不够等原因，导致墙体及附近土体整体滑移破坏，基底土体隆起，如图 4-31a；

（2）由于墙体后侧发生挤土施工、基坑边堆载、重型施工机械作用等引起墙后土压力增加，或者由于墙体抗倾覆稳定性不够，导致墙体倾覆，如图 4-31b；

（3）由于墙前被动区土体强度较低，设计抗滑稳定性不够，导致墙体变形过大或整体刚性移动，如图 4-31c；

（4）当设计墙体抗压强度、抗剪强度或抗拉强度不够，或者由于施工质量达不到设计要求时，导致墙体压、剪或拉等破坏，如图 4-31d。

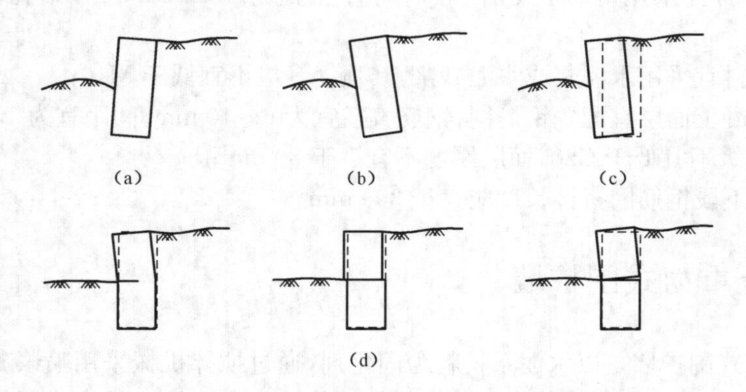

图 4-31　水泥土墙破坏形式

4.4.3　水泥土重力式围护墙的适用条件

（1）鉴于目前施工机械、工艺和控制质量的水平，适用于开挖深度不超出 7 m 的基坑工程，在基坑周边环境保护要求较高的情况下，若采用水泥土重力式围护墙，基坑深度应控制在

5 m 范围以内，降低工程的风险。

(2) 水泥土搅拌桩和高压喷射注浆均适用于加固淤泥质土，含水量较高而地基承载力小于 120 kPa 的黏土、粉土、砂土等软土地基。对于地基承载力较高、黏性较大或较密实的黏土或砂土，可采用先行钻孔套打、添加外加剂或其他辅助方法施工。当地表杂填土层厚度大或土层中含直径大于 100 mm 的石块时，宜慎重采用搅拌桩。

(3) 在基坑周边距离 1～2 倍开挖深度范围内存在对沉降和变形较敏感的建(构)筑物时，应慎重选用水泥土重力式围护墙。

4.4.4 重力式水泥土墙的稳定性计算

重力式水泥土墙的抗滑移稳定性应符合下式规定(图 4-32)：

$$\frac{E_{pk}+(G-u_{\mathrm{m}}B)\tan\varphi+cB}{E_{\mathrm{a}k}}\geqslant K_{\mathrm{s}l} \tag{4-57}$$

式中 $K_{\mathrm{s}l}$—— 抗滑移稳定安全系数，其值不应小于 1.2；

$E_{\mathrm{a}k}$、$E_{\mathrm{p}k}$—— 作用在水泥土墙上的主动土压力、被动土压力标准值(kN/m)；

G——水泥土墙的自重(kN/m)；

u_{m}——水泥土墙底面上的水压力(kPa)，水泥土墙底面在地下水位以下时，可取 $u_{\mathrm{m}}=\gamma_{\mathrm{w}}(h_{\mathrm{wa}}+h_{\mathrm{wp}})/2$，在地下水位以上时，取 $u_{\mathrm{m}}=0$，h_{wa} 为基坑外侧水泥土墙底处的水头高度(m)，h_{wp} 为基坑内侧水泥土墙底处的水头高度(m)；

c、φ——水泥土墙底面下土层的粘聚力(kPa)、内摩擦角(°)；

B——水泥土墙的底面宽度(m)。

可见，重力式墙的滑移稳定性不仅与嵌固深度有关，而且与墙宽有关。

抗倾覆稳定性应符合下式规定(图 4-33)：

$$\frac{E_{pk}a_{\mathrm{p}}+(G-u_{\mathrm{m}}B)a_{\mathrm{G}}}{E_{\mathrm{a}k}a_{\mathrm{a}}}\geqslant K_{\mathrm{ov}} \tag{4-58}$$

式中 K_{ov}——抗倾覆稳定安全系数，其值不应小于 1.3；

a_{a}——水泥土墙外侧主动土压力合力作用点至墙趾的竖向距离(m)；

a_{p}——水泥土墙内侧被动土压力合力作用点至墙趾的竖向距离(m)；

a_{G}——水泥土墙自重与墙底水压力合力作用点至墙趾的水平距离(m)。

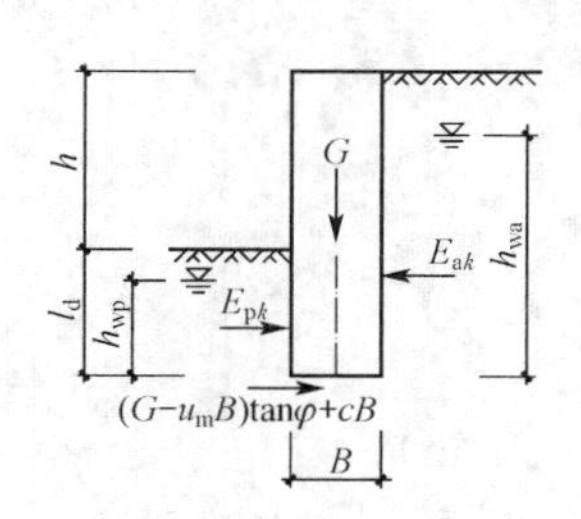

图 4-32 抗滑移稳定性验算

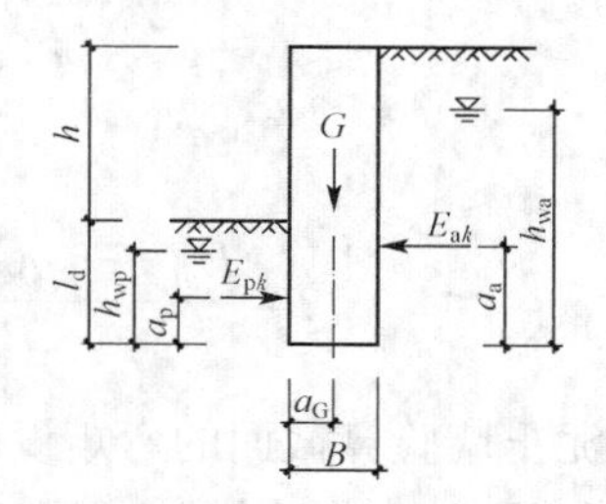

图 4-33 抗倾覆稳定性验算

重力式水泥土墙可采用圆弧滑动条分法进行验算，其整体稳定性应符合下式规定

(图4-34)：

$$\frac{\sum\{c_j l_j+[(q_j b_j+\Delta G_j)\cos\theta_j-u_j l_j]\tan\varphi_j\}}{\sum(q_j b_j+\Delta G_j)\sin\theta_j}\geqslant K_s \tag{4-59}$$

式中 K_s——圆弧滑动稳定安全系数，其值不应小于 1.3；

c_j、φ_j——第 j 土条滑弧面处土的粘聚力(kPa)、内摩擦角(°)；

b_j——第 j 土条的宽度(m)；

q_j——作用在第 j 土条上的附加分布荷载标准值(kPa)；

ΔG_j——第 j 土条的自重(kN)，按天然重度计算；分条时，水泥土墙可按土体考虑；

u_j——第 j 土条在滑弧面上的孔隙水压力(kPa)；对地下水位以下的砂土、碎石土、粉土，当地下水是静止的或渗流水力梯度可忽略不计时，在基坑外侧，可取 $u_j=\gamma_w h_{wa,j}$，在基坑内侧，可取 $u_j=\gamma_w h_{wp,j}$；对地下水位以上的各类土和地下水位以下的粘性土，取 $u_j=0$；

γ_w——地下水重度(kN/m³)；

$h_{wa,j}$——基坑外地下水位至第 j 土条滑弧面中点的深度(m)；

$h_{wp,j}$——基坑内地下水位至第 j 土条滑弧面中点的深度(m)；

θ_j——第 j 土条滑弧面中点处的法线与垂直面的夹角(°)。

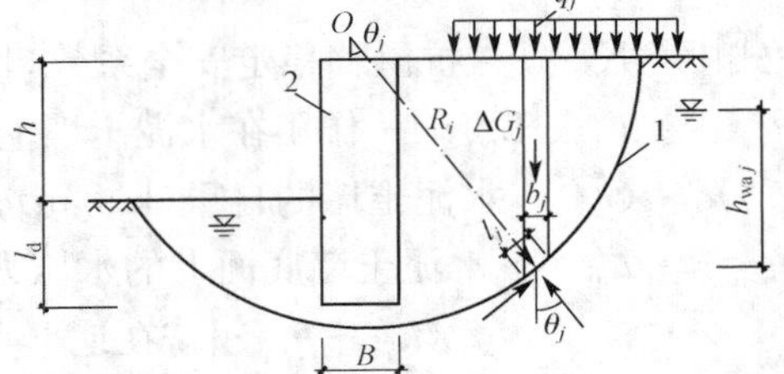

图 4-34 整体滑动稳定性验算

当墙底以下存在软弱下卧土层时，稳定性验算的滑动面中尚应包括由圆弧与软弱土层层面组成的复合滑动面。

4.4.5 重力式水泥土墙墙体的强度验算

拉应力：

$$\frac{6M_i}{B^2}-\gamma_{cs}z\leqslant 0.15f_{cs} \tag{4-60}$$

压应力：

$$\gamma_0\gamma_F\gamma_{cs}z+\frac{6M_i}{B^2}\leqslant f_{cs} \tag{4-61}$$

剪应力：

$$\frac{E_{ak,i}-\mu G_i-E_{pk,i}}{B}\leqslant\frac{1}{6}f_{cs} \tag{4-62}$$

式中 M_i——水泥土墙验算截面的弯矩设计值(kN·m/m)；

B——验算截面处水泥土墙的宽度(m)；

γ_{cs}——水泥土墙的重度(kN/m³)；

z——验算截面至水泥土墙顶的垂直距离(m)；

f_{cs}——水泥土开挖龄期时的轴心抗压强度设计值(kPa),应根据现场试验或工程经验确定;

γ_F——荷载综合分项系数;

$E_{ak,i}$、$E_{pk,i}$——验算截面以上的主动土压力标准值、被动土压力标准值(kN/m),验算截面在基底以上时,取 $E_{pk,i}=0$;

G_i——验算截面以上的墙体自重(kN/m);

μ——墙体材料的抗剪断系数,取 0.4～0.5。

计算截面应包括以下部位:

(1) 基坑面以下主动、被动土压力强度相等处;

(2) 基坑底面处;

(3) 水泥土墙的截面突变处。

当地下水位高于基底时,尚应进行地下水渗透稳定性验算。

4.4.6 水泥土重力式围护墙加固体一般技术要求

(1) 水泥土水泥掺入比以每立方加固体所拌和的水泥重度计,常用水泥掺入比为:双轴水泥土搅拌桩 12%～15%,三轴水泥土搅拌桩 18%～22%,高压喷射注浆不少于 25%,粉喷桩 13%～16%,高压喷射水泥水灰比宜为 1.0～1.5。

(2) 水泥土加固体的强度以龄期 28 天的无侧限抗压强度 q_u 为标准,q_u 应不低于0.8 MPa。

(3) 水泥土加固体的渗透系数不大于 10^{-7}cm/s,水泥土围护墙兼作隔水帷幕。

(4) 水泥土重力式围护墙搅拌桩搭接长度应不小于 200 mm。墙体宽度大于等于 3.2 m 时,前后墙厚度不宜小于 1.2 m。在墙体圆弧段或折角处,搭接长度宜适当加大;深层搅拌桩和高压喷射桩水泥土墙的桩位偏差不应大于 50 mm,垂直度偏差不宜大于 0.5%。

(5) 水泥土重力式围护墙转角及两侧剪力较大的部位应采用搅拌桩满打、加宽或加深墙体等措施对围护墙进行加强。

(6) 当基坑开挖深度有变化,围护墙体宽度和深度变化较大的断面附近应当对墙体进行加强。

(7) 水泥土墙应在设计开挖龄期采用钻芯法检测墙身完整性,钻芯数量不宜少于总桩数的 2%且不应少于 5 根,并应根据设计要求取样进行单轴抗压强度试验。

4.5 型钢水泥土搅拌墙

型钢水泥土搅拌墙(如图 4-35 所示),通常称为 SMW 工法(Soil Mixed Wall),是一种在连续套接的三轴水泥土搅拌桩内插入型钢形成的复合挡土截水结构,即利用三轴搅拌桩钻机在原地层中切削土体,同时钻机前端低压注入水泥浆液,与切碎土体充分搅拌形成截水性较高的水泥土柱列式挡墙,在水泥土浆液尚未硬化前插入型钢的一种地下工程施工技术。

型钢水泥土搅拌墙是基于深层搅拌桩施工工艺发展起来的,这种结构充分发挥了水泥土混合体和型钢的力学特性,具有经济、工期短、高截水性、对周围环境影响小等特点。型钢水泥土搅拌墙围护结构在基坑施工完成后,可以将 H 型钢从水泥土搅拌桩中拔出,达到回收和再次利用的目的。因此该工法与常规的围护形式相比不仅工期短,施工过程无污染,场地整洁干净、噪音小，而且可以节约社会资源，避免围护体在基坑施工完毕后永久遗留于地下，成为地下障碍物。

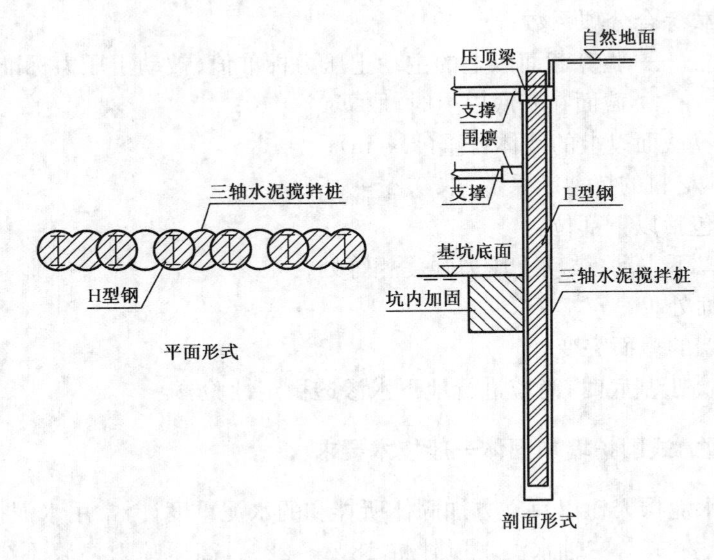

图 4-35　型钢水泥土搅拌墙

4.5.1　型钢水泥土搅拌墙的特点

型钢水泥土搅拌墙是一种由水泥土搅拌桩柱列式挡墙和型钢(一般采用 H 型钢)组成的复合围护结构，同时具有截水和承担水土侧压力的功能。型钢水泥土搅拌墙与基坑围护设计中经常采用的钻孔灌注桩排桩相比，具有下面几方面的不同：

(1) 型钢水泥土搅拌墙由 H 型钢和水泥土组成，一种是力学特性复杂的水泥土，一种是近似线弹性材料的型钢，二者相互作用，工作机理非常复杂。

(2) 是一种复合围护结构，从经济角度考虑，H 型钢在施工完成后可以回收利用是该工法的一个特色；从变形控制的角度看，H 型钢可以通过跳插、密插调整围护体刚度，是该工法的另一特色。

(3) 在地下水水位较高的软土地区钻孔灌注桩或围护结构尚需在外侧施工一排截水帷幕，截水帷幕可以采用双轴三轴水泥土搅拌桩。而型钢水泥土搅拌墙是在三轴水泥土搅拌桩中插入 H 型钢，本身就已经具有较好的截水效果，不需额外施工截水帷幕，因此造价一般相对于钻孔灌注桩要经济。

4.5.2　型钢水泥土搅拌墙的适用条件

从广义上讲，型钢水泥土搅拌墙以水泥土搅拌桩为基础，凡是能够施工三轴水泥土搅拌桩的场地都可以考虑使用该工法。从黏性土到砂性土，从软弱的淤泥和淤泥质土到较硬、较密实的砂性土，甚至在含有砂卵石的地层中经过适当的处理都能够进行施工，适用土质范围较广。

从型钢水泥土搅拌墙在实际工程中的应用来看，基坑围护设计方案选用型钢水泥土搅拌墙主要考虑以下几点因素：

(1) 型钢水泥土搅拌墙的适用条件与基坑的开挖深度、基坑周边环境条件、场地土层条件、基坑规模等因素有关，另外与基坑内支撑的设置也密切相关。

(2) 型钢水泥土搅拌墙的选择也受到基坑开挖深度的影响。根据上海及周边软土地区的工程经验，在常规支撑设置下，搅拌桩直径为 650 mm 的型钢水泥土搅拌墙，一般开挖深度不大于 8.0 m；搅拌桩直径为 850 mm 的型钢水泥土搅拌墙，一般开挖深度不大于 11.0 m；搅拌桩直径为 1 000 mm 的型钢水泥土搅拌墙，一般开挖深度不大于 13.0 m。

(3) 当施工场地狭小或距离用地红线、建筑物等较近时，采用钻孔灌注桩＋截水帷幕等围护方案常常不具备足够的施工空间，而型钢水泥土搅拌墙只需在三轴水泥土搅拌桩中内插型钢，所需施工空间仅为三轴水泥搅桩的厚度和施工机械必要的操作空间，具有较明显的优势。

(4) 与地下连续墙、钻孔灌注桩相比，型钢水泥土搅拌墙的刚度较低，因此常常会产生相对较大的变形，在对周边环境保护要求较高的工程中，例如基坑紧邻运营中的地铁隧道、历史保护建筑、重要地下管线时，应慎重选用。

(5) 当基坑周边环境对地下水位变化较为敏感，搅拌桩桩身范围内大部分为砂(粉)性土等透水性较强的土层时，若型钢水泥土搅拌墙变形较大，搅拌桩桩身易产生裂缝、造成渗漏，后果较为严重。

4.5.3 型钢水泥土搅拌桩的布置形式

实际工程中，型钢水泥土搅拌墙的墙体厚度、型钢截面和型钢的间距一般是由三轴水泥土搅拌桩的桩径决定。三轴水泥土搅拌桩的桩径分为 650 mm、850 mm、1 000 mm 三种，型钢常规布置形式有：密插、插二跳一和插一跳一三种，如图 4-36 所示，H 型钢分别插入直径为 650 mm、850 mm、1 000 mm 三轴水泥土搅拌桩内，H 型钢的间距为：密插间距 450 mm、600 mm、750 mm；插二跳一间距 675 mm、900 mm、1 125 mm；插一跳一间距 900 mm、1 200 mm、1 500 mm。

(a) 密插型　　(b) 插二跳一　　(c) 插一跳一

图 4-36　型钢布置形式

4.5.4 型钢水泥土搅拌墙的设计与计算

型钢水泥土搅拌墙中型钢是主要的受力构件，承担着基坑外侧水土压力的作用。

对于型钢的设计计算主要包括两方面内容：首先是型钢平面形式的确定，即确定型钢的布设方式、间距、型钢的截面尺寸等参数；另一方面是从围护结构受力平衡和抗隆起安全的角度确定型钢的入土深度。对于水泥土搅拌桩的设计计算主要是通过抗渗流和抗管涌验算确定搅拌桩的入土深度。

1) 型钢、水泥土搅拌桩入土深度的确定

型钢水泥土搅拌墙的入土深度可分为型钢的入土深度 D_H 和水泥土搅拌桩的入土深度 D_C 两部分。

(1) H 型钢入土深度的确定

型钢的入土深度 D_H 主要由基坑整体稳定性、抗隆起稳定性和抗滑移稳定性综合确定，H型钢尚应满足围护墙内力、变形的计算要求及考虑地下结构施工完成后型钢能顺利拔出，具体计算方法可参见排桩支护章节中的相关公式。

(2) 水泥土搅拌桩入土深度的确定

型钢水泥土搅拌墙中的水泥土搅拌桩，担负着基坑开挖过程中截水帷幕的作用。水泥土搅拌桩的入土深度 D_C 主要由坑内降水不影响到基坑以外周边环境的水力条件决定，防止降水引起渗流、管涌发生，同时应满足 $D_C \geqslant D_H$。

2) 型钢水泥土搅拌墙截面设计

型钢水泥土搅拌墙截面设计主要是确定型钢截面和型钢间距。

(1) 型钢截面

型钢的截面由型钢的强度验算确定，即需要对型钢所受的应力进行验算，包括型钢的抗弯及抗剪强度问题。

① 抗弯验算

型钢水泥土搅拌墙的弯矩全部由型钢承担，型钢的抗弯承载力应符合下式要求：

$$\frac{1.25\gamma_0 M_k}{W} \leqslant f \tag{4-63}$$

式中 γ_0——结构重要性系数；

M_k——型钢水泥土搅拌墙的弯矩标准值(N·mm)；

W——型钢沿弯矩作用方向的截面模量(mm^3)；

f——钢材的抗弯强度设计值(N/mm^2)。

② 抗剪验算

型钢水泥土搅拌墙的剪力全部由型钢承担，型钢的抗剪承载力应符合下式要求：

$$\frac{1.25\gamma_0 Q_k S}{I \cdot t_w} \leqslant f_v \tag{4-64}$$

式中 Q_k——型钢水泥土搅拌墙的剪力标准值(N)；

S——计算剪应力处的面积矩(mm^3)；

I——型钢沿弯矩作用方向的截面惯性矩(mm^4)；

t_w——型钢腹板厚度(mm)；

f_v——钢材的抗剪强度设计值(N/mm^2)。

(2) 型钢的间距

型钢水泥土搅拌墙中的型钢往往是按一定的间距插入水泥土中，这样相邻型钢之间便形成了一个非加筋区，如图 4-37 所示。型钢水泥土搅拌墙的加筋区和非加筋区承担着同样的水土压力。但在加筋区，由于型钢和水泥土的共同作用，组合结构刚度较大，变形较小，可以视为非加筋区的支点。型钢的间距越大，加筋区和非加筋区交界面上所承受的剪力就越大。当型钢间距增大到一定程度，该交界面有可能在挡墙达到竖向承载力之前发生破坏，因此应该对型钢水泥土搅拌墙中型钢与水泥土搅拌桩的交界面进行局部承载力验算，确定合理的型钢间距。

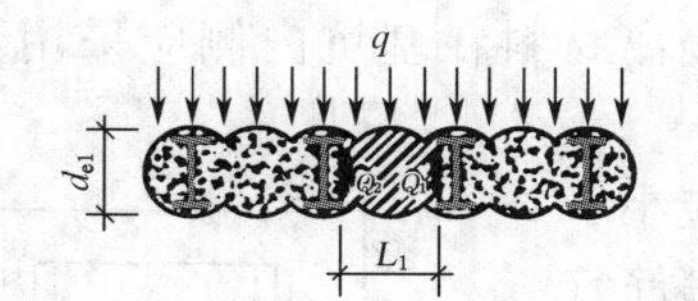

(a) 型钢与水泥土间错动剪切破坏验算图

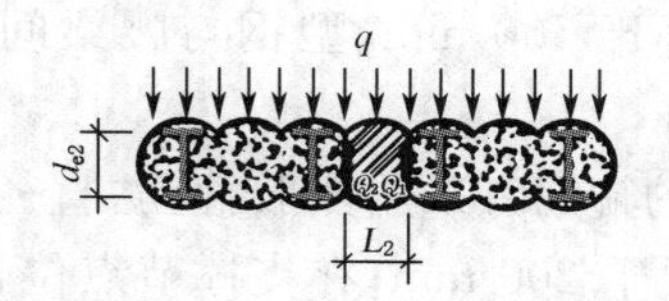

(b) 最薄弱截面剪切破坏验算图

图 4-37　搅拌桩局部抗剪计算示意图

型钢水泥土搅拌墙应该满足水泥土搅拌桩桩身局部抗剪承载力的要求。局部抗剪承载力验算包括型钢与水泥土之间的错动剪切和水泥土最薄弱截面处的局部剪切验算。

① 当型钢隔孔设置时,按下式验算型钢与水泥土之间的错动剪切承载力：

$$\tau_1 = \frac{1.25\gamma_0 Q_1}{d_{e1}} \leqslant \tau \tag{4-65}$$

$$Q_1 = \frac{q_k L_1}{2} \tag{4-66}$$

$$\tau = \frac{\tau_{ck}}{1.6} \tag{4-67}$$

式中　τ_1——型钢与水泥土之间的错动剪应力设计值(N/mm²)；

Q_1——型钢与水泥土之间单位深度范围内的错动剪力标准值(N/mm)；

q_k——计算截面处作用的侧压力标准值(N/mm²)；

L_1——型钢翼缘之间的净距(mm)；

d_{e1}——型钢翼缘处水泥土墙体的有效厚度(mm)；

τ——水泥土抗剪强度设计值(N/mm²)；

τ_{ck}——水泥土抗剪强度标准值(N/mm²),可取搅拌桩 28 天龄期无侧限抗压强度标准值。

② 当型钢隔孔设置时,按下式对水泥土搅拌桩进行最薄弱断面的局部抗剪验算：

$$\tau_2 = \frac{1.25\gamma_0 Q_2}{d_{e2}} \leqslant \tau \tag{4-68}$$

$$Q_2 = \frac{qL_2}{2} \tag{4-69}$$

式中　τ_2——水泥土最薄弱截面处的局部剪应力标准值(N/mm²)；

Q_2——水泥土最薄弱截面处单位深度范围内的剪力标准值(N/mm)；

d_{e2}——水泥土最薄弱截面处墙体的有效厚度(mm)；

L_2——水泥土最薄弱截面的净距(mm)。

3) 型钢水泥土搅拌墙构造要求

(1) 冠梁截面高度不小于 600 mm。当搅拌桩直径为 650 mm 时,冠梁的截面宽度不应小于 1 000 mm;当搅拌桩直径为 850 mm 时,冠梁的截面宽度不应小于 1 200 mm;当搅拌桩直径为 1 000 mm 时,冠梁的截面宽度不应小于 1 300 mm。

(2) 冠梁的主筋应避开型钢设置。为便于型钢拔除,型钢顶部要高出冠梁顶面一定高度，一般不宜小于 500 mm，型钢与腰梁间的隔离材料在基坑内侧应采用不易压缩的硬质材料。

(3) 冠梁的箍筋宜采用四肢箍筋，直径不应小于 ϕ8，间距不应大于 200 mm；在支撑节点位置，箍筋宜适当加密；由于内插型钢而未能设置的箍筋应在相邻区域内补足面积，见图4-38。

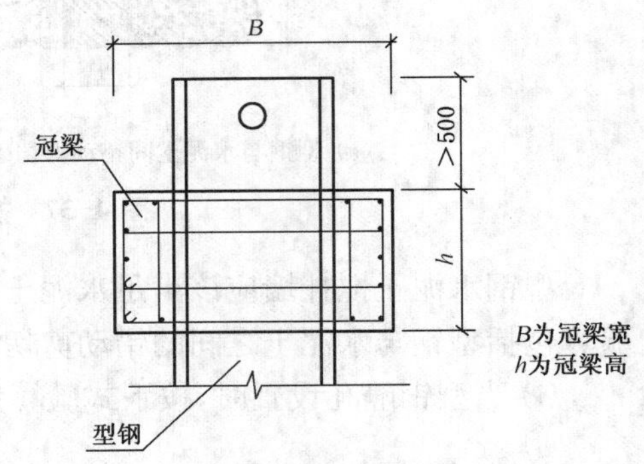

图 4-38　型钢与冠梁节点构造图

(4) 为保证转角处型钢水泥土搅拌墙的成桩质量和截水效果，在转角处宜采用"十"字接头的形式，即在接头处两边都多打半幅桩。为保证型钢水泥土搅拌墙转角处的刚度，宜在转角处增设一根斜插型钢，如图 4-39 所示。

(5) 当型钢水泥土搅拌墙遇地下连续墙或灌注桩等围护结构需断开时，或者在型钢水泥土搅拌墙施工中出现裂缝时，一般应采用旋喷桩封闭，以保证围护结构整体的截水效果，如图 4-40 所示。

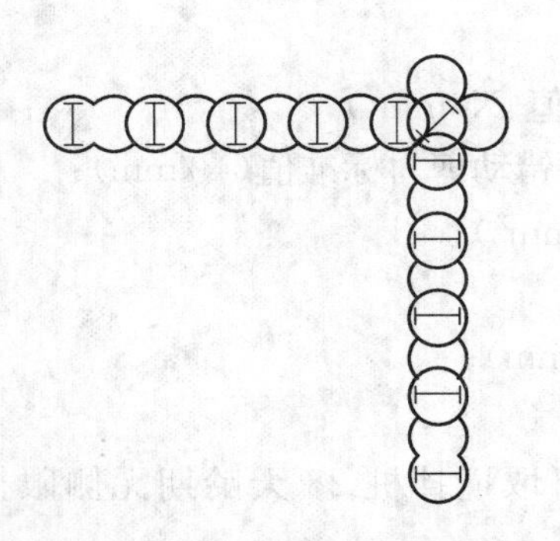

图 4-39　型钢水泥土搅拌墙转角加强示意图

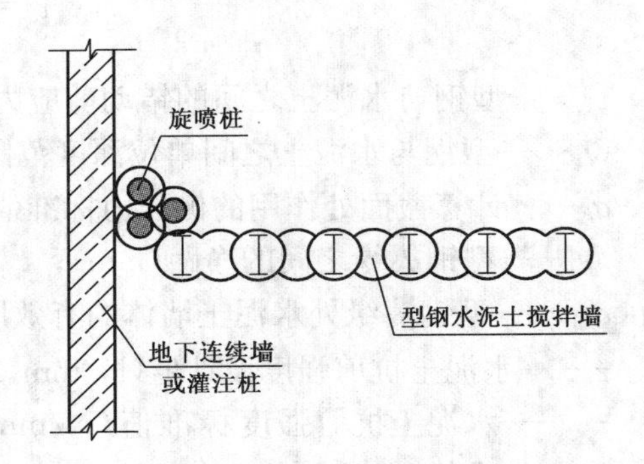

图 4-40　型钢水泥土搅拌墙封闭示意图

4.6　逆作拱墙

4.6.1　挡土拱圈的构造和特点

建筑基坑平面几何形状通常是闭合的多边形，土压力是随深度而线性增加的分布荷载，没有集中力，因此在基坑四周场地都允许起拱的条件下（基坑各边长 L 的起拱矢高 $f>0.12L$），可考虑采用闭合的水平拱圈来支挡土压力以围护基坑的稳定。这个闭合拱圈可以由几条二次曲线围成的组合拱圈（曲率不连续），也可以是一个完整的椭圆或蛋形拱圈（曲率连续）。作用在拱圈上四周的土压力大部分在拱圈内自身平衡、相互抵消，少部分（例如，两个抛物线的交接处）不平衡力则要拱脚基础的被动土压力对拱圈提供支承（图 4-41、4-42）。

拱结构以受压力为主，能更好地发挥混凝土抗压强度高的材料特性，而且拱圈支挡高度只需在坑底以上。所以，这种合理的挡土结构体系自然会带来良好的效果。

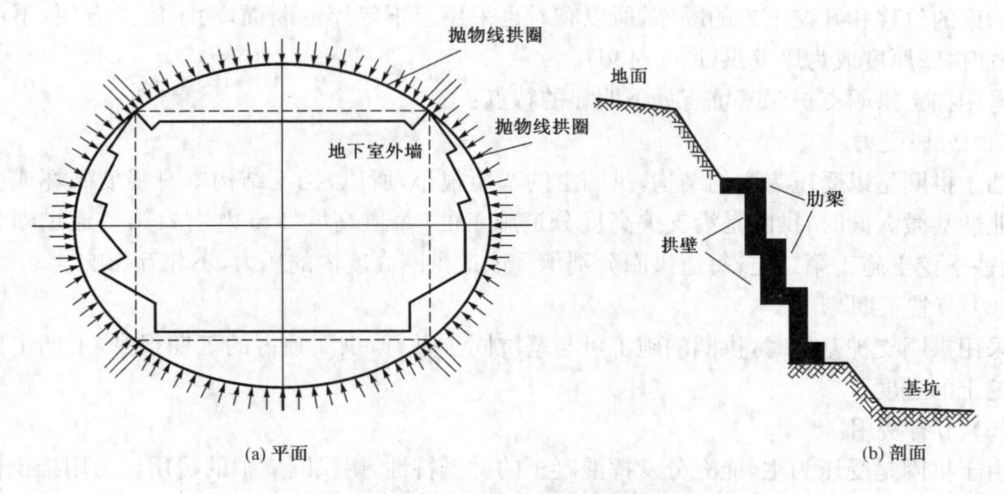

图 4-41　逆作拱圈平面、剖面示意图

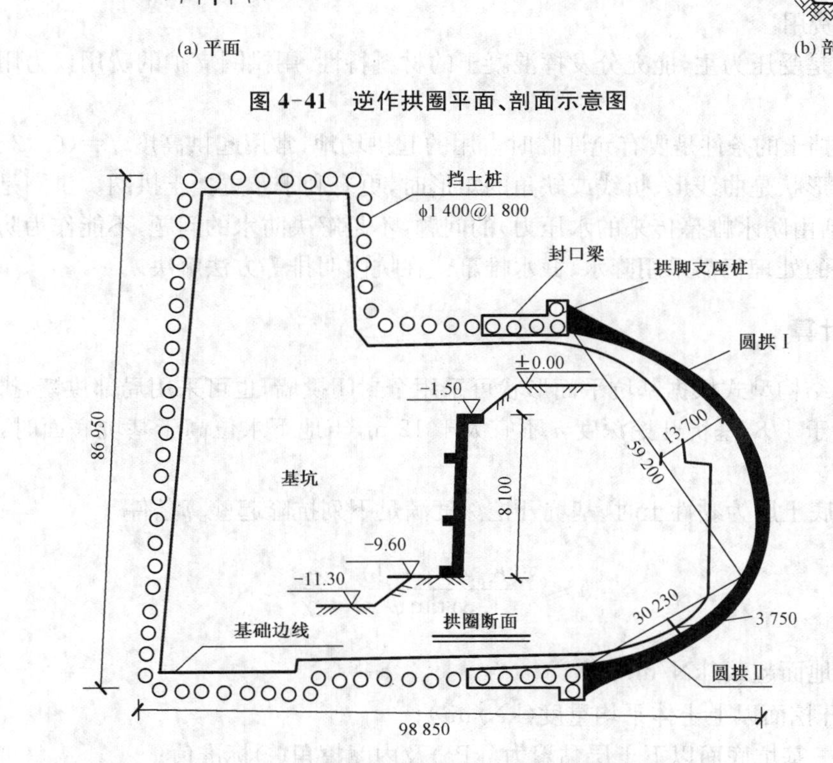

图 4-42　局部的逆作拱圈平面、剖面示意图

拱圈的断面一般为Z字形(图 4-43a)，拱圈的上下加肋梁以提高拱圈的刚度和稳定性。如果基坑较深，一道Z字形拱圈的高度不够时，可分几道叠合起来(图 4-43b、c)，以达到要求的支护高度。

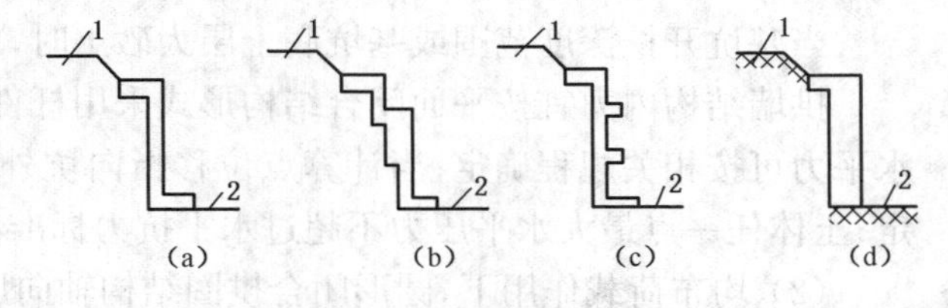

图 4-43　拱圈断面示意图

1—地面；2—基坑底

拱圈实际上是一种内支撑，实测的数据表明，在许多情况下支撑上的土压力并非随深度而增加，因为土压力还决定于支撑所约束的位移和开挖土方的顺序，所以有时也采用上下等厚的断面，为了施工方便，不用肋梁，增加拱壁厚度成为厚壁拱(图 4-43d)。

采用挡土拱圈支护深基坑有如下明显的特点：

(1) 分段受力

挡土拱圈是以受压为主的结构，拱圈上的弯矩很小，所以，挡土结构本身强度破坏或失稳的可能性甚微。同时，拱圈是沿支护高度分道施工的(每道高度 2 m 左右)，第一道拱圈合龙后，再往下挖土施工第二道，每道拱圈分别承受该道拱圈高度内的压力，不相互影响。

(2) 节省工期

采用拱圈支护基坑时，拱圈的施工可与基坑同步进行，拱圈独占的工期很少，工期主要取决于挖土的进度。

(3) 节省费用

由于拱圈是受压为主，能充分发挥混凝土的材料特性，用拱圈支护的费用仅为用挡土桩的40%～60%。

采用拱圈挡土的条件是要有允许临时占用的起拱场地，常用起拱高度 $f=(0.12\sim0.16)L$，如地下的平面形状是曲线形、折线或缺角的矩形时，更有利于布置挡土拱圈。拱圈是解决支挡土压力(也包括由防水帷幕传来的水压力)的问题，不是解决防水的问题，不能作为防水措施使用。对地下水的处理仍需采用降水、截水帷幕或在坑内明排等方法解决。

4.6.2 拱墙计算

逆作拱墙结构型式根据基坑平面形状可采用全封闭拱墙，也可采用局部拱墙，拱墙轴线的矢跨比不宜小于 1/8，基坑开挖深度 h 不宜大于 12 m，当地下水位高于基坑底面时，应采取降水或截水措施。

(1) 当坑底土层为黏性土时，基坑开挖深度满足下列抗隆起验算条件

$$h \leqslant \frac{c(K_{\mathrm{p}}e^{\pi\tan\varphi}-1)}{1.3\gamma\tan\varphi}-\frac{q_0}{\gamma} \tag{4-70}$$

式中 q_0——地面超载(kN/m)；

γ——开挖面以上土体平均重度(kN/m^3)；

c、φ——基坑底面以下土层黏聚力(kPa)及内摩擦角(°)标准值；

k_p——被动土压力系数。

当基坑开挖深度范围或基坑底土层为砂土时，应按抗渗条件验算土层稳定性。

拱墙结构内力宜按平面闭合结构形式采用杆件有限元方法分析计算，作用于拱墙的初始水平力可按相关规程确定；当计算点位移指向坑外时，该位移产生的附加水平力可按 m 法确定；土体任一点最大水平压力不超过水平抗力标准值。

(2) 均布荷载作用下，圆形闭合拱圈结构轴向压力设计值应按下式计算

$$N_i = 1.35\gamma_0 R p_{\mathrm{a}} h_i \tag{4-71}$$

式中 R——圆拱的外圈半径(m)；

h_i——拱墙分道计算高度(m)；

p_a——在分道高度 h_i 范围内的基坑外侧水平荷载标准值的平均值(kPa)。

4.6.3 构造要求

(1) 钢筋混凝土拱墙结构的混凝土强度等级不宜低于C25。

(2) 拱墙截面宜为Z字形,拱壁的上、下端宜加肋梁。当基坑较深且一道Z字形拱墙的支护高度不够时可由数道拱墙叠合组成,沿拱墙高度应设置数道肋梁,其竖向间距不宜大于2.5 m,当基坑边坡地较窄时,可不加肋梁但应加厚拱壁。

(3) 拱墙结构水平方向应通长双面配筋,总配筋率不应小于0.7%。

(4) 圆形拱墙壁厚不应小于400 mm,其他拱墙壁厚不应小于500 mm。

4.7 逆作法施工

深地下室的常规施工是通过临时支护基坑坑壁,开挖至预定深度后,浇底板并由下而上施工各层地下室结构,待地下室完工后,再逐层进行地上结构的施工。

对有多层地下室结构(国外已有8~9层的地下室)的情况,上述常规方法的工期很长,施工中采用的常规支护结构有局限性或容易产生严重事故。因此,利用地下连续墙采用逆作法施工较深的多层地下室,成为发展的方向。

逆作法施工工艺是先沿建筑物外围施工地下连续墙,作为地下室的边墙或基坑的围护结构,同时在建筑物内部的有关部位浇筑或打下中间支撑柱,然后开挖土方至第一层地下室底面标高,并完成该层楼面的梁及部分的板,该层楼盖即可作为地下连续墙刚度很大的水平支撑系统。然后在梁间没有浇板的空当内,继续下挖,并依此向下逐层施工各层地下室结构。与此同时,在已完成底板梁板结构的基础上,做上部结构,即接高柱子或墙板,向上逐层施工。如此以地面为始点,上、下同时施工,但在地下室封底前,地面上允许施工的层数要通过计算确定。

4.7.1 逆作法分类

(1) 全逆作法:利用地下各层钢筋混凝土肋形楼板对四周围护结构形成水平支撑。楼盖混凝土为整体浇筑,然后在其下掏土,通过楼盖中的预留孔洞向外运土并向下运入建筑材料。

(2) 半逆作法:利用地下各层钢筋混凝土肋形楼板中先期浇筑的交叉网格形肋梁,对围护结构形成框格式水平支撑,待土方开挖完成后再二次浇筑肋形楼板。

(3) 部分逆作法:用基坑内四周暂时保留的局部土方对四周围护结构形成水平抵挡,抵消侧向压力所产生的一部分位移。

(4) 分层逆作法:此方法主要是针对四周围护结构,是采用分层逆作,不是先一次整体施工完成。分层逆作四周的围护结构是采用土钉墙。

4.7.2 逆作法的优、缺点

1) 逆作法的优点:

(1) 可将地下主体结构的梁、板、柱作为挡土墙的横向支撑,从而改变了挡土墙的支撑条件,减少了基坑周围土体的侧向位移,对相邻设施影响较小。

(2) 由于封闭式逆作法利用了第一层楼板当工作面，地上地下可同时施工，可大幅度缩短工期。

(3) 由于利用地下构筑物当做临时挡土支护结构，故可节约常规施工所需要的大量水平支撑、横撑、斜撑等临时工程用料，大大降低施工费用。

(4) 因逆作法施工改变了传统的开挖法，不进行一次性大开挖，克服了基坑大面积暴露的缺点，避免了基坑长时期的暴露而造成边坡的风化和桩间土的塌落。

(5) 周边的地下连续墙(或柱列式地下连续墙)既可作为挡土截水结构，又可作为地下工程的外墙或基础桩，降低了成本。

(6) 逆作法只开挖有效范围内的土方量，因而比传统的大开挖减少了大量的土方量。

(7) 封闭式逆作法施工时，地下施工人员因在刚度和强度很大的地下框架内作业，故安全性很好，且基本上不受气候所左右。

2) 逆作法施工的不足：

(1) 封闭式逆作法使施工人员在地下各层基本处于封闭状态下的环境进行施工，作业环境较差。

(2) 封闭式逆作法系在封闭状态下施工，大型机械设备难以进场。

(3) 在逆作法施工中，地下结构中墙柱的混凝土搭接质量较难控制，如措施不力，易出现漏水、降低承载力等后果。

(4) 在逆作法施工中，控制立柱的垂直度和承载力较难，因施工中动载、静载均作用在导柱上，应重视立柱质量。

(5) 敞开式逆作法由于未同期浇筑各层楼板，侧向刚度较封闭式逆作法的小，施工中应采取措施，防止一侧连续墙的过大变形。

图 4-44 为日本读卖新闻社大楼用逆作法施工的情况，地上 9 层，地下 6 层，总工期只用了 22 个月，比常规方法缩短了 6 个月。该工程用 2.0 m 大直径钻孔灌注桩作为中间支撑柱，共用 35 根。

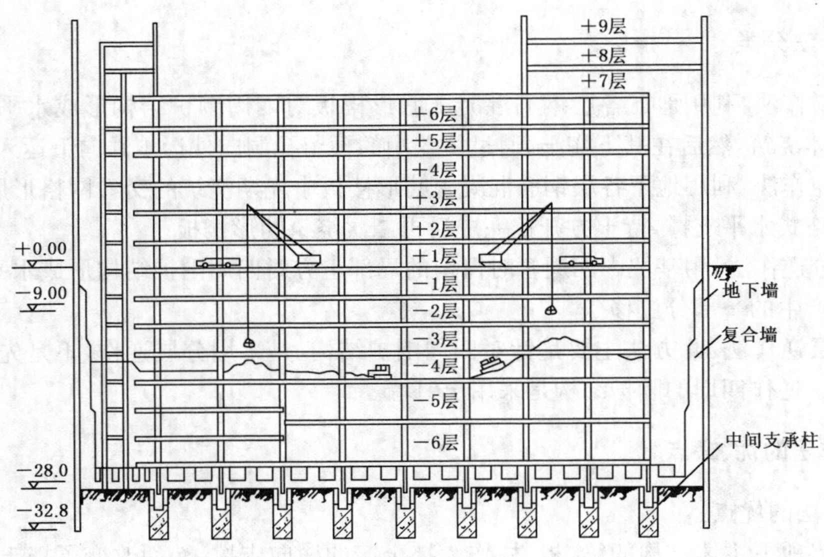

图 4-44　逆作法施工原理

逆作法施工中，无论是从一层顶板向下施工的地下结构，还是与此同时向上施工的地上结构，都需要先设置立柱来承受一定的重量(即所谓的逆作荷载)，立柱在逆作施工中具有无法取代的重要性，立柱设计和计算为逆作法设计的主要内容，不仅追求合理性和安全性，而且经济性和施工性也同样不可忽视。立柱设计的顺序一般为：

(1) 立柱位置的设置

① 在建筑物的一般部位，与结构本体柱相一致；

② 在建筑物的周边部位，立柱可作为壁桩承担荷载。

(2) 立柱负担荷载的计算

① 恒荷载可按通常结构中恒荷载的计算进行；

② 一般施工活荷载，取 2 kPa；

③ 固定的施工用机械荷载，指固定塔吊等；

④ 移动的施工机械荷载，指移动式塔吊及泵车等运输车辆，一般取 10～20 kPa。

(3) 允许应力的确定

立柱设计其重要性和使用期与地下室外墙设计相同，原则上取中期允许应力值(长期和短期平均值)。立柱桩的允许应力取值原则上采用中期允许应力值。

(4) 立柱桩的设计按灌注桩进行

(5) 上部结构体加固设计

(6) 立柱的抗弯、抗剪、抗压设计

(7) 柱脚根部插入部分的设计

逆作法施工的重要特点是地下室结构(梁、板、柱、墙)都是自上而下分层浇筑的，因而其模板都要支承在刚开挖的土层上。为减少沉降，对土层可采取临时加固的方法，如浇筑素混凝土垫层(挖下一层土方时随土一同挖去)或铺设砂垫层后架上枕木，也可以用悬吊模板的方法来解决。由于混凝土是从侧面进入模板内浇筑的，因而构件顶部模板需做成喇叭形。上部墙、柱钢筋应插入砂垫层，以便与下层后浇结构的钢筋连接。

在我国，采用逆作法施工刚刚起步，随着地下室层数的增多，该方法将会进一步推广应用。中国第一个按“封闭式逆作法”施工的试点工程是上海基础工程科研楼，地上 5 层，地下 2 层；另一个为上海电信大楼地下室工程采用了“开敞式逆作法”施工(该工程地下 3 层，地上 17 层)，类似的工艺在南京夫子庙地下商场也采用过。南京德基广场二期工程位于南京市新街口闹市区，是江苏省第三高楼、南京市第二高楼，地下五层采用“超深逆作法施工”，是目前国内层数最多的逆作法施工。

本章小结

本章对各种基坑支护形式进行了介绍，重点阐述了支挡式支护结构的计算简图、抗倾覆、抗滑移、抗隆起、整体稳定性等计算方法。并对土钉墙结构、重力式挡墙、SMW、逆作拱圈、逆作法进行了介绍。

复习思考题

4-1　简述支挡式支护结构计算简图。

4-2　简述双排桩的计算简图。

4-3　土层锚杆的极限抗拔承载力主要取决于哪些因素?

4-4　土钉墙支护结构设计中,为何引入土钉墙土压力调整系数?土钉墙中的土钉与土层锚杆有哪些区别?

4-5　简述水泥土重力挡墙和 SMW 工法设计要点。

4-6　简述逆作拱墙设计要点。

4-7　简述逆作法设计要点。

5 基坑的施工期监控

5.1 概述

5.1.1 监控目的

基坑开挖是一个动态过程，与之有关的稳定和环境影响也是一个动态的过程。由于地质条件、荷载条件、材料性质、施工条件等复杂因素的影响，很难单纯从理论上预测施工中遇到的问题。基坑工程的设计预测和预估能够大致描述正常施工条件下，围护结构与相邻环境的变形规律和受力范围，但必须在基坑开挖和支护期间开展严密的现场监测，以保证工程的顺利进行。周围环境往往对基坑变形有着相当严格的要求，因此基坑支护结构及周围环境的监测就显得尤为重要。一方面是为工程决策、设计修改、工程施工、安全保障和工程质量管理提供第一手监测资料和依据；另一方面，有助于快速反馈施工信息，以便使本基坑工程参建各方及时发现问题并采用最优的工程对策；同时，还通过监测分析，为以后的设计积累经验。

通过对围护结构及周边环境的监测主要达到以下目的：

(1) 根据施工现场量测的数据与设计值或报警值进行比较，如超出限定值应采取工程措施，防止基坑支护结构破坏和周边建筑物等工程事故的发生，保障国家和施工人员的生命财产安全以及周边地区的社会稳定。

(2) 基坑开挖和地下室施工期间开展严密的现场监测可以为施工提供及时地反馈信息，做到信息化施工，用监测数据指导基坑工程施工，使施工过程合理化和信息化，避免盲目施工，做到有的放矢，并合理的优化施工组织设计。

(3) 施工现场量测的数据反馈给设计单位，设计人员通过实测结果可以不断的修改和完善原有的设计方案，确保地下施工的安全顺利进行及设计方案的经济合理。

(4) 工程经验，为类似工程积累工程数据。

5.1.2 监控的原则

1) 系统性原则

(1) 所设计的各种监测项目有机结合，相辅相成，测试数据能相互进行校验；

(2) 发挥系统功效，对围护结构进行全方位、立体、实时监测，并确保监测的准确性、及时性；

(3) 在施工过程中进行连续监测，保证监测数据的连续性、完整性、系统性；

(4) 利用系统功效尽可能减少监测点的布设，降低成本。

2) 可靠性原则

(1) 所采用的监测手段应是比较完善或已基本成熟的方法；

(2) 监测中所使用的监测仪器、元件均应事先进行率定，并在有效期内使用；

（3）监测点应采取有效的保护措施。

3）与设计相结合原则

（1）对设计使用的关键参数进行监测，以便达到进一步优化设计的目的；

（2）对评审中有争议的工艺、原理所涉及的部位进行监测，通过监测数据的反演分析和计算对其进行校核；

（3）依据设计计算确定支护结构、支撑结构、周边环境等的警界值。

4）关键部位优先、兼顾全局的原则

（1）对支护结构体敏感区域增加测点数量和项目，进行重点监测；

（2）对岩土工程勘察报告中描述的岩土层变化起伏较大的位置和施工中发现异常的部位进行重点监测；

（3）对关键部位以外的区域在系统性的基础上均匀布设监测点。

5）施工相结合原则

（1）结合施工工况调整监测点的布设方法和位置；

（2）结合施工工况调整测试方法或手段、监测元器件种类或型号及测点保护方式或措施；

（3）结合施工工况调整测试时间、测试频率。

6）经济合理性原则

（1）在安全、可靠的前提下结合工程经验尽可能地采用直观、简单、有效的测试方法；

（2）在确保质量的基础上尽可能地选择成本较低的国产监测元件；

（3）在系统安全的前提下，合理利用监测点之间的关系，减少测点布设数量，降低监测成本。

根据不同的项目类别，常用到的规范或规程有：《建筑基坑工程监测技术规范》GB50497；《城市轨道交通工程监测技术规范》GB50911；《地铁设计规范》GB50517；《建筑基坑支护技术规程》JGJ120；《建筑地基基础设计规范》GB50007；《盾构法隧道施工与验收规范》GB50446 等。

5.2 现场巡视检查

现场监测应采用仪器监测与巡视检查相结合的方法。

掌握周边环境、围护结构体系和周围土体的动态，较全面地掌握各施工点的施工安全控制程度，现场安全巡视是基坑施工监测的重要工作之一。

现场安全巡视往往能更及时的发现事故前兆，特别是对暴雨天气后基坑周围土体的一些细微变化，土体的局部沉陷，地面与建筑的裂缝等的发现。仪器的监测均是定量的数据，我们从数据上发现的往往是量变的过程，而一些规范和工程经验的警戒限值都是长期沿用下来的安全底限，它是一个具体的量值，直接导致工程事故或其前兆现象发生的量值具有很大的范围，有时会远远高于常规警戒值，有时会低于常规警戒值。而目测有时则能及时发现质变的前兆，对现象做出定性结论。

5.2.1 现场安全巡视内容

1）支护结构

（1）支护结构成型质量；

(2) 冠梁、围檩、支撑有无裂缝出现；
(3) 支撑、立柱有无较大变形；
(4) 止水帷幕有无开裂、渗漏；
(5) 墙后土体有无裂缝、沉陷及滑移；
(6) 基坑有无涌土、流砂、管涌。
2) 施工工况
(1) 开挖后暴露的土质情况与岩土勘察报告有无差异；
(2) 基坑开挖分段长度、分层厚度及支锚设置是否与设计要求一致；
(3) 场地地表水、地下水排放状况是否正常，基坑降水、回灌设施是否运转正常；
(4) 基坑周边地面有无超载。
3) 周边环境
(1) 周边管道有无破损、泄漏情况；
(2) 周边建筑有无新增裂缝出现；
(3) 周边道路(地面)有无裂缝、沉陷；
(4) 邻近基坑及建筑的施工变化情况。
4) 监测设施
(1) 基准点、监测点完好状况；
(2) 监测元件的完好及保护情况；
(3) 有无影响观测工作的障碍物。
5) 根据设计要求或当地经验确定的其他巡视检查内容
巡视检查以目测为主，可辅以锤、钎、量尺、放大镜等工器具以及摄像、摄影等设备进行。

5.2.2 现场安全巡视的资料整理

(1) 文字报告
现场安全巡视完毕之后，应及时进行资料整理，形成文字报告放在监测日报中，报告形式可采用记录表格的形式。报告内容包括：巡视时间、巡视地点、巡视对象、巡视内容、存在问题描述、原因分析、安全状态评价、采取措施建议等。巡视检查如发现异常和危险情况，应及时通知相关单位。
(2) 图像资料
现场安全巡视风险工程过程中所拍摄的照片进行存档，并将其附在文字报告之后。

5.3 监测项目

5.3.1 工程监测等级

《建筑基坑工程监测技术规范》GB50497 将基坑类别按照国家标准《建筑地基基础工程施工质量验收规范》GB50202 分为三级。以基坑开挖深度小于 7 m、7 m 至 10 m 之间、大于 10 m 为基坑等级划分标准。

符合下列情况之一，为一级基坑：

(1) 重要工程或支护结构做主体结构的一部分；

(2) 开挖深度大于 10 m；

(3) 与邻近建筑物、重要设施的距离在开挖深度以内的基坑；

(4) 基坑范围内有历史文物、近代优秀建筑、重要管线等需严加保护的基坑。

三级基坑为开挖深度小于 7 m,且周围环境无特别要求时的基坑；除一级和三级外的基坑属二级基坑。

然后按照基坑类别规定监测项目,如表 5-1 所示。

表 5-1　建筑基坑工程仪器监测项目表(《建筑基坑工程监测技术规范》GB50497)

监测项目＼基坑类别		一级	二级	三级
围护墙(边坡)顶部水平位移		应测	应测	应测
围护墙(边坡)顶部竖向位移		应测	应测	应测
深层水平位移		应测	应测	宜测
立柱竖向位移		应测	宜测	宜测
围护墙内力		宜测	可测	可测
支撑内力		应测	宜测	可测
立柱内力		可测	可测	可测
锚杆内力		应测	宜测	可测
土钉内力		宜测	可测	可测
坑底隆起(回弹)		宜测	可测	可测
围护墙侧向土压力		宜测	可测	可测
孔隙水压力		宜测	可测	可测
地下水位		应测	应测	应测
土体分层竖向位移		宜测	可测	可测
周边地表竖向位移		应测	应测	宜测
周边建筑	竖向位移	应测	应测	应测
	倾斜	应测	宜测	可测
	水平位移	应测	宜测	可测
周边建筑、地表裂缝		应测	应测	应测
周边管线变形		应测	应测	应测

《城市轨道交通工程监测技术规范》GB50911 的规定则较为具体,根据基坑、隧道工程施工影响程度,将影响范围划分为主要影响分区、次要影响分区和可能影响分区(表 5-2),并根据影响区来确定监测范围,监测范围应包括主要影响区和次要影响区。工程监测等级则根据基坑的自身风险等级(表 5-3)、周边环境风险等级(表 5-4)和地质条件复杂程度(表 5-5)确定,详见表 5-6。

表 5-2　基坑工程影响分区

基坑工程影响区	范　围
主要影响区(Ⅰ)	基坑周边 $0.7H$ 或 $H \cdot \mathrm{tg}(45°-\varphi/2)$ 范围内
次要影响区(Ⅱ)	基坑周边 $0.7H \sim (2.0 \sim 3.0)H$ 或 $H \cdot \mathrm{tg}(45°-\varphi/2) \sim (2.0 \sim 3.0)H$ 范围内
可能影响区(Ⅲ)	基坑周边 $(2.0 \sim 3.0)H$ 范围外

注:1. H—基坑设计深度(m),φ—岩土体内摩擦角(°);
2. 基坑开挖范围内存在基岩时,H 可为覆盖土层和基岩强风化层厚度之和;
3. 工程影响分区的划分界线取表中 $0.7H$ 或 $H \cdot \mathrm{tg}(45°-\varphi/2)$ 的较大值。

表 5-3　基坑的自身风险等级

工程自身风险等级	等级划分标准
一级	基坑设计深度 $H \geqslant 20$ m
二级	基坑设计深度 10 m$\leqslant H <$20 m
三级	基坑设计深度 $H<10$ m

表 5-4　周边环境风险等级

周边环境风险等级	等级划分标准
一级	主要影响区内存在既有轨道交通设施、重要建(构)筑物、重要桥梁与隧道、河流或湖泊
二级	主要影响区内存在一般建(构)筑物、一般桥梁与隧道、高速公路或重要地下管线 次要影响区内存在既有轨道交通设施、重要建(构)筑物、重要桥梁与隧道、河流或湖泊 隧道工程上穿既有轨道交通设施
三级	主要影响区内存在城市重要道路、一般地下管线或一般市政设施 次要影响区内存在一般建(构)筑物、一般桥梁与隧道、高速公路或重要地下管线
四级	次要影响区内存在城市重要道路、一般地下管线或一般市政设施

表 5-5　地质复杂程度

地质条件复杂程度	等级划分标准
复杂	地形地貌复杂;不良地质作用强烈发育;特殊性岩土需要专门处理;地基、围岩和边坡的岩土性质较差;地下水对工程的影响较大需要进行专门研究和治理
中等	地形地貌较复杂;不良地质作用一般发育;特殊性岩土不需要专门处理;地基、围岩和边坡的岩土性质一般;地下水对工程的影响较小
简单	地形地貌简单;不良地质作用不发育;地基、围岩和边坡的岩土性质较好;地下水对工程无影响

表 5-6　工程监测等级

工程自身风险等级 \ 周边环境风险等级	一级	二级	三级	四级
一级	一级	一级	一级	一级
二级	一级	二级	二级	二级
三级	一级	二级	三级	三级

明(盖)挖法基坑支护结构和周围岩土体监测项目详见表 5-7,不同监测等级要求的内容不同。

表 5-7　明(盖)挖法基坑支护结构和周围岩土体监测项目

序号	监测项目	工程监测等级		
		一级	二级	三级
1	支护桩(墙)、边坡顶部水平位移	√	√	√
2	支护桩(墙)、边坡顶部竖向位移	√	√	√
3	支护桩(墙)体水平位移	√	√	○
4	支护桩(墙)结构应力	○	○	○
5	立柱结构竖向位移	√	√	○
6	立柱结构水平位移	√	○	○
7	立柱结构应力	○	○	○
8	支撑轴力	√	√	√
9	顶板应力	○	○	○
10	锚杆拉力	√	√	√
11	土钉拉力	○	○	○
12	地表沉降	√	√	√
13	竖井井壁支护结构净空收敛	√	√	√
14	土体深层水平位移	○	○	○
15	土体分层竖向位移	○	○	○
16	坑底隆起(回弹)	○	○	○
17	支护桩(墙)侧向土压力	○	○	○
18	地下水位	√	√	√
19	孔隙水压力	○	○	○

注:√——应测项目,○——选测项目

表 5-8　周边环境监测项目(《城市轨道交通工程监测技术规范》GB50911)

监测对象	监测项目	工程影响分区	
		主要影响区	次要影响区
建(构)筑物	竖向位移	√	√
	水平位移	○	○
	倾斜	○	○
	裂缝	√	○
地下管线	竖向位移	√	○
	水平位移	○	○
	差异沉降	√	○
高速公路与城市道路	路面路基竖向位移	√	○
	挡墙竖向位移	√	○
	挡墙倾斜	√	○

(续　表)

监测对象	监测项目	工程影响分区	
		主要影响区	次要影响区
桥梁	墩台竖向位移	√	√
	墩台差异沉降	√	√
	墩柱倾斜	√	√
	梁板应力	○	○
	裂缝	√	○
既有城市轨道交通	隧道结构竖向位移	√	√
	隧道结构水平位移	√	○
	隧道结构净空收敛	○	○
	隧道结构变形缝差异沉降	√	√
	轨道结构(道床)竖向位移	√	√
	轨道静态几何形位(轨距、轨向、高低、水平)	√	√
	隧道、轨道结构裂缝	√	○
既有铁路(包括城市轨道交通地面线)	路基竖向位移	√	√
	轨道静态几何形位(轨距、轨向、高低、水平)	√	√

注:√——应测项目,○——选测项目

5.3.2　基坑主体监测断面及测点布设

基坑各边中间部位、深度变化部位、桩(墙)体背后水土压力较大部位、地面荷载较大或其他变形较大部位、受力条件复杂部位等,应布设主要监测断面。

以工程监测等级二级为例,某地铁车站的典型的基坑标准横断面测点布置图见图 5-1,监测断面具体监测项目及监测点布置见表 5-9。

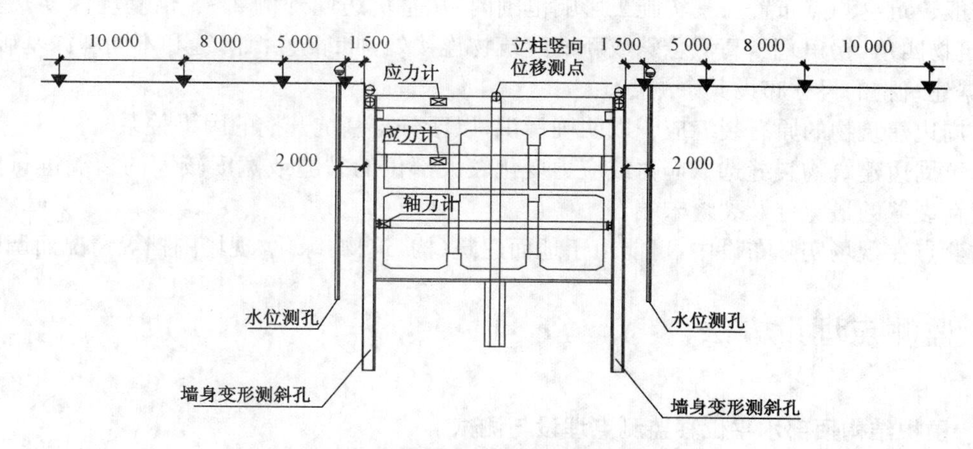

图 5-1　基坑标准横断面测点布置图

表 5-9　监测项目及测点布置

序号	监测项目	测点布置
1	围护墙顶水平位移及竖向位移	测点设置在监测断面上的围护墙上，沿车站纵向平均间距 15～20 m，且每边不少于 3 个。
2	围护墙体水平位移	测点设置在基坑周边的中部、阳角处及有代表性的部位，沿车站纵向平均间距15～20 m，测点竖向间距 0.5 m，且每边不少于 1 个，深度不小于围护墙深度。
3	支撑轴力	对于钢管撑设置在支撑端部，支撑道数的 10%；对于混凝土撑设置在支撑长度的 1/3 位置，每层不少于 5 个。
4	土体深层水平位移	测点设置在基坑周边的中部、阳角处及有代表性的部位，沿车站纵向平均间距 40 m，测点竖向间距 0.5 m，且每边不少于 1 个，深度不小于围护墙深度及开挖深度的 1.5 倍。

5.3.3　周边环境监测

周边环境监测一般包括三部分内容：基坑周围地面沉降与地下水位；基坑周围地下管线沉降；建筑物沉降与倾斜监测。

(1) 基坑周围地面沉降与地下水位

基坑周围地面沉降的布点，以某工程监测等级二级为例，基坑外 2 倍基坑深度范围内每隔 15 m 一组测点，每组测点在基坑同一横截面内，两侧分别布置四个，分别与基坑围护结构间距 1.5 m、6.5 m、14.5 m、24.5 m。

地下水位量测，沿基坑纵向平均间距 30 m，测点布置在基坑四周，距基坑围护结构外边缘 2 m，深度在坑底以下 1 m。

(2) 基坑周围地下管线沉降

测点布置在施工影响范围(从基坑边向外侧 2 倍基坑深度)内的管线节点、转角点和变形曲率较大处，主要影响区(0.7 h)内间距 5～15 m，次要影响区(0.7 h～(2.0～3.0)h)内间距 15～30 m，供水、煤气、暖气等压力管线宜设置直接监测点，无法埋设直接监测点部位，可设置间接监测点。

(3) 建筑物沉降与倾斜监测

一般建筑物测点布置在基坑施工影响范围内(从基坑边向外侧 2～4 倍基坑深度)建筑物上，建筑物四角(拐角)上，高低悬殊或新旧建筑物连接处，伸缩缝、沉降缝和不同埋深基础的两侧，根据建筑物的尺寸布设其余测点。

对周边建筑物的原有裂缝应予以明确标识，以区分与基坑开挖的因果关系。

基坑周边建筑物裂缝选取应力或应力变化较大部位的裂缝或宽度较大的裂缝进行监测，宜设置在裂缝的最宽处及裂缝末端。

监测点在现场实际布设中，可能由于地面建筑(构)筑物、绿化、现场围挡等情况而调整。

5.4　监测点埋设方法

5.4.1　围护结构顶部水平位移监测点埋设与测试

埋设方法：水平位移监测分为基准点、工作基点和变形监测 3 种。基准点和工作基点均为变形监测的控制点。基准点布设于 100 m 以外高层建筑房顶上，用于检查和恢复工作基点的可靠性。工作基点则布设于基坑周围较稳定的地方，直接在工作基点上架设仪器对水平变形监测点进行监测。如果有需要，监测基准点和工作基点在有条件时采用强制对中设备，以减少对中误差对观测结果的影响。水平位移监测点应沿结构体延伸方向布设，水平位移监测点的布设位置和数量按设计要求布设。将墙顶用电锤钻孔，埋入位移标志杆(测量时将棱镜直接插入，即可观测)，用砂浆固定(图 5-2)。

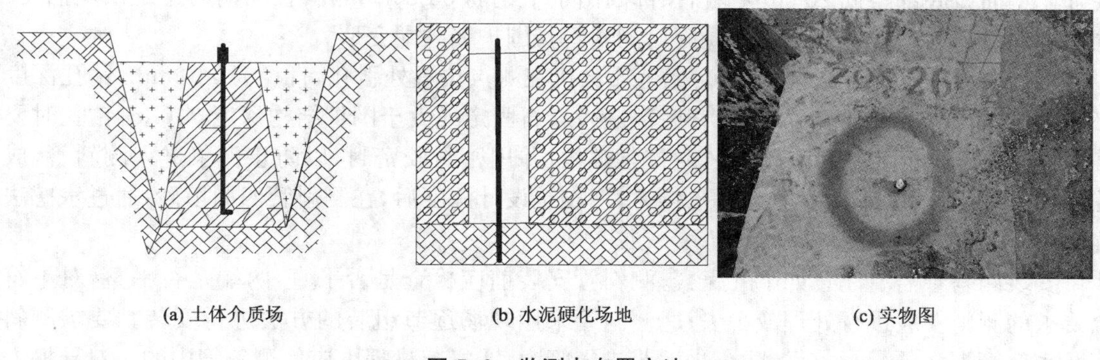

(a) 土体介质场　　(b) 水泥硬化场地　　(c) 实物图

图 5-2　监测点布置方法

测量方法：水平位移监测控制网宜按两级布设，由控制点(基准点、工作基点)组成首级网，由观测点及所联测的控制点组成扩展网。对于单个目标的位移监测，可将控制点同观测点按一级布设。

监测埋设的监测点稳定后，应在基坑开挖前进行初始值的观测，初始值一般应独立观测 3 次，3 次观测时间间隔应尽可能短，3 次观测值较差满足有关要求后，取 3 次观测值的平均值作为初始值。水平位移监测则以初始值为观测值比较基准。水平位移变形监测应视基坑开挖情况及时开始实施。

围护结构水平位移监测主要使用全站仪及配套棱镜组等进行观测，水平位移的观测方法很多，可以根据现场情况和工程要求灵活应用。常采用坐标法进行观测，水平位移测量主要控制技术指标如下。

表 5-10　水平位移监测网的主要技术要求

等级	变形点的点位中误差(mm)	坐标较差或两次测量较差(mm)	主要监测方法
Ⅱ	±3.0	4.0	坐标法(极坐标法，交会法等)

数据处理与计算。采用严密平差计算各监测工作点和监测点坐标，与既有坐标比较即可知监测结果是否发生变形。

注意事项：

(1) 基准点不应少于 3 个，工作基点多少宜根据现场情况确定。

(2) 对埋设后的监测标志(桩)，应采取适当的保护措施，防止受到毁坏。

(3) 使用仪器进行观测时，要尽量减少仪器的对中误差、照准误差和调焦误差的影响。监测应在通视良好、成像清晰的有利时刻进行。

5.4.2 墙体变形及和土体侧向变形

(1) 测斜管埋设

测斜管埋设分墙体内测斜管和土体内测斜管的埋设。

墙体内测斜管埋设(图 5-3):将测斜管固定在测点位置所对应围护墙的钢筋笼的内侧,每节测斜管间用接箍连接,拧紧螺丝,并用密封胶密封,以防止混凝土浆液进入测斜管。测斜管底部比钢筋笼底部略低 20 cm 左右,顶部高出水平钢筋 30 cm。测斜管和钢筋笼用铁丝捆死,同时确保测斜管平顺。待混凝土凝固后测斜管与围护墙共同变形。

土体内测斜管的埋设(图 5-4):用地质钻机在测点位置处引孔,直径为 110 mm,钻孔深度必须满足设计及规范要求,即测斜管底部嵌入岩石固定或大于围护结构深度 3.0 m,钻孔时要确保其垂直度;将测斜管用接箍连接,拧紧螺丝,并用密封胶密封,以防止泥浆进入测斜管,成孔后,下测斜管时注水以克服地下水浮力,埋设至设计深度后,在测斜管四周填砂,通过水撼法确保其密实度。

安装测斜管需要注意如下几点:①测斜管安装前应检查是否平直,两端是否平整,对不符合要求的测斜管应进行处理或舍去;②测斜管采用现场逐节组装的方法进行安装。要求测斜管及底部管帽必须密封牢靠,防止水泥浆进入管内;③安装过程中应使测斜管中的一对导槽方向与监测对象位移方向一致;④墙体深层水平位移的测斜管应固定在钢筋笼上,保证其平顺、不扭曲,以确保结构完成后测斜管的垂直度。

图 5-3 墙体测斜管安装图

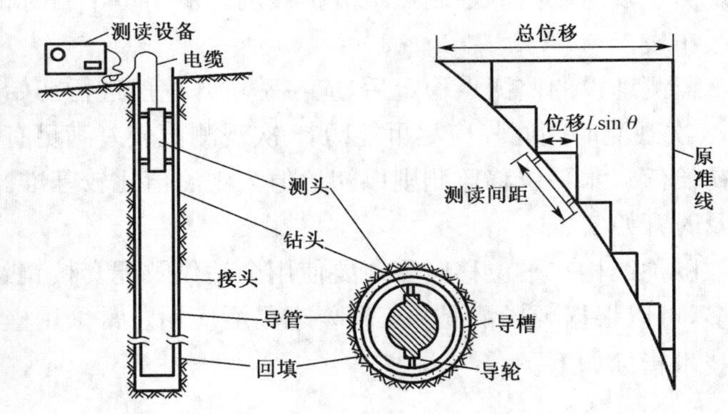

图 5-4 钻孔测斜仪安装与埋设示意图

(2) 仪器设备:采用测斜仪。

(3) 测定方法:在围护墙冠梁施工完成后,土方开挖前,将试验探头自上而下放入测斜管,检查测斜管是否扭曲,在确信测斜管已达到设计要求后,再将测斜探头放入测斜管,每 0.5 m 作为一个采样点,采集测斜管各点的初始数据,根据施工进度,对各点的数值进行采集。测量时,①将测头导轮卡置在预埋测斜测斜管的滑槽内,轻轻将测头放入测斜管中,放松电缆使测头滑止孔底,记录深度标志。当触及孔底时,应避免过分冲击。将测头在孔底停置约 5 分钟,使测斜仪与管内温度基本一致;②将测头拉起至最近深度标志作为测读数起点,每隔一定深度测读一个数,利用电缆标志测读测头至测斜管顶端为止。每次测读时都应将电缆对准标志并拉紧,以防止读数不稳;③将测头调转 180°重新放入测斜管中,将测头滑到孔底,重复上述步骤在相同的深度标志测读,以保证测量精度。通常采用正反测量的目的是为了提高精度,导轮在正反向滑槽内的读数将抵消或减小传感器的零偏和轴对称所造成的误差。正式开挖前至少测3遍初值。监测过程中,放入带有导轮的测斜仪沿导槽滑动,由上述步骤,测斜仪能反应出测斜管与重力线之间的倾角,因而能测出测斜仪所在位置测斜管在周围介质作用下的倾斜度为 θ_i ,换算成该位置测斜仪上下导轮间(或分段长度)的位置偏差 Δd :

$$\Delta d = L \cdot \sin \theta_i \tag{5-1}$$

式中 L——为量测点的分段长度。

自下而上相加可知各点处的水平位置:

$$d = \sum L \cdot \sin \theta_i \tag{5-2}$$

与初次相对应的位置测量值相减即为各点本次量测得的累计水平位移;与上次对应位置测量值相减即为本次测得的水平位移增量。

5.4.3 地下水位的监测

为了保证基坑施工能干作业,基坑内地下水位要求控制在开挖面以下1~2 m左右的含水层,基坑外地下水位要求保持基本稳定,避免由于周边地下水位下降引起建筑物发生沉降,由不均匀沉降引发建筑物开裂等事故。要求坑外地下水位与降水前地下水位相比的下降幅度及下降速率不大于设计要求。

坑外地下水位观测孔布置在支护结构后的土体内(图5-5)。其埋设施工方法如下:

(1) 按设计孔位、孔深和方位进行钻孔埋设观测管,钻孔孔径110 mm;

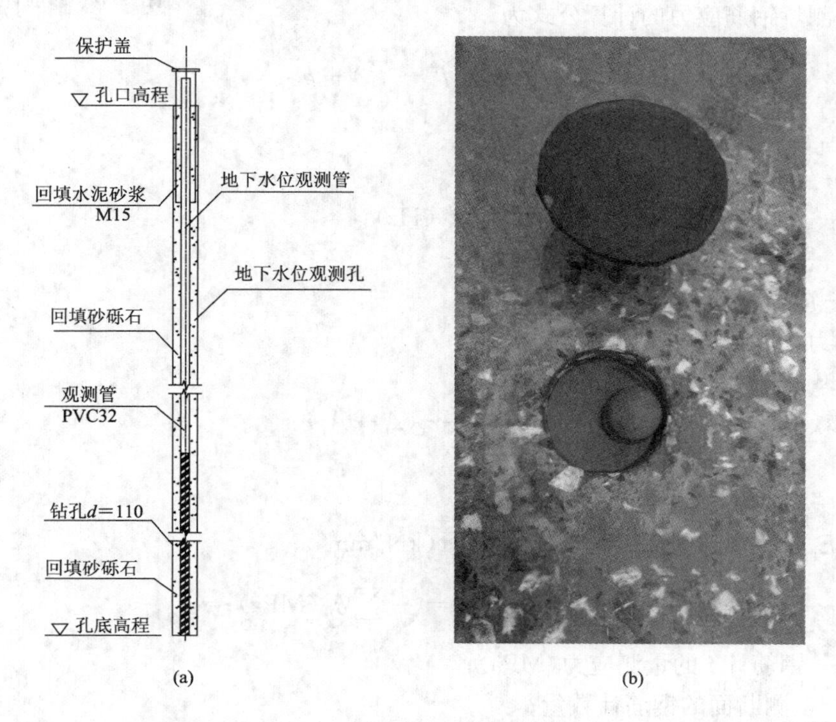

图5-5 地下水位观测孔安装示意图

(2) 用 PVC32 管材制作地下水位观测孔测管，水位管下部约 6 m 的长度用土工布包裹后依次连接放入钻孔内；观测管上设梅花型透水孔；

(3) 在孔四周的空隙下部约 15 m 的深度内回填中粗砂，上部 4 m 的深度内回填黏土，并将管顶用盖子封好；

(4) 地下水位观测设备采用钢尺式电测水位计进行观测。安装完成后用水准仪测出管口高程，便于计算地下水位高程。

水位管的埋设深度应在允许最低水位以下或根据表层不透水层的位置而定，埋设时应注意水位管周围具有良好的透水性，并防止地表水进入孔内。水位孔滤管宜埋设在渗透系数大于 10^{-4} cm/s 的土层中，雨天或雨天后 1～2 天测试初始值是不合理的。

5.4.4 支撑轴力的监测

通过支撑轴力的监测，掌握支护结构受力情况及发展变化趋势。

(1) 钢筋混凝土支撑轴力

钢筋混凝土支撑轴力的埋设与测算：埋设前对钢筋计(图 5-6)率定，确定初始频率与率定系数；埋设时在混凝土支撑绑扎钢筋时将钢筋计与支撑受力主筋进行双面满焊连接，将电缆线接出，随着混凝土支撑浇筑凝固，钢筋计与支撑协同受力，通过测定钢筋计的受力可以测算支撑轴力。一般预先在支撑内的钢筋笼四角或中间位置各埋设一组钢筋计，与支撑主筋焊接在一起。钢筋计测量钢筋应力的计算公式为

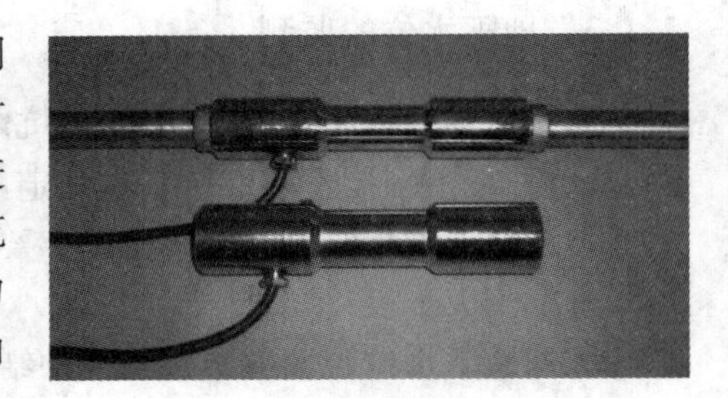

图 5-6　钢筋计

$$\sigma = k(f_1^2 - f_0^2) + b \tag{5-3}$$

式中　σ——钢筋计的量测应力(MPa)；

k——钢弦式钢筋计的常数；

f_0——钢筋计埋设后的初始自振频率(Hz)；

f_1——钢筋计的测量自振频率(Hz)；

b——应力补偿(MPa)。

支撑轴力计算公式：

$$P = \frac{E_c}{E_g}\sigma_t(A - A_t) \tag{5-4}$$

式中　P——支撑轴力(kN)；

E_c、E_g——混凝土和钢筋的弹性模量(kN/mm²)；

σ_t——测量得到的钢筋平均应力，$\sigma_t = \frac{1}{n}\sum_{i=1}^{n}\sigma_i$ (MPa)；

σ_i——钢筋计 i 的量测应力(MPa)；

n——量测断面的钢筋计数量；

A、A_t——支撑截面面积和钢筋截面面积(mm²)。

(2) 钢支撑轴力

钢支撑轴力量测选择端头轴力(反力计)进行轴力测试,安装方法:轴力计(图 5-7)在安装前,要进行各项技术指标及标定系数的检验。安装时,轴力计沿管轴线方向,对称于管轴中心焊接布置于钢管前端头钢板上。测量时通过频率仪测量轴力计在某一荷载下自振频率,然后通过公式(5-3)直接计算出钢支撑的轴力值。

图 5-7　钢支撑轴力计

5.4.5　沉降变形的监测

沉降变形的监测项目包括围护结构顶部的竖向位移、周边地表沉降、建筑物沉降、管线沉降、立柱竖向位移、坑底回弹等。在基坑开挖过程中,常引起周边地面的下沉,从而造成地表建筑物、管线等沉降,为此在基坑施工期间必须对基坑周围的环境进行监测。监测范围必须满足设计、规范的要求。

(1) 建(构)筑物沉降及倾斜测点

埋设方法:建筑物监测点直接用电锤在建筑物外侧墙体上打洞,并将观测标识打入,或利用其原有沉降监测点,如图 5-8 所示。每次测量时直接用基本水准点作单点引测,建筑物倾斜可通过测点沉降差及测点间距计算确定。

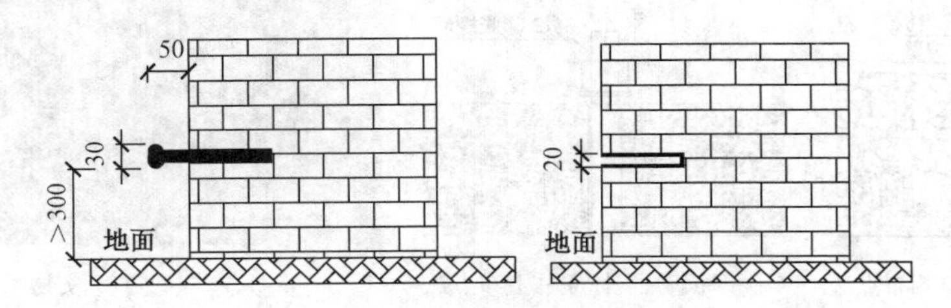

图 5-8　建筑物沉降测点示意图(单位:mm)

(2) 坑底回弹

当基坑开挖至底板时,在浇筑垫层前,在坑底临时立柱上埋设沉降点,通过测试坑底临时立柱的变形确定坑底回弹变形。如图 5-9 所示,测量方法是通过水准仪观测,测量坑底回弹变形量。

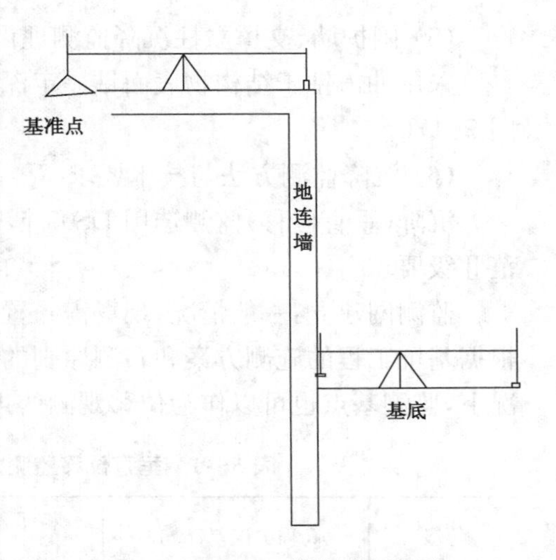

图 5-9　坑底回弹监测示意图

(3) 管线测点埋设方法与测试

地下管线监测点的埋设一般采用间接点法。间接点法是指在地下管线相应上方钻孔取芯,埋入 $\phi20 \sim \phi25$ mm 钢筋固定,通过测试钢筋顶的变形情况确定管线所在位置土体变形,进而确定管线的变形情况,如图 5-10 所示。

(4) 地表沉降点埋设方法

地表沉降监测点可根据不同地表结构类型与结构材料采用。如混凝土地面一般采用地表钻孔式,钻孔至原状土后植入钢筋，回填土压实，确保钢筋头比地面低 2～5 cm，防止机械碾压破坏（图 5-11a）；对于土质地面，则直接打入钢筋，钢筋头部露出地表 2～5 cm，作好标志。

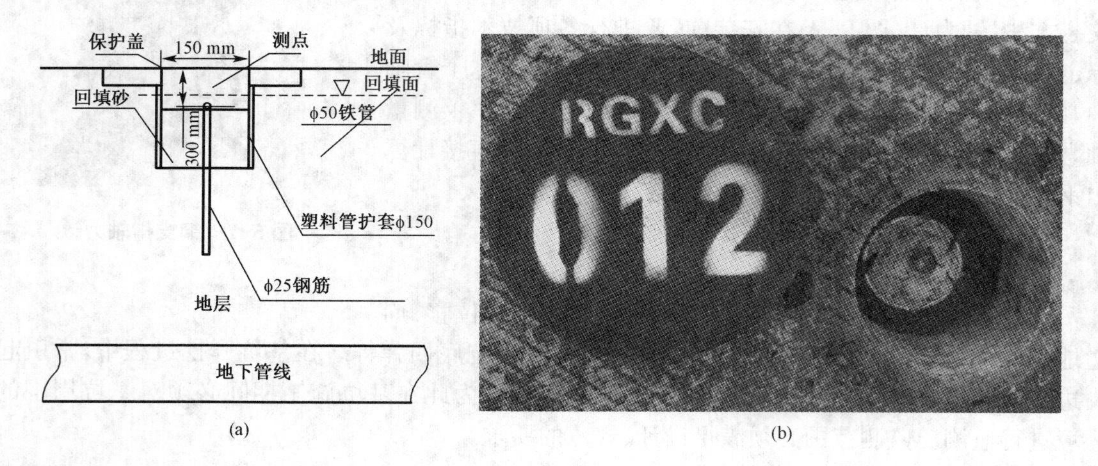

(a) (b)

图 5-10　间接法管线布点法

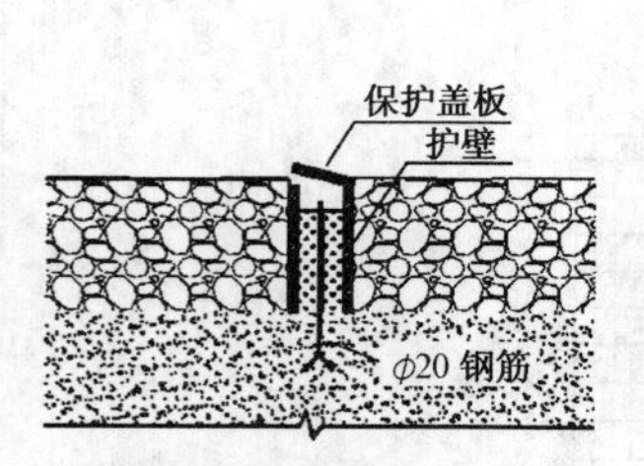

（a）混凝土地面地表监测布点法

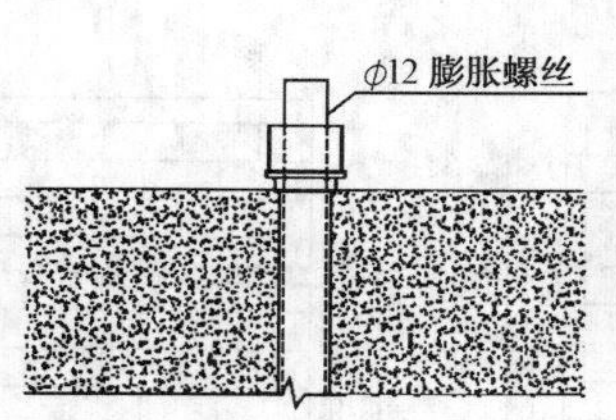

（b）围护墙、支撑立柱上布点法

（c）实物图

图 5-11　地表沉降测点图

（5）围护墙、支撑立柱沉降监测埋设方法

采用冲击钻于结构物表面钻一定深度的空洞，埋设沉降标志构件，作好标志，确保稳固，如图 5-11b。

（6）沉降监测方法与技术要求

沉降（垂直位移）监测选用 DS05 精密水准仪配合铟钢尺测量，仪器标准精度满足测量规范Ⅱ级要求。

监测网建立：一般情况，现场需布置垂直于基坑长边的沉降监测点断面。由路线控制网，根据基坑工程的施测方案和布测原则的要求，在控制基准点加密布设监测工作基点。通常情况下，监测基点也可以作为位移观测的工作基点。

表 5-11　垂直位移监测的主要技术要求与监测方法（n 为测站数）

等级	高程中误差（mm）	相邻点高差中误差（mm）	往返较差、附合或环线闭合差（mm）	主要监测方法
Ⅱ	±0.5	±0.13	$\leqslant 0.30\sqrt{n}$	水准测量

5.4.6 围护墙侧向土压力的监测

土压力量测主要的元件为土压力盒，采集数据的设备为数字式频率仪。土压力量测前，应选择合适的土压力盒，土压力盒的传感器量程应满足被测压力范围要求，其上限可取最大设计力的1.2倍；分辨率不低于0.2%(F.S)，精度为±0.5%(F.S)，稳定性强、坚固耐用、防水性能好，并具有抗震和抗冲击性能，匹配误差较小。在现场量测中，接收多采用袖珍式数字频率接收仪，使用携带方便，量测简便快捷。

(1) 土压力量测点布置

监测点的布置首先应该考虑监测目的和要求，把测点布置在有代表性的结构断面和土层上。

(2) 土压力盒的埋设和安装

土压力盒埋设于压力变化的部位即压力曲线变化处，用于监测界面土压力。土压力盒水平埋设间距原则上为盒体间距的3倍以上(≥0.6 m)，垂直间距与水平间距相同，土压力盒的受压面面对量测的土体；用测试仪监测安装，安装时将土压力盒受力膜(承压膜)面朝上，安装在桩顶土压力盒底部应采用水泥浆垫平，桩间土压力盒底部填入10 cm深中砂压实垫平，用水平尺控制将土压力盒安装水平。安装好土压力盒后，在其周围覆盖30 cm厚的中砂，压实。记录好该实验段面里程，主测桩桩顶土压力盒编号，桩间土压力盒编号及桩间土压力盒与主测桩之间的实际距离、方向，天气状况，土压力盒安装示意见图5-12。

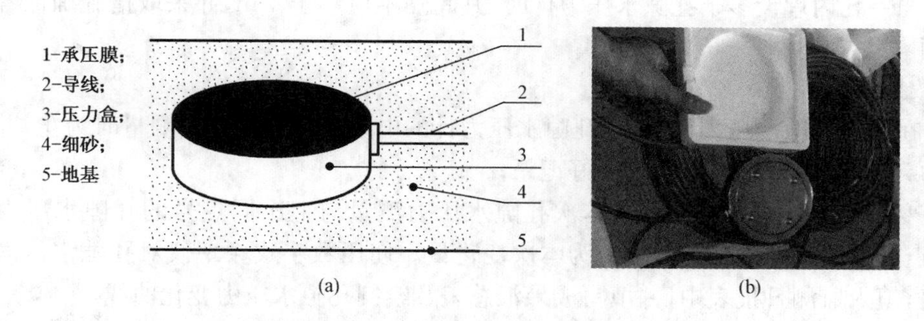

图5-12 土压力盒安装示意图

3) 数据采集

(1) 在施加土压力盒预应力前，把土压力盒的电缆引至方便正常测量时为止，并进行土压力盒的初始频率的测量，并记录在案。

(2) 施加在土压力盒预应力达设计标准后即可开始正常测量。

(3) 变量的确定：一般情况下，本次土压力测量与上次同点号的土压力的变化量，与同点号初始土压力值之差为本次变化量。使用数字式频率仪对土压力盒进行数据采集，填入监测日报表中，并填写成果汇总表及绘制土压力变化曲线。

5.4.7 孔隙水压力监测

测量孔隙水压力主要使用的设备为孔隙水压力计(见图5-13)。

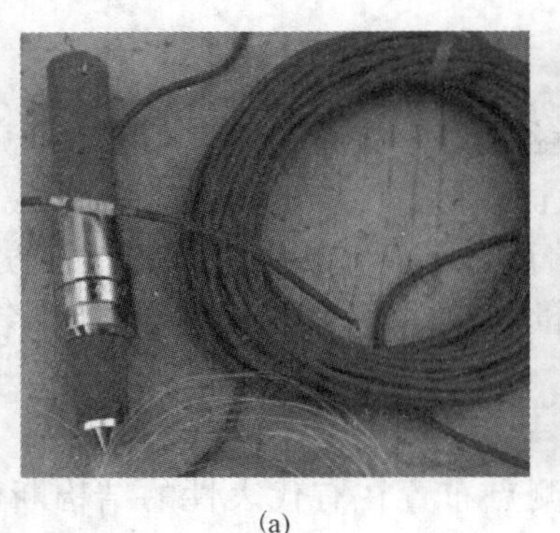

(a)

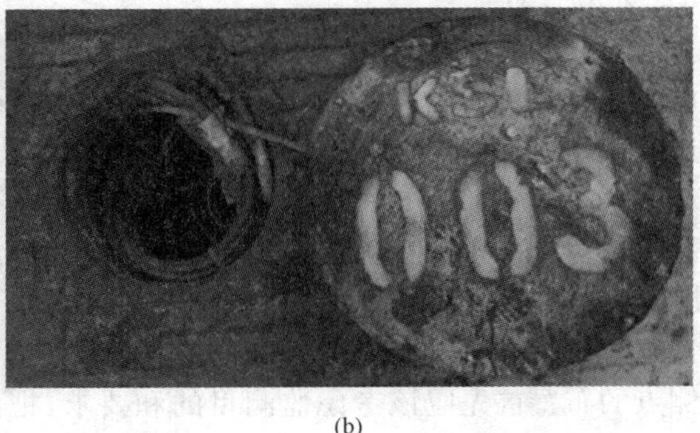

(b)

图 5-13　孔隙水压力计

1）埋设前准备

（1）孔隙水压力计应浸泡饱和，排除透水石中的气泡；

（2）检查核对孔隙水压力计的出厂率定数据，整理压力-频率（或压力-电阻）曲线，并用回归方法计算各孔隙水压力计的标定系数，提供不同压力的标定曲线。

2）埋设要求

（1）钻孔直径宜为 100～130 mm，并且保持钻孔圆直、干净；

（2）观测段内应回填透水填料，并用膨润土球或注浆封孔；

（3）当一孔内埋设多个孔隙水压力计时，其间隔不应小于 1 m，并采取措施确保各个元件间的封闭隔离。

3）数据采集

（1）在测试孔隙水压力计前，把孔隙水压力计的电缆引至方便正常测量时为止，并进行孔隙水压力计的初始频率的测量，并做好记录；

（2）变量的确定：一般情况下，本次孔隙水压力测量与上次同点号的孔隙水压力的变化量，与同点号初始孔隙水压力值之差为本次变化量。使用数字式频率仪对孔隙水压力计进行数据采集，填入监测日报表中，并填写成果汇总表及绘制孔隙水压力变化曲线。

5.4.8　裂缝监测

1）裂缝监测内容

裂缝监测内容应包含裂缝位置、走向、长度、宽度，必要时尚应监测裂缝深度。裂缝监测应选择有代表性的裂缝进行观测。每条需要观测的裂缝应至少设 2 个监测点，每个监测点设一组观测标志，每组观测标志可使用两个对应的标志分别设在裂缝的两侧。对需要观测的裂缝及监测点应统一进行编号。

2）裂缝监测方法

（1）裂缝宽度监测宜采用裂缝观测仪进行测读，也可在裂缝两侧贴、埋标志，采用千分尺或游标卡尺等直接量测，或采用裂缝计、粘贴安装千分表及摄影量测等方法监测裂缝宽度变化；

（2）裂缝长度监测宜采用直接量测法；

(3) 裂缝深度监测宜采用超声波法、凿出法等。

5.4.9 高程控制网的布设与检查

(1) 控制网布设形式

监测高程控制网以该地区有效布设的控制网为准。控制网复测采用边联式构网,以大地四边形为基本构网图形组成线性带状网。

(2) 控制点布置原则

控制点布置的原则为:①基准点是检验工作基点稳定性的基准,选设在远离施工影响区的稳固位置;②工作基点是直接测量变形观测点的依据,选设在相对稳定的地段,一般至少距基坑开挖深度 3 倍范围之外;③控制点的分布应满足准确、方便引测定全部观测点的需要,每个相对独立的测区基准点及工作基点的个数均不应少于 3 个,以保证必要的检核条件;④地表基点或工作基点一般埋设在场区密实的低压缩性土层上,建筑物上基点或工作基点埋设在沉降已稳定的建筑物墙体上;⑤基点及工作基点要避开交通干道、地下管线、仓库堆栈、水源井、河岸、松软填土、滑坡斜面及标志易遭破坏的地点。

5.5 监测频率、精度与预警值

基坑工程监测工作从基坑工程开挖前的准备工作开始,至地下工程施工结束的全过程。因此监测周期分施工前期和施工期。

5.5.1 施工前期

施工前期监测工作主要有:

(1) 在各个监测点埋设完成后,对变形监测控制网联测,监测基准网施工阶段每月复测一次;

(2) 基准网观测完成后,对地表水平位移、沉降、周围房屋的变形等工作基点进行观测 3 次,取平均值为工作基点的初始值;

(3) 施工基坑开挖前,进行初始观测,取 3 次平均值作为监测点的初始值。

5.5.2 施工期

基坑工程监测频率应以既能系统反映监测对象所测项目的重要变化过程,又不遗漏其变化时刻为原则。施工期监测频率、精度及预警值参考设计文件、规范、及地区经验确定。一般的监测频率参见表 5-12。

当变形超过预警值、监测数据变化较大或者速率加快、或出现异常或突发情况时,应提高监测频率;当有危险事故征兆时,应实施跟踪监测。遇恶劣天气、突发事件或监测数据有突变时,监测频率加密或连续观测。当施工处于间歇期或监测对象变形稳定的情况下,监测频率可根据规范要求和实际情况做适当调整。

表 5-12　明挖法基坑监测频率表

施工状况		监测频率
现场安全巡视(在施工期间)		1 次/天
围护结构施工阶段		1 次/3 天
基坑开挖到底板封闭之前阶段		1 次/天
底板封闭后	1～7 天	1 次/天
	7～15 天	1 次/3 天
	15～30 天	1 次/5 天
	30 天以后	1 次/7 天
	基本稳定后	1 次/30 天

注意:有支撑的支护结构,各道支撑开始拆除到拆除完成后 3 天内监测频率应为 2 次/天。

表 5-13　明(盖)挖法基坑支护结构和周围岩土体监测项目控制值

监测项目	支护结构类型、岩土类型		工程监测等级一级			工程监测等级二级			工程监测等级三级		
			累计值(mm)		变化速率(mm/d)	累计值(mm)		变化速率(mm/d)	累计值(mm)		变化速率(mm/d)
			绝对值	相对基坑深度 H 值		绝对值	相对基坑深度 H 值		绝对值	相对基坑深度 H 值	
支护桩(墙)顶竖向位移	土钉墙、型钢水泥土墙		—	—	—	—	—	—	30～40	0.5%～0.6%	4～5
	灌注桩、地下连续墙		10～25	0.1%～0.15%	2～3	20～30	0.15%～0.3%	3～4	20～30	0.15%～0.3%	3～4
支护桩(墙)顶水平位移	土钉墙、型钢水泥土墙		—	—	—	—	—	—	30～60	0.6%～0.8%	5～6
	灌注桩、地下连续墙		15～25	0.1%～0.15%	2～3	20～30	0.15%～0.3%	3～4	20～40	0.2%～0.4%	3～4
支护桩(墙)顶水平位移	型钢水泥土墙	坚硬-中硬土	—	—	—	—	—	—	40～50	0.4%	6
		中软-软弱土	—	—	—	—	—		50～70	0.7%	
	灌注桩、地下连续墙	坚硬-中硬土	20～30	0.15%～0.2%	2～3	30～40	0.2%～0.4%	3～4	30～40	0.2%～0.4%	4～5
		中软-软弱土	30～50	0.2%～0.3%	2～4	40～60	0.3%～0.5%	3～5	50～70	0.5%～0.7%	4～6
地表沉降	坚硬-中硬土		20～30	0.15%～0.2%	2～4	25～35	0.2%～0.3%	2～4	30～40	0.3%～0.4%	2～4
	中软-软弱土		20～40	0.2%～0.3%	2～4	30～50	0.3%～0.5%	3～5	40～60	0.4%～0.6%	4～6
支护结构竖向位移			10～20	—	2～3	10～20	—	2～3	10～20	—	2～3
支护墙结构应力			(60%～70%)f			(70%～80%)f			(70%～80%)f		
立柱结构应力											
支撑轴力			最大值:(60%～70%)f 最小值:(80%～100%)f_y			最大值:(70%～80%)f 最小值:(80%～100%)f_y			最大值:(70%～80%)f 最小值:(80%～100%)f_y		
锚杆拉力											

注:1. H——基坑设计深度,f——构件的承载力设计值,f_y——支撑、锚杆的预应力设计值;

2. 累计值应按表中绝对值的相对基坑深度 H 值两者中的小值取用;

3. 支护桩(墙)顶隆起控制值宜为 20 mm;

4. 嵌岩的灌注桩或地下连续墙控制值可按表中数值的 50%取用。

工程监测预警等级的划分要与工程建设城市的工程特点、施工经验等相适应，具体的预警等级可根据工程实际需要确定，一般取监测控制值的70%、85%和100%划分为三级。目前轨道交通监测预警体系较为成熟，其工程监测预警分级标准参见表5-14。

表5-14　轨道交通工程监测预警分级标准

预警级别	预警状态描述
黄色预警	变形监测的绝对值和速率值双控指标均达到控制值的70%；或双控指标之一达到控制值的85%
橙色预警	变形监测的绝对值和速率值双控指标均达到控制值的85%；或双控指标之一达到控制值
红色预警	变形监测的绝对值和速率值双控指标均达到控制值

5.6　监测资料的主要处理方法

将监测值与技术警戒值相比较，将监测物理量进行相互对比，将监测成果与设计要求值相对照，以检验监测物理量的大小及变化规律是否合理。

异常值定性分析：在监测资料整理中，应根据所绘制图表和有关资料，及时进行初步分析。分析各监测量的变化规律和趋势，判断有无异常值。

初步分析的重点是异常值的判识，如监测数据出现以下情况之一，可视为异常情况：

(1) 变化趋势突然加剧或变缓，或发生逆转，如从正向增长变为负增长，而从已知原因变化不能作出解释；

(2) 出现与已知原因无关的变化速率；

(3) 出现超过最大(或最小)量值，安全监控限或数学模型预报值等情况。

异常值统计分析：安全监测实施过程中由于偶然因素，采集的监测数据可能存在异常监测数据，因此，为保证安全监测测值能尽量准确地反映基坑支护结构及周边土体和建构筑物的性状，必须对异常数据进行识别。

监测测量结果在室外测量、室内数据处理工作结束后提供，一般情况下当天可以提交。出现险情时，可根据现场需要和条件提供监测数据速报，以便将最新的变形监测信息反馈到现场各方，监测资料以日报表、周报表、月报表等形式提交。

本章小结

本章针对基坑工程监测，依据两本主要现行规范，对基坑监测等级划分、监测内容、布点原则、埋设及观测方法、警戒值、观测频率、预警等级等进行介绍。

复习思考题

5-1　《建筑基坑工程监测技术规范》基坑类别的划分标准是什么？

5-2　《城市轨道交通工程监测技术规范》中监测等级是根据哪些因素确定的？

5-3　基坑围护结构本身和周边环境的监测内容一般有哪些？

5-4　监测预警等级一般是如何规定的？

6 新奥法隧道结构

6.1 传统矿山法

传统矿山法是人们在长期施工实践中发展起来的。它是凿岩爆破，以木或钢构件作为临时支撑，待隧道或其他地下工程开挖成形后，以整体式衬砌作为永久性支护的施工方法。

在传统矿山法中，历史上的变化方案很多，包括全断面法、台阶法、侧壁导坑法等。以下主要介绍常用的先拱后墙法。

(1) 上下导坑先拱后墙法

上下导坑先拱后墙法是软土地层中修建隧道的一种传统方法，也是我国以往修筑隧道使用广泛的方法之一，如图 6-1 所示。施工顺序是：开挖下导坑 1，尽快架设木支撑。在下导坑开挖面后开挖上导坑 2 并架设木支撑。上导坑落底 3，上、下导坑间开挖漏斗（虚线），以便出渣。然后由上导坑向两侧开挖 4，边开挖边架设支撑。在支撑之间立拱架模板，灌注拱圈混凝土，边灌注边顶替、拆除支撑。开挖中层 6（落底），左右错开，纵向跳跃开挖马口 7、9，每个马口的纵向长度一般取拱圈灌注节长的一半。紧跟马口开挖后，立即架设边墙模板，由下而上灌注边墙混凝土。挖水沟、铺底。

采用上下导坑先拱后墙法施工时应注意开挖马口要避免拱圈两侧拱脚同时悬空，边墙灌注到顶部时要仔细做到与拱脚的联接，保证衬砌的整体性。

拱部围岩暴露时间短，开挖马口、灌注边墙都是在拱圈保护下进行的，因此施工安全，适用于较软弱的围岩。缺点是衬砌整体性差，开挖两个导坑成本高、速度慢。

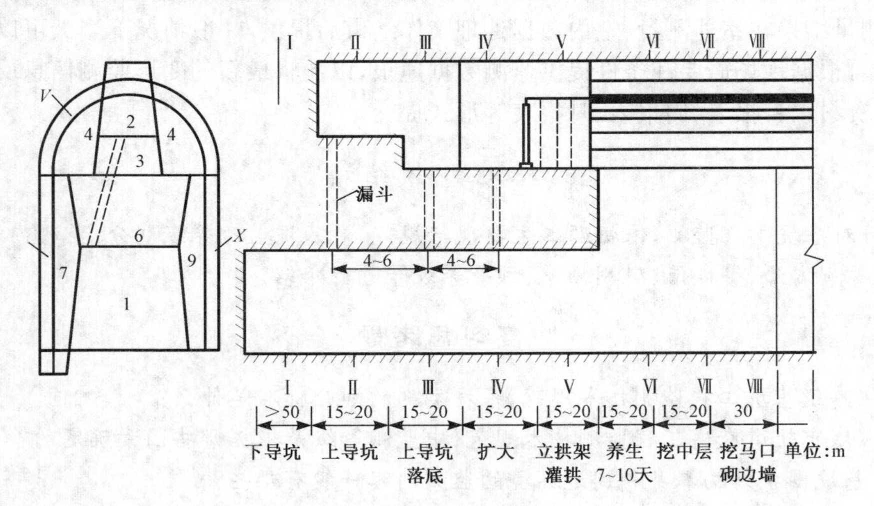

图 6-1　上下导坑先拱后墙法

(2) 下导坑先拱后墙法（漏斗棚架法）

首先开挖下导坑①，在下导坑开挖面 30～50 m 处，架设“漏斗棚架”，然后在漏斗棚架上方开挖②③④，最后开挖⑤和⑥边墙、水沟。

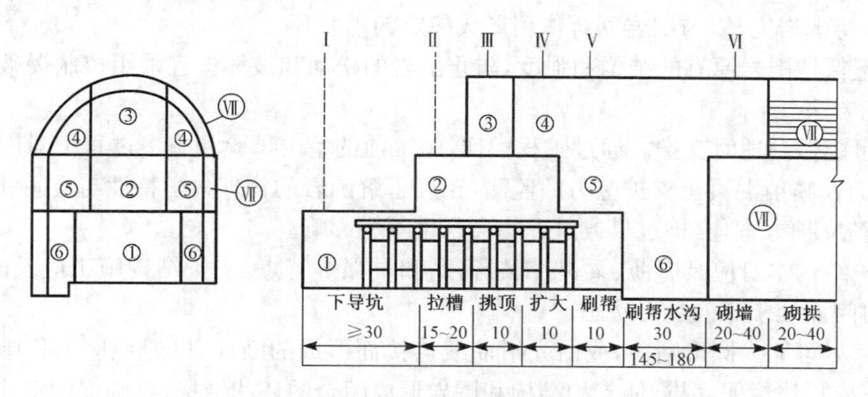

图 6-2　下导坑先拱后墙法

6.2　新奥法概述

新奥法的全称是新奥地利隧道施工方法，即 New Austrian Tunneling Method，缩写为 NATM，是奥地利学者 L. V. Rabcewiez、L. Muller 等创建于 20 世纪 50 年代，在 1963 年正式命名为新奥地利隧道施工方法。

(1) 产生背景

采用锚杆支护始于 20 世纪初，到 20 世纪 50 年代后在欧美各地得到广泛应用，并在水电站有压输水隧洞成功的采用。喷射混凝土机在 1947 年研制成功，1948—1953 年喷射混凝土衬砌首次用于奥地利卡普伦水电站的默尔隧道。

锚喷支护技术的发展为新奥法的创建提供了有利的条件。在创建与开展新奥法时期，L. V. Rabcewiez 相继指出，隧道工程修建过程中掌握围岩动态随时间变化的重要性、施工量测工作的重要性、采用薄层支护，并及时修筑仰拱以形成闭合衬砌的必要性。并根据实验证实，衬砌应按剪切破坏进行设计计算。

新奥法的概念，在我国 20 世纪 70 年代末开始被人们了解和接受的。从 20 世纪 70 年代开始，一些隧道设计中贯彻了新奥法基本原理，采用了信息设计方法，例如大瑶山铁路隧道、南岭隧道、枫林隧道、岭前隧道、军都山隧道等。1988 年颁布了《铁路隧道新奥法指南》，并编写了《喷锚技术法规则》、《复合衬砌标准设计》等作业标准。随着新奥法基本原理在铁路隧道工程实践中的应用，开挖方法、辅助工法、锚喷技术、现场监测技术等的不断完善和提高，逐步形成了具有中国特色的浅埋暗挖法和复合式衬砌等隧道施工技术，大大丰富和发展了新奥法原理。

新奥法是以控制爆破为开挖方法，以喷锚支护作为主要支护手段，通过监测控制围岩的变形，动态修正设计参数和施工方法的一种隧道施工方法，其核心内容是充分发挥围岩的自承能力。因此，新奥法不是单纯的开挖、支护的方法，而是按照实际观测到的围岩动态的各项指标来指导开挖隧道的方法。新奥法是一种修建隧道的基本理论，是包含设计与施工内容的隧道工程新概念。

(2) 新奥法的主要原则

① 围岩是洞室的主要承载结构，而不是单纯的荷载，它具有一定的自承能力。支护结构的作用是保持围岩完整，与围岩联合作用形成稳定的承载环。

② 尽量保持围岩原有的结构和强度，防止围岩的松动和破坏。宜采用控制爆破或全断面掘进等开挖方法。

③ 尽可能做到适时支护。通过工程类比，施工前的室内试验和施工过程中对围岩收敛变形、锚杆应力及喷射混凝土支护应力的监测，正确了解围岩的物理力学特性与空间和时间的关系，适时调整支护方案，支护过早或过迟均会产生不利影响。

④ 支护结构本身应具有薄、柔、与围岩密贴和早强等特点，支护结构施工应及时快速、使围岩尽快封闭而处于三向受力状态。

⑤ 洞室尽可能为圆形断面，或由光滑曲线连接而形成的断面，以避免应力集中。围岩较差的情况下应尽快封闭底拱，使支护结构和围岩形成闭合的环状结构，以确保洞室稳定。

⑥ 良好的施工组织和施工人员的素质对洞室结构施工的安全、经济非常重要。合理安排防渗、排水、开挖、出渣、支护、封闭底拱等工序，形成稳定合理的工作循环。

其中第①条是与传统洞室设计完全不同的新概念，是新奥法的本质。

新奥法施工的基本原则可以归纳为"少扰动、早支护、勤量测、紧封闭"。其核心是保护围岩，充分发挥围岩的自身承载作用。施工要点是控制爆破、锚喷支护和施工监测。其实施方法为设计、施工和监测三位一体的动态模式。

(3) 传统矿山法与新奥法的区别和联系

从钻爆开挖过程来讲，二者在施工顺序上大致相同，但在工程机理及工程实施方面区别较大。其中，在工程机理方面，新奥法与传统矿山法的最大区别是：

① 传统矿山法的施工机理是"稳定"，建立在对围岩"松弛荷载"的支撑概念上；而新奥法是建立在维护及提高围岩的"自承能力"，使围岩与支护共同形成承载结构的概念上。

② 传统矿山法采用的是传统的、一般工程构筑的思维模式，重在"支撑效果"和对"支撑"的处理上；而新奥法则采用信息化的动态管理模式，注重"岩变"过程及过程控制，依靠信息化的先进手段达到最优化的工程管理目标。

在工程实施方面，新奥法的重要特征在于：

① 两阶段的地质调查和两阶段的施工设计，即为施工前的地质调查工作和施工中的地质调查工作；施工前的设计和施工中的信息反馈修正设计。

② 必须在隧道和地下工程现场进行密集的监控量测，建立起信息收集、分析、传递和反馈系统，为隧道设计及施工提供可靠的依据。

另外，新奥法具有经济、快速的特点，如图 6-3 所示。左侧表示传统方法需要开挖的断面及衬砌量，右侧表示新奥法需要开挖的断面及衬砌量。若以面积 A 为 100，则设计衬砌量 B 和超挖量的面积 C 如表 6-1 所示。可以看出，采用控制爆破、柔性衬砌，新奥法的开挖量为传统方法的 73%，衬砌量为传统方法的 20%。此外，还可以省去全部木模和 40% 以上的混凝土，降低支护成本 30% 以上。

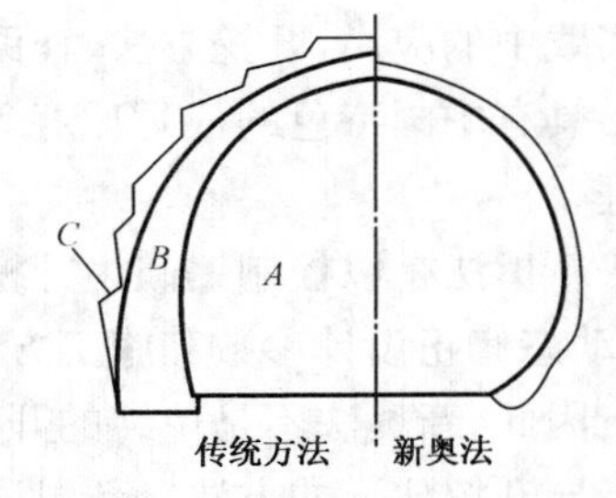

图 6-3 传统矿山法和新奥法的比较

表 6-1　传统矿山法与新奥法工程量对比

	传统矿山法	新奥法
有效使用面积 A	100	100
混凝土衬砌面积 B	36	7
超挖面积 C	15	3
$B+C$	51	10

6.3　开挖方法

新奥法修建岩体隧道及其他地下工程，一般都采用钻眼爆破作业，故大量的文献将矿山法称为钻爆法，严格意义上讲不严谨，本章节仅将钻爆法理解为采用凿岩爆破作业的隧道开挖方法。

在选择开挖方法时，应对隧道断面大小及形状、围岩的工程地质条件、支护条件、工期要求、工区长度、机械配备能力、经济性等相关因素进行综合分析，采用恰当的开挖方法、尤其应与支护条件相适应。

按开挖隧道的横断面情况来分，开挖方法可分为全断面开挖法、台阶开挖法、分部开挖法。

6.3.1　全断面法

按隧道设计轮廓线一次爆破成形的施工方法叫全断面法，如图 6-4 所示。适用于地质条件较好的情况（如Ⅰ～Ⅱ级围岩），岩质较完整的硬岩中，同时具备大型施工机械。全断面法工序少，相互干扰少，便于组织施工和管理，工作空间大，因此施工进度快。采用全断面法应注意初期支护及时跟进，及时约束围岩变形，充分发挥围岩的承载作用。

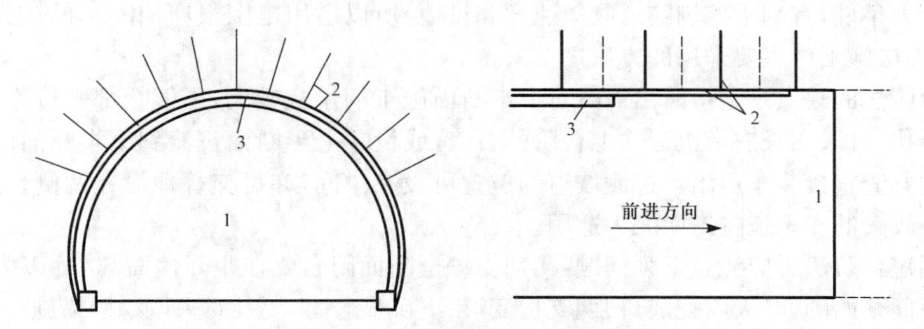

图 6-4　全断面法示意图

1—开挖隧道掌子面岩土体；2—初期支护施工；3—二次结构施工

6.3.2　台阶法

台阶法根据台阶长度的不同，分为长台阶法、短台阶法和超短台阶法三种，如图 6-5 所示。

施工中采用何种台阶法，根据两个条件来确定：初期支护形成闭合断面的时间要求，围岩越差，闭合时间要求越短；上断面施工的开挖、支护、出渣等机械设备对施工场地大小的要求。

在软弱围岩中应以前一条件为主，兼顾后者，确保施工安全。在围岩条件较好时，主要考虑是如何更好地发挥机械效率，保证施工的经济性，故只要考虑后一条件。

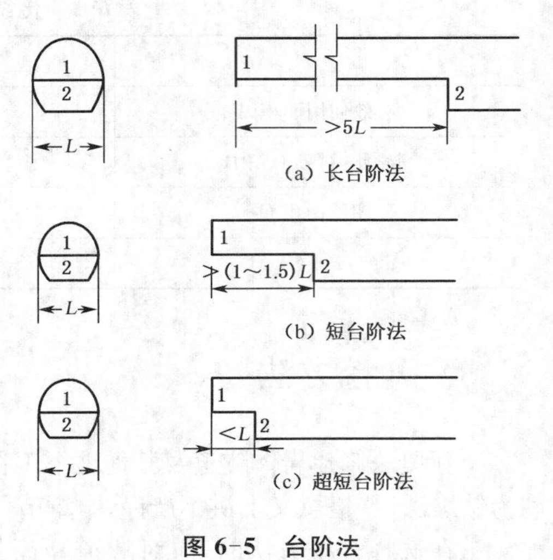

图 6-5　台阶法

(1) 长台阶法

分成上半断面和下半断面两部分进行开挖。上下断面相距较远，一般上台阶超前 50 m 以上或大于 5 倍洞跨，上、下断面才可平行作业。当隧道长度较短时，亦可先将上半断面全部挖通后，再进行下半断面施工，即为半断面法。长台阶法施工时应防止拱脚下沉。当围岩软弱不易改变施工工序时，应根据围岩变形情况设置锁脚锚杆或加大拱脚宽度。当监控量测变形下沉较大时，应及时改变施工方法，及时落底。

相对于全断面法来说，长台阶法一次开挖的断面和高度都比较小，只需配备中型钻孔台车，而且对维持开挖面的稳定也十分有利。所以，它的适用范围较全断面法广泛，凡是在全断面法中开挖面不能自稳，但围岩坚硬不用底拱封闭断面的情况，可采用长台阶法。

(2) 短台阶法

分成上下两个断面进行开挖，只是两个断面相距较近，一般上台阶长度小于 5 倍但大于 1～1.5 倍洞跨。

短台阶法的作业顺序和长台阶相同。由于短台阶法缩短支护结构闭合的时间，改善初期支护的受力条件，有利于控制隧道收敛速度和量值，所以适用范围很广，Ⅱ～Ⅵ级围岩都能采用，是新奥法施工中主要采用的方法之一。

短台阶法的缺点是上台阶出渣时对下半断面施工的干扰较大，不能全部平行作业。为解决这种干扰，可采用长皮带机运输上台阶的石渣，或设置上半断面过渡到下半断面的坡道，将上台阶的石渣直接装车运出。过渡坡道的位置可设在中间，亦可交替地设在两侧。过渡坡道法在断面较大的三车道隧道中尤为适用。

采用短台阶法时应注意下列问题：初期支护全断面闭合要在距开挖面 30 m 以内，或距开挖上半断面开始的 30 天内完成；初期支护变形、下沉显著时，要及时采取稳固措施。

(3) 超短台阶法

分成上下两部分，但上台阶仅超前 5～10 m，只能采用交替作业。上下断面相距较近，机械设备集中，作业时相互干扰较大，生产效率较低，施工速度较慢。

在软弱围岩中施工时，应特别注意开挖工作面的稳定性，必要时可采用辅助施工措施，如向围岩中注浆或打入超前小导管，对开挖面进行预加固或预支护。

由于超短台阶法初期支护全断面闭合时间更短，更有利于控制围岩变形。在城市隧道施工中，能更有效地控制地表沉陷。所以，超短台阶法适用于膨胀性围岩和土质围岩，要求及早闭合断面的场合。当然，也适用于机械化程度不高的各级围岩地段。

最后还应指出，在所有台阶法施工中，开挖下半断面时要求做到以下几点：

① 下部开挖时，应注意上部的稳定。下半断面的开挖(又称落底)应在上半断面初期支护基本稳定后进行，或采用其他有效措施确保初期支护体系的稳定性；若围岩稳定性较好，则可以分段顺序开挖；若围岩稳定性较差，则应缩短下部掘进循环进尺；若稳定性更差，则可以左右错开。采用单侧落底或双侧交错落底，避免上部初期支护两侧同时悬空，视围岩状况严格控制落底长度，一般采用 1～3 m，并不得大于 6 m。

② 下部边墙开挖后必须立即喷射混凝土，并按规定做初期支护。

③ 量测工作必须及时，以观察拱顶、拱脚和边墙中部位移值，当发现速率增大，应立即进行底(仰)拱封闭，或缩短进尺，加强支护，分割掌子面等。

6.3.3 分部开挖法

分部开挖法主要包括：台阶分部开挖法、单侧壁导坑法、双侧壁导坑法、中隔墙(CD)法。

(1) 台阶分部开挖法

又称环形开挖留核心土法，如图 6-6 所示，数字代表施工顺序编号。一般将断面分成为环形拱部、上部核心土、下部台阶三部分。一般适用于软弱的Ⅴ级围岩。根据断面的大小，环形拱部又可分成几块交替开挖。环形开挖进尺为 0.5～1.0 m，不宜过长。上部核心土和下台阶的距离，一般为1倍洞跨。

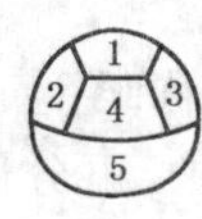

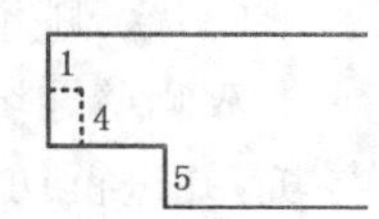

图 6-6 台阶分部开挖法示意图

图 6-7 台阶分部开挖法

① 在台阶分部开挖法中，因为上部留有核心土支挡着开挖面，而且能迅速及时地施作拱部初期支护，所以开挖工作面稳定性好，适用于一般土质或易坍塌的软弱围岩。与超短台阶法相比，台阶长度可以加长，减少上下台阶施工干扰；而与侧壁导坑法相比，施工机械化程度较高，施工速度可加快。

② 虽然核心土增强了开挖面的稳定，但开挖中围岩要经受多次扰动，而且断面分块多，支护结构形成全断面封闭的时间长，这些都有可能使围岩变形增大。因此，常要结合辅助施工措施对开挖面及其前方岩体进行预支护或预加固。

(2) 单侧壁导坑法

单侧壁导坑法是指先开挖隧道一侧的导坑，并进行初期支护，再分部开挖剩余部分的施工方法，如图 6-8 所示。适用于断面跨度大、地表沉陷难以控制的软弱松散围岩中。

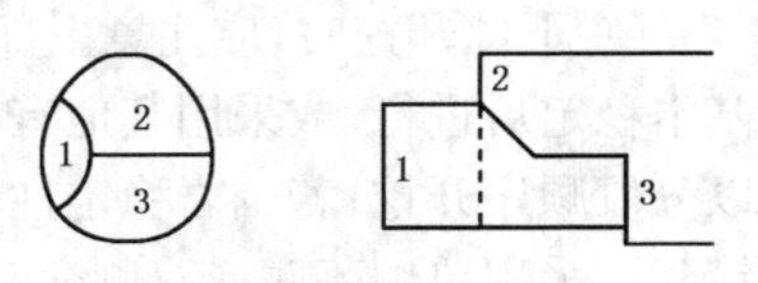

图 6-8　单侧壁导坑法示意图

单侧壁导坑超前的距离一般在 2 倍洞径以上，为稳定工作面，经常和超前小导管注浆等辅助施工措施配合使用。

单侧壁导坑法的施工作业顺序为

① 开挖侧壁导坑，并进行初期支护（锚杆加钢筋网，或锚杆加钢支撑，或钢支撑），应尽快使导坑的初期支护闭合；

② 开挖上台阶，进行拱部初期支护，使其一侧支承在导坑的初期支护上，另一侧支承在下台阶上；

③ 开挖下台阶，进行另一侧边墙的初期支护，并尽快建造底部初期支护，使全断面闭合；

④ 拆除导坑临空部分的初期支护；

⑤ 建造内层衬砌。

（3）双侧壁导坑法

双侧壁导坑法又称眼镜工法。是指先开挖隧道两侧的导坑，并进行初期支护，再分部开挖剩余部分的施工方法。如图 6-9 所示。

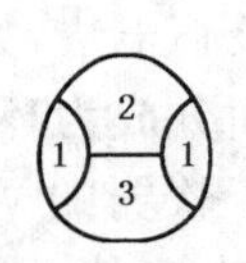

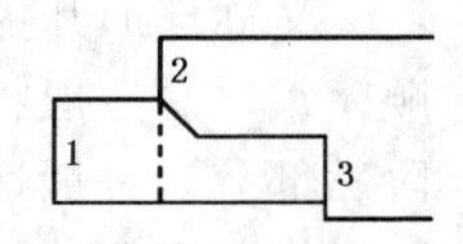

图 6-9　双侧壁导坑法示意图

适用于隧道跨度相对较大，地表沉陷要求严格，围岩条件特别差，单侧壁导坑法难以控制围岩变形的情况。

双侧壁导坑法施工作业顺序为

① 开挖一侧导坑，并及时地将其初期支护闭合；

② 相隔适当距离后开挖另一侧导坑，并建造初期支护；

③ 开挖上部核心土，建造拱部初期支护，拱脚支承在两侧壁导坑的初期支护上；

④ 开挖下台阶，建造底部的初期支护，使初期支护全断面闭合；

⑤ 拆除导坑临空部分的初期支护，建造内层衬砌。

（4）中隔墙法（CD、CRD 法）

中隔墙法（Center Diaphragm）是指先开挖隧道一侧，并施作临时中隔墙，当先开挖一侧超前一定距离后，再分部开挖隧道另一侧的开挖方法。CD 法主要适用于地层较差和不稳定岩体，且地表下沉要求严格的地下工程施工。当 CD 法不能满足要求时，可在 CD 法的基础上加设临时仰拱，即 CRD 法（交叉中隔墙，Center Cross Diaphragm），适用于较差地层，如Ⅳ～Ⅴ级围岩和浅埋、偏压和洞口段。

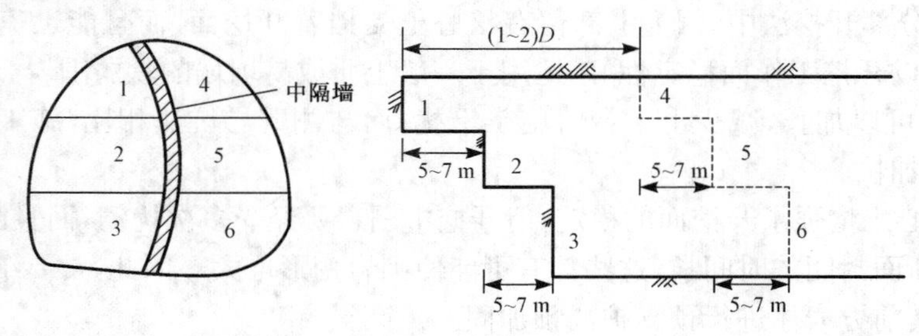

图 6-10　CD 开挖方法示意图

每步的台阶长度都应控制，一般台阶长度为 5～7 m。为稳定工作面，中隔墙法一般与预注浆等辅助措施配合使用。施工流程如图 6-11 所示。

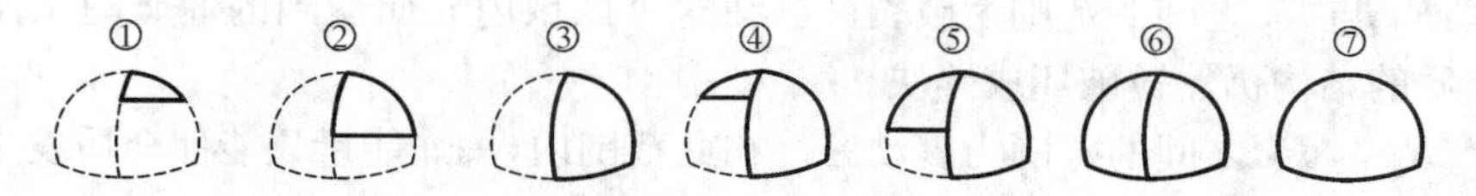

图 6-11　CD 法施工流程

采用该法时，各部封闭成环时间短，结构受力均匀，变形小，支护刚度大，施工时隧道整体下沉小，地层沉降量不大。临时仰拱和中隔墙增大了结构的刚度，有效抑制了结构的变形。

6.4　钻爆施工要点

新奥法施工的三大支柱：控制爆破、锚喷支护、监控量测，本节针对钻爆施工要点进行介绍。

钻爆开挖作业是在岩体上钻凿出一定孔径和深度的炮眼，并装上炸药进行爆破，从而达到开挖的目的。开挖作业占整个隧道施工工程量的比重较大，造价约占 20%～40%，是隧道施工中较关键的基本作业。

对于开挖作业应做到以下要求：

(1) 按设计要求开挖出断面(包括形状、尺寸、表面平整度、超欠挖等要求)；

(2) 石碴块度(石碴大小)适中，抛掷范围相对集中，便于装碴运输；

(3) 钻眼工作量少，掘进速度快，少占作业循环时间，并尽量节省爆破器材；

(4) 爆破在充分发挥其能力的前提下，减小对围岩的震动破坏，以保证围岩的稳定；

(5) 减少对施工用机具设备及支护结构的破坏，减少对周围环境的破坏(特别是隧道洞口地段爆破时)。

6.4.1　爆破破岩机理

当炸药在岩(土)体中爆炸时，爆炸波轰击岩面，以冲击波形式向岩体内部传播，形成动态应力场。冲击波作用时间短，能量密度很高，使炮孔周围岩石产生粉碎性破坏。爆炸气体静压和膨胀做功，有使岩石质点作远离药包中心运动的倾向，岩石受切向拉力，其强度达到岩石抗拉强度时，则岩石破坏，产生径向裂隙。在爆炸结束的瞬间，随着温度下降，气体逸散，介质又为释放压缩能而回弹，从而又可能产生环向裂缝。在爆破力作用下，还可能产生剪切裂缝。在这些裂缝的交错切割和剩余爆破力的作用下，岩石被破碎和移位。

(1) 无限介质中的爆破作用

假定将药包埋置在无限介质中进行爆破，则在远离药包中心不同的位置上，其爆破作用是不相同的。大致可以划分为若干个区域，如图 6-12 所示。

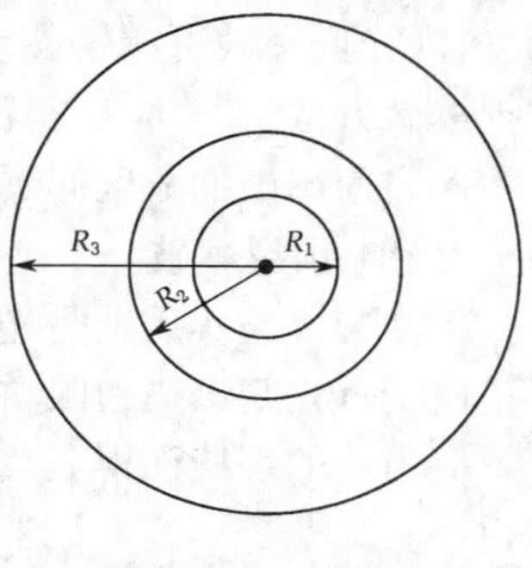

图 6-12　爆破的内部作用

压缩粉碎区：它是指半径为 R_1 范围的区域。该区域内介质距离药包最近，受到的压力最大，故破坏最大。当介质为土壤或软岩时，压缩形成一个环形体孔腔；介质为硬岩时，则产生粉碎区破坏，故称为压缩粉碎区。

破裂区：R_1 与 R_2 之间的范围为破裂区。在这个区域内介质受到的爆破力虽然比压缩粉碎区小但介质的结构仍然被破坏成碎块。

震动区：R_2 与 R_3 之间的范围为震动区。在此范围内，爆炸能量只能使介质发生弹性变形不能产生破坏作用。

(2) 临空面与爆破漏斗

临空面又叫自由面，是指暴露在大气中的开挖面。在假定的无限介质中爆破，抛掷和松动是无法实现的。而在有临空面存在的情况下，足够的炸药爆炸能量就会在临近临空面一侧实现爆破抛掷。其结果是形成一个圆锥形的爆破凹坑，此坑就叫爆破漏斗。爆破抛起的岩块，一部分落在漏斗坑之外形成爆破堆积体或飞石，另一部分回落到漏斗坑之内，掩盖了真正的破坏漏斗，形成看得见的爆破坑，叫做可见爆破漏斗，如图 6-13 所示。

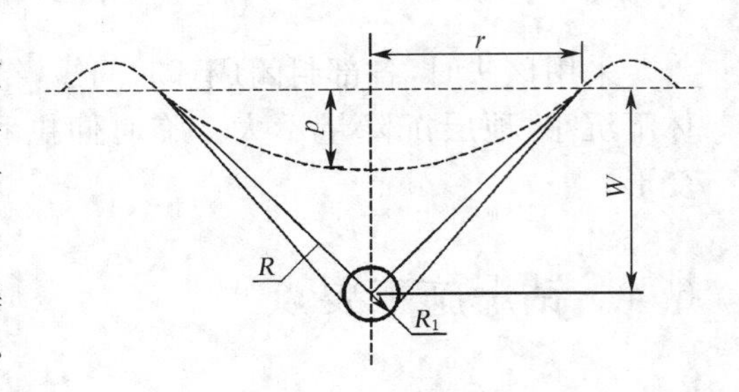

图 6-13 爆破漏斗的几何要素

爆破漏斗由以下几何要素组成：药包中心到自由面的最短距离为最小抵抗线 W；最小抵抗线与自由面交点到爆破漏斗边沿的距离为爆破漏斗半径 r；药包中心到爆破漏斗边沿的距离为破裂半径 R；可见漏斗深度为 p；压缩圈半径为 R_1 等。

6.4.2 控制爆破

目前多采用控制爆破技术进行爆破，主要指光面爆破和预裂爆破。

(1) 光面爆破

光面爆破是通过正确确定周边眼的各爆破参数，使爆破后的围岩断面轮廓整齐，最大限度地减轻爆破对围岩的震动和破坏，尽可能维持围岩原有完整性和稳定性的爆破技术。其主要标准为：开挖轮廓成型，无明显的爆破裂缝；围岩壁上均匀留下 50%以上的半面炮眼痕迹；岩面平整，超挖和欠挖符合规定要求，无危石等。

光面爆破对围岩扰动小，又尽可能保存了围岩自身原有的承载能力，从而改善了衬砌结构的受力状况；又由于围岩壁面平整，减小了应力集中和局部落石现象，增加了施工安全度；减小了超挖和回填量，若与锚喷支护相结合，能节省大量混凝土数量，降低工程造价，加快施工进度；因光面爆破可减轻震动和保护岩体，所以它是在松软及不均质的地质岩体中较为有效的开挖爆破方法。

光面爆破的分区起爆顺序为：掏槽眼——辅助眼——周边眼——底板眼。

(2) 预裂爆破

预裂爆破实质上是光面爆破的一种，其爆破原理与光面爆破相同，只是起爆顺序不同。它是由于首先起爆周边眼，在其他炮眼未爆破之前先沿着开挖轮廓线预爆破出一条用以反射地震应力波的裂缝而得名。预裂爆破的分区起爆顺序为：周边眼——掏槽眼——辅助眼——底板眼。

预裂爆破只要求先在周边眼之间炸出贯通裂缝，即预留光面层，因而单孔装药量可较少，炸药分布比较均匀，对围岩的破坏扰动更小。由于贯通裂缝的存在，使得主体爆破产生的应力波在向围岩传播时受到大量衰减，从而更有效地减少了对围岩的扰动，所以预裂爆破更适用于稳定性较差的软弱破碎岩层中。

6.5 锚喷支护结构

锚喷支护是采用喷射混凝土、钢筋网喷射混凝土、锚杆喷射混凝土或锚杆钢筋网喷射混凝土等在洞室开挖后及时地对地层进行加固的结构。可以根据围岩的稳定状况，采用锚喷支护中的一种或几种结构的组合。它既可以用于加固局部岩体而作为临时支护，也可以作为永久支护。锚喷支护自从20世纪50年代问世以来，随着现代支护结构原理尤其是新奥地利隧道施工方法的发展，已在世界各国矿山、建筑、铁道、水工及军工等部门广为应用。

工程实践证明，锚喷支护较传统的现浇混凝土衬砌支护优越。由于锚喷结构能及时支护和有效地控制围岩的变形，防止岩块坠落和坍塌的产生，充分发挥围岩的自承能力，所以锚喷支护结构比模注混凝土衬砌的受力更为合理。锚喷支护能大量节省混凝土、木材和劳动力，加快施工进度，工程造价可大幅度降低，并有利于施工机械化程度的改进和劳动条件的改善等。此外，锚喷支护是一种符合岩体加固原理的积极支护方法，加固体具有良好的物理力学性能。即它能及时地支护和加固围岩，与围岩密贴并封闭岩体的张性裂隙和节理，加固围岩结构面，有效地发挥和利用岩块间的镶嵌咬合和自锁作用，从而提高岩体自身的强度、自承能力和整体性。由于锚喷支护结构柔性好，它能同围岩共同变形，构成一个共同工作的承载体系。在变形过程中，它能调整围岩应力，抑制围岩变形的发展，避免岩体坍塌的产生，防止过大的松散压力出现。锚喷支护结构不再把围岩仅仅视作荷载(松散压力)，同时还把它视为承载结构的组成部分。

锚喷支护应配合光面爆破等控制爆破技术，使开挖断面轮廓平整、准确，便于锚喷成型，并减少回弹量；减轻爆破对围岩的松动破坏，维护围岩强度和自承能力，使其受力良好。目前，锚喷支护结构的设计和施工，已积累了不少经验。

本节将扼要介绍锚喷支护的原理、结构计算和施工。

6.5.1 锚喷支护原理

一般情况下，洞室锚喷支护由喷射混凝土、锚杆和钢筋网组成，各部分对围岩的稳定起着一定的作用。

(1) 喷射混凝土

① 支承围岩。由于喷层能与围岩密贴和黏结，并给围岩表面以抗力和剪力，从而使围岩处于三向受力的有利状态，防止围岩强度劣化。此外，喷层本身的抗冲切能力可以阻止不稳定块体的塌滑。

② “卸载”作用。由于喷层属柔性，能使围岩在不出现有害变形的前提下，出现一定程度的塑性，从而使围岩“卸载”。同时也能使喷层中的弯曲应力减小，有利于混凝土承载力的发挥。

③ 填平补强围岩。喷射混凝土可进入围岩张开的裂隙，填充表面凹穴，使被裂隙分割的

岩块层面黏联在一起保持岩块间的咬合、镶嵌作用，提高其间的粘结力、摩阻力。有利于防止围岩松动并避免或缓和围岩应力集中。

④ 覆盖围岩表面。喷层直接黏贴岩面，形成风化和防水的防护层，并阻止节理裂隙中充填物流失。

⑤ 阻止围岩松动。喷层能紧跟掘进工程，及时进行支护，早期强度较高，因而能及时向围岩提供抗力，阻止围岩松动。

⑥ 分配外力。通过喷层可以把围岩压力传给锚杆、网架等，使支护结构受力均匀。

(2) 锚杆

① 支承围岩。锚杆能限制约束围岩变形，阻止围岩强度的劣化。

② 加固围岩。由于系统锚杆的加固作用，使围岩中尤其是松动区中的节理裂隙、破裂面等得以连接，因而增大了锚固区围岩的强度。锚杆对加固节理发育的岩体和围岩松动区是十分有效的，有助于裂隙岩体和松动区形成整体，成为“加固带”。

③ 提高层间摩阻力，形成“组合梁”，如图 6-14 所示。对于水平或缓倾斜的层状围岩，用锚杆群能把数层岩层连在一起，增大层间摩阻力，从结构力学观点来看，就是形成“组合梁”。

④ “悬吊”作用。是指为防止个别危岩的掉落和滑落，用锚杆将其与稳定围岩连结起来，主要表现在加固局部失稳的岩体，如图 6-15 所示。

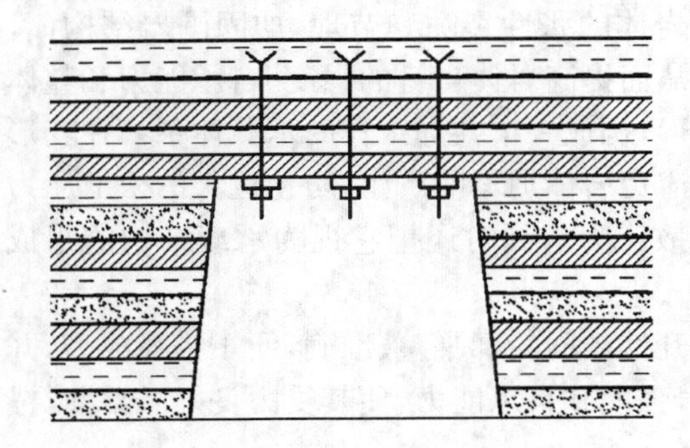

图 6-14　组合梁效应

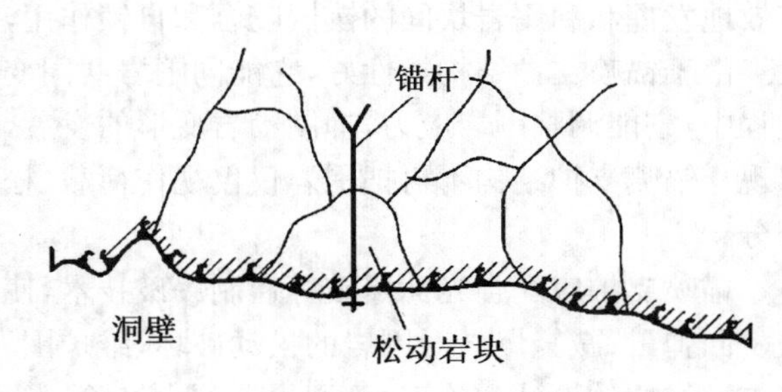

图 6-15　悬吊效应

锚杆的布置分为局部布置和系统布置。局部布置主要用在坚硬而裂隙发育或有潜在龟裂及节理的围岩。不稳定块体、隧道拱顶受拉破坏区为重点加固区域。

锚杆局部布置的原则为：拱腰以上部位锚杆方向应有利于锚杆的受拉；拱腰以下及边墙部位锚杆宜逆向不稳定岩块滑动方向。

局部加固的锚杆，必须保证不稳定块体与稳定岩体的有效连接，为此，可由现场测定或采用赤平极射投影和实体比例投影作图法确定不稳定块体的形状、重量和出露位置，据此确定锚杆间距和锚入稳定岩体的长度。锚杆的间距为

$$D \leqslant \frac{d}{2}\sqrt{\frac{\pi R_{a} A}{KP}} \tag{6-1}$$

式中　D——锚杆间距(m)；

　　　d——锚杆直径(m)；

R_a ——锚杆钢筋的设计强度(Pa)；

K——安全系数，可取 1.5～2.0；

P——危石或不稳定块体的重力(N)，当侧墙存在不稳定块体时，P 值为下滑力减去抗滑力；

A——危石或不稳定块体出露面积(m^2)。

锚杆锚入稳定岩体的深度为

$$L_m = \frac{dR}{4\tau} \tag{6-2}$$

式中 L_m ——锚入稳定岩体的深度(其值不宜小于杆体直径的 30～40 倍)(m)；

τ——砂浆的粘结强度(N/m^2)。

系统布置在破碎和软弱围岩中，一般采用系统布置的锚杆，对围岩起到整体加固作用。对于局部非常破碎、软弱围岩部位或可能出现过大变形的部位，应加设长锚杆，如图 6-16。

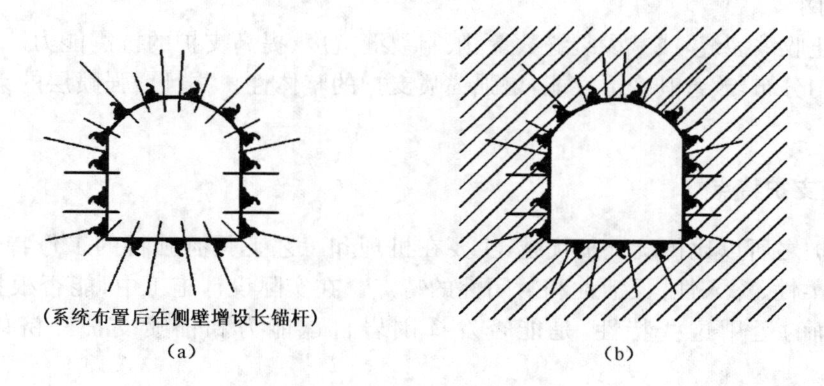

图 6-16 锚杆布置

锚杆系统布置的原则：在隧道横断面上，锚杆宜垂直隧道周边轮廓布置，对水平成层岩层，应尽可能与层面垂直布置，或使其与层面成较大角度，对于倾斜成层的岩层，其失稳原因主要是层面滑动，锚杆与层面呈斜交布置。在岩面上锚杆宜成菱形排列。为了使系统布置的锚杆形成连续均匀的压缩带，其间距不宜大于锚杆长度的$\frac{1}{2}$。

对于端部锚固的锚杆，其抗拉力应大于或等于设计锚固力，即

$$\sigma_a = \frac{\pi d^2}{4} \geqslant N \tag{6-3}$$

则锚杆直径 d 为

$$d \geqslant \sqrt{\frac{4N}{\pi\sigma_a}} \tag{6-4}$$

式中 N——设计锚固力(kN)，由锚杆拉拔试验确定，一般不低于 50 kN；

σ_a——锚杆材料的抗拉极限强度。

对于全长粘结式锚杆，可按下式求其直径 d 值：

$$d=\frac{P}{\pi L\tau} \tag{6-5}$$

式中 P——锚杆粘结破坏时的承载力(kN)，由锚杆拉拔试验求得；

L——锚杆的锚固长度(m)；

τ——胶结材料与孔壁围岩单位表面积上的粘结力(MPa)，一般取 1.0～1.5 MPa。

常用的锚杆直径一般为 18～22 mm。

对于起悬吊作用的锚杆，其长度必须穿过不稳定块体并在坚硬稳定岩体内有一定的锚固长度。在软弱围岩中系统布置的锚杆，其岩体视为单一塑性体，锚杆的长度应穿过塑性区。

当隧道周围形成塑性区时，应先通过分析算出塑性区范围，锚杆的实际长度应大于塑性区范围并加外露长度(10～15 cm)及锚固长度(15～30 cm)。

3) 钢筋网

起到防止收缩裂缝，或减少裂缝数量、限制裂缝宽度、提高支护的抗震能力。可以使喷层应力得到均匀分布，改善其变形性能，增强锚喷支护的整体性。并且增强喷层的柔性，提高喷层承载力。

6.5.2 锚喷支护特点

锚喷支护之所以比传统支护优越，主要在机理和工艺上具有独特的工作特性。有及时性、黏贴性、柔性、深入性、灵活性和封闭性的特点。在实际设计施工中，能否根据不同类型的围岩，正确的运用这些特性，是能否发挥围岩自承能力和锚喷支护经济效果好坏的关键。

(1) 及时性

由于锚喷支护工艺本身的原因，使得它能支护及时迅速，甚至可在挖掘前进行超前支护，加之喷射混凝土的早强和全面密贴性能，因而更保证了支护的及时性和有效性。

喷锚支护的及时性，能使围岩强度不因开挖暴露风化而过度降低，且能迅速给围岩提供支护抗力，从而改善围岩应力状态。由于向围岩提供了支护抗力，使围岩由二向应力状态变为三向应力状态，从而使摩尔应力圆内移。此外，由于锚喷支护能及时加固围岩，提高加固围岩的 c、φ 值，因而表现出岩体抗剪强度上移。由此更提高了岩体的稳定性。

由于锚喷支护可以最大限度地紧跟开挖作业面施作，因此可以利用开挖面的“空间效应(端部支撑效应)”，限制支护前变形的发展，阻止围岩进入松弛状态。

(2) 黏结性

喷射混凝土同围岩能全面密贴地黏结，粘结力一般可达 7 MPa。

(3) 柔性

锚喷支护属于柔性薄型支护，根据弹塑性理论分析，地下洞室开挖后，在围岩不至松散的前提下，维护洞室稳定所需的支撑抗力随塑性区的增大而减小。再从支护特征曲线可知，如果支护太“刚”，则不能充分利用地层抗力而使支护结构承受相当大的径向荷载；反之，如果支护太“柔”，则会导致围岩松散，形成松散压力，也会使支护上所受的荷载明显增大。

由以上分析可见，锚喷支护容易调节围岩变形，能有控制的允许围岩塑性区适度的发展，以发挥围岩自承能力。大量的工程实践表明，锚喷支护的柔性“卸压”作用，对发展围岩的自承力和改善支护结构的受力状态是十分有利的。

(4) 深入性

深入性是指锚杆能深入岩体内部一定深度加固围岩的特性。按一定方式、间距布置的锚杆群(系统锚杆)，可以提高围岩锚固区的强度和整体性，改善围岩应力状态，制止围岩松动，同时它同围岩结合形成承载圈。

(5) 灵活性

灵活性是锚喷支护十分重要的工艺特点，其主要表现在以下方面：

① 锚喷支护的类型和参数可根据各段不同的地质条件而随时调整。

② 施作工艺的可分性。

锚喷支护的施作即可一次完成，也可分次完成。例如锚杆与喷层可在两个时期分别完成，喷层也可分两次或多次完成。这样的施作方法有利于达到支护“先柔后刚”的目的，更好发挥围岩的自承能力，也有利于发挥喷层的强度，节省支护量。

③ 广泛的实用性。

实践证明，锚喷支护的适用性很广，不同的地质条件、不同的埋深、不同洞体尺寸、不同支护目的等等，一般都可使用，而且便于修补，对加固损坏了的锚喷支护或传统支护十分方便有效。

(6) 封闭性

由于喷混凝土能及时施作，而且是全面密贴的支护，因此能及时阻止洞内潮气和水对围岩的侵袭，并阻止地下水的渗流，喷混凝土层的及时封闭性，对制止膨胀岩体的潮解和膨胀是特别有效的，也有助于保持岩体原有的强度，抑制岩体的潮解和强度损失。

6.5.3 锚喷支护施工原则

实施锚喷支护施工原则，是为了达到技术上可靠和经济上合理的目的。本节所述的锚喷支护施工原则虽然目前还不能完全以定量的关系反映出来，但对指导锚喷支护的设计和施工是十分重要的。

1) 采取各种措施，确保围岩不出现有害松动

在洞室的布置和形状上应适应原岩应力状态和岩体的地质、力学特征，争取一个较好的受力条件。在选择洞址和洞轴线时，除了考虑地质条件外，还要注意做好两点：岩层的陡缓和岩层走向与洞轴线的交角，尽可能避免缓倾角和小交角的情况；调整洞轴方向尽量使侧压力系数 λ 值接近于 1。洞室断面形状应尽可能由光滑的曲线组成，以避免应力集中和增强喷层的结构效应。

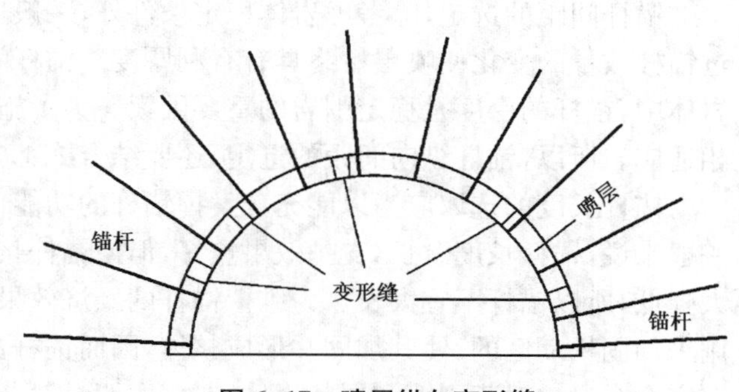

图 6-17 喷层纵向变形缝

2）使围岩变形适度发展，最大限度发挥围岩自承能力

（1）初期支护采用分次施作的方法

作为隧道永久性的锚喷支护，一般应分两次完成，初期支护必须保证围岩达到稳定状态，最终支护（即二次支护）主要是提高支护的安全度。初期支护又可以分成两次喷层或两次锚固施作。初次的作用主要是在有控制的条件下实现“卸压”，而第二次的作用主要是限制变形过量，使围岩进入稳定。

（2）调节支护封底时间

有时尽管作了补强的支护，围岩变形仍不断发展，但封闭仰拱后，变形很快就停止了，如图6-18所示。因此，可以利用调节仰拱封闭的时间来调控围岩变形。应当说明，仰拱只是在必要时才设置，而且设置的时机一定要适时。

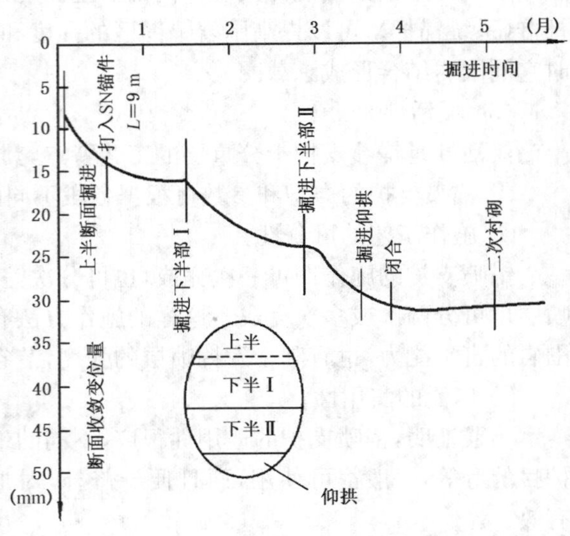

图6-18　阿尔贝格隧道施工过程

3）保证锚喷支护与围岩形成共同体

4）选择合理的支护类型与参数并充分发挥其功效

（1）支护类型的确定应根据围岩地质特点、工程断面大小和使用条件要求等综合考虑。

在一般的情况下，应优先考虑选用喷混凝土支护或锚喷联合支护。对于坚硬裂隙岩体中的大断面隧道，通常在长锚杆之间还要加设短锚杆以支承其间的岩体。对于破碎软弱岩体，其特点是围岩出现松动早，来压快，容易形成大塌方，出现这种情况一定要早支护、早封闭，设仰拱、加强支护。一般采用锚喷网联合支护。

对于浅埋隧道，由于覆盖层小，一般不能形成完整的支承环，支护结构主要承受松散压力，因此，支护的强度和刚度要大于一般深埋的情况。

（2）选择合理的锚杆类型与参数，在围岩中形成有效承载圈。

锚杆支护设计，主要是根据围岩地质、工程断面和使用条件等，选定锚杆类型，确定锚杆直径、长度、数量、间距和布置方式。

锚杆间距的选定，除考虑岩体稳定条件外，一般应能充分发挥喷层作用和施工方便，即通过锚杆数量的变化使喷层始终具有有利厚度。锚杆间距的确定还受锚杆长度的制约。在软弱岩体中，锚杆的密度是稳定围岩的重要因素。为了施工方便，锚杆的纵向间距最好与掘进进尺相适应。所以，锚杆纵向间距的选定，还要结合施工方法综合考虑。

锚杆长度的选取应当以能充分发挥锚杆的功能作用，并获得经济合理的锚固效果为原则。一般来说，锚杆长度愈长，支护效果愈好，但当锚杆长度超过塑性区厚度以后，锚杆的效率就大大降低，所以锚杆不宜太长。为维持锚杆的经济效果，通常以不超过塑性区为宜。锚杆主要是用来加固松动区的，使其加固并形成整体，因而锚杆的最小长度应超过松动圈厚度，并留有一定安全余量。对于裂隙和层状岩体，锚杆主要是对节理裂隙面起加固作用，这时锚杆宜适当长

些，尽量穿过较多的层理和裂隙。根据我国锚喷支护的设计经验，锚杆长度可在隧道跨径的$\frac{1}{4}\sim\frac{1}{2}$的范围内选取。

(3) 选择合理的喷层厚度，充分发挥围岩和喷层自身的承载力。

最佳的喷层厚度(刚度)应既能使围岩维持稳定，又允许围岩有一定塑性位移，以实现“卸压”，利于围岩自承和减少喷层的受弯应力。根据工程经验，通常初始喷层厚度宜在 5～15 cm 之间，总厚度不宜大于 20 cm，大断面隧道可适当增大喷层厚度。

(4) 合理配置钢筋网

在下列情况下可考虑配置钢筋网：在土砂等条件下，喷射混凝土从围岩表面可能剥落时；在破碎软弱塑性流变岩体和膨胀性岩体条件下，由于围岩压力大，喷层可能破坏剥落时，或需要提高喷混凝土抗剪强度时；地震区或有震动影响的隧道。

(5) 合理选择钢支撑

在下列场合考虑使用钢支撑：在喷射混凝土或锚杆发挥支护作用前，需要使隧道岩面稳定时；用钢管(棚架)、钢板桩进行超前支护需要支点时；为了抑制地表下沉，或者由于压力大，需要提高初期支护的强度或刚性时。

6.6 隧道衬砌内力计算

按照结构形式的不同，隧道结构一般可分为半衬砌结构、厚拱薄墙衬砌结构、直墙拱形衬砌结构、曲墙衬砌结构和连拱隧道结构等形式。

(1) 半衬砌结构

在坚硬岩层中，若侧壁无坍塌危险，仅顶部岩石可能有局部滑落时，可仅施作顶部衬砌，不做边墙，喷一层不小于 2 cm 厚的水泥砂浆护面，即半衬砌结构。

(2) 厚拱薄墙衬砌结构

在中硬岩层中，拱顶所受的力可通过拱脚大部分传给岩体，充分利用岩石的强度，使边墙所受的力大为减小，从而减少边墙的厚度，即厚拱薄墙结构。

这种结构适宜用在水平压力较小，且稳定性较好的围岩中。对于稳定或基本稳定的围岩中的大跨度、高边墙洞室，如采用喷锚结构施工装备条件存在困难，或喷锚结构防水达不到要求时，也可考虑使用。

(3) 直墙拱形衬砌结构

在一般或较差岩层中的隧道结构，通常拱顶与边墙浇筑在一起，形成一个整体结构，即直墙拱形衬砌结构。

(4) 曲墙衬砌结构

在很差的岩层中，岩体松散破碎且易于坍塌，衬砌结构一般由拱圈、曲线形侧墙和仰拱形底板组成，形成所谓的曲墙衬砌结构。这种衬砌结构的受力性能相对较好，但对施工技术要求较高。

(5) 复合衬砌结构

复合衬砌结构常由初期支护和二次支护组成，防水要求较高时须在初期支护和二次支护间增设防水层。

(6) 连拱隧道结构

对于长度不是特别长的公路隧道(100～500 m),尤其是处于地质、地形条件复杂及征地受严格限制地区的中小隧道,常采用连拱隧道的形式。主要适用于洞口地形狭窄,或对两洞间距有特殊要求的中短隧道。

6.6.1 半衬砌结构

半衬砌结构是指隧道开挖后,只在拱圈部位修建拱圈,而侧壁不修建侧墙(或仅砌筑构造墙)的结构。适合于围岩比较稳定、完整性较好的岩层。

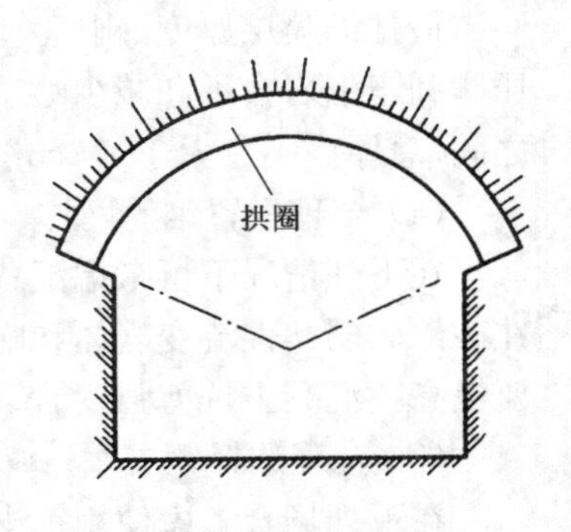

图 6-19　半衬砌结构

1) 计算图示、基本结构及正则方程

道路隧道中的拱圈,一般矢跨比不大,在垂直荷载作用下拱圈向坑道内变形,为自由变形,不产生弹性抗力。由于支承拱圈的围岩是弹性的,即拱圈支座是弹性的,在拱脚反力的作用下围岩表面将发生弹性变形,使拱脚产生角位移和线位移。拱脚位移将使拱圈内力发生改变,因而计算中除按固端无铰拱考虑外,还必须考虑拱脚位移的影响。通常,拱脚截面剪力很小,它与围岩之间的摩擦力很大,可以认为拱脚没有沿隧道径向的位移,只有切向位移,所以在计算图式中,在固端支座上用一根径向刚性支承链杆加以约束,如图 6-20(a)示。切向位移可以分解为垂直方向和水平方向两个分位移。在结构对称和荷载对称条件下,两拱脚的位移也是对称的。对称的垂直分位移对拱圈内力不产生影响。拱脚的转角 β_0 和切向位移的水平分位移 u_0 是必须考虑的。图中所示为正号方向,即水平分位移向外为正,转角与正弯矩方向相同时为正。采用力法计算时,将拱圈在拱顶处切开,取基本结构如图 6-20(b)所示。固端无铰拱为三次超静定,有三个多余未知力,即弯矩 X_1 、轴向力 X_2 和剪力 X_3。结构对称和荷载对称时,变成二次超静定结构。按拱顶切开处的截面相对变位为零的条件,可建立如下正则方程式:

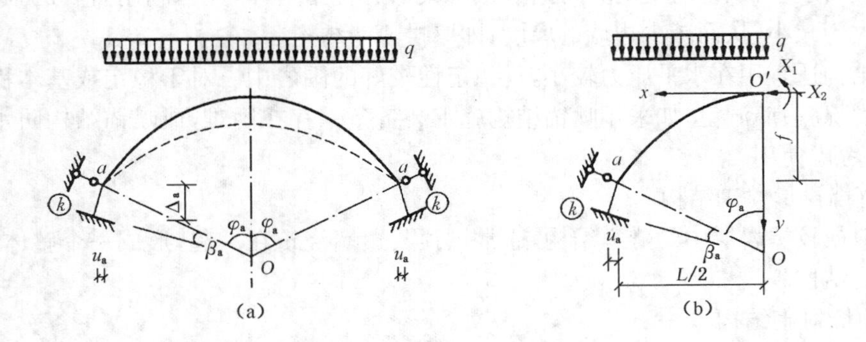

图 6-20　半衬砌基本结构和约束

$$\left.\begin{aligned} X_1\delta_{11}+X_2\delta_{12}+\Delta_{1p}+\beta_a=0 \\ X_2\delta_{21}+X_2\delta_{22}+\Delta_{2p}+u_a+f\beta_a=0 \end{aligned}\right\} \qquad (6\text{-}6)$$

式中　δ_{ik} ——单位变位,即在基本结构上,因 $\overline{X}_k=1$ 作用时,在 X_i 方向上所产生的变位;

Δ_{ip} ——荷载变位，即基本结构因外荷载作用，在 X_i 方向的变位；

f ——拱圈的矢高；

β_a，u_a ——拱脚截面的最终转角和水平位移。

由结构力学求变位的方法（轴向力与剪力影响忽略不计）可知：

$$\delta_{ik}=\int\frac{\overline{M}_i\overline{M}_k}{EI}\mathrm{d}s \tag{6-7}$$

式中 $\overline{M}_i$ ——基本结构在 $\overline{X}_i=1$ 作用下所产生的弯矩；

$\overline{M}_k$ ——基本结构在 $\overline{X}_k=1$ 作用下所产生的弯矩；

M_p^0 ——基本结构在外荷载下所产生的弯矩；

EI ——结构的刚度。

在进行具体计算时，由于结构对称、荷载对称，只需要计算半个拱圈。在很多情况下，衬砌结构厚度是改变的，可将拱圈分成偶数段，用抛物线近似积分可以代替，式(6-7)可以写为：

$$\delta_{ik}\approx\frac{\Delta S}{E}\sum\frac{\overline{M}_i\overline{M}_k}{I} \tag{6-8}$$

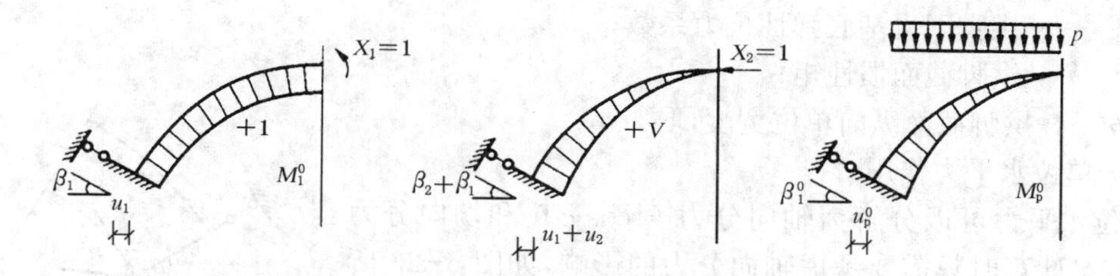

图 6-21　单位变位及荷载变位的计算简图

利用式(6-8)，参照图 6-21 可以求得：

$$\delta_{11}\approx\frac{\Delta S}{E}\sum\frac{1}{I},\quad \delta_{12}\approx\frac{\Delta S}{E}\sum\frac{y}{I},\quad \delta_{22}\approx\frac{\Delta S}{E}\sum\frac{y^2}{I},$$

$$\Delta_{1p}\approx\frac{\Delta S}{E}\sum\frac{M_p^0}{I},\quad \Delta_{2p}\approx\frac{\Delta S}{E}\sum\frac{yM_p^0}{I} \tag{6-9}$$

式中 ΔS ——半拱弧长 n 等分后的每段弧长。

计算表明，当拱厚 $d<\frac{l}{10}$（l 为拱的跨度）时，曲率和剪力的影响可以略去。当矢跨比 $\frac{f}{l}>\frac{1}{3}$ 时，轴力影响可以略去。

2）拱脚位移计算

（1）单位力矩作用时

单位力矩作用在拱脚围岩上时，如图 6-22 所示。拱脚截面保持为平面，其内（外）缘处围岩的最大应力 σ_1 和拱脚内（外）缘的最大沉陷 δ_1 为

$$\left.\begin{aligned}\sigma_1 &= \frac{\overline{M}_a}{W_a} = \frac{6}{bh_a^2}\\ \delta_1 &= \frac{\sigma_1}{k_a} = \frac{6}{k_a bh_a^2}\end{aligned}\right\} \tag{6-10}$$

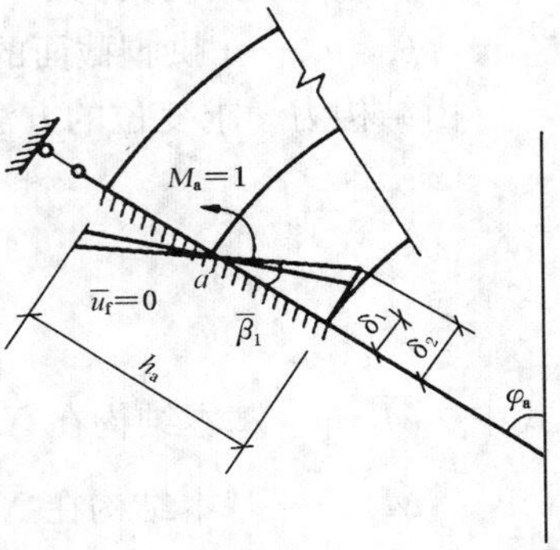

图 6-22　拱脚位移计算图

拱脚截面绕中心点 a 转过一个角度 $\bar{\beta}_1$，点 a 不产生水平位移，则

$$\left.\begin{aligned}\bar{\beta}_1 &= \frac{\delta_1}{\dfrac{h_a}{2}} = \frac{12}{k_a bh_a^3} = \frac{1}{k_a I_a}\\ \bar{u}_a &= 0\end{aligned}\right\} \tag{6-11}$$

式中　h_a——拱脚截面厚度；

W_a——拱脚截面的截面模量；

k_a——拱脚围岩基底弹性抗力系数；

I_a——拱脚截面惯性矩；

b——拱脚截面纵向单位宽度，取 1 m。

（2）单位水平力作用时

单位水平力可以分解为轴向分力（$1\cos\varphi_a$）和切向分力（$1\sin\varphi_a$），计算时只需要考虑轴向分力的影响，如图 6-23 所示。作用在围岩表面的均布应力 σ_2 和拱脚产生的均匀沉陷 δ_2 为

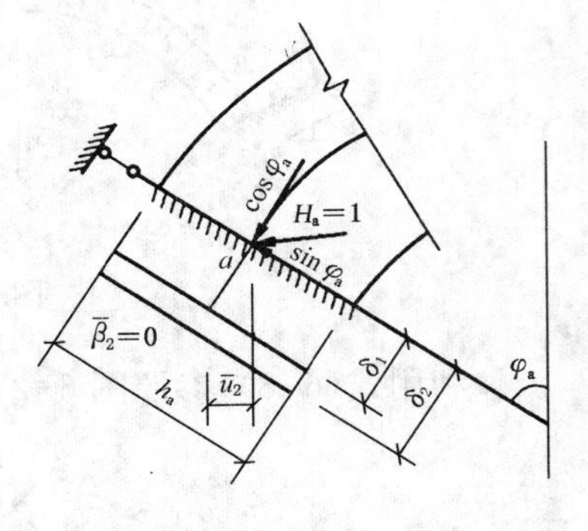

图 6-23　拱脚受力图

$$\left.\begin{aligned}\sigma_2 &= \frac{\cos\varphi_a}{bh_a}\\ \delta_2 &= \frac{\sigma_2}{k_a} = \frac{\cos\varphi_a}{k_a bh_a}\end{aligned}\right\} \tag{6-12}$$

δ_2 的水平投影即点 a 的水平位移 $\bar{u}_2$，均匀沉陷时拱脚截面不发生转动，则

$$\bar{u}_2 = \delta_2\cos\varphi_a = \frac{\cos^2\varphi_a}{k_a bh_a},\quad \bar{\beta}_2 = 0 \tag{6-13}$$

（3）外荷载作用时

在外荷载作用下，基本结构中拱脚点 a 处产生弯矩 M_{ap}^0 和轴力 N_{ap}^0，如图 6-24 所示，拱脚截面的转角 β_{ap}^0 和水平位移

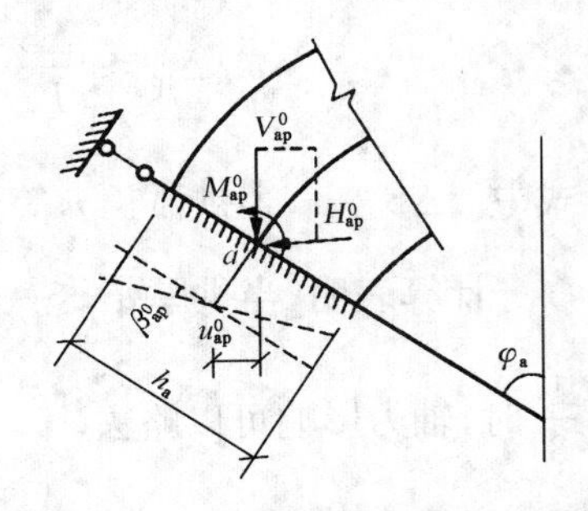

图 6-24　拱脚受力变形图

u_{ap}^0 为

$$\left.\begin{aligned}\beta_{ap}^0 &= M_{ap}^0\bar{\beta}_1 + H_{ap}^0\bar{\beta}_2 = M_{ap}^0\bar{\beta}_1 \\ u_{ap}^0 &= M_{ap}^0\bar{u}_1 + H_{ap}^0\bar{u}_2 = N_{ap}^0\frac{\cos\varphi_a}{k_a b h_a}\end{aligned}\right\} \tag{6-14}$$

(4) 外荷载作用时

拱脚的最终转角 β_a 和水平位移 u_a 可分别考虑 X_1、X_2 和外荷载的影响，按叠加原理求得，则

$$\left.\begin{aligned}\beta_a &= X_1\bar{\beta}_1 + X_2(\bar{\beta}_2 + f\bar{\beta}_1) + \beta_{ap}^0 \\ u_a &= X_1\bar{u}_1 + X_2(\bar{u}_2 + f\bar{u}_1) + u_{ap}^0\end{aligned}\right\} \tag{6-15}$$

6.6.1.3 拱圈截面内力

将式(6-15)代入正则方程(6-6)可得

$$\left.\begin{aligned}&X_1(\delta_{11} + \bar{\beta}_1) + X_2(\delta_{12} + \bar{\beta}_2 + f\bar{\beta}_1) + (\Delta_{1p} + \beta_{ap}^0) = 0 \\ &X_1(\delta_{21} + \bar{u}_1 + f\bar{\beta}_1) + X_2(\delta_{22} + \bar{u}_2 + f\bar{u}_1 + f\bar{\beta}_2 + f^2\bar{\beta}_1) + (\Delta_{2p} + f\beta_{ap}^0 + u_{ap}^0)\end{aligned}\right\} \tag{6-16}$$

令

$$a_{11} = \delta_{11} + \bar{\beta}_1;\ a_{22} = \delta_{22} + \bar{u}_2 + f\bar{u}_1 + f\bar{\beta}_2 + f^2\bar{\beta}_1;$$

$$a_{12} = \delta_{12} + \bar{\beta}_2 + f\bar{\beta}_1 = \delta_{21} + \bar{u}_1 + f\bar{\beta}_1;\ a_{10} = \Delta_{1p} + \beta_{ap}^0;\ a_{20} = \Delta_{2p} + f\beta_{ap}^0 + u_{ap}^0$$

则式(6-16)可以简写为

$$\left.\begin{aligned}a_{11}X_1 + a_{12}X_2 + a_{10} = 0 \\ a_{21}X_1 + a_{22}X_2 + a_{20} = 0\end{aligned}\right\} \tag{6-17}$$

求解二元一次方程组，可得多余未知力为

$$\left.\begin{aligned}X_1 &= \frac{a_{22}a_{10} - a_{12}a_{20}}{a_{12}^2 - a_{11}a_{22}} \\ X_2 &= \frac{a_{11}a_{20} - a_{12}a_{10}}{a_{12}^2 - a_{11}a_{22}}\end{aligned}\right\} \tag{6-18}$$

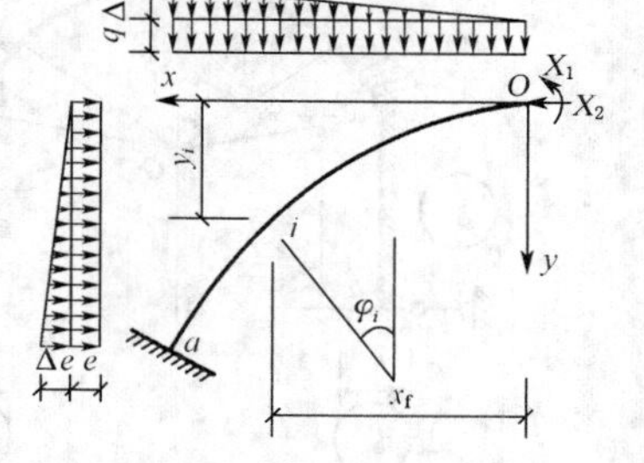

图 6-25 拱部受力分析图

则任意截面 i 处的内力(图 6-25)为

$$\left.\begin{aligned}M_i &= X_1 + X_2 y_i + M_{ip}^0 \\ N_i &= X_2\cos\varphi_i + N_{ip}^0\end{aligned}\right\} \tag{6-19}$$

式中 M_{ip}^0、N_{ip}^0——基本结构因外荷载作用在任一截面处产生的弯矩和剪力；

y_i——截面的纵坐标；

φ_i——截面 i 与垂直线之间的夹角。

求出截面弯矩和轴力后，即可绘出内力图，如图 6-26 所示，并确定出危险截面。

上述计算是将拱圈视为自由变形得到的计算结果。由于没有考虑弹性抗力，所以弯矩是比较大的，截面也较厚。如果围岩较坚硬，或者拱的形状较尖，则需考虑弹性抗力，可参考曲墙式衬砌进行计算。

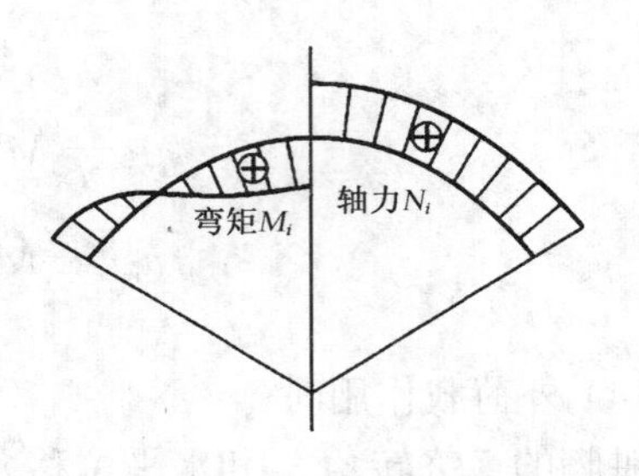

图 6-26　拱圈内力图

6.6.2　直墙拱结构

直墙拱结构一般由拱圈、竖直侧墙和底板组成(图 6-27)。直墙式衬砌的计算方法很多，如力法、位移法及链杆法等，本节仅介绍力法。计算时仅计算拱圈及直边墙，底板不进行衬砌计算，需要时按道路路面结构计算。

1）计算简图

该种结构由拱圈和侧墙共同承受外力作用，计算内力和变位的关键是如何考虑弹性抗力。拱圈按弹性无铰拱计算，拱脚支承在边墙上，边墙按弹性地基上的直梁计算，并考虑边墙与拱圈之间的相互影响，如图 6-28 所示。由于拱脚并非直接固定在岩层上，而是固定在直墙顶端，所以拱脚弹性固定的程度取决于墙顶的变形。拱脚有水平位移、垂直位移和角位移，墙顶位移与拱脚位移一致。当结构对称和荷载对称时，垂直位移对衬砌内力没有影响，计算中只需考虑水平位移与角位移。边墙支承拱圈并承受水平围岩压力，可看作置于具有侧向弹性抗力系数为 k 的弹性地基上的直梁。

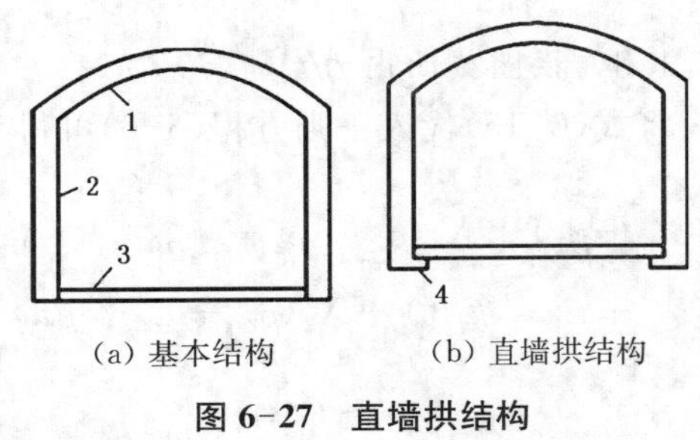

图 6-27　直墙拱结构

1—拱圈；2—侧墙；3—底板；4—扩基

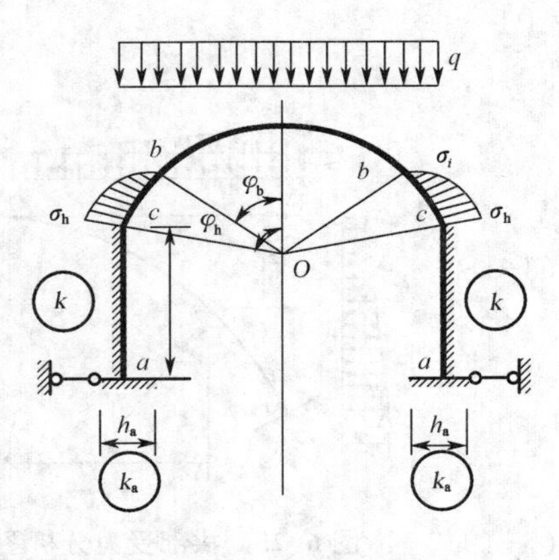

图 6-28　计算简图

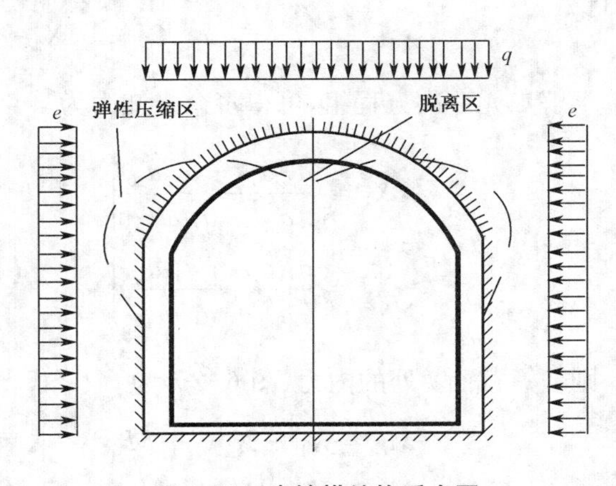

图 6-29　直墙拱结构受力图

衬砌结构在主动荷载(围岩压力和自重等)的作用下，拱圈顶部向坑道内部产生位移，见图 6-29，这部分结构能自由变形，没有围岩弹性抗力。拱圈两侧压向围岩，形成抗力区，引起相应的弹性抗力。在实际施工中，拱圈上部间隙一般很难做到回填密实，因而拱圈弹性抗力区范围一般不大。由于拱圈是弹性地基上的曲梁，尤其是曲梁刚度改变时，其计算非常复杂，因而仍用假定抗力分布图形法。直墙式衬砌拱圈变形与曲墙式衬砌拱圈变形近似，计算时可用曲墙式衬砌关于拱部抗力图形的假定，认为按二次抛物线形状分布。上零点 φ_b 位于 45°～55°之间，最大抗力 σ_h 在直边墙的顶面（拱脚）c 处，b、c 间任一点 i 处的抗力为 φ_i 的函数，即

$$\sigma_i=\frac{\cos^2\varphi_b-\cos^2\varphi_i}{\cos^2\varphi_b-\cos^2\varphi_h}\sigma_h \tag{6-20}$$

当 $\varphi_b=45°$，$\varphi_h=90°$ 时，可以简化为

$$\sigma_i=(1-2\cos^2\varphi_i)\sigma_h \tag{6-21}$$

弹性抗力引起的摩擦力，可由弹性抗力乘摩擦系数 μ 求得，但通常可以忽略不计。弹性抗力 σ_i（或 σ_h）为未知数，但可根据温克尔假定建立变形条件，增加一个 $\sigma_i=k\delta_i$ 的方程式。

2）边墙的计算

由于拱脚不是直接支承在围岩上，而是支承在直边墙上，所以直墙式衬砌的拱圈计算中的拱脚位移，需要考虑边墙变位的影响。直边墙的变形和受力状况与弹性地基梁相类似，可以作为弹性地基上的直梁计算。墙顶（拱脚）变位与弹性地基梁（边墙）的弹性特征值及换算长度 αh 有关，按 αh 可以分为三种情况：边墙为短梁（$1<\alpha h<2.75$）、边墙为长梁（$\alpha h\geqslant 2.75$）、边墙为刚性梁（$\alpha h\leqslant 1$）。

（1）边墙为短梁（$1<\alpha h<2.75$）

短梁的一端受力及变形对另一端有影响，计算墙顶变位时，要考虑到墙脚的受力和变形的影响。设直边墙（弹性地基梁）c 端作用有拱脚传来的力矩 M_c、水平力 H_c、垂直力 V_c 以及作用于墙身的梯形分布的主动侧压力，求墙顶所产生的转角 β_{cp}^0 及水平位移 u_{cp}^0。由于垂直力对墙变位仅在有基底加宽时才产生影响，而目前直墙式衬砌的边墙基底一般均不加宽，所以不需考虑。根据弹性地基上直梁的计算公式可以求得边墙任一截面的位移 y、转角 θ、弯矩 M 和剪力 H，再结合墙底的弹性固定条件，得到墙底的位移和转角。这样就可以求得墙顶的单位变位和荷载（包括围岩压力及抗力）变位。由于短梁一端荷载对另一端的变形有影响，墙脚的弹性固定状况对墙顶变形必然有影响，所以计算公式的推导是复杂的。下面仅给出结果，如图6-30所示。

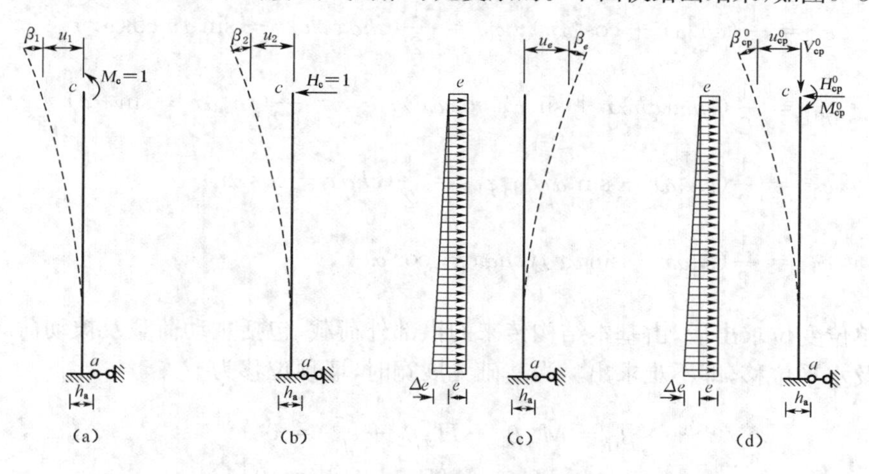

图 6-30　短梁计算图

墙顶在单位弯矩 $\bar{M}_c = 1$ 单独作用下，墙顶的转角 $\bar{\beta}_1$ 和水平位移 $\bar{u}_1$ 为

$$\begin{aligned}\bar{\beta}_1 &= \frac{4a^3}{c}(\varphi_{11} + \varphi_{12}A)\\ \bar{u}_1 &= \frac{2a^2}{c}(\varphi_{13} + \varphi_{11}A)\end{aligned} \tag{6-22}$$

墙顶在单位弯矩 $H_c = 1$ 单独作用下，墙顶的转角 $\bar{\beta}_2$ 和水平位移 $\bar{u}_2$ 为

$$\begin{aligned}\bar{\beta}_2 = \bar{u}_1 &= \frac{2a^2}{c}(\varphi_{13} + \varphi_{11}A)\\ \bar{u}_2 &= \frac{2a}{c}(\varphi_{10} + \varphi_{13}A)\end{aligned} \tag{6-23}$$

在主动侧压力的作用下，墙顶位移为

$$\begin{aligned}\beta_e &= -\frac{a}{c}(\varphi_4 + \varphi_3 A)e - \frac{a}{c}\left(\varphi_4 - \frac{\varphi_{14}}{\alpha h}\right) + \left(\varphi_3 - \frac{\varphi_{10}}{\alpha h}\right)A\Delta e\\ u_e &= -\frac{1}{c}(\varphi_{14} + \varphi_{15}A)e - \frac{1}{c}\left(\frac{\varphi_2}{2\alpha h} - \varphi_1 + \frac{\varphi_4}{2}A\right)\Delta e\end{aligned} \tag{6-24}$$

其中：$\alpha = \sqrt[4]{\frac{k}{4EI}}$；$A = \frac{k\beta_a}{2\alpha^3} = \frac{6}{nh^3\alpha^3}$；$n = \frac{k_0}{k}$；$c = (\varphi_9 + \varphi_{10}A)$；$k_0$ 为基底弹性抗力系数；k 是侧向弹性抗力系数；$\beta_a = \frac{1}{k_0 I_a}$ 是基底作用有单位力矩时所产生的转角；h 为边墙的侧面高度；在边墙顶 $x=0$，在墙底 $x=h$。

$$\varphi_1 = ch\alpha x \cos\alpha x;\ \varphi_2 = ch\alpha x \sin\alpha x + sh\alpha x \cos\alpha x;$$
$$\varphi_3 = sh\alpha \sin\alpha x;\ \varphi_4 = ch\alpha x \sin\alpha x - sh\alpha x \cos\alpha x;$$
$$\varphi_5 = (ch\alpha x - sh\alpha x)(\cos\alpha x - \sin\alpha x);\ \varphi_6 = \cos\alpha x(ch\alpha x - sh\alpha x)$$
$$\varphi_7 = (ch\alpha x - sh\alpha x)(\cos\alpha x + \sin\alpha x);\ \varphi_8 = \sin\alpha x(ch\alpha x - sh\alpha x)$$
$$\varphi_9 = \frac{1}{2}(ch^2\alpha x + \cos^2\alpha x);\ \varphi_{10} = \frac{1}{2}(sh\alpha x ch\alpha x - \sin\alpha x \cos\alpha x)$$
$$\varphi_{11} = \frac{1}{2}(sh\alpha x ch\alpha x + \sin\alpha x \cos\alpha x);\ \varphi_{12} = \frac{1}{12}(sh^2\alpha x - \sin^2\alpha x)$$
$$\varphi_{13} = \frac{1}{2}(ch^2\alpha x + \sin^2\alpha x);\ \varphi_{14} = \frac{1}{2}(ch\alpha x - \cos\alpha x)^2$$
$$\varphi_{15} = \frac{1}{2}(sh\alpha x + \sin\alpha x)(ch\alpha x - \cos\alpha x)$$

墙顶单位变位求出后，由基本结构传来的拱部外荷载，包括主动荷载及被动荷载使墙顶产生的转角及水平位移，即不难求出。当基础无展宽时，墙顶位移为

$$\left.\begin{aligned}\beta_{cp}^0 &= M_{cp}^0\bar{\beta}_1 + H_{cp}^0\bar{\beta}_2 + e\bar{\beta}_e = 0\\ u_{cp}^0 &= M_{cp}^0\bar{u}_1 + H_{cp}^0\bar{u}_2 + e\bar{u}_e = 0\end{aligned}\right\} \tag{6-25}$$

墙顶截面的弯矩 M_c，水平力 H_c，转角 β_c 和水平位移 u_c 为

$$
\begin{aligned}
M_c &= M_{cp}^0 + X_1 + X_2 f \\
H_c &= H_{cp}^0 + X_2 \\
\beta_c &= X_1\bar{\beta}_1 + X_2(\bar{\beta}_2 + f\bar{\beta}_1) + \beta_{cp}^0 \\
u_c &= X_1\bar{u}_1 + X_2(\bar{u}_2 + f\bar{u}_1) + u_{cp}^0
\end{aligned}
\tag{6-26}
$$

以 M_c、H_c、β_c 及 u_c 为初参数，即可由初参数方程求得距墙顶为 x 的任一截面的内力和位移。若边墙上无侧压力作用，即 $e=0$ 时，则

$$
\begin{aligned}
M &= -u_c\frac{k}{2\alpha^2}\varphi_3 + \beta_c\frac{k}{4\alpha^3}\varphi_4 + M_c\varphi_1 + H_c\frac{1}{2\alpha}\varphi_2 \\
H &= -u_c\frac{k}{2\alpha}\varphi_2 + \beta_c\frac{k}{2\alpha^2}\varphi_3 - M_c\alpha\varphi_4 + H_c\varphi_1 \\
\beta &= u_c\alpha\varphi_4 + \beta_c\varphi_1 - M_c\frac{2\alpha^3}{k}\varphi_2 - H_c\frac{2\alpha^2}{k}\varphi_3 \\
u &= u_c\varphi_1 - \beta_c\frac{1}{2\alpha}\varphi_2 + M_c\frac{2\alpha^2}{k}\varphi_3 + H_c\frac{\alpha}{k}\varphi_4
\end{aligned}
\tag{6-27}
$$

(2) 边墙为长梁（$\alpha h \geqslant 2.75$）

换算长度 $\alpha h \geqslant 2.75$ 时，可将边墙视为弹性地基上的半无限长梁（简称长梁）或柔性梁，近似看为 $\alpha h = \infty$。此时边墙具有柔性，可认为墙顶的受力（除垂直力外）和变形对墙底没有影响。这种衬砌应用于较好围岩中，不考虑水平围岩压力作用。由于墙底的固定情况对墙顶的位移没有影响，故墙顶单位位移可以简化为

$$
\begin{aligned}
\bar{\beta}_1 &= \frac{4\alpha^3}{k} \\
\bar{u}_1 &= \bar{\beta}_2 = \frac{2\alpha^2}{k} \\
\bar{u}_2 &= \frac{2\alpha}{k} \\
\beta_e &= -\frac{a}{c}(\varphi_4 + \varphi_3 A) \\
u_e &= -\frac{1}{c}(\varphi_{14} + \varphi_{15} A)
\end{aligned}
\tag{6-28}
$$

(3) 边墙为刚性梁（$\alpha h \leqslant 1$）

换算长度 $\alpha h \leqslant 1$ 时，可近似作为弹性地基上的绝对刚性梁，近似认为 $\alpha h = 0$（即 $EI = \infty$）。边墙本身不产生弹性变形，在外力作用下只产生刚体位移，即只产生整体下沉和转动。由于墙底摩擦力很大，所以不产生水平位移。当边墙向围岩方向位移时，围岩将对边墙产生弹性抗力，墙底处为零，墙顶处为最大值 σ_h，中间呈直线分布。墙底面的抗力按梯形分布，如图 6-31 所示。

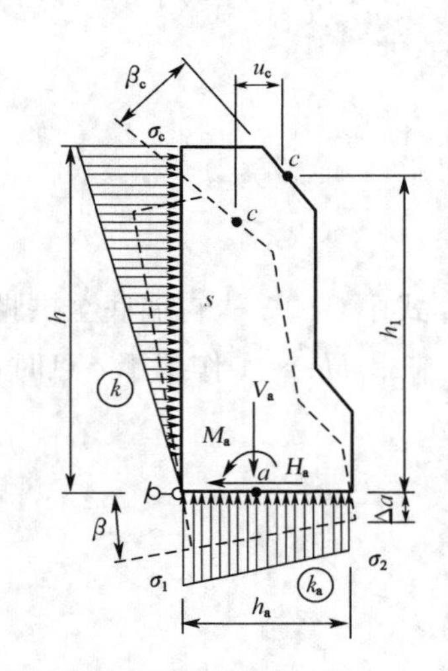

图 6-31 边墙受力

由静力平衡条件，对墙底中点 a 取矩，可得

$$M_{a}-\left[\frac{\sigma_{h}h^{2}}{3}+\frac{(\sigma_{1}-\sigma_{2})h_{a}^{2}}{12}+\frac{sh_{a}}{2}\right]=0 \tag{6-29}$$

式中　$s=\mu\frac{\sigma_{h}h}{2}$ 是边墙外缘由围岩弹性抗力所产生的摩擦力；

μ——衬砌与围岩间的摩擦系数；

σ_1、σ_2——墙底两边沿的弹性应力。

由于边墙为刚性，故底面和侧面均有同一转角 β，二者应相等。所以

$$\beta=\frac{\sigma_{1}-\sigma_{2}}{k_{a}h_{a}}=\frac{\sigma_{h}}{kh} \tag{6-30}$$

$$\sigma_{1}-\sigma_{2}=n\sigma_{h}\frac{h_{a}}{h} \tag{6-31}$$

式中：$n=\frac{k_{a}}{k}$，对同一围岩，因基底受压面积小，压缩得较密实，可取为 1.25。

将式(6-29)代入式(6-31)得

$$\sigma_{h}=\frac{12M_{a}h}{4h^{3}nh_{a}^{3}+3\mu h_{a}h^{2}}=\frac{M_{a}h}{I'_{a}} \tag{6-32}$$

式中 $I'_{a}=4h^{3}nh_{a}^{3}+3\mu h_{a}h^{2}$ 称为刚性墙的综合转动惯量，因而墙侧面的转角为

$$\beta=\frac{\sigma_{h}}{kh}=\frac{Ma}{kI'_{a}} \tag{6-33}$$

由此可求出墙顶(拱脚)处的单位位移及荷载位移：

$M_{c}=1$ 作用于 c 点时，则 $M_{a}=1$，故

$$\begin{aligned}\bar{\beta}_{1}&=\frac{1}{kI'_{a}}\\ \bar{u}_{1}&=\bar{\beta}_{1}h_{1}=\frac{h_{1}}{kI'_{a}}\end{aligned} \tag{6-34}$$

式中　h_1——自墙底至拱脚 c 点的垂直距离。

$H_{c}=1$ 作用于 c 点时，则 $M_{a}=h_{1}$，故

$$\begin{aligned}\bar{\beta}_{2}&=\frac{h_{1}}{kI'_{a}}=\bar{\beta}_{1}h_{1}\\ \bar{u}_{2}&=\bar{\beta}_{2}h_{1}=\frac{h_{1}^{2}}{kI'_{a}}=\bar{\beta}_{1}h_{1}^{2}\end{aligned} \tag{6-35}$$

主动荷载作用于基本结构时，$M_{a}=M_{ap}^{0}$ 则

$$\beta_{cp}^{0}=\frac{M_{ap}^{0}}{kI'_{a}}=\bar{\beta}_{1}M_{ap}^{0}$$

$$u_{cp}^{0}=\beta_{cp}^{0}h_{1}=\frac{M_{ap}^{0}h_{1}}{kI'_{a}} \tag{6-36}$$

由此不难进一步求出拱顶的多余未知力和拱脚（墙顶）处的内力，以及边墙任一截面的内力。

6.6.3 连拱隧道结构

1）概述

连拱隧道是一种特殊双洞结构形式，即连拱隧道的侧墙相连。该隧道形式主要用在山区地形较为狭窄，或桥隧相连地段，其最大优点是双洞轴线间距可以很小，可减小占地，便于洞外接线。同时，连拱隧道较独立的双洞设计，施工更为复杂，工程造价更高，工期更长。

从各地采用连拱隧道的经验看，主要用在长500 m以下的短隧道，而中、长隧道一般不采用这一结构形式。在地形极其困难的条件下也有采用这一结构形式的，如浙江温州长700 m的尖牛山隧道；也有采用从连拱隧道过渡到独立双洞的隧道的，如长762 m的重庆莱袁路龙家湾隧道，就采用了从连拱到小间距和独立双洞的结合形式。

中墙分次施工的连拱隧道结构形式，一般如图6-32所示。它与单洞隧道的主要区别在于中墙一次施工和排水系统不同，其中墙在中导洞贯通后即浇筑，它既是初期支护和二次衬砌的支撑点，又是防水层的支撑结构。洞室开挖后初期支护支撑于中墙，而防水层则绕过初期支护与中墙的结合部越过中墙顶与洞室内其他排水、防水设施形成完整的排防水系统；中墙的中央纵向每隔一定间距埋设竖向排水管，以排除中墙顶凹部的积水。

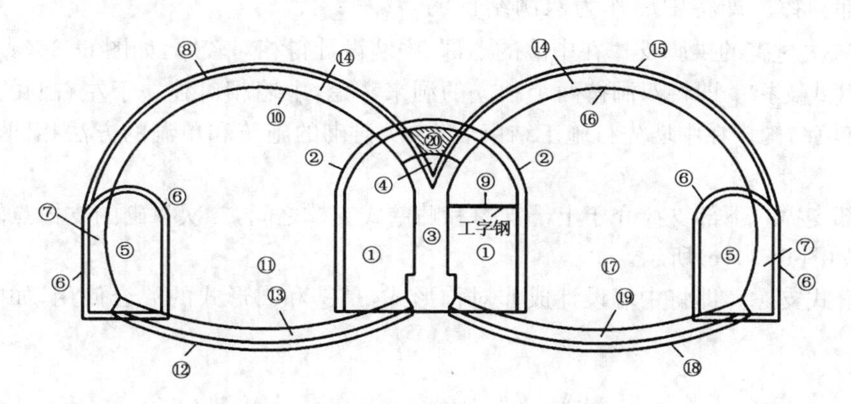

图6-32 整体式中墙连拱隧道一般结构图

中墙分次施工连拱隧道，与中墙一次施工的连拱隧道的主要区别在于中墙和中墙处的排水、防水处理。在中导洞贯通后随即修建中墙，要求中墙顶部与中导洞顶紧密接触，这就克服了中墙与围岩间存在着空洞的缺点，使主洞开挖时毛洞跨度相对减小，有利于洞周围岩的稳定，从而减少了施工时的辅助措施，加快了施工进度，节省了工程投资，并大大提高结构的可靠性，使施工与营运安全得到进一步的保证。由于中墙分次施工两侧外轮廓与双洞隧道初期支护轮廓一致，有利于防水板的全断面铺设，从而使连拱隧道中间部分的排水、防水结构与独立的单洞隧道相同。其施工工艺相对较为简单，质量容易控制，隧道建成后排水、防水系统运作可靠，且较美观。因此，在有条件加大中墙厚度的地段宜采用这一结构形式。

2）连拱隧道的设计

连拱隧道的设计计算一般采用荷载-结构法和地层-结构法。

（1）内轮廓的设计

内轮廓线的确定，首先要考虑结构受力和行车界限，此外还应从经济、美学上加以比较，以求得合理的断面形式。公路中的双向连拱隧道横断面的设计一般按现行设计规范执行，要考虑行车道宽、两侧路缘带宽、中隔墙宽、建筑界限高度等因素，还应考虑洞内排水、通风、照明、消防、营运管理等附属设施所需空间，并考虑围岩压力影响、施工方法等必要的富余量。

一般情况下，无论是双向四车道还是双向六车道的连拱隧道，大多数采用上行线和下行线左右对称的结构，但也有设计成左右不对称的结构。

（2）中墙与中导洞的设计

中隔墙结构施工时一般以中导洞超前，随后浇筑中墙，中墙成为左右二次衬砌结构的支撑点。

① 中墙的设计

复合式中墙连拱隧道一般结构如图 6-33 所示。中墙的形式取决于隧道内轮廓的要求，一般设计成直墙或曲墙，中墙的设计应该和二次衬砌共同考虑。中墙和二次衬砌的连接形式主要可分为如下四种形式：

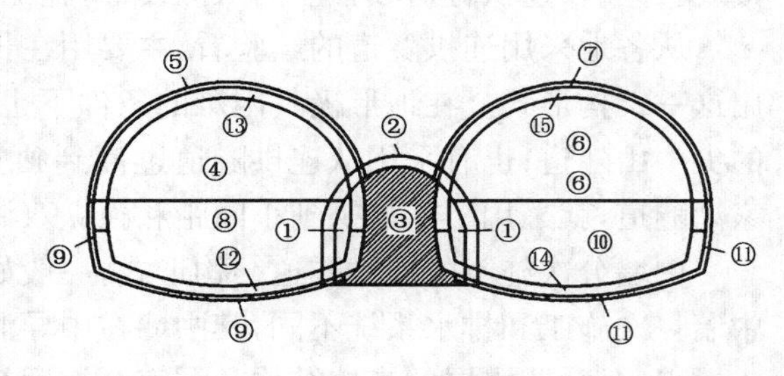

图 6-33　复合式中墙连拱隧道一般结构图

1、②—施工顺序

Ⅰ 上部支撑。即将中墙作为双洞结构的共同部分，二次衬砌的拱脚支撑在中墙的上部，中墙设计得相对较厚，如图 6-34(a)所示。

Ⅱ 贴壁式支撑。即将双洞按两个独立的洞来考虑，中墙相对独立于左右洞的结构，成为双洞间的充填结构。在中墙先行施工结束后，二次衬砌的施筑和单洞的方法相同，如图 6-34(b)所示。

Ⅲ 下部支撑。下部支撑介于上部支撑和贴壁式支撑之间，二次衬砌的支撑点转移到中墙的基础上，如图 6-34(c)所示。

Ⅳ 混合式支撑。即将中墙设计成非对称形式，是①和②形式的混合使用，如图 6-34(d)所示。

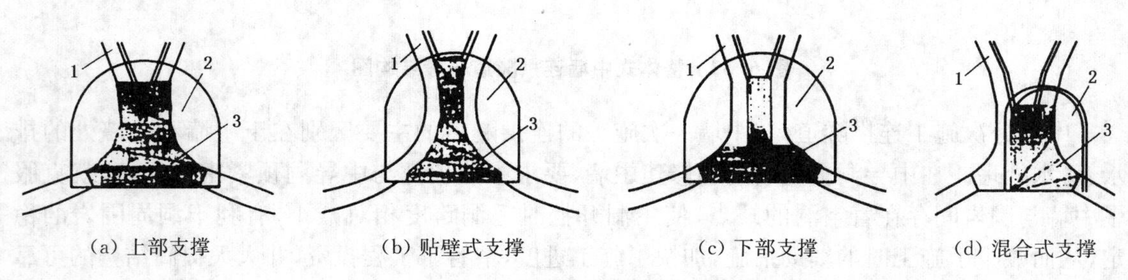

图 6-34　二次衬砌在中墙处的支撑方式

1—二次衬砌；2—中导洞；3—中隔墙

其中上部支撑连接形式最为常见。中墙的宽度一般由墙体受力和稳定要求、隧道宽度、施工方法和结构计算而定，其高度一般由经济技术指标决定。

② 中导洞的设计

中导洞的高度一般根据中墙高度确定，直中墙的中导洞的高度一般要高出中墙顶部0.5 m左右，太高则回填，太矮则中墙顶部的回填和防水设施施工难度大。中导洞的宽度一般应与围岩成洞条件和高度相协调，同时应考虑施工机械和车辆的进出。布置形式见图 6-35，即对称中墙布置和不对称中墙布置。

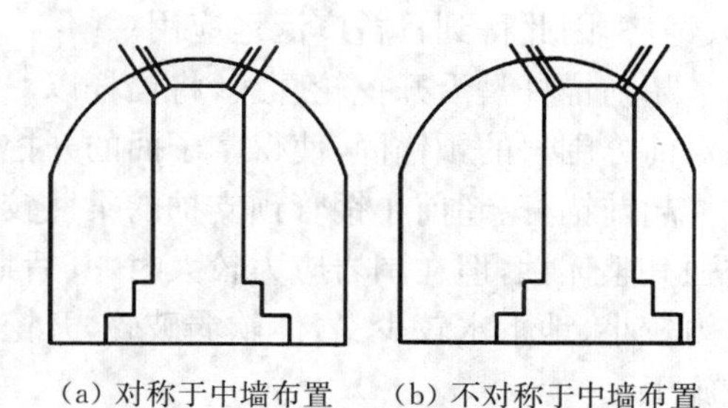

(a) 对称于中墙布置　　(b) 不对称于中墙布置

图 6-35　中导洞布置形式

根据已建连拱隧道的施工经验，中导洞轴线与中墙的竖轴线应该偏离一定的距离，一方面使机械车辆进出方便，另一方面使后开挖一侧的洞室围岩与中墙间空隙尽量减小。

6.7　隧道辅助施工措施

当隧道浅埋，严重偏压，穿越岩溶、泥石流地段、砂土层、砂卵(砾)石层、回填土、自稳性差的软弱破碎地层、断层破碎带以及大面积淋水或涌水地段时，应采用辅助措施对既有地层进行加固处理。

常用的辅助施工措施，分为地层稳定措施与涌水处理措施。地层稳定措施又分为地层支护措施与地层加固措施；涌水处理措施分为排水措施与注浆止水措施。

表 6-2　辅助工程措施及其适用条件

辅助施工措施		适用条件
地层稳定措施	管棚法	Ⅴ级和Ⅵ级围岩，无自稳能力，或浅埋隧道及其地面有荷载
	超前导管法	Ⅴ级围岩，自稳能力低
	超前钻孔注浆法	Ⅴ级和Ⅳ级软弱围岩地段、断层破碎带、水下隧道或富水围岩地段、塌方或涌水事故处理地段以及其他不良地质地段
	超前锚杆法	Ⅳ～Ⅴ级围岩，开挖数小时内可能剥落或局部坍塌
	拱脚导管锚固法	Ⅴ级围岩，自稳能力低
	地表锚杆及注浆加固法	Ⅴ级围岩浅埋地段和埋深小于等于 50 m 的隧道
涌水处理措施	注浆止水法	地下水丰富且排水时挟带泥砂引起开挖面失稳，或排水后对其他用水影响较大的地段
	超前钻孔排水法	开挖面前方有高压地下水或有充分补给源的涌水，且排放地下水不会影响围岩稳定及隧道周围环境条件
	超前导洞排水法	同上
	井点将水法	渗透系数为 0.6～80 m/d 的均匀砂土及粉质黏土地段
	深井降水法	覆盖较浅的匀质砂土及粉质黏土地层

下面主要对超前支护措施进行阐述，其余措施详见其他参考文献。

6.7.1 超前锚杆和超前小钢管

在隧道洞口段，利用地表锚杆预加固地层，较传统的支撑简单、有效，也较注浆加固地层简单、经济，因此得到日益广泛地应用。

超前锚杆是沿开挖轮廓线，将锚杆以一定的外插角斜向插入前方即将开挖的轮廓外周，形成对前方围岩的预锚固，使得掌子面的开挖作业在提前形成的围岩锚固圈的保护下进行。

超前锚杆、超前小钢管预支护的柔性较大，整体刚度较小。它们都可以与系统锚杆焊接以增强其整体性，但在围岩应力较大时，其后期支护刚度仍有些不够大。因此，主要适用于围岩应力较小、地下水较少、岩体软弱破碎，开挖工作面有可能坍塌的隧道施工中，适合用中小型机械施工。

超前锚杆和超前小钢管的设计参数包括：直径、超前量、环向间距、外插角等。应视围岩级别、施工断面大小、开挖循环进尺和施工条件等，参照经验资料选用。一般超前长度为循环进尺的 3～5 倍，搭接长度宜为超前长度的 40%～60%左右，即形成双层或双排锚杆。

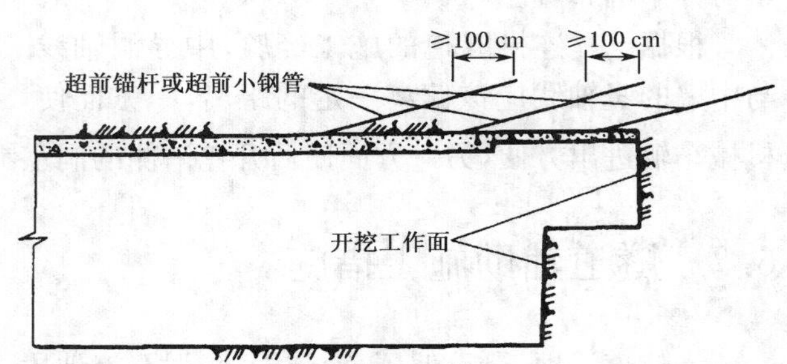

图 6-36 超前锚杆、超前小钢管支护布置

超前锚杆、超前小钢管的设置应充分考虑岩体结构面特性，一般可以仅在拱部设置，必要时也可以在边墙局部设置。超前锚杆、超前小钢管纵向两排的水平投影，应有不小于 1.0 m 的搭接长度，如图 6-36 所示。

超前锚杆、超前小钢管支护宜和钢拱架支撑配合使用，并从钢拱架腹部穿过。超前锚杆宜采用早强砂浆锚杆，使其提早发挥超前支护的作用；超前小钢管应平直、尾部焊箍、顶部呈尖锥形状。在安设前应检查小钢管尺寸，钢管顶入钻孔长度不应小于小钢管长度的 90%。

6.7.2 管棚

管棚超前支护，是利用钢拱架沿开挖轮廓线，以较小的外插角、向开挖面前方打入钢管或钢插板构成棚架结构，对开挖面前方围岩进行支护的预加固技术，如图 6-37 所示。

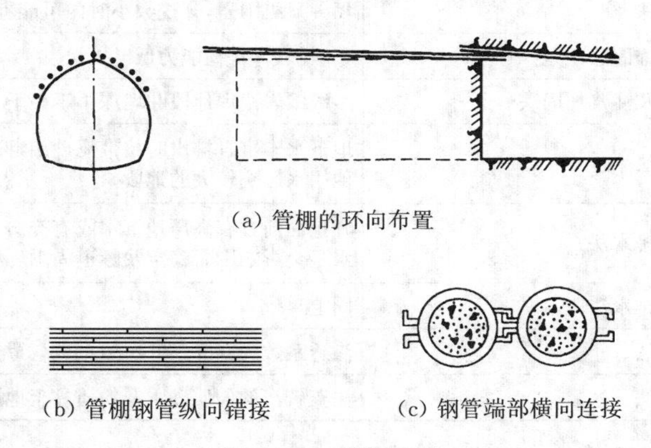

(a) 管棚的环向布置

(b) 管棚钢管纵向错接

(c) 钢管端部横向连接

图 6-37 管棚支护

采用长度小于 10 m 的小钢管的称为小管棚；采用长度为 10～45 m 且较粗的钢管的称为长管棚；采用钢插板（长度小于 10 m）的称为板棚。

管棚因采用钢管或插板作纵向预支撑，又采用钢拱架作环向支撑，其整体刚度加大，对围岩变形的限制能力较强，且能提前承受早期围岩压力。因此管棚主要适用于围岩压力大，用于对围岩变形及地表下沉有较严格限制要求的软弱破碎围岩隧道工程中。如砂土质地层、强膨胀性地层、强流变性地层、裂隙发育的岩体、断层破碎带、浅埋有显著偏压等围岩的隧道中。此外，在一般无胶结的土及砂质围岩中，可采用插板封闭较为有效；在地下水较多时，则可利用钢管注浆堵水和加固围岩。

（1）小管棚超前支护

小管棚构造与压浆锚杆类似，它是沿隧道纵向在拱上部开挖轮廓线外一定范围内向前上方倾斜一定角度，或者沿隧道横向在拱脚附近向下方倾斜一定角度的密排注浆花管。注浆花管的外露端通常支于开挖面后方的格栅钢架上，共同组成预支护系统。

小管棚比超前锚杆长，它既能加固洞壁一定范围内的围岩，又能支托围岩，其支护刚度和预支护效果均大于超前锚杆，但它的施工时间长，对开挖循环影响较大。

通常通过小管棚向掌子面附近的围岩注浆，可以改善围岩状况，保证掌子面的稳定。小管棚一般适用于较干燥的砂土层、砂卵（砾）石层、断层破碎带、软弱围岩浅理段、洞口有崩塌危险等地段。但在有砾石（孤石）或固结好的围岩中此法应用困难。

（2）大管棚超前支护

大管棚法多在隧道洞口段施工时采用，它是在隧道开挖之前，沿隧道开挖断面外轮廓，以一定间隔与隧道平行钻孔、插入钢管，再从插入的钢管内压注充填水泥浆或砂浆，来增加钢管外周围岩的抗剪切强度，并使钢管与围岩一体化，形成由管棚和围岩构成的棚架体系。有时还可加钢筋笼，并与型钢钢架组合成预支护系统，以支承和加固自稳能力极低的围岩，对防止软弱围岩下沉、松弛和坍塌等有显著效果。在隧道正上方有建筑物时，也可采用此法。

大管棚特点是：支护能力强大，适用于含水的砂土质地层或破碎带，以及浅埋隧道或地面有重要建筑物地段。但其施工技术复杂，造价较高。

在设计中，要充分考虑地质、周边环境、隧道开挖断面、埋深以及开挖方法等，决定管棚的配置、形状、施工范围、管棚间隔及断面等。

（3）插板法超前支护

插板法系在未经任何处理的塌方体内，采用插板（即一端加工成尖刺的钢筋、型钢、钢轨、钢管、硬圆木等）作为超前支护的一种施工方法。插板法适用于塌渣全部堵塞工作面，塌穴情况不明的塌方处理，或冒顶事故处理，往往也是配合纵梁法、混凝土护拱法和环形导坑法等处理方法施工的重要方法之一，如图 6-38 所示。

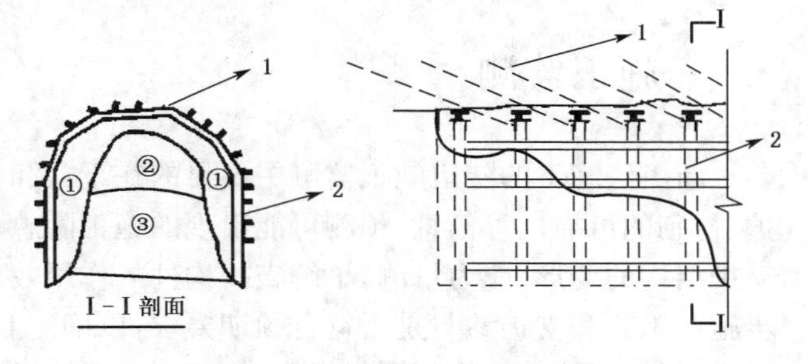

图 6-38　插板法支护示意图

1—钢管（或钢板、锚杆）；2—钢支撑

6.7.3　超前小导管注浆

超前小导管注浆施工，是在掌子面开挖前，先对掌子面及一定长度（通常 5 m）

范围内的坑道喷射厚为 5～10 cm 混凝土，或采用模筑混凝土封闭，然后沿开挖外轮廓线（即坑道周边）向前以一定角度，打入管壁带小孔的小导管，并以一定压力（注浆压力应为 0.5～1.0 MPa）向管内压注起胶结作用的浆液，待浆液硬化后，坑道周围岩体便形成了具有一定厚度的加固圈。此加固层能起超前预支护作用，在其保护下即可安全地进行开挖作业，如图 6-39 所示。

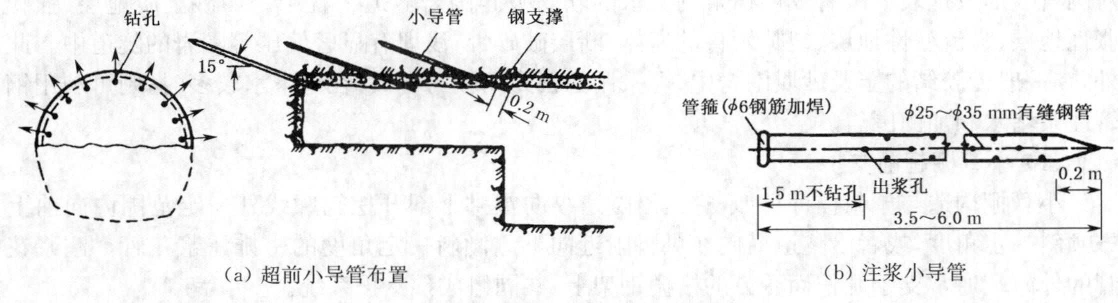

图 6-39　超前小导管注浆

此方法适用于自稳时间很短的砂层、砂卵（砾）石层、断层破碎带、软弱围岩浅埋地段或处理塌方地段、地下水较多的软弱破碎围岩等地段。

6.8　防排水措施

新奥法施工的地下结构防排水有多种措施，主要有结构外的注浆堵水、支护衬砌的防水以及衬砌结构内部的堵水和排水措施。

围岩注浆不仅是加固围岩的重要措施，也是地下结构防水的一种手段。围岩注浆一方面可以充填围岩孔隙，胶结松散地层，使围岩强度得到提高；另一方面，围岩注浆充填结构外围岩体的渗流孔隙，在结构外形成环形保护层，可以显著减轻结构承受的地下水压，减少地下水向临空面的汇集和渗出。对于地下水较多和地质状况较差的地区，应采用小导管超前支护和预注浆，开挖后，也可对喷射混凝土初期支护外进行均匀注浆，保证初衬的水密性。

锚喷支护也具有封堵地下水的作用。在富水围岩进行喷锚支护，应采用防水混凝土。

设置在喷射混凝土初期支护与二次衬砌之间的夹层防排水体系是复合式衬砌防水系统的主要组成部分，夹层防排水体系主要包括：由土工布和防水板组成的堵水结构；由环向排水盲管，纵向排水管，横向排水管和排水边沟组成的集水、排水结构。

6.9　施工监测

新奥法施工的隧道施工监测主要目的在于：及时掌握、反馈围岩力学动态及稳定程度和支护、衬砌的可靠性等信息，预测可能出现的施工隐患，保障围岩稳定和施工安全；通过对围岩和支护结构的变形、应力量测，了解支护构件的作用效果；将监测数据与预测值相比较，判断前一步施工工艺和支护参数是否符合预期要求，以确定和调整下一步施工，优化施工方案；积累第一手资料，为施工中调整围岩级别、修改支护系统设计、变更施工方法提供参考依据。

监测项目可分为应测项目和选测项目（《城市轨道交通工程监测技术规范》GB 50911），如表 6-3 所示。《公路隧道施工技术规范》（JTG F60）规定，必测项目包括：地质和支护状况观察、拱顶下沉、周边收敛、地表下沉；选测项目包括：围岩内部位移、围岩和衬砌间接触压力、衬砌和二衬间接触压力、钢支撑内力及外力、衬砌内力、锚杆轴力、衬砌裂缝、围岩弹性波测试；抽检项目包括锚杆拉拔力检测，详细规定参见《公路隧道施工技术规范》(JTG F60)、《铁路隧道新奥法指南》。

表 6-3　新奥法隧道支护结构和周围岩土体监测项目

序号	监测项目	工程监测等级		
		一级	二级	三级
1	初期支护结构拱顶沉降	应测	应测	应测
2	初期支护结构底板竖向位移	应测	选测	选测
3	初期支护结构净空收敛	应测	应测	应测
4	隧道拱脚竖向位移	选测	选测	选测
5	中柱结构竖向位移	应测	应测	选测
6	中柱结构倾斜	选测	选测	选测
7	中柱结构应力	选测	选测	选测
8	初期支护结构、二次衬砌应力	选测	选测	选测
9	地表沉降	应测	应测	选测
10	土体深层水平位移	选测	选测	选测
11	土体分层竖向位移	选测	选测	选测
12	围岩压力	选测	选测	选测
13	地下水位	应测	应测	选测

对于轨道交通中采用新奥法施工的隧道结构，详细的监测内容参见《城市轨道交通工程监测技术规范》GB 50911。

本 章 小 结

本章简要介绍了传统矿山法，在此基础上，详细阐述了新奥法的施工原则、方法、核心思想、支护结构等。阐述了钻爆法的主要原理和方法。介绍了目前常见的整体式隧道结构的计算方法。

复习思考题

6-1　简述新奥法的优点及其主要原则？

6-2　什么是锚喷支护？与传统的模注混凝土衬砌相比有哪些优点？与新奥法有什么关系？

6-3　锚喷支护中，锚杆主要起到什么作用？

6-4　简述喷射混凝土支护的作用原理。

6-5　简述隧道结构的基本形式及其特点。

6-6　简述半衬砌结构的受力特点及计算方法。

6-7　简述直墙拱结构的受力特点及计算方法。

6-8　分析连拱隧道结构形式的特点及中墙的受力特点。

7 盾构法隧道结构

7.1 概述

盾构法的设想产生于19世纪初的英国。目前,盾构法迅猛发展,不仅发展了适用于软土的盾构工法,而且还开发了适用于卵石地层等其他多种地层的盾构施工技术。此外在提高安全性、提高工程质量、缩短工期及降低成本等方面进行了系统的研发。盾构法在城市隧道施工中已成为一种必不可少的常用隧道施工技术。

7.1.1 盾构法

盾构(shield)一词的含义为遮盖物、保护物。这里把外形与隧道横截面相同,但尺寸比隧道外形稍大的钢筒或框架压入地层中构成保护开挖机的外壳。该外壳及壳内各种作业机械、作业间的组合体称为盾构机(以下简称为盾构)。盾构实际上是一种既能支承地层的压力,又能在地层中完成隧道掘进、出土、衬砌拼装的施工机具,以盾构为核心的一整套完整的建造隧道的施工方法称为盾构法。

盾构法存在以下优点:对环境影响小、出土量少、周围地层的沉降小、对周围构筑物的影响小;不影响地表交通、对周围居民生活、出行影响小;无明显空气、噪声、振动污染问题;施工不受天气条件限制;盾构法构筑的隧道抗震性能好;适用地层范围宽泛,砂土、软土、软岩均可适用。

7.1.2 盾构法的发展历史

18世纪末英国人提出在伦敦地下修建横贯泰晤士河隧道的构想,并对具体的开挖工法和使用机械等问题做了讨论。由于竖井挖不到预定的深度,故计划受挫。但修建横贯泰晤士河隧道的愿望与日俱增,4年后托莱维克(Torevix)决定在另一地点建造连接两岸的隧道,施工中克服了种种困难,当掘进到最后30 m时,开挖面急剧浸水,隧道被水淹没,横贯泰晤士河的梦想再次破灭。工程从开工到被迫终止用了5年时间,横贯泰晤士河的计划在以后10年中未见显著进展。

1818年法国工程师布鲁诺尔(Brunel)观察了小虫腐蚀木船底板成洞的经过,从而得到启示,在此基础上提出了盾构法,并取得了专利,这就是所谓的开放型手掘盾构的原型,如图7-1、图7-2所示。布鲁诺尔对自己的新工法非常自信,并于1823年拟定了伦敦泰晤士河两岸的另一条道路隧道的计划。工程于1825年动工,隧道长458 m,断面尺寸为11.4 m×6.8 m。初期工程进展顺利,但因地层下沉,工程被迫中止。布鲁诺尔总结了失败的教训,对盾构做了7年的改进,于1834再次开工,又经过7年的精心施工,终于在1841年贯通隧道。布鲁诺尔在该隧道中采用的是方形铸铁框盾构。

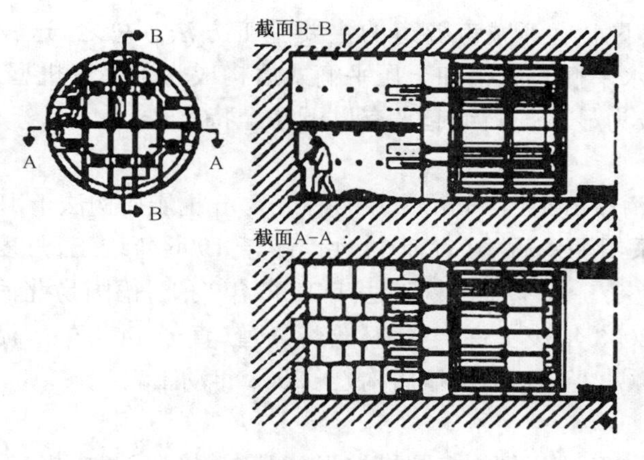

图 7-1　**Brunel 注册专利的盾构(1806 年)**

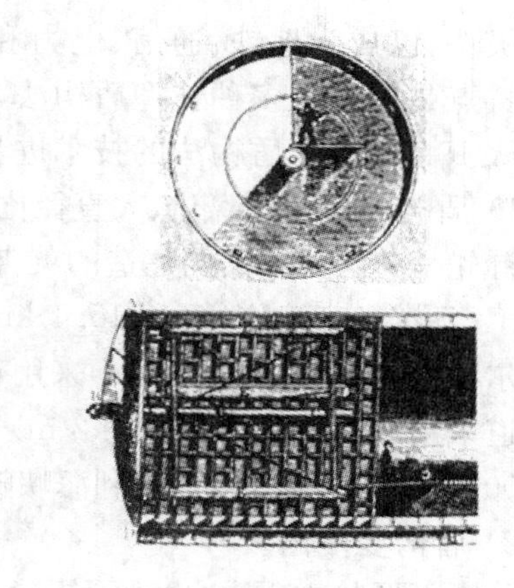

图 7-2　**Brunel 螺旋盾构(1818 年)**

1830 年曹克瑞(Cochrane)为解决盾构穿越饱和含水地层的涌水问题,发明了施加压缩空气阻止涌水的“压气式盾构”。

自布鲁诺尔的方形盾构以后,盾构技术又经过了 23 年的改进。到 1869 年建造横贯泰晤士河的第二条隧道时,首次采用圆形断面(外径 2.18 m,长 402 m)。这项工程由柏龙(Burlow)和格瑞特(Great)两人负责,格瑞特采用了新开发的圆形盾构,使用铸铁扇形管片,直到隧道开挖结束未发生任何事故。1874 年在英国伦敦地铁南线建造了内径为 3.12 m 的隧道,其穿越的地层主要为黏土和含水砂砾土。为解决这一问题,格瑞特综合了以往盾构法施工技术的特点,提出了压气式盾构法的整套施工工艺,并首创了盾尾管片衬砌后进行注浆的施工方法,为现代盾构法奠定了基础。从起初托莱维克的反复失败和挫折,到布鲁诺尔的盾构法,进而改进成为格瑞特的盾构法,前后经过 80 年的漫长岁月。

19 世纪末到 20 世纪中叶盾构法相继传入美国、法国、德国、日本、苏联等国,并得到不同程度的发展。这一时期盾构法有诸多的技术改进,在世界各国得以推广普及,仅在美国纽约就采用压气式盾构法修建了 19 条水底隧道,盾构法施工的隧道有公路隧道、地铁、地下水道以及其他市政公用设施管道等。美国于 1892 年最先开发了封闭式盾构;同年法国巴黎使用混凝土管片建造了下水道隧道;1896～1899 年德国使用钢管片建造了柏林隧道;1913 年德国建造了断面为马蹄形的易北河隧道;日本采用盾构法建造国铁羽越线,后因地质条件差而停止使用;1931 年前苏联用英制盾构建造了莫斯科地铁隧道,施工中使用了化学注浆和冻结工法;1939 年日本采用手掘圆形盾构建造了直径 7 m 的关门隧道;1948 年苏联建造了列宁格勒地铁隧道;1954 年中国阜新建造了直径 2.6 m 的圆形盾构疏水隧道;1957 年中国北京建造了直径 2.6 m的盾构下水道隧道;1957 年日本用封闭式盾构建造了东京地铁隧道。

20 世纪 60 年代中期至 80 年代,盾构法继续发展完善,成果显著。尤其在日本发展迅速。1960 年英国伦敦开始使用滚筒式挖掘机;同年美国纽约最先使用油压千斤顶盾构;1964 年日本培玉隧道中最先使用泥水盾构,该技术是对法国在 1961 年提出的泥水平衡盾构设想的实践;1969 年日本在东京首次实施泥水加压盾构施工;1972 年日本开发土压盾构成功;1975 年日本推出泥土加压盾构;1978 年日本开发高浓度泥水盾构成功;1981 年日本开发气泡盾构成功;1982 年日本开发 ECL(Extrided Concrete Lining)工法成功;1988 年日本开发泥水式双圆搭接盾构法成功;1989 年日本开发注浆盾构法成功。20 世纪 80 年代以来,盾构法的发展速度极快，已成为地铁、通信、电力和上下水道等城市隧道的主要施工方法。总之，这一时期的特点是开发了多种新型盾构法，泥水平衡式盾构和土压平衡式盾构成为了主流机型。

从 1990 至今，盾构法的技术进步极为显著。归纳起来有以下几个特点：

1）盾构隧道长距离化、大直径化

首先是英法两国共同建造的英吉利海峡隧道（48 km）采用直径 8.8 m 土压盾构法于 1993 年竣工；日本东京湾隧道（长 15.1 km）采用泥水盾构（直径 14.14 m）于 1996 年竣工；丹麦斯多贝尔特海峡隧道（长 7.9 km）采用直径 8.5 m 土压盾构工法于 1996 年竣工；德国易北河第四隧道采用复合盾构（直径 14.2 m）于 2003 年竣工；荷兰格林哈特隧道（直径 14.87 m，泥水式）2004 年竣工；第二条英吉利海峡隧道（直径 15 m，土压盾构）于 2003 年动工。

2）盾构多样化

从断面形状方面讲，出现了矩形、马蹄形、椭圆形、多圆搭接形（双圆搭接、三圆搭接）等多种异圆断面盾构；从功能上讲，出现了球体盾构、母子盾构、扩径盾构、变径盾构、分岔盾构、途中更换刀具（无需竖井）盾构、障碍物直接切除盾构等特种盾构；从盾构机的开挖方式上看，出现了摇动、摆动开挖方式的盾构，打破以往的传统的旋转开挖方式。

3）施工自动化

施工设备出现了管片供给、运送、组装自动化装置；盾构机掘进中的方向、姿态采用自动控制系统；出现了施工信息化、自动化的管理系统及施工故障自诊断系统。

当前是泥水盾构、土压盾构技术的普及和推广时期，但有些技术细节还有待完善及改进。如舱内注入泥水、泥土成分配合比，注入压力，出泥、出土的速度等参数的优化选取，排出泥水的分离处理等。

我国盾构技术在新中国成立前为空白，如今盾构技术在国内发展很快，表 7-1 为我国盾构机的使用情况。

表 7-1　我国盾构机的使用

时间	工程	直径/m	盾构机	备注
1957 年	北京市下水道工程	2.0		
1963 年	上海打浦路过江隧道	10.2	网格挤压型盾构	上海隧道股份研制
1980 年	上海市地铁 1 号线	6.41	网格挤压型盾构	我国研制
1985 年	上海延安东路越江隧道	11.3	网格型水力机械出土盾构	上海隧道股份研制
1985 年	上海关蓉江路排水隧道	4.33	小刀盘土压盾构	日本川崎
1987 年	上海过江电缆隧道	4.35	加泥式土压平衡盾构	上海隧道股份研制
1990 年	上海地铁 1 号线	6.34	土压平衡盾构	我国与法国联合研制
1996 年	上海延安东路隧道南线	11.22	泥水加压平衡盾构	日本
1996 年	广州地铁 1 号线	6.14	泥水加压平衡盾构，土压平衡盾构	日本
1998 年	上海黄浦江观光隧道	7.65	土压平衡盾构	国外二手
2000 年	广州地铁 2 号线		复合型土压平衡盾构	上海隧道股份研制
2003 年	上海地铁 8 号线		双圆隧道	
2004 年	上海上中路越江隧道	14.87	泥水加压平衡盾构	引进
2004 年	武汉长江隧道	11.38	泥水加压平衡盾构	引进
2004 年	上海长江隧道	15.43	泥水加压平衡盾构	引进
2005 年	南京长江隧道	14.93	泥水加压平衡盾构	引进
2007 年	广州狮子洋隧道	9.8	气垫式加压泥水平衡式盾构	
2009 年	杭州庆春路隧道	11.65	泥水加压平衡盾构	

7.2 盾构的基本构造

随着盾构技术的发展，盾构设备种类越来越多，按开挖面敞开程度分为：全部敞开式（人工开挖式、半机械式、机械式）、半敞开式（挤压网格式）及封闭式（土压平衡式、泥水平衡式）盾构。盾构机由通用机构（外壳、开挖机构、挡土机构、推进机构、管片拼装机构、附属机构等部件）和专用机构组成，如图 7-3 所示。专用机构因机种的不同而异，如对土压盾构而言，专用机构即为排土机构、搅拌机构、添加材料注入装置；而对泥水盾构而言，专用机构指送排泥机构、搅拌机构。本节以封闭式盾构为重点，介绍盾构的基本构造。

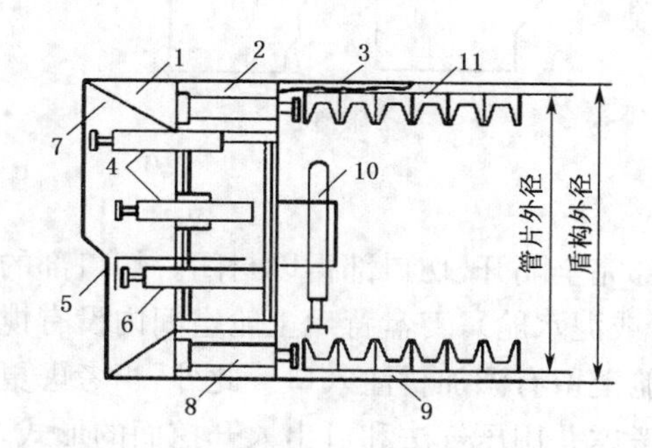

图 7-3　盾构构造简图

1—切口环；2—支承环；3—盾尾部分；4—支承千斤顶；5—活动平台；6—活动平台千斤顶；7—切口；8—盾构推进千斤顶；9—盾尾空隙；10—管片拼装器；11—管片

7.2.1　盾构外壳

设置盾构外壳的目的是保护开挖、排土、推进、拼装管片等所有作业设备、装置的安全，故整个外壳用钢板制作，并用环形梁加固支承。一台盾构机的外壳沿纵向从前到后可分为前、中、后三段，通常又把这三段分别称为切口环、支承环、盾尾三部分，如图 7-4 所示。

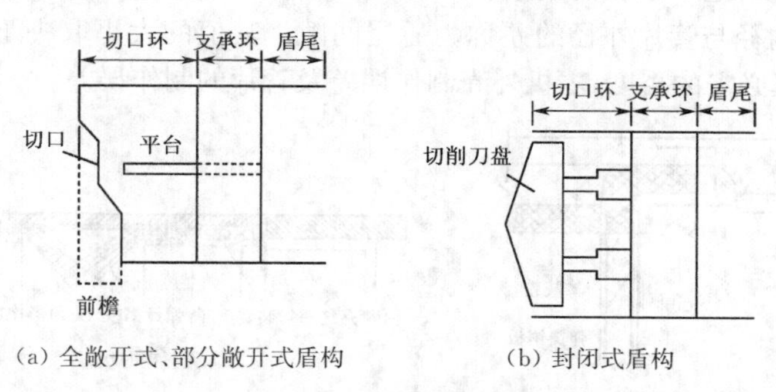

(a) 全敞开式、部分敞开式盾构　　(b) 封闭式盾构

图 7-4　盾构机构成图

1）切口环

该部位装有开挖机械和挡土设备，故又称开挖挡土部。

就全敞开式、部分敞开式盾构而言，通常切口的形状有阶梯形、斜承形、垂直形三种，见图 7-5。切口的上半部较下半部突出呈帽檐状。突出的长度因地层的不同而异，通常为 300～1 000 mm。但是，部分敞开式（网格式）盾构也有无突出帽檐的设计。对自稳性较好的开挖地层，切口的长度可以设计得稍短一些。对自稳性较差的地层，切口的长度要设计得长一些。开挖时把开挖面分段，设置分层作业平台，依次支承挡土、开挖。有些情况下，把前檐做成靠油缸伸缩的活动前檐，切口的顶部做成刃形；对砾石层而言，应做成 T 形。

封闭式盾构与敞开式盾构的主要区别是在切口与支承之间设有一道隔板，使切口部与支承

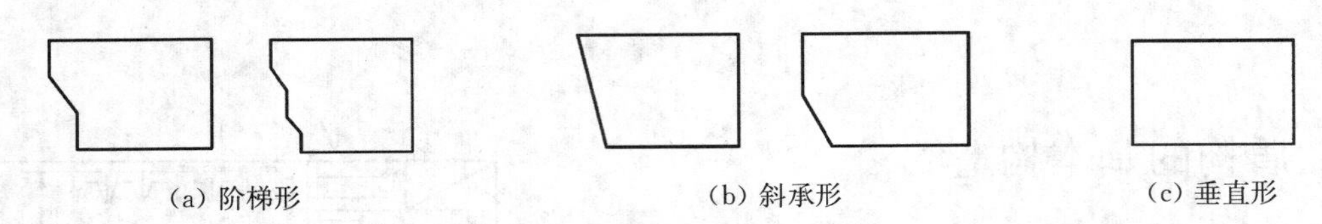

图 7-5　切口形状

部完全隔开，切口部得以封闭。切口部的前端装有开挖刀盘，刀盘后方至隔板的空间称为土舱（或泥水舱），刀盘背后土舱空间内设有搅拌装置，土舱底部设有进入螺旋输送机的排土口，土舱上留有添加材注入口。此外，当考虑更换刀具、拆除障碍物、地中对接等作业需要时，应同时考虑并用压气法和可出人开挖面的形式，因此隔板上应考虑设置人孔和压气闸。

2）支承环

支承部即盾构的中央部位，是盾构的主体构造部。因为要支承盾构的全部荷载，所以该部位的前方和后方均设有环状梁和支柱，由梁和柱支承其全部荷载。

对敞开式、半敞开式盾构而言，该部位装有推动盾构机前进的盾构千斤顶，其推力经过外壳传到切口。中口径以上的盾构机的支承部还设有柱和平台，利用这些支柱可以组装出多种形式（H形、井字形等）的作业平台。

对封闭式盾构而言，支承部空间内装有刀盘驱动装置、排土装置、盾构千斤顶、中折机构、举重臂支承机构等诸多设备。

3）盾尾

盾尾部即盾构的后部。盾尾部为管片拼装空间，该空间内装有拼装管片的举重臂。为了防止周围地层的土砂、地下水及背后注入的填充浆液进入该部位，特设盾尾密封装置，如图7-6所示。盾尾的内径与管片外径的差称为盾尾间隙。其值的大小取决于管片的拼装裕度、曲线施工、摆动修正必需的裕度，主机外壳制作误差及管片的制作误差。

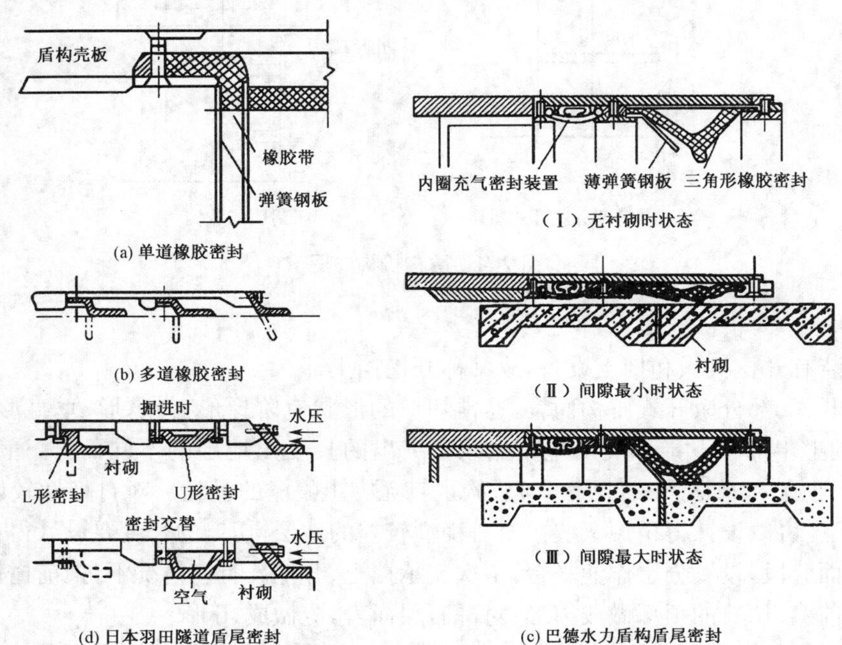

图 7-6　盾尾密封装置

4）盾构外壳的设计考虑

进行盾构外壳构造设计时，必须考虑土压、水压、自重、变向荷载、盾构千斤顶的反力、挡土千斤顶的反力等条件。覆盖土较厚时，对较好的地层(砂质土、硬黏土)而言，可把松弛土压作为竖向荷载进行设计。地下水压较大的场合下，虽然作用弯矩小，但对安全设计带来一定的难度，故须慎重地选择辅助工法(降低地下水位法、压气工法、注浆工法)。因盾尾部无腹板、加固肋加固，故刚性小，所以可看成是尾部前端轴向固定，后端可按自由三维圆筒设计。选定尾板时还必须考虑变向荷载因素。通常切口部和盾尾部的外壳板厚度要稍厚一些，这是由于这两个部位没有采用环梁和支承柱加固的原因所致。

一般把圆形断面盾构的外壳板的厚度定在50～100 mm。

7.2.2 开挖系统

不同盾构设备安装有不同的开挖机构，对于手掘式盾构，开挖机包括风镐和铁锹等。对于半机械式盾构，开挖机构是铲斗和切削头。对于机械式盾构和封闭式盾构，则指的是切削刀盘或刀头。

1）刀盘的构成和功能

切削刀盘可以分为转动或摇动的盘状切削器，具有边旋转、边保持开挖面稳定和边开挖岩体的功能。由切削刀具、稳定开挖面的面板、出土槽口、转动或摇动的驱动机构和轴承机构组成。

2）刀盘形状

刀盘的形状主要有轮辐式和面板式两种。面板式又分为平板式、轴芯式和鼓筒式。

轮辐式的刀盘实际负荷扭矩小，容易进土，多用于土压平衡式盾构。面板式的刀盘具有开挖面挡土功能，用于土压式和泥水式盾构。鼓筒式的刀盘用于开挖面自稳性很强的地层，由于砾石和硬质地层对刀盘的强度要求高，所以应安装齿轮钻切削刀头，有利于开挖砂砾石地层。

3）刀盘扭矩

刀盘扭矩根据围岩条件、盾构形式、盾构结构和盾构直径来确定。刀盘所需扭矩由下式(7-1)计算：

$$T_N = T_1 + T_2 + T_3 + T_4 + T_5 + T_6 \tag{7-1}$$

式中 T_N ——刀盘所需总扭矩；

T_1 ——切削土阻力扭矩；

T_2 ——与土间摩擦力扭矩；

T_3 ——土的搅拌阻力扭矩；

T_4 ——轴承阻力扭矩；

T_5 ——密封决定的摩擦力扭矩；

T_6 ——减速装置的机械损失扭矩。

4）切削刀头

切削刀头的形状和材料可以根据地层条件来确定，其形状主要是确定其前角和后角，对于胶结黏性土，前角和后角要大些，而砾石则相对小些。

常见的刀具有齿形刀具、屋顶形刀具、镶嵌形刀具及盘形刀具。

刀头的安装高度常根据地层条件和旋转距离推算其磨损量、掘进速度和切削转速以及根据设定位置求出的切入深度等确定。配置则需根据地层条件、盾构外径、切削转速及施工总长度确定。

5）刀盘的支承方式

切削刀盘的支承方式有中心支承式、中间支承式及周边支承式三种。支承方式与盾构直径、土质对象、螺旋输送机、土体粘附状况等多种因素有关。

6）轴承止水带

设置轴承止水带，其目的是为了保护切削轴承，防止土砂、地下水及添加剂等侵入，故要求轴承止水带能够承受压力舱内的泥水压、地下水压、泥土压、添加剂和注入压力及气压等。

轴承止水带安装位置应根据刀盘支承方式来确定，即支承方式中切削轴承的支承部位就是轴承止水带的安装位置。

轴承止水带材料应满足耐压性、耐磨损性、耐油性和耐热性等要求，一般常使用丁腈橡胶、聚氨酯橡胶等。

轴承止水带密封件形状有单唇和多唇形，不管哪一种，都是多层组合配置，应供给润滑脂或润滑油，防止止水带滑动面磨损和土砂侵入。

7.2.3 掘进系统

掘进系统指可以使盾构设备在土层中向前掘进的机构，它是盾构设备关键性的部件，而其主要设备是设置在盾构外壳内侧环形布置的千斤顶群。该系统的总推力和切削系统中的总扭矩是设计、制造盾构设备的最基本依据。所以，正确的选定总推力和总扭矩是设计和制造盾构设备的关键。

1）总推力的计算

盾构的总推力应根据各推进阻力的总和及其所需要的富余量决定，根据地层和盾构机的形状尺寸参数，按下式计算出的推力，称为设计推力，其计算表达式如下：

$$F = F_1 + F_2 + F_3 + F_4 + F_5 + F_6 \tag{7-2}$$

式中 F_1 ——盾构周围外表和土之间的摩擦阻力及粘结阻力；

F_2 ——掘进时切口环刃口前端产生的贯入阻力；

F_3 ——开挖面前方阻力；

F_4 ——变向阻力；

F_5 ——盾尾内的管片和板壳之间的摩擦阻力；

F_6 ——后方台车的牵引阻力。

2）盾构千斤顶的选型和配置

(1) 选择盾构千斤顶的原则：选用压力大、直径小、质量轻、耐久性好，保养、维修及易于更换的千斤顶。

(2) 千斤顶的推力

每只千斤顶的推力大小与盾构的外径、要求的总推力、管片的结构、隧道轴线的形状有关。

施工经验表明，选用的每只千斤顶的推力范围是：对中小口径的盾构来说，每只千斤顶的推力600～1 000 kN为宜；对大口径的盾构来说，每只千斤顶的推力以2 000～4 000 kN为宜。

(3) 千斤顶的布设方式

一般情况下，盾构千斤顶应等间隔的设置在支撑环的内侧，紧靠盾构外壳的地方。一些特殊情况下，如土质不均匀、存在变向荷载等客观条件时，也可考虑非等间隔设置。千斤顶的伸缩方向应与盾构隧道轴线平行。

(4) 撑挡的设置

通常在千斤顶伸缩杆的顶端与管片的交界处，设置一个可使千斤顶推力均匀的作用在管环上的自由旋转的接头构件，即撑挡。另外，在混凝土管片、组合管片的场合下，撑挡的前面应装上合成橡胶或者压顶材，其目的在于保护管环。盾构千斤顶伸缩杆的中心与撑挡中心的偏离允许值一般为30～50 mm。

考虑到在盾尾内部拼管片作用、曲线施工等作业，盾构千斤顶的最大伸缩量可按管片宽度加150 mm的关系确定。千斤顶的推进速度一般为50～100 mm/min。

7.2.4 管片拼装系统

管片拼装系统设置在盾构的尾部，由举重臂和真圆保持器构成。

举重臂是在盾尾内把管片按所定形状安全、迅速拼装成管环的装置。它包括搬运管片的钳夹系统和上举、旋转、拼装系统。对举重臂的功能要求是能把管片上举、旋转及挟持管片向外侧移动。

当盾构向前推进时管片拼装环(管环)就从盾尾脱出，由于管片接头缝隙、自重力和作用土压的原因，管环会产生横向形变，使横断面成为椭圆形。当形变时，前面装好的管环和现拼的管环在连接时会出现高低不平，给安装纵向螺栓带来困难。为了避免管环的高低不平，需使用真圆保持器，修正、保持拼装后管环的正确(真圆)位置。

真圆保持器支柱上装有可上下伸缩的千斤顶，另上下两端装有圆弧形的支架，该支架可在动力车架的伸出梁上滑动。当一环管片拼装结束后，就把真圆保持器移到该管环内，当支柱上的千斤顶使支架紧贴管环后，盾构就可推进。盾构推进后由于真圆保持器的作用，故管环不产生形变，且一直保持真圆状态。

7.2.5 控制系统

盾构控制系统是使各设备可靠的工作，是开挖、掘进、出土等相互关联设备和其他设备能平衡的发挥功能。

7.3 盾构机的类型及选择

盾构的分类方法较多，可按盾构切削断面的形状、盾构自身构造的特征、尺寸的大小、功能、挖掘土体的方式、开挖面的挡土形式、稳定开挖面的加压方式、施工方法、适用土质的状况等多种方式分类。

1) 按挖掘土体的方式分类

按挖掘土体的方式，盾构可分为手掘式盾构、半机械式盾构及机械式盾构三种。手掘式盾构即开挖和出土均靠人工操作进行的方式。半机械盾构即大部分开挖和出土作业由机械装置完成，但另一部分仍靠人工完成。机械式盾构即开挖和出土等作业均由机械装备完成。

2）按开挖面的挡土形式分类

按开挖面的挡土形式，盾构可分为开放式、部分开放式、封闭式三种。开放式即开挖面敞开，并可直接看到开挖面的开挖方式。部分开放式即开挖面不完全敞开，而是部分敞开的开挖方式。封闭式即开挖面封闭，不能直接看到开挖面，而是靠各种装置间接地掌握开挖面的方式。

3）按加压稳定开挖面的形式分类

按加压稳定抛削面的形式，盾构可分为压气式、泥水加压式、削土加压式、加水式、加泥式、泥浆式六种。压气式即向开挖面施加压缩空气，用该气压稳定开挖面。泥水加压式即用外加泥水向开挖面加压稳定开挖面。削土加压式（也称土压平衡式）即用开挖下来的土体的土压稳定开挖面。加水式即向开挖面注入高压水，通过该水压稳定开挖面。泥浆式即向开挖面注入高浓度泥浆，靠泥浆压力稳定开挖面。加泥式即向开挖面注入润滑性泥土，使之与开挖下来的砂卵石混合，由该混合泥土对开挖面加压稳定开挖面。

4）组合分类法

这种分类方式是把前面2）、3）两种分类方式组合起来命名分类的方法。这种分类法目前使用较为普遍，是隧道标准规范盾构篇中推荐的分类法。这种方式的实质是看盾构机中是否存在分隔开挖面和作业面的隔板。全开放式盾构不设隔板，其特点是开挖面敞开。适于在开挖面可以自立的地层中使用。开挖面缺乏自立性时，可用压气等辅助工法防止开挖面坍落，稳定开挖面。部分开放式盾构，即隔板上开有取出开挖土砂出口的盾构，即网格式盾构，也称挤压式盾构。封闭式盾构是一种设置封闭隔板的机械式盾构，开挖土砂是从位于开挖面和隔板之间的土舱内取出的，利用外加泥水压或者泥土压与开挖面上的土压平衡来维持开挖面的稳定，所以封闭式分为泥水平衡式和土压平衡式两种。进而土压平衡式又可分为真正的土压平衡式和加泥平衡式；加泥平衡式又分为加泥和加泥浆两种平衡方式。

5）按盾构切削断面形状分类

按盾构切削断面形状，盾构可分为圆形、非圆形两大类。圆形又可分为单圆形、半圆形、双圆搭接形、三圆搭接形。非圆形又分为马蹄形、矩形（长方形、正方形，凹、凸矩形）、椭圆形（纵向椭圆形、横向椭圆形）。

6）按盾构机的尺寸大小分类

按盾构机的尺寸大小，盾构机可分为超小型、小型、中型、大型、特大型、超特大型。超小型盾构系指直径 $D \leqslant 1$ m 的盾构。小型盾构系指 $1\ \mathrm{m} < D \leqslant 3.5$ m 盾构。中型盾构系指 $3.5\ \mathrm{m} < D \leqslant 6$ m 的盾构。大型盾构系指 $6\ \mathrm{m} < D \leqslant 14$ m 的盾构。特大型盾构系指 $14\ \mathrm{m} < D \leqslant 17$ m 的盾构。超特大型盾构系指 $D > 17$ m 的盾构。

7）按施工方法分类

按施工方法，盾构可分为二次衬砌盾构、一次衬砌盾构（ECL 工法）。二次衬砌盾构法：即盾构推进后先拼装管片。然后再做内衬（二次衬砌），也就是通常的方法。一次衬砌盾构工法：即盾构推进的同时现场浇筑混凝土衬砌（略去拼装管片的工序）的工法，也称 ECL

工法。

8）按适用土质分类

按适用土质，盾构可分为软土盾构、硬岩盾构及复合盾构。软土盾构即切削软土的盾构。硬岩盾构即开挖硬岩的盾构。复合盾构既可切削软土，又能开挖硬岩的盾构。

其中主要的类型列入表 7-2。

表 7-2　盾构主要类型

挖掘方式	构造类型	盾构名称	开挖面稳定措施	适用地层	附注
人工开挖（手掘式）	敞胸	普通盾构	临时挡板、支撑千斤顶	地质稳定或松软均可	辅以气压、人工井点降水及其他地层加固措施
		棚式盾构	将开挖面分成几层，利用砂的休止角	砂性土	
		网格式盾构	利用土和钢制网状格栅的摩擦	黏土淤泥	
	闭胸	半挤压盾构	胸板局部开孔依赖盾构千斤顶推力土砂自然流入	软可塑的黏性土	
		全挤压盾构	胸板无孔、不进土	淤泥	
半机械式	敞胸	反铲式盾构	手掘式盾构装上反铲挖土机	土质坚硬稳定开挖面能自立	辅助措施
		旋转式盾构	同上，装上软岩掘进机	软岩	
机械式	敞胸	旋转刀盘式盾构	单刀盘加面板多刀盘加面板	软岩	辅助措施
	闭胸	局中气压盾构	面板和隔板间加气压	多水松软地层	不再另设辅助措施
		泥水加压盾构	面板和隔板间加压力泥水	含水地层、冲积层、洪积层	辅助措施
		土压平衡盾构（加水式、加泥式）	面板和隔板间充满土砂容积产生的压力与开挖面处的地层压力保持平衡	淤泥、淤泥混砂	辅助措施

下面主要介绍目前使用较多的泥水平衡盾构和土压平衡盾构。

7.3.1　泥水盾构

泥水盾构是通过泥水舱内泥水压力平衡开挖面的土压力和水压力，以保持开挖面稳定的盾构。通过进浆管将泥水送入刀盘与隔板之间的泥水舱，通过调节进、排浆流量或气垫压力，使泥水压力平衡开挖面的水土压力，以保持开挖面的稳定；同时，控制开挖面变形和地基沉降。泥水在开挖面形成弱透水性泥膜，保持泥水压力有效作用于开挖面。盾构推进时，由刀盘切削下来的渣土搅拌后形成高浓度泥水，经排浆管输送至地面的泥水分离系统进行泥水分离，再将经过泥水分离的泥水重新送回泥水舱，如此循环完成掘进与排土。

采用泥水盾构修建隧道，是一种引起地表沉降小、安全的施工方法，在含水或不含水的各种松散地层都可采用。泥水盾构具有安全性高和施工环境好，对周围地层的扰动小，有利于控制地面沉降的优点，特别适合在河底、水底等高水压条件下施工。泥水盾构最大的缺点是需要泥水分离设备（占用空间大、耗能大）。与其他施工方法相比，其经济性主要取决于泥水分离要求是否严格、地层的渗透性以及泥浆的质量。

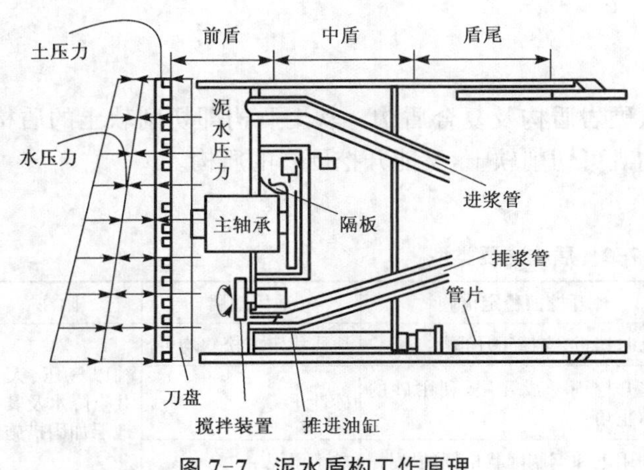

图 7-7　泥水盾构工作原理

图 7-8　泥水盾构示意图

7.3.2　土压平衡盾构

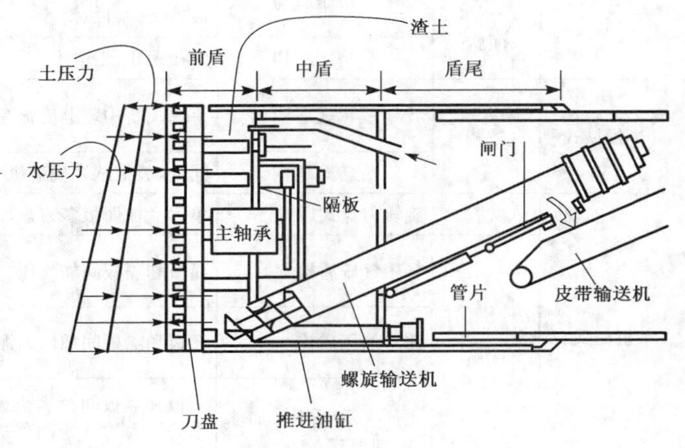

图 7-9　土压平衡式盾构

土压平衡盾构是通过渣土舱内的泥土压力平衡开挖面处的地下水压和土压，以保持开挖稳定的盾构，如图 7-9 所示。盾构刀盘切削面与后面的承压隔板所形成的空间为渣土舱。刀盘切削下来的渣土通过刀盘上的开口进入刀盘与压力隔板之间的渣土舱，在渣土舱内搅拌混合或添加材料（泡沫剂或塑性泥浆）混合，形成具有良好塑性、流动性、内摩擦角小及渗透性小的泥土，螺旋输送机从压力隔板的底部开口进行排土。通过调整盾构推进速度和螺旋输送机排土速度控制渣土舱内的泥土压力，由泥土压力平衡开挖面地下水压和土压，从而保持开挖面的稳定。

图 7-10　土压盾构机示意图

土压平衡盾构适用范围较广，可用于冲积黏土、砂质土、砂砾、卵石等土层，以及这些土层的互层。由于土压平衡式盾构适用的土质范围广，竖井用地比较少，所以得到了广泛的采用。

图 7-11　海瑞克ϕ 15.20 土压平衡盾构

图 7-12　三菱ϕ 14.93 土压平衡盾构

7.3.3　盾构机机型的选择依据

盾构机机型是工程成功与否的主要因素，选择盾构机应综合考虑，以获得经济、安全、可靠的施工方法。一般考虑以下几点：

(1) 适用于本工程水文地质条件的机型，以保证开挖面稳定；

(2) 可以合理使用的辅助施工方法；

(3) 满足本工程施工长度和线形的要求；

(4) 后续设备、施工竖井等施工满足盾构机的开挖能力配套；

(5) 工作环境要好，比如考虑洞内的噪声、温度等。

其中以保证开挖面稳定并确保施工安全最为重要。

7.3.4　盾构对环境条件的适应性

1) 不同类型的盾构对地层条件的适应性分析

盾构有很多种不同的类型，每种盾构都有自身的适用条件。

机械式盾构与手掘式盾构、半机械式盾构相同。主要用于开挖面以自立稳定的洪积地层。对于开挖面不易自立稳定的冲积地层，应结合压气施工、地下水降低施工、化学加固施工等辅助措施而使用。

挤压式盾构最适合于冲积形成的粉质砂土层。由于是从开口部取出土砂，所以不能用于硬质地层。另外，砂粒含量如太大的话会出现土砂的压缩而造成堵塞；相反如果地基的液性指数太高的话则很难控制土砂的流入，会出现过量取土的现象。由于能够适用的地基非常有限，加之所引起的地基变形比较大，所以近几年已没有应用的实例。

泥水加压式盾构一般比较适合于在河底、海底等高水压力条件下隧道的施工。泥水加压式盾构适用于冲积形成砂砾、砂、粉砂、黏土层、弱固结的互层地基以及含水量高、开挖面不稳定的地层，洪积形成的砂砾、砂、粉砂、黏土层以及含水量很高、固结松散、易于发生涌水破坏的地层。是一种适用于多种土质条件的盾构形式。但是对于难以维持开挖面稳定的高透水性地基、砾石地基，有时也要考虑采用辅助施工方法。

土压平衡式盾构适用于含水量和粒度组成比较适中的粉土、黏土、砂质粉土、砂质黏土、夹砂粉黏土等土砂可以直接从掘削面流入土舱及螺旋排土器的土质；但对含砂粒量过多的不具备流动性的土质，不宜选用。

2）按地层条件选择合适的盾构

一般来说，一条隧道沿线穿越地层的地质条件是各不相同的，在选择盾构时，要选择能适用沿线大部分地层的机型，下面以稳定开挖面为中心，介绍不同的地层条件应采用的盾构机型。

（1）冲积黏土

如果冲积黏土的自然含水率接近或超过液限，切削面不能自稳，则应选择闭胸式盾构。当整个切削面和施工沿线都是贯入度为 0～5 的软弱粉砂及黏土地层时，宜采用挤压式盾构。在选用时要注意，挤压式盾构适用的地层范围较窄，在应用时必须对地层进行充分的调查研究，如果出现冲积黏土层含砂量大，有软硬交错层、液限指数过大并含有砾石的情况时，挤压式盾构就不再适用，应该采用泥水平衡式或土压平衡式盾构。

（2）洪积黏土

洪积黏土一般贯入度大，含水率低，切削面能够自稳。此外，因抗剪力大，变形小，故可无需采用挡土隔板。在洪积黏土中，采用全敞开式盾构或闭胸式盾构，视不同情况而定。

在切削面可以长时间自稳的情况下，根据切削地层的强度、隧道长度、断面并结合切削能力、施工效率和省力等因素，宜采用手掘式盾构、半机械式盾构、机械式盾构等全敞开式盾构，并通常辅以压气工法。在采用压气工法且气压压力较高的情况下，应与泥水平衡式盾构进行对比，以便择优选取。

（3）砂土

在砂土中修建盾构隧道，可以选用泥水平衡式盾构或土压平衡式盾构。泥水平衡式盾构通过排泥管将切削土体从泥水舱内输送到地面，安全性好，特别适用于高水压下掘进，且对周围地层的扰动小，但是，若含水砂性地层具备以下条件：渗水系数大于 10^{-2} cm/s，74 μm 以下的微细颗粒含量低于 10%，在采用泥水盾构时，开挖面易坍塌，很难保持稳定，这种情况下不宜采用泥水平衡式盾构。另外，在覆土层浅且渗透系数大的砂土中掘进时，容易出现地表割裂现象，应引起重视。

在黏土含量少的砂土中掘进时，土压平衡式盾构是最适用的。但是，必须充分注意土舱充填是否密实、均匀以及对切削面土压的正确监测，另外还要注意切削刀具，搅拌机械等机械的选择。

（4）砂砾及巨砾地层

砂砾及巨砾地层的渗水系数大，故必须选择闭胸式盾构。切削这种地层主要考虑以下几个问题：该种地层中含有较多、较大直径砾石，排出比较困难，应考虑相应的碎石措施，以保证施工的顺利进行。该种地层的渗透系数大，注入普通泥浆容易出现喷涌现象，要考虑使切削面稳定的措施。砾石所占比例较大，在掘进时对刀具的磨损较大，需要考虑减少刀具磨损的措施。

（5）泥岩

泥岩是指堆积的粉砂、黏土经压实，脱水固结而成的土层，根据粒径的差异可分为粉砂岩和黏土岩两种。泥岩的无侧限抗压强度在0.5～1.0 MPa以上，贯入度在50以上，切削面自稳。在选择盾构机时，水压小的地层，选用开放式盾构比较经济；在有承压地下水的泥岩层或在含水砂层、砂砾层的交错层中掘进时，由于存在喷涌问题，应选择闭胸类的泥水平衡式或土压平衡式盾构。

7.4 衬砌结构

盾构隧道的衬砌，通常分为一次衬砌和二次衬砌。在一般情况下，一次衬砌是由管片组装成的环形结构。二次衬砌是在一次衬砌内侧灌注的混凝土结构。由于在开挖后要立即进行衬砌，故将数个钢筋混凝土或钢等制造的块体构件组装成圆形等衬砌。把管环沿周向分割成n(5～9)块弧状板块，该弧状板块即管片。为了提高盾构隧道的构筑速度，通常管片是在工厂制作好的预制构件，建造隧道时运至现场拼装为管环(也称管片环)。目前盾构法隧道一次衬砌最常用的管片结构是有钢筋混凝土管片和复合管片。

钢筋混凝土管片通常有铸铁管片、箱形管片、平板形管片和砌块管片。铸铁管片的强度接近于钢材，重量轻、耐腐蚀性好，管片精度高，能有效防渗抗漏，如图7-13(a)所示。缺点是金属消耗量大，机械加工量大，价格昂贵。近十年来已逐渐由钢筋混凝土管片所取代。由于具有脆性破坏的特征，不宜用作承受冲击荷载的隧道衬砌结构。箱形管片衬砌由钢、铸铁和钢筋混凝土等不同材质制作的管片构成，其构造如图7-13(b)所示。平板形管片衬砌常用钢筋混凝土制成，其各部分构造如图7-13(c)所示。砌块形衬砌常用钢筋混凝土或混凝土制成，与其他两种的主要区别是无连接螺栓，如图7-13(d)所示，这种砌块用于能提供弹性抗力的地层。

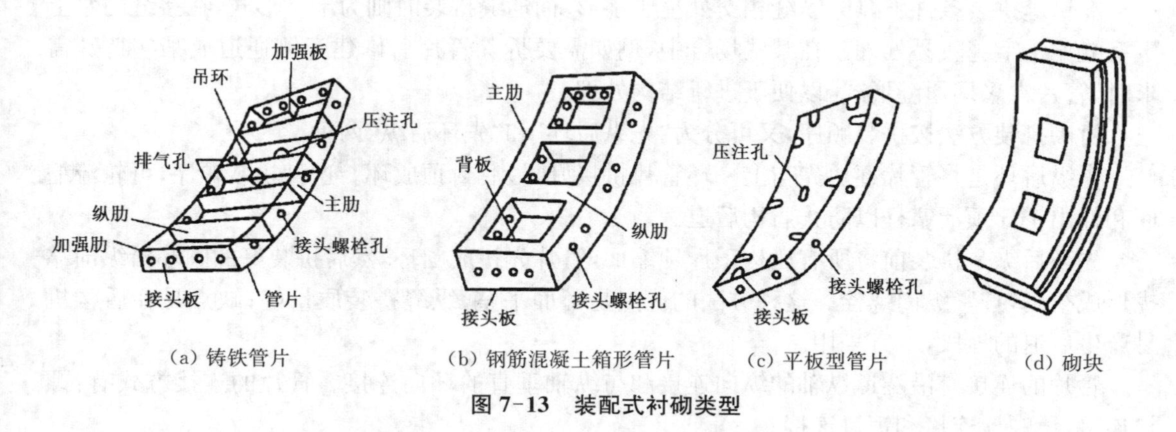

(a) 铸铁管片　(b) 钢筋混凝土箱形管片　(c) 平板型管片　(d) 砌块

图7-13　装配式衬砌类型

复合管片常用于区间隧道的特殊段，如隧道与工作井交界处、旁通道连接处、变形缝处等。该管片强度比钢筋混凝土管片大，抗渗性好，但耐腐蚀性差。

装配成环衬砌一般由数块标准块A、2块邻接块B和1块封顶块K组成，如图7-14所示，彼此之间用螺栓连接而成，环与环之间一般是错缝拼装。K形管片的就位方式有种多种，过去常采用径向插入，只能靠螺栓承受剪力，有诸多缺点，目前常采用沿隧道纵向插入，靠与B型块的接触面承受荷载，提高了整环的承载力。

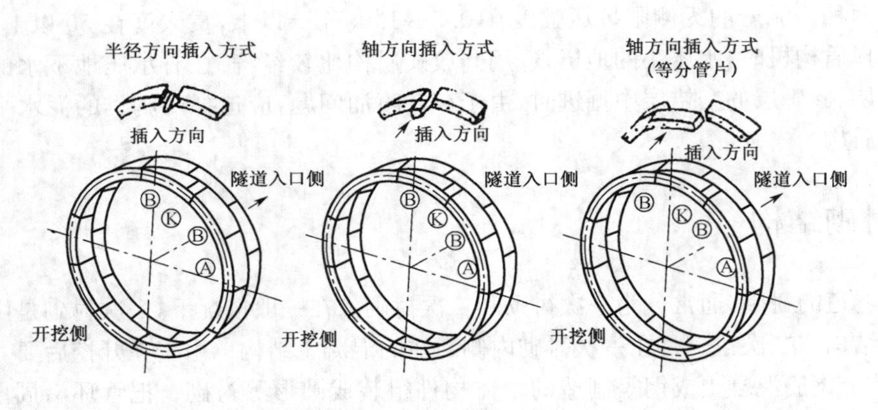

图 7-14　一环管片的组成

单块管片的尺寸有环宽和管片的长度及厚度。管片环宽的选择对施工、造价的影响较大。管片环宽有进一步增大的趋势，目前控制在 1 000～1 500 mm 之间。

管片的厚度应根据隧道直径、埋深、承受荷载的情况、衬砌结构构造、材质、衬砌所承受的施工荷载以及结构的刚度等因素确定。

拼装方法根据结构受力要求，可分为通缝拼装和错缝拼装。所有衬砌环的纵缝环环对齐的称为通缝，而环间纵缝相互错开（错开$\frac{1}{2}$～$\frac{1}{3}$的管片长），犹如砖砌体一样的称为错缝。

圆形衬砌采用错缝拼装较为普遍，其优点在于能加强圆环接缝刚度，约束接缝变形。但当环面不平整时，容易引起较大的施工应力。通缝拼装是使管片的纵缝环环对齐，拼装较为方便，容易定位，衬砌圆环的施工应力较小，但其缺点是环面不平整的误差容易积累。

在错缝拼装条件下，环、纵缝相交处呈丁字形，而通缝拼装时则为十字形式，在接缝防水上丁字缝比十字缝较易处理。在某些场合中，例如需要拆除管片后修建旁侧通道或某些特殊需求时，管片常采用通缝形式，以便于进行结构处理。

衬砌拼装方法按拼装顺序，又可分为“先纵后环”和“先环后纵”两种。

先纵后环是将管片逐块先与上一环管片拼接好，最后封顶成环。这种拼装顺序，可轮流缩回和伸出千斤顶活塞杆以防止盾构后退。

先环后纵是拼装前将所有盾构千斤顶缩回，管片先拼成圆环，然后拼装好的圆环沿纵向靠拢形成衬砌，拧紧纵向螺栓。这种方法的优点是环面平整，纵缝拼装质量好；缺点是在盾构机易产生后退的地段，不宜采用。

管片的连接有沿隧道纵轴的纵向连接和与纵轴垂直的环向连接。管片的连接方式有：螺栓连接、无螺栓连接和销钉连接。

螺栓连接可分为纵向连接螺栓和环向连接螺栓两种。

采用错缝拼装时，为了曲线段施工方便，一般将纵向连接螺栓沿圆周等距离分置。为了均匀的向衬砌背后进行回填注浆，管片上还应设置一个以上的注浆孔，其直径一般由所用的注浆材料决定，通常其内径为 50 mm 左右。

盾构法隧道的管片上必须考虑设置起吊环。混凝土平板型管片和球墨铸铁管片大多将壁后注浆孔同时兼作起吊环使用，而钢管片则需另设置起吊配件。

7.5 管片结构设计

7.5.1 设计原则

根据施工过程中的每个阶段和正常使用阶段的受力情况，选择最不利受力工况，根据不同的荷载组合，按承载能力极限状态和正常使用极限状态，对整体或局部进行受力分析，对结构强度、刚度、抗浮或抗裂进行验算。

7.5.2 荷载计算

(1) 水土压力

计算水土压力的方法有两种：一种是将水压力作为土压力的一部分来考虑；另一种是将水压力和土压力分开计算。通常前者适用于黏性土，后者适用于砂质土。对于稳定性好的硬质黏土及固结粉土也多以水土分算进行考虑。

1) 垂直土压力

将垂直土压力作为作用于衬砌顶部的均布荷载来考虑，其大小宜根据隧道的覆土厚度、隧道的断面形状、外径和围岩条件来决定。考虑长期作用于隧道上的土压力时，如果覆土厚度小于隧道外径（$H < 2D$），土的成平衡拱效果较弱，故采用全覆土压力，如图 7-15 所示。

$$p_{e1} = p_0 + \sum \gamma_i H_i + \sum \gamma_j H_j \tag{7-3}$$

$$H = \sum H_i + \sum H_j \tag{7-4}$$

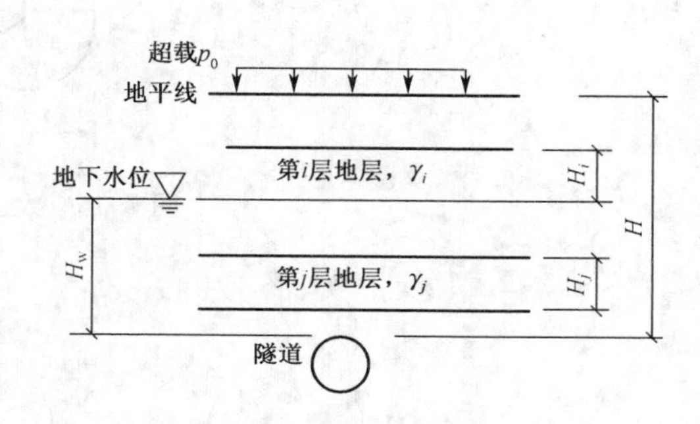

图 7-15 隧道及其周围土体剖面

式中 γ_i ——在潜水位以上的第 i 层土的单位重度(kN/m³)；

H_i ——在潜水位以上的第 i 层土的厚度(m)；

γ_j ——在潜水位以下的第 j 层土的单位重度(kN/m³)；

H_j ——在潜水位以下的第 j 层土的单位重度(m)；

p_0 ——超载(kPa)；

γ——土的重度(kN/m³)；

γ' ——土的有效重度(kN/m³)；

c——土的粘聚力(kPa)；

c' ——地下水位以下的粘聚力(kPa)；

φ——土的内摩擦角(°)；

φ' ——地下水位以下土的内摩擦角(°)；

H_w ——在隧道拱部以上地下水位高度(m)；

H——土的覆盖层厚度(m)；

D——管片外直径(m)。

当覆土厚度大于隧道外径 ($H > 2D$) 时，地基中产生成拱效应的可能性较大，采用松弛土压力。在砂质土中，当覆土厚度大于 $(1 \sim 2)D$ 时多采用松弛土压力；在黏性土中，如果由硬质黏土 ($N \geqslant 0$) 构成的良好地基，当覆土厚度大于 $(1 \sim 2)D$ 时多采用松弛土压力；对于中等固结的黏土 ($4 \leqslant N < 8$) 和软黏土($2 \leqslant N < 4$)，按土层不能成拱考虑，将隧道的全覆土重力作为土压力。

一般来说，当垂直土压力采用松弛土压力时，考虑到施工时的荷载以及隧道竣工后的变动，多设定一个土压力的下限值。垂直土压力的下限值一般将其取为相当于隧道外径 2 倍的覆土厚度的土压力值。

当土层为互层分布时，以地层构成中的支配地层为基础，将地层假设为单一土层进行计算或者以互层的状态进行松弛土压力的计算。

松弛土压力的计算，通常采用太沙基公式，如图 7-16。

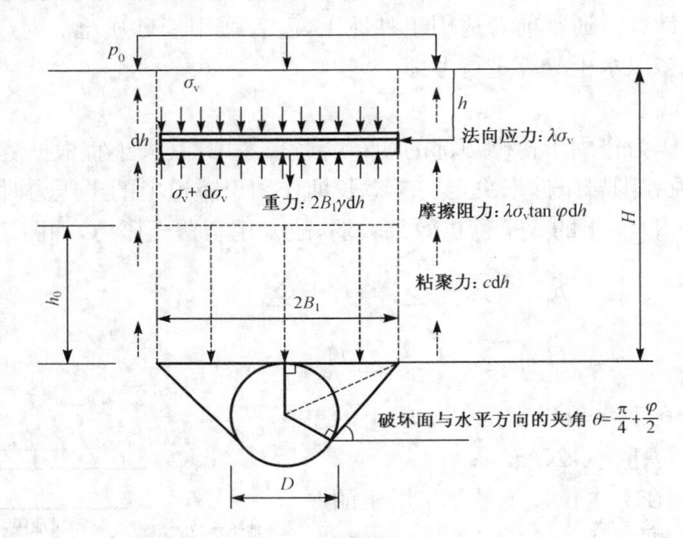

图 7-16　太沙基公式土压力计算图

$$B_1 = \frac{D}{2}\cot\left(\frac{\pi}{8} + \frac{\varphi}{4}\right) \tag{7-5}$$

$$h_0 = \frac{B_1\left(1 - \frac{c}{B_1\gamma}\right)\left[1 - \exp\left(-K_0\frac{H}{B_1}\tan\varphi\right)\right]}{K_0\tan\varphi} + \frac{p_0\exp\left(-K_0\frac{H}{B_1}\tan\varphi\right)}{\gamma} \tag{7-6}$$

式中　B_1——隧道拱部松动区宽度一半(m)；

K_0——侧压力系数。

如果隧道位于潜水位以上

$$p_{e1} = \gamma h_0 \tag{7-7}$$

如果 $h_0 < H_w$，则太沙基公式

$$p_{e1} = \gamma' h_0 \tag{7-8}$$

在 $\dfrac{p_0}{\gamma}<H$ 的情况下，则采用

$$h_0=\frac{B_1\left(1-\dfrac{c}{B_1\gamma}\right)\left[1-\exp\left(-K_0\dfrac{H}{B_1}\tan\varphi\right)\right]}{K_0\tan\varphi}$$

$$p_{e1}=\gamma h_0=\frac{B_1\left(\gamma-\dfrac{c}{B_1}\right)\left[1-\exp\left(-K_0\dfrac{H}{B_1}\tan\varphi\right)\right]}{K_0\tan\varphi} \tag{7-9}$$

2）水平土压力

从隧道衬砌拱部至底部，作用于衬砌形心处的水平土压力为一均布荷载。它的大小由垂直土压力乘以侧压力系数确定，如图 7-17 所示。

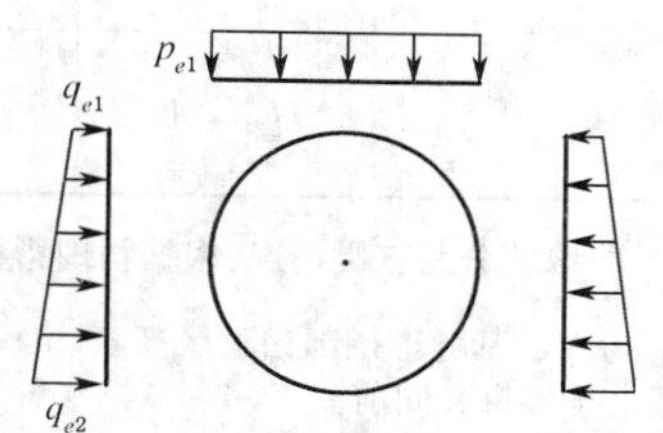

图 7-17　作用在衬砌上的土压力

在难以获得抗力弹性抗力的情况下，可以采用静止土压力系数 K_0。在考虑弹性抗力的情况下，可以使用主动土压力系数作为侧压力系数或者采用静止土压力系数适当的折减后进行计算，设计计算采用的侧向土压力系数的值一般介于静止土压力系数与主动土压力系数之间。一般来说，侧向土压力系数可按表 7-3 所示范围采用，根据地基反力系数 k 的关系来进行确定。当无试验值时，可以参照表 7-4 计算公式计算。

表 7-3　根据标准贯入度试验的 N 值确定 K_0 和 k 值

土种类	K_0	k	N
极密实的砂	0.35～0.45	30～50	$30\leqslant N$
非常硬的黏土	0.35～0.45	30～50	$25\leqslant N$
密实砂性土	0.45～0.55	10～30	$15\leqslant N<30$
硬黏性土	0.45～0.55	10～30	$8\leqslant N<25$
黏性土	0.45～0.55	5～10	$4\leqslant N<8$
松砂性土	0.50～0.60	0～10	$N<15$
软黏性土	0.55～0.65	0～5	$25\leqslant N<4$
非常软的黏性土	0.65～0.75	0	$N<2$

注：k——地基反力系数。

表 7-4　土压力计算公式表

约束条件		p_{e1}	q_{e1}	q_{e2}
$H_w\geqslant 0$	$H<2D$	$p_0+\sum\gamma(H-H_w)+\sum\gamma' H_w$	$K_0\left(p_{e1}+\gamma'\dfrac{t}{2}\right)$	$K_0\left[p_{e1}+\gamma'\left(2R_c+\dfrac{t}{2}\right)\right]$
	$H\geqslant 2D$ 且 $h_0\geqslant H_w$	$\sum\gamma(h_0-H_w)+\sum\gamma' H_w$		
	$H\geqslant 2D$ 且 $h_0<H_w$	$\sum\gamma h_0$		

（续　表）

约束条件		p_{e1}	q_{e1}	q_{e2}
$-2R_c \leqslant H_w < 0$	$H < 2D$	$p_0 + \sum \gamma H$	$K_0\left(p_{e1} + \gamma \frac{t}{2}\right)$	$K_0\left[p_{e1} + \gamma'\left(2R_c + \frac{t}{2} + H_w\right) + \gamma(-H_w)\right]$
	$H \geqslant 2D$	$\sum \gamma h_0$		
$H_w < -2R_c$	$H < 2D$	$p_0 + \sum \gamma H$	$K_0\left(p_{e1} + \gamma \frac{t}{2}\right)$	$K_0\left[p_{e1} + \gamma\left(2R_c + \frac{t}{2}\right)\right]$
	$H \geqslant 2D$	$\sum \gamma h_0$		

注：取值分为三类情况：根据物理指标；$K_0 = \frac{\mu}{1-\mu}$；砂性土：$K_0 = 1 - \sin\varphi$；软土或非常软的黏土：$K_0 = 0.80 \sim 0.85$。h_0 为太沙基隧道拱部松动区高度（m）；t 为衬砌管片厚度（m）；R_c 为形心半径（m）；K_0 为土的侧压力系数；μ 为土的泊松比，其余符号意义同前。

水平土压力也可以用五边形模型估计为均载或均匀可变荷载。可按图 7-18 中计算水平土压力 q_e 如下

$$q_e = \frac{q_{e1} + q_{e2}}{2} \tag{7-10}$$

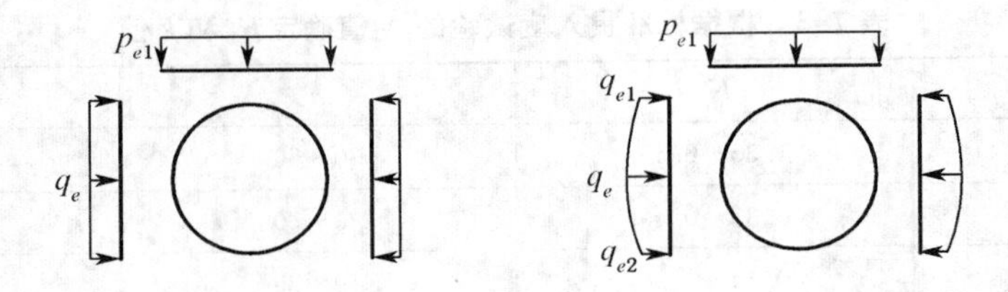

图 7-18　作用在衬砌上的五边形土压力模型

p_{e1} ——衬砌拱部的垂直土压力（kPa）；q_{e1} ——衬砌拱部的水平土压力（kPa）；
q_{e2} ——衬砌底部的水平土压力（kPa）

3）水压力

一般情况下作用在衬砌上的水压力为静水压力，如图 7-19 所示。但为了简化计算，也可以将水压力分为两种情况：拱顶以上和隧道底以下其值分别为该处静水压力相等的均布垂直水压力，由拱顶至隧道底两侧的水压力取为均匀变化的水平荷载，其值分别为拱顶和隧底处的静水压力相等，如图 7-20 所示。

由于隧道开挖，水的重力作为浮力作用在衬砌上。若拱顶处的垂直土压力和衬砌自重的合力大于浮力，其差值将是作用在隧道底的垂直土压力（地基抗力）。而当作用于衬砌顶部的垂直荷载（减去水压力）与衬砌自重的和小于浮力时，在衬砌顶部的地层中必须产生足够大的土压力以抵抗浮力作用。这种现象出现在隧道覆土厚度小、地下水位高以及地震时容易发生液化的地基中。如果顶部难以产生与浮力相当的抗力时，隧道会上浮。

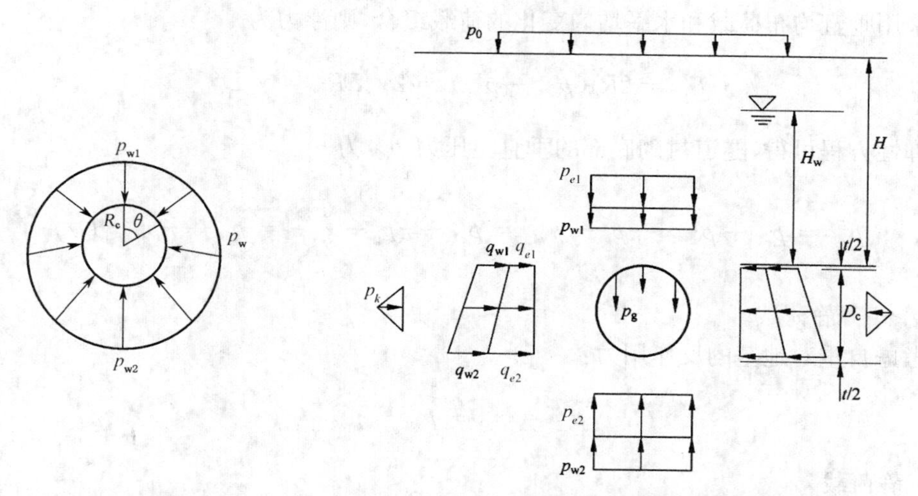

图 7-19　静水压力　　　　**图 7-20　弹性方程方法荷载条件**

若采用静水压力，则管片上各点处的水压力为

$$p_{w} = \gamma_{w}\left[H_{w} + \frac{t}{2} + R_{c}(1 - \cos\theta)\right] \tag{7-11}$$

式中　p_w——水压力(kPa)；

γ_w——水的重度(kN/m³)；

θ——隧道上任意一点与垂直方向的夹角(°)。

若采用垂直均布荷载和水平均布变化的荷载组合，则衬砌水压力计算如下：

作用在衬砌拱部的垂直水压力 p_{w1} 为

$$p_{w1} = \gamma_{w} H_{w} \tag{7-12}$$

作用在衬砌底部的垂直水压力 p_{w2}

$$p_{w2} = \gamma_{w}\left[H_{w} + 2\left(\frac{t}{2} + R_{c}\right)\right] = \gamma_{w}(H_{w} + D) \tag{7-13}$$

作用在衬砌拱部的水平水压力 q_{w1} 为

$$q_{w1} = \gamma_{w}\left(H_{w} + \frac{t}{2}\right) \tag{7-14}$$

作用在衬砌底部的水平水压力 q_{w2} 为

$$q_{w2} = \gamma_{w}\left(H_{w} + \left(\frac{t}{2} + 2R_{c}\right)\right) \tag{7-15}$$

若采用静水压力，则浮力 F_w 为

$$F_{w} = \gamma_{w}\pi R_{c}^{2} \tag{7-16}$$

若采用垂直均布荷载和水平均匀变化的荷载组合，则浮力为

$$F_w = 2R_c(p_{w2} - p_{w1}) = 2\gamma_w DR_c = \gamma_w D^2 \tag{7-17}$$

由弹性方程可得，隧道衬砌底部的垂直土压力 p_{e2} 为

$$p_{e2} = p_{e1} + p_{w1} + \pi p_g - p_{w2} = p_{e1} + \pi p_g - \frac{F_w}{2R_c} = p_{e1} + \pi p_g - D\gamma_w \tag{7-18}$$

式中 p_g——静荷载。

不考虑自重对地基的反作用力：

$$p_{e2} = p_{e1} + p_{w1} - p_{w2} \tag{7-19}$$

(2) 静荷载

静荷载是作用于隧道横断面形心上的垂直方向荷载，一次衬砌的静荷载按下式计算：

$$p_g = \frac{W}{2\pi R_c} \tag{7-20}$$

式中 W——沿隧道轴线方向每米衬砌的重量(kN)。

如果断面是矩形

$$p_g = \gamma_c t \tag{7-21}$$

式中 γ_c——混凝土单位重度(kN/m^3)。

(3) 地面超载

地面超载增加了作用于衬砌上的土压力，道路交通荷载、铁路交通荷载、建筑物的重量作用于衬砌上的力即为地面超载。

公路车辆荷载：$p_0 = 10\ kN/m^2$；铁路车辆荷载：$p_0 = 25\ kN/m^2$；建筑物的重量：$p_0 = 10\ kN/m^2$。

(4) 地基反作用力

当计算衬砌中的内力时，必须确定地基反力的作用范围、大小及方向。地基反力通常分两种：独立于地基位移而定的反力 p_{c2}；从属于地基位移而定的反力。实际上前者是作为与给定荷载相平衡的反力，预先假定其均匀分布；后者认为与衬砌的地基位移相关而产生的，并与地层的位移成比例因子定义为地基反作用力系数。这个因子的取值决定于围岩刚度和衬砌半径。

地基反力的常用计算方法中，对垂直方向与地基位移无关的地基反力，取与垂直荷载相平衡的均布反力；对于水平方向的地基反作用力，是伴随衬砌向围岩方向的变形而产生，故在衬砌水平直径上下45°中心角范围内，采用以水平直径为顶点，三角形分布的地基抗力。按作用在水平直径点地基抗力大小与衬砌向围岩方向的水平变形成正比进行计算，如图7-21所示。

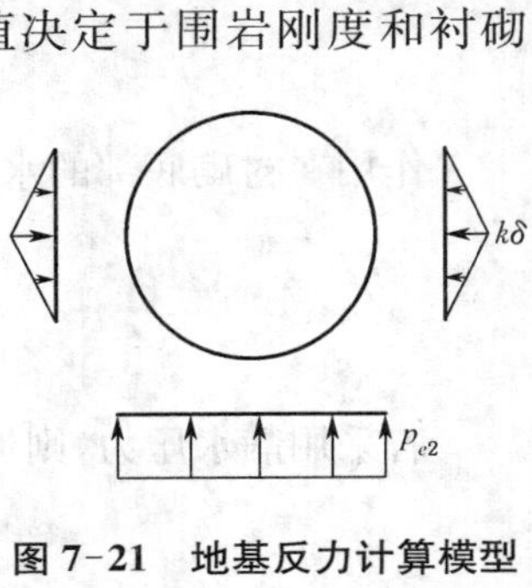

图7-21 地基反力计算模型

(5) 内部荷载

应核算隧道拱部悬挂设备或内部水压力而引起的荷载的安全性。

(6) 施工时期的荷载

以下荷载是施工时作用在衬砌结构上的荷载：

①盾构顶进推力：当管片生产时，应测试管片抵抗盾构顶进推力的强度，为了分析盾构千斤顶推力对管片的影响，设计者应该检查由于偏心而引起的剪力和弯矩，包括允许极限放置时的情况；②运输和装卸时的荷载；③背后注浆压力；④直立操作时的荷载；⑤其他荷载：储备车厢的静载、管片调整形状时的千斤顶推力、切割挖掘机的扭转力等。

盾构千斤顶推力是最主要的力，其他压力随着荷载条件的给定均取某一参考值

$$F_s = (700 \sim 1\,000)\pi \frac{D^2}{4} \tag{7-22}$$

式中　F_s ——盾构千斤顶推力(kN)。

(7) 地震影响

通常使用静态分析法，例如：地震变形法、地震系数法、动力学分析法等。地震变形法通常适用于调查隧道地震变形。

(8) 其他荷载

如果需要，应该检查邻近隧道对开挖的影响和不均匀沉降的影响。

7.5.3　衬砌内力计算

管环构造模型因管片接头力学处理方式的不同而异，分类如下：

(1) 假定管片环是弯曲刚度均匀的环的方法

这种模型有考虑和不考虑管环接头抗弯刚度降低两种模型。

① 不考虑管片接头抗弯刚度降低，把管环认为是具有和管片主截面同样刚度 EI，且抗弯刚度均匀的环。

在该法中，水压力按垂直均布荷载和水平均匀变化荷载的组合计算。垂直方向的地基抗力、水平方向的地基抗力则假定为自环顶部向左右各 45°～135°范围内的三角形分布荷载，是以隧道的起拱点位顶点的等腰三角形；其大小与位移的大小成正比，符合温克尔假定，如图7-22所示，内力计算如图 7-23 所示。但该法不适用于下列情况：由于土壤条件变化而产生的非均布变化的荷载；有偏压荷载。

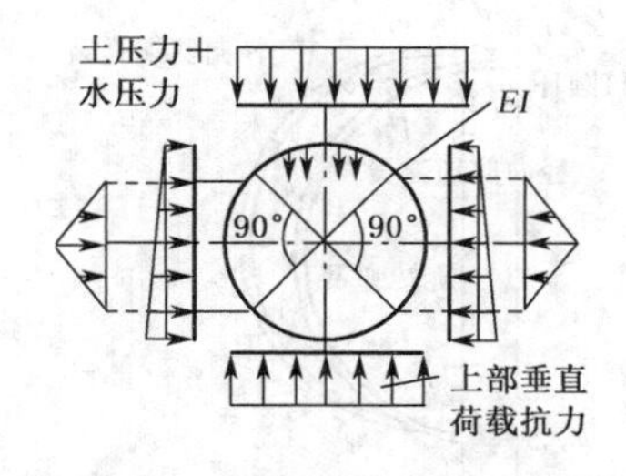

图 7-22　等弯曲刚度环计算模型

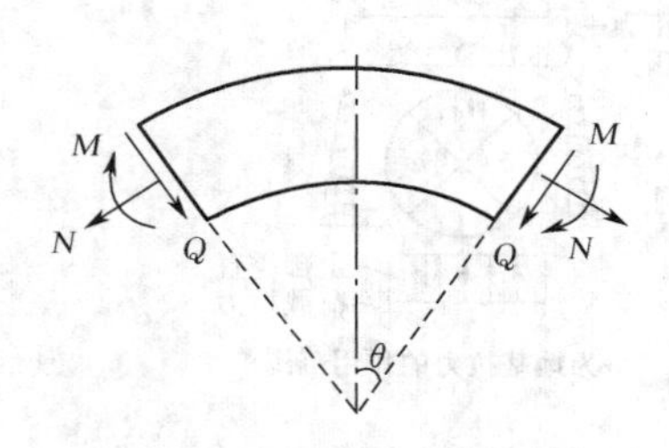

图 7-23　管片截面内力

管片截面内力的计算可用按结构力学方法进行计算。

② 考虑管片接头抗弯刚度降低，把管环认为是具有均匀抗弯刚度(为接头的抗弯刚度)的环。

因管片有接头，故对其整体刚度有影响，可以将接头部分弯曲刚度的降低评价为环整体刚度的降低，但仍然将其作为抗弯刚度均匀的圆环处理，如图7-24所示。将整体圆环刚度折减，为ηEI，刚度折减系数$\eta<1$。通常情况下，取η为0.6～0.8。系数η因管片种类、管片接头的结构形式、环相互交错联结的方法和结构形式而有所不同，目前系数η是根据实验结果和经验来确定的。

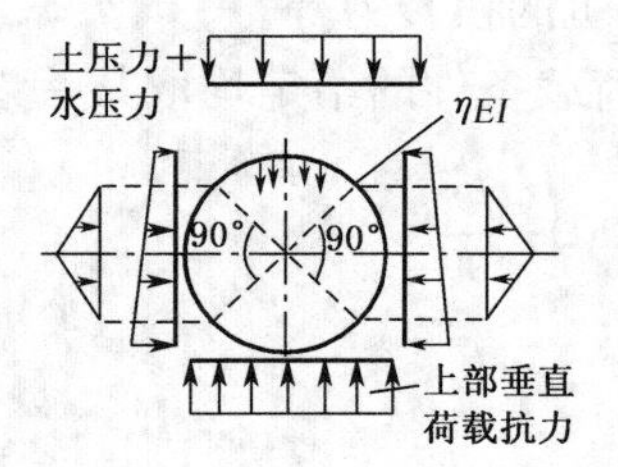

图7-24 平均等弯曲刚度计算模型

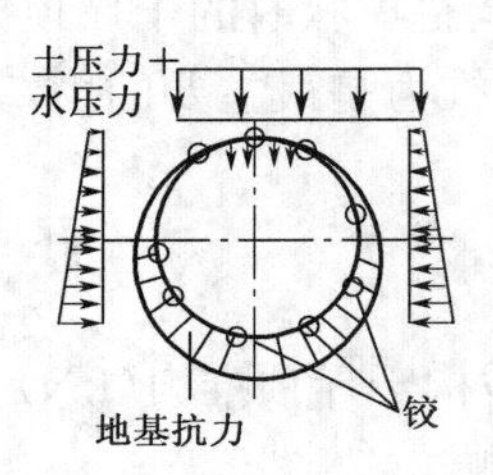

图7-25 多铰圆环计算模型

(2) 假定管片环是多铰环的方法

这种计算方法是一种把接头作为铰接接头的解析法，如图7-25所示。多铰环本身是非静定结构，只有在隧道围岩的作用下才会成为静定结构，并假定沿圆环分布有均匀的径向地基反力。作用于管环上的荷载以主动土压力方式作用。地层反力通常按温克尔假定进行计算。

采用该模型进行计算，得出的管片衬砌截面弯矩相当小，故采用此种模型进行设计是比较经济的。但是必须要求隧道周围的围岩比较好，能够提供足够的抗力。因此，铰接圆环模型适用通缝拼装的管片衬砌和围岩条件比较良好的情况，在英国和俄罗斯等欧洲国家使用较多。

(3) 假定管片环是具有旋转弹簧的环并以剪切弹簧评价错缝接头拼装效应的方法(梁—弹簧模型)

该方法是将管片主截面简化为圆弧梁或者直线梁构架，将管片接头看成为旋转弹簧，将环接头看成为剪切弹簧的构造模型，将其弹性性能用有限元法进行分析，计算截面内力。这种模型可用于计算由于管片接头引起的管片环的刚度降低和错缝接头的拼装效应。如图7-26和图7-27所示。

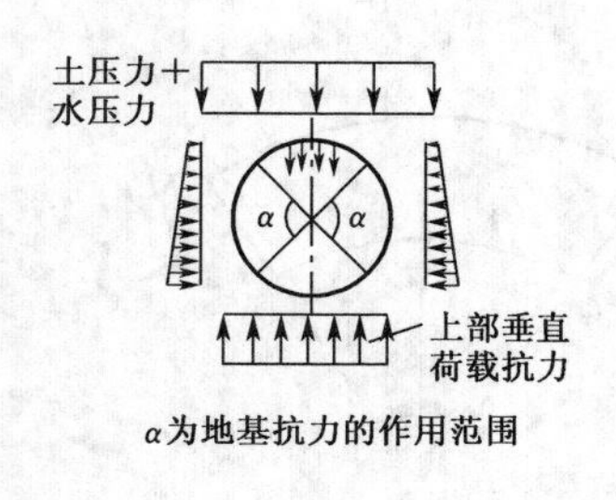

图7-26 梁—弹簧计算模型

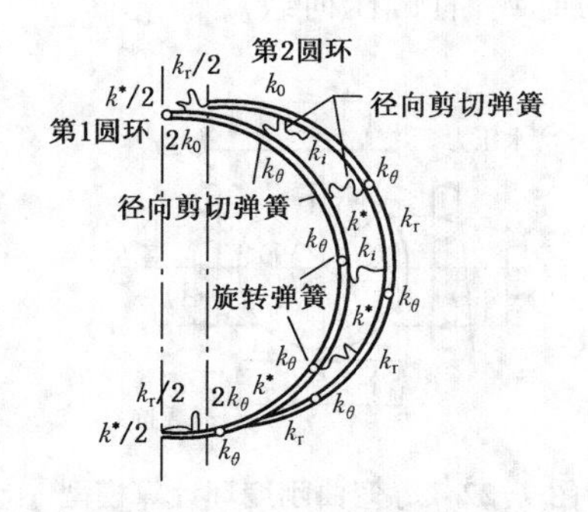

图7-27 同时考虑旋转弹簧和剪切弹簧的圆环

7.6 盾构法隧道施工

先在隧道某段的一端建造竖井或基坑，以供盾构安装就位。盾构从竖井或基坑的墙壁开孔处出发，在地层中沿着设计轴线，向另一竖井或基坑的设计孔洞推进。盾构推进中所受到的地层阻力，通过盾构千斤顶传至盾构尾部已拼装的预制隧道衬砌结构，再传到竖井或基坑的后靠壁上。

1）竖井

竖井是用于盾构设备的运入、运出、转向、组装、解体、出渣以及设备材料的运入运出，施工人员的出入，供电、给排水、通风等的作业坑道。

2）衬砌

衬砌是承受盾构隧道周围的土压力、水压力以确保隧道净空的结构物。衬砌分为一次衬砌和二次衬砌。在盾构隧道中，一次衬砌通常采用的是装配式管片环，二次衬砌是在一次衬砌内侧现浇的混凝土。

一般而言，盾构法隧道中，管片衬砌为隧道的主体结构，用于承受荷载，而二次衬砌多用于管片衬砌防蚀、防渗、校正中心线偏离、使表面光洁和隧道内部装饰等。

3）壁后注浆

壁后注浆是指在盾构隧道的管片衬砌与围岩之间的空隙内注入填充材料的施工过程。壁后注浆的目的是为了防止地层变形，防止管片漏水确保管片环的早期稳定及防止隧道的蛇行等。

4）二次注浆

二次注浆是对壁后注浆的补充注浆。有三种情况需要进行二次注浆，一是一次注浆后未完全填充；二是一次注浆的体积缩减部分的补充注入；三是为了提高抗渗透等施工效果而进行的二次注浆。

盾构隧道施工流程如图 7-28 所示。

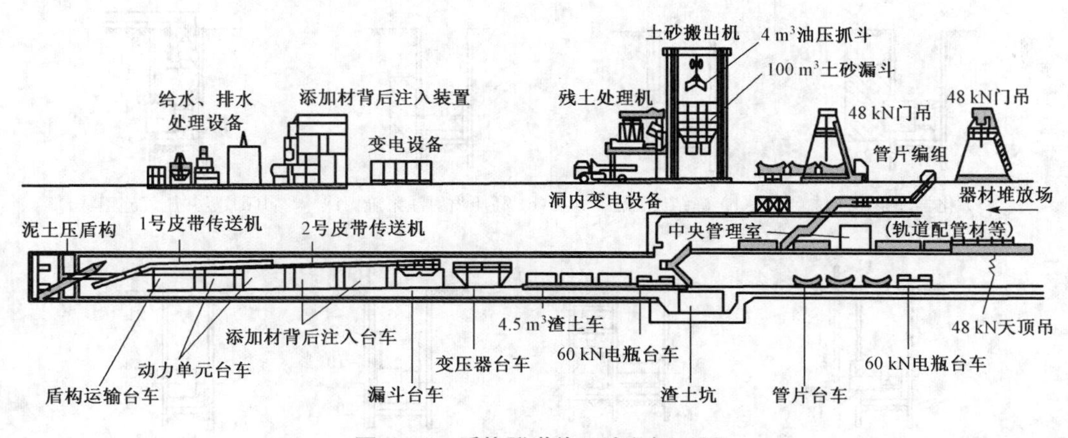

图 7-28　盾构隧道施工流程概况图

7.6.1 盾构机的始发和到达

盾构机的始发，系指在始发竖井内利用临时组装的管片、反力台架等设备，使台架上的盾构机推进,从井壁上的到达口处贯入地层,并沿着规定路线掘进的一系列作业。盾构机到达,系指盾构机推进到达竖井的井壁处,从井内侧把井壁上的进发口挡土墙拆除,随后盾构机推进进入井内台架上的一系列作业。进发和到达作业是盾构机掘进施工中最容易产生事故的两道工序,也是最关键的两道工序。

根据拆除临时挡土墙方法和防止掘削面地层坍塌方法的不同,进发工法有以下几种类型:

① 掘削面自稳法,是采取加固措施使掘削地层自稳,随后盾构机在加固过的自稳地层中掘进,加固方法采用较多的注浆加固法、高压喷射法、冻结法。

② 双重钢板桩法,是把进发竖井的钢板桩挡土墙做成两层。拔除内层钢板桩后盾构机掘进,由于外层钢板桩的挡土作用,可以确保外侧土体不会坍塌,即确保盾构稳定掘进。当盾构推进到外层钢板桩前面时,停机拔除外侧钢板桩,由于内、外钢板桩间的加固土体的自稳作用,完全可以维持到外侧钢板桩拔除后的盾构机的继续推进。

③ 开挖回填法,是把进发竖井做成长方形(长度大于 2 倍盾构机的长度),井中间设置隔墙,(或者构筑两个并列竖井),一半作盾构机组装进发用,当盾构机推进到另一半井内时回填。出于回填土的隔离支承作用,可以确保拔除终边井壁钢板桩时地层不坍塌,为盾构安全贯入地层提供了可靠的保障。

④ SMW 拔芯法,是用 SMW 法挡土墙作竖井进发墙体,盾构机进发前拔除芯材工字钢,随后盾构进发掘削没有芯材的井壁。

⑤ NOMST 工法和 EW 工法,是可以用盾构刀具直接掘削进发的工法。NOMST 工法的特点是进发口墙体材料特殊,可用刀具直接掘削,但不损破刀具,该工法进发作业简单,无需辅助工法,安全性可靠性好;EW 工法的原理是盾构进发前,通过电蚀手段,把挡土墙中的芯材工字钢腐蚀掉,给盾构直接进发掘削带来方便,优点与 NOMST 工法相同。

进发作业,可以单独选用图 7-29 中的任何一种工法,也可选用其组合工法。具体选用哪种工法,取决于地质、地下水、覆盖层、盾构直径、盾构机型、施工环境等因素,同时还应考虑安全性、施工性、成本、进度等要求。

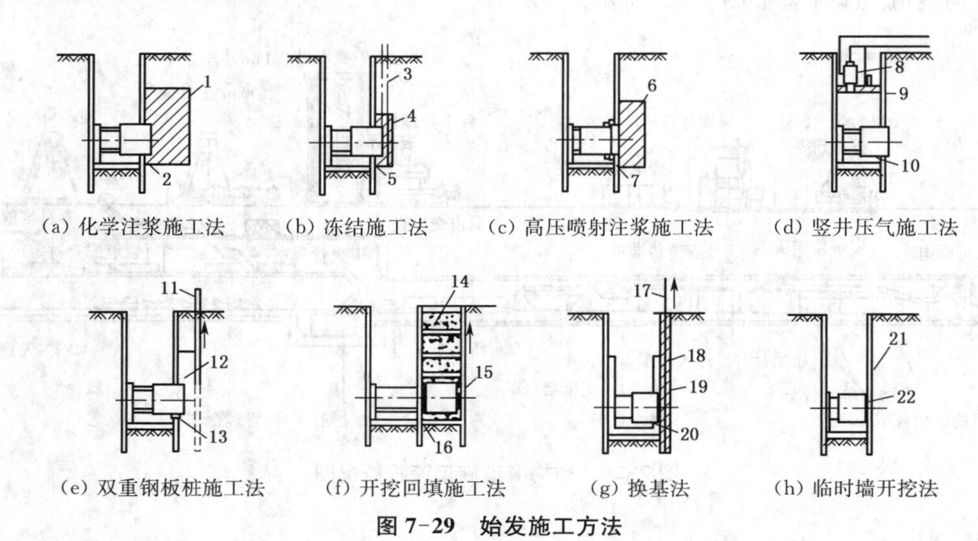

(a) 化学注浆施工法　(b) 冻结施工法　(c) 高压喷射注浆施工法　(d) 竖井压气施工法

(e) 双重钢板桩施工法　(f) 开挖回填施工法　(g) 换基法　(h) 临时墙开挖法

图 7-29　始发施工方法

1. 化学注浆施工改良范围,2,5,7,10,13,20. 入口衬垫,3. 冻结管,4. 冻土墙,6. 高压喷射注浆改良范围,8. 锁气室,9. 气压板,11,15. 钢板桩,12. 化学注浆范围,14. 开挖回填段,16. 防渗混凝土,17. 工字钢,19. 泥浆固化墙,21. 直接开挖临时墙后始发,22. 灰浆或泡沫灰浆盾构机的到达施工方法有两种：一种是盾构机到达后拆除到达竖井的挡土墙再推进；该方法是将盾构机推进到到达竖井的挡土墙外，利用地层加固使地层自稳，同时拆除挡土墙，再将盾构机推进到指定位置。该方法拆除挡土墙时，盾构机刀盘与到达竖井间的间隙小，故自稳性强，但由于工序少，施工性好，而被广泛采用，因盾构机再推进时地层易发生坍塌，所以多用于地层稳定性好的中小断面盾构工程。

另一种是事先拆除挡土墙，再推进到指定位置。该工法事先要拆除挡土墙，所以要在拆除前进行高强度的地层加固，在井内构筑易拆除的钢制隔墙；然后从下至上拆除挡土墙，用水泥土或同配比砂浆顺次充填地层及加固体与隔墙间的空隙，完全换成水泥土或同配比砂浆后，将盾构机推进到隔墙前，拆除隔墙，完成到达。因不让盾构机再次推进，有防止地层坍塌之效果，洞口防渗性也很强，但地层加固的规模增大，而且必须设置隔墙，故扩大了到达准备作业的规模。这种方法多在大断面盾构工程中使用。

7.6.2 盾构机的掘进

盾构机掘进必须根据围岩条件，保证工作面的稳定，适当的调整千斤顶的行程和推力，沿所定线路方向准确的进行掘进。掘进时应注意以下问题：

正确的使用千斤顶所需台数和需要的位置，使之产生推力按设计的线路方向行走，并能进行必要的纠偏。

为使盾构在计划线路上正确推进，预防偏移、偏转及俯仰等现象的发生，盾构隧道施工前，应在地表进行中线及纵断面测量，以便建立施工所必需的基准点。施工时必须精密的把中心线和高程引入到竖井中，以便进行施工中的管理测量，使组装的衬砌和盾构在隧道的计划位置上。

盾构掘进时，必须随时掌握盾构的位置和方向，在适当的位置施加推力。通过曲线、变坡点或修正蛇行行为，可使用部分千斤顶，为尽力使千斤顶中心线与管片表面垂直，在掘进时可采用楔形衬砌环或楔形环。

由于地层软弱或管片结构构造等原因，当盾构前倾，推进时可在盾构前方的底部铺筑混凝土，或用化学注浆法加固地基，或在盾构前面的底部设翘曲版等。

7.6.3 辅助工法

辅助工法，是指在盾构隧道修建过程中稳定地层及保护环境的辅助措施，主要分为两类，即稳定地层的辅助工法和保护环境的辅助工法。常用的施工方法有压气法、降水法、注浆法和冻结法等。

1）压气法

压气盾构工法，即对整条隧道或隧道的局部区段压气（气压等于或稍大于地下水压），以此阻止盾构掘削面处的地下水涌入及掘削面土体坍塌。从而确保盾构机稳定顺利的掘削地层、排出掘削弃土及推进构筑隧道的工法。

设定压气压力的原则，通常按确保掘削面稳定和防止涌水所必需的最小气压设定，以免对环境及周围地域产生不良影响。

2）降水法

降低地下水位法是为了防止滞水砂地层向掘削面涌水致使掘削面坍塌，而把地层中的地下水排除使地下水位降低的工法。但是在都市采用时，因排水量大，存在无法隔离处理，易发生土质脱水压密沉降和使水井枯竭等问题。

降低地下水位法的适用地层从粉砂到砂砾层，包括井点法和深井法两种。

3）注浆法

用压送的手段使浆液（可以生成凝胶、固结体的液体）渗入地层土体颗粒间隙或填充地层中的裂隙（或空洞），浆液固结后地层的物理和力学性质得以改善。这种通过注浆来改变地层特性的方法称为注浆加固工法，也称为化学注浆或化学灌浆（简称化注或化灌）。浆液及浆液注入地层去的方式（注入方式）是该工法的关键。

注浆浆液的种类很多，目前工程中应用较多的有水泥浆液、水玻璃浆液和高分子浆液等。水泥浆液又包括一般纯水泥浆液、膨润土水泥浆液、带填料的水泥浆液、特殊水泥浆液以及超细水泥浆液等。

注入方式分为：从地表进行注入，不妨碍施工，不影响盾构掘进；从隧道内进行，必须停止盾构施工；利用导洞进行施工，必须先进行导洞施工。

4）冻结法

用冷却的手段使地层中的地下水冻结成冰，结冰后地层的强度大为提高，且地下水不再流动，这种加固地层的方法为冻结法。通常，该法多在其他辅助加固工法很难实现加固的场合下选用。

冻结法在盾构施工中应用主要有几个方面：盾构始发或者到达竖井时竖井外侧的地层加固；平行隧道间连接通道施工时的地层加固；盾构隧道分岔、汇合施工时的地层加固；两台盾构对接时的地层加固；盾构隧道掘进线路旁结构物的保护施工；大深度竖井修建中形成临时止水墙。

与其他地层加固辅助工法相比，冻结法的优点是：因该工法的工作原理是热传导原理，所以有效性与土质种类无关，从黏土层到砂砾层均有效。同时加固范围内的土体的加固效果均匀。冻土的力学性质的改善程度明显。冻土粘聚力大，止水效果彻底可靠。冻结范围可以预测，且检查容易。冻结施工管理简单，易于确保质量。施工对地层无破坏，对地下水无污染。自然解冻时间长，所以即使在冷却源停止、机械发生故障等条件下，仍可短暂正常施工。

7.7 盾构隧道结构防排水

在防水特点上，盾构法施工除了具有与新奥法一样的工作面狭小、结构施工缝多、难于实现结构的全外包防水等特点外，还面临结构不均匀沉降、所处围岩水压较高等困难。目前，盾构法修建的隧道绝大部分仍然采用由钢筋混凝土管片拼装而成的衬砌结构，其防水工作包括管片自身防水、管片接缝防水、螺栓孔和注浆孔密封防水、充填注浆、盾尾密封和渗漏处理等。

7.7.1 管片防水

管片防水包括管片本体防水和管片外防水涂层。根据隧道所处的水文地质条件，应对管片本体的抗渗性能作出明确规定，一般要求其抗渗标号不小于 P8，渗透系数不大于 10^{-11} m/s 对于钢筋混凝土管片来说，制作质量、工艺和外加剂的使用对提高管片本体的抗渗性效果明显。

管片外防水涂层需根据管片材质而定，对钢筋混凝土管片而言，一般要求如下：涂层应能在盾尾密封钢丝刷与钢板的挤压摩擦下不损伤；当管片弧面的裂缝宽度达 0.3 m 时，仍能抗 0.6 MPa 的水压，长期不渗漏；涂层应具有良好的抗化学腐蚀性能、抗微生物侵蚀性能和耐久性；涂层应具有防迷流的功能，其体积电阻率、表面电阻率要高；涂层应具有良好的施工季节适应性，施工简便，成本低廉。

7.7.2 管片接缝防水

管片接缝防水包括管片间的弹性密封垫防水、隧道内侧相邻管片间的嵌缝防水及必要时向接缝内注入氰氨酯药液等。其中，弹性密封垫防水最可靠，是接缝防水重点。

1）弹性密封垫防水

（1）弹性密封垫的功能要求

一般情况下，要求弹性密封垫能承受实际最大水压的 3 倍。衬砌环缝的密封垫还应在衬砌产生纵向变形时，保持在规定水压力作用下不透漏水，即密封垫在设计水压下的允许开张值应大于衬砌在产生纵向挠曲时环缝的开张值，可表示为：

$$\delta \leqslant \frac{BD}{\rho_{\min} - \frac{D}{2}} + \delta_o + \delta_s \tag{7-23}$$

式中 δ——环缝中弹性防水密封垫在设计水压下允许的缝开张值；

D——衬砌外径；

B——管片宽度；

$\rho_{\min}$——隧道纵向挠曲的最小曲率半径；

δ_o——生产和施工可能造成的环缝间隙；

δ_s——隧道邻近建筑物及桩基沉降等引起的隧道挠曲和接缝张开值。

同时，还要求密封垫传给密封槽接触面的应力大于设计水压力。接触面应力是由扭紧连接螺栓、盾构千斤顶推力、密封垫膨胀等因素产生的。此外，当密封垫一侧受压力作用时也会产生一定的接触面应力，即所谓“自封作用”。

（2）密封垫材料要求

实践证明，密封垫的材料性能极大地影响接缝防水的短期或长期效果，因此对它有严格的要求，尤其是对防水功能的耐久性，即要求密封垫能长期保持接触面应力不松弛。其他耐久性要求包括耐水性、耐动力疲劳性、耐干湿疲劳性、耐化学侵蚀性等。对水膨胀橡胶还要求能长期保持其膨胀压力。

密封材料之间及密封材料与管片之间应有足够的黏结性，而且不能影响管片的拼装精度，施工还要方便。

（3）密封材料种类

从密封材料的发展过程看，密封材料大致可以分为如下 3 类：单一的，如未硫化的异丁烯类、硫化的橡胶类、海绵类等；复合的，如海绵加异丁烯类加保护层、硫化橡胶加异丁烯类加保护层等；水膨胀的，如水膨胀橡胶。

可以说，水膨胀密封材料的出现，显著地改变了盾构法隧道的防水性；因为它吸水后膨胀产生的膨胀压力可以抵抗水压力，防止渗水，是今后的发展方向。

2）接缝嵌缝防水

接缝防水的另一措施就是在隧道内侧用防水材料进行嵌缝。

嵌缝槽的形状要考虑拱顶嵌缝时，不致使填料堕落、流淌，其深度通常为 20 mm，宽度为 12 mm。嵌缝材料应具有良好的水密性、耐侵蚀性、伸缩复原性，硬化时间短，收缩小，便于施工等特性。满足上述要求的材料有以环氧类、尿素树脂类为主的材料。

变形缝的嵌缝槽形状和填料必须满足在变形情况下，亦能止水的要求。

3）接缝注浆

接缝注浆是近年来开发的一种新技术，在管片的四边端面上设置灌注槽，管片拼装成环后，由隧道内向管片的灌注槽内压注砂浆或药液。要求压注的材料流动性好，具有膨胀性，固结后无收缩。接缝注浆常易引起衬砌变形，反而降低防水效果；故需对管片的形状和压注方法仔细考虑。也有文献建议，只有当接缝的密封垫防水和嵌缝防水施作后仍有漏水现象时才使用。

4）螺栓孔和压浆孔防水

螺栓与螺栓孔或压浆孔之间的装配间隙是渗水的重要通道，所采取的防水措施就是用塑性（合成树脂类、石棉沥青或铅）和弹性（橡胶或聚氨酯水膨胀橡胶等）密封圈垫在螺栓和螺孔之间，在拧紧螺栓时，密封圈受挤压充填在螺栓与孔壁之间，达到止水效果。

另一种防水方法是采用一种塑料螺栓孔套管，浇注混凝土预埋在管片内来使用，防水效果更佳。

密封圈应具有良好的伸缩件、水密性、耐螺栓拧紧力、耐老化等。为提高防水效果，螺栓孔口可做成喇叭状。由于螺栓垫圈会产生蠕变而松弛，为了提高止水效果，有必要对螺栓进行二次拧紧。施工时螺栓位置偏于一边的现象是经常发生的。应充分注意，必要时也可对螺栓孔进行注浆。

7.8 盾构法隧道施工监测

目前可用于盾构法隧道监测的规范标准有：《城市轨道交通工程监测技术规范》GB50911、《地下铁道工程施工及验收规范》GB 50299、《盾构法隧道施工与验收规范》GB 50446、北京《地铁工程监控量测设计规程》DB 11/490 及上海《城市轨道交通结构监护测量规范》DG/TJ 08—2170 等。

根据《城市轨道交通工程监测技术规范》GB 50911，按照工程等级，盾构法隧道管片结构和周围岩土体监测项目如表 7-5 所示。

表 7-5　盾构法隧道管片结构和周围岩土体监测项目

序号	监测项目	工程监测等级		
		一级	二级	三级
1	管片结构竖向位移	应测	应测	应测
2	管片结构水平位移	应测	选测	选测
3	管片结构净空收敛	应测	应测	应测
4	管片结构应力	选测	选测	选测

（续 表）

序号	监 测 项 目	工程监测等级		
		一级	二级	三级
5	管片连接螺栓应力	选测	选测	选测
6	地表沉降	应测	应测	应测
7	土体深层水平位移	选测	选测	选测
8	土体分层竖向位移	选测	选测	选测
9	管片围岩压力	选测	选测	选测
10	孔隙水压力	选测	选测	选测

详细的测点布设要求、监测频率等内容参见《城市轨道交通工程监测技术规范》GB 50911，其中规定的盾构法隧道管片结构竖向位移、净空收敛和地表沉降控制值应根据工程地质条件、隧道设计参数、工程监测等级及当地工程经验等确定，当无地方经验时，可按规范规定取值。

7.9 工程实例

7.9.1 上海长江隧桥工程

1）工程概况

上海长江隧桥工程是交通部确定的国家重点公路建设规划中的上海至西安高速公路重要组成部分。工程连接沪杭、沪宁高速公路网络，向北加快沟通南通、盐城、连云港以及山东等城市群，向南与杭州湾大桥相连，构筑起沿海高速公路大通道，不仅加快长三角经济一体化，对推动中西部地区发展也具有重要战略意义。

上海长江隧桥工程位于上海市东部，跨越长江口的南、北港，连接上海市陆域、长兴岛和崇明岛，最终通过崇明岛内高速公路及长江北支跨江工程与江苏启东市相连。工程采用“南隧北桥”的建设方案，起自浦东五号沟、与郊区环线相接，过长江南港水域，经长兴岛，再过长江北港水域，止于崇明陈家镇，接陈海公路，路线全长约 25.5 km。以隧道方式穿越长江南港水域，长约 8.9 km，以桥梁方式跨越长江北港水域，长约 10.3 km，长兴岛和崇明岛接线道路长约 6.3 km，如图 7-30 所示。

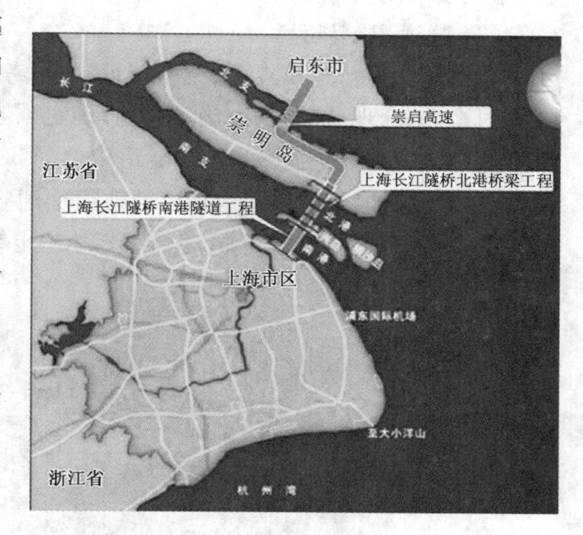

图 7-30 上海长江隧桥工程地理位置示意图

（1）隧道工程建设自然条件

隧道工程地处长江口，长江口系感潮河段，为中等强度的潮汐河口。河口外为正规半日潮，河口内受潮波变形影响，为非正规半日浅海潮。工程陆域属上海四大地貌单元中的“河口、砂嘴、砂岛”地貌类型，地面较平坦。水域部分则属河床地貌类型。主要穿越的地层为：④$_{1}$ 灰色淤泥质黏土、⑤$_{1}$ 灰色黏土、⑤$_{2}$ 灰色黏质粉土夹薄层粉质黏土；部分地段遇③$_{1}$ 灰色淤泥质粉质黏土、③$_{2}$ 灰色砂纸粉土、⑤$_{3t}$透镜体、⑦$_{1-1}$灰色砂质粉土、⑦$_{1-2}$灰色砂质粉土。沿线遇有液化土层、流塑软弱地层和承压含水层，以及流砂、管涌、浅层沼气等不良地质，如图 7-31 所示。

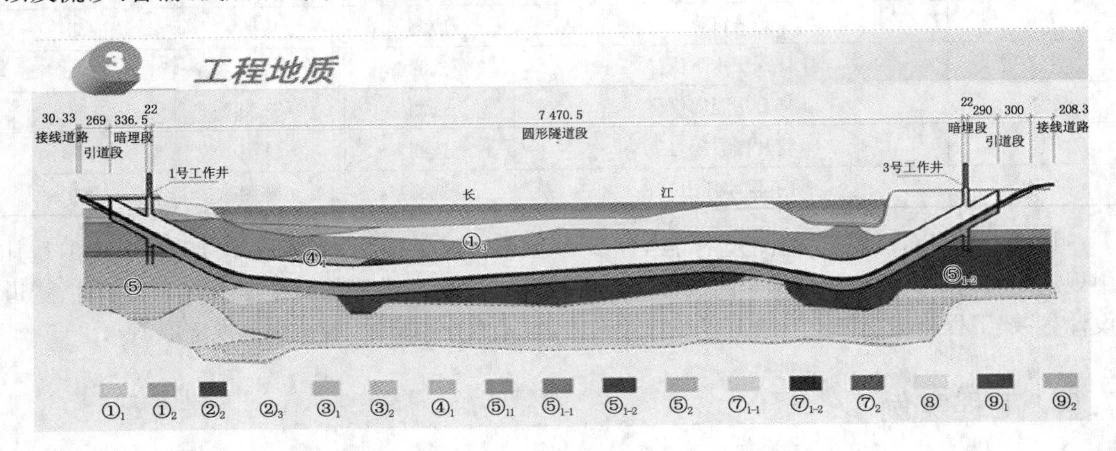

图 7-31　上海长江隧道工程地质剖面图

(2) 隧道工程规模

隧道按双向 6 车道高速公路标准设计，并在车道下预留轨道交通空间，抗震设防烈度为 7 度，设计使用年限 100a。工程包括浦东岸边段、江中段和长兴岛岸边段三部分，全长 8 955.26 m。其中浦东段长 657.73 m，长兴岛段长 826.93 m，江中段东线长 7 471.654 m，西线长 7 469.363 m，为双管盾构法隧道。隧道江中段剖面呈"W"形，纵坡按 0.3%、0.87%布置，路域段采用 2.9%纵坡。

(3) 隧道建筑设计

根据车辆通行建筑界限、设备布置要求，考虑曲线段衬砌拟合、施工等误差以及不均匀沉降等因素，结合现有的设计、施工经验，确定圆隧道的衬砌内直径为 13.7 m。隧道顶部设有火灾排烟用烟道，面积为 12.4 m^{2}；隧道中部为 3 车道的车行道，建筑限界净宽 12.75 m，车道净高 5.2 m；车行道下部中间为预留的轨道交通空间，左侧除布设地埋式变压器外，为主要的疏散通道，右侧空间为电缆管廊，包括 220 kV 电缆的预留空间，如图 7-32。

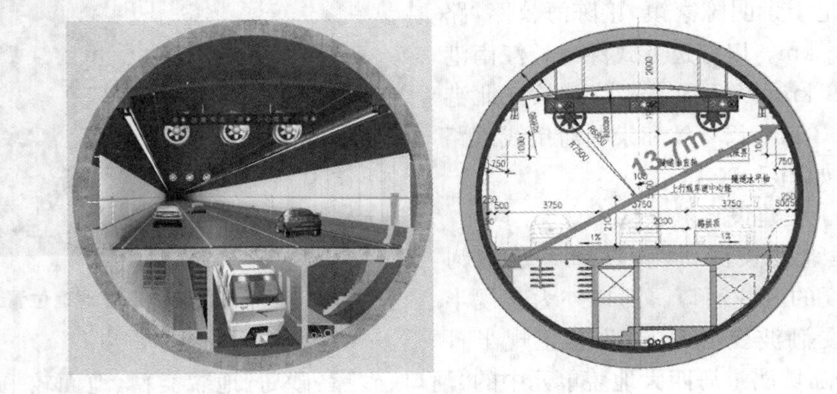

图 7-32　圆隧道横断面

(4) 隧道结构设计

圆隧道衬砌环外径 15 000 mm,内径 13 700 mm,环宽 2 000 mm,壁厚 650 mm。采用装配式钢筋混凝土通用楔形管片错缝拼装,混凝土强度等级 C60,抗渗等级 P12。衬砌圆环共分为 10 块:即标准块 7 块,邻接块 2 块和封顶块 1 块,如图 7-33 所示。根据埋深不同,分浅埋、中埋和超深埋管片。管片环、纵向采用斜螺栓连接,环间采用 38 根 M30 纵向螺栓连接,块与块间以 2 根 M39 的环向螺栓相连。在浅覆土地段、地层变化位置和连接通道处衬砌环间增设了剪力销,以提高特殊区段衬砌环间的抗剪能力,减少环间高差。

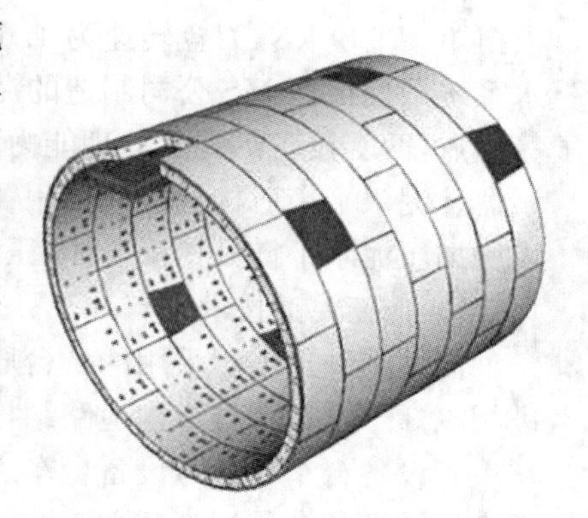

图 7-33　衬砌结构图

(5) 结构防水与耐久性设计

圆隧道、工作井等均取稍高于二级的防水标准。整条隧道平均渗漏量 $<0.05\ L/m^2 \cdot d$,任意 100 m^2,渗透量 $<0.1\ L/m^2 \cdot d$;隧道内表面湿喷小于总内表面积的 4‰,任意 100 m^2 内的湿喷小于 4 点,单一湿喷的最大面积不大于 0.15 m^2。

圆隧道衬砌结构混凝土氯离子扩散系数 $\leqslant 12 \times 10^{-13}\ m^2/s$。混凝土抗渗等级 $\geqslant$ P12,并要求在 1 MPa 水压(约相当于圆隧道最大埋深处的 2 倍水压)作用下,在衬砌接缝张开 7 mm、错缝 10 mm 的情况下,不产生渗漏现象。密封防水材料的安全使用期为 100a。

衬砌管片接缝采用压缩永久变形小、应力松弛小、耐老化性能佳的橡胶条与遇水膨胀橡胶条组成两道防水线。

(6) 隧道运营系统

公路隧道采用射流风机诱导型纵向通风加重点排烟的通风方式。下层预留的轨道交通正常运行时采用活塞通风模式。

隧道内消防废水、冲洗废水、结构渗漏水等由设在最低点的江中废水泵房手机,上、下层分开设置泵房,下层废水通过上层泵房接力排出。

隧道内用电负荷分为三级。其中一级负荷为风机风阀、水泵、照明、监控系统电源、直流屏等用电;二级负荷为隧道检修、变电所风机用电;三级负荷为空调冷水机组等用电。

隧道内采用光带照明方式。在隧道出入口段采用天然光过渡和人工加强照明光过渡混合区段设置的方式,选用荧光灯作用隧道照明的主光源。

公路隧道层设 830 m 设一连接上下行隧道的横向连接通道,供人员疏散。连接通道高2.1 m、宽1.8 m。除此之外,两两连接通道之间设置 3 条连接上、下层的疏散梯道。

隧道综合监控系统包括交通监控、设备监控、闭路电视监控、通信、火灾自动报警、中央计算机管理、监控中心和浦东管理站等。

2) 盾构掘进机

根据工程地质以及实际工况条件,本工程选用 2 台德国海瑞克公司制造的直径为15.43 m的泥水平衡盾构掘进机,长 14 m,如图 7-34 所示,其盾构直径为

图 7-34　泥水盾构

当时世界之最，一次连续掘进距离也为当时世界之最。盾构最大推力为 225 800 kN，刀盘最大扭矩58 999 kN，刀盘转速为 1.6 r/min，盾构的最大推进速度设计为 4.5 cm/min。盾构泥水系统采用德国 MS 公司制造的泥水处理设备，该套设备具有集成化、模块快，占地面积较小等优点，两套设备的泥水处理能力为 6 000 m^3/h；泥水处理设备主要包括滚动筛、除砂器和除淤器。泥水平衡盾构掘进机采用管道输送开挖面泥土，输送速度快而连续，施工进度快；同时采用加压泥水平衡开挖面土体，压力控制更加及时和精确，能有效地保证开挖面的稳定。

3）施工关键技术

江中圆隧道工程采用的 2 台盾构均由浦东五号沟往长兴岛方向掘进施工。2 台盾构间掘进相隔 3 个月。圆隧道内道路结构施工采用即时同步施工工艺，其中，"口"字形预制构件安装在 1 号设备台车与 2 号设备台车之间，与盾构掘进同步进行，其余道路结构采用现浇施工，滞后于 2 号设备台车尾部后方 100 m，分段分幅施工，以保证运输线路畅通。现就隧道施工中的关键技术介绍如下：

(1) 盾构进出洞

盾构进出洞技术关键在于洞口的地基加固和洞圈的止水装置。盾构始发段穿越地层为淤泥质黏土、砂质粉土和淤泥质黏土中。洞口段土体采用深层搅拌桩进行加固，加固范围为纵向长度向外延伸 13.5 m，横向宽度为 48 m，深度为 25 m，加固强度为 $q_u \geqslant 1.0$ MPa。由于加固区与工作井围护结构之间存在 500 mm 的空隙，在盾构工作井施工结束后对此范围增加了一排ϕ 1 200 mm 旋喷桩进行补加固，另外在工作井两侧外角部加了 6 根ϕ 1 200 mm 旋喷桩，如图 7-35 所示。

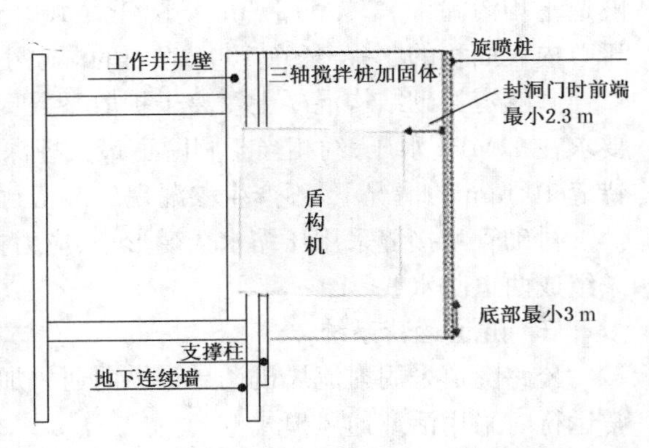

图 7-35　盾构洞口外土体地基加固范围

考虑到洞门封堵时切口水压的设定不高，此时盾构切口前方搅拌加固区只有 2.3 m 的纵向厚度，再加上由于深层搅拌桩加固区存在镂空区域，未必能够起到理想的隔水作用等因素，在加固范围 13.5 m 外加 1 排 1 800 mm 旋喷桩，加固强度为 $q_u \geqslant 1.5$ MPa。加固范围要求：在盾构推进时底部至少保留 3 m 的加固厚度。

为防止盾构始发掘进时开挖面泥水通过建筑空隙窜入工作井内，影响开挖面泥水压力的建立、开挖面土体的稳定以及盾构的掘进施工，在洞圈预埋钢板上布置了按照实测盾构外形轮廓尺寸制造安装的箱体结构，并在此箱体内安装了 2 道止水橡胶带和铰链板，在井内壁沿洞圈安装了 3 道钢刷。

由于盾构出洞位置的下部处于灰色砂质粉土层，该土层在一定的水力作用下容易发生流砂和管涌等现象，为确保出洞安全，本次出洞布置 6 处降水井点，井点深度大于 40 m。

长兴岛盾构接收井洞门圈范围内的地下连续墙，采用纤维筋，盾构可直接切削洞门圈范围的混凝土，减小了洞门与盾构机以及隧道管片的建筑间隙，减少了水土流失，确保了盾构掘进机能顺利抵达接收井。

(2) 管片拼装

江中圆隧道衬砌采用通用（楔形量为 40 mm）钢筋混凝土管片。管片厚 650 mm，环宽

2 000 mm,混凝土强度为C60、抗渗等级为P12。每环由10块管片构成。管片环与环之间用38根M30的纵向斜螺栓相连接,每环管片块与块间用2根M39的环向斜螺栓连接,拼装时纵向搭接1 200 mm、径向推上,然后纵向插入。

(3) 同步注浆

本工程采用单液同步压浆的方式,即在盾构施工时采取掘进和压浆联动的方式。盾构掘进同步注浆系统采用注浆量和注浆压力双参数控制,以保证填充效果。在盾构本体采用内置式压浆管路,共设6个压注点,每个注浆点可单独控制压力和压注量,并有压力、流量及压入量显示。及时、充足地同步注浆,可有效减少地层沉降,并使已成隧道尽快稳定。

(4) 泥水处理

泥水处理系统分为处理、调整、新浆自造、弃浆和供水等子系统,处理设备选用滚动筛、除砂器和清洁器。

泥水处理流程为:盾构排放浆液,级处理子系统,沉淀池,二级处理子系统,泥浆池,三级处理子系统,调整池,由P1-1输送泵送至盾构开挖面。

(5) 道路结构同步施工

采用盾构掘进和内部道路结构同步进行的施工方式,可充分利用隧道空间,满足掘进施工所需的大容量交通,有利于圆隧道的抗浮稳定,有效缩短工期。其施工流程如下:盾构掘进机前进,道路结构预制"口"形结构吊装就位,上述步骤循环,相距100 m后道路两侧及路面板制作,两侧防撞侧石现浇,盾构进洞后,道路路面素混凝土铺张层施工。

(6) 连接通道施工

采用冻结法工艺。

(7) 隧道内运输

由于盾构掘进距离长,为有效提高施工进度,采用道路结构同步施工方式。随着盾构掘进,在2个台车之间同步安装中间"口"字形道路预制构件作为运输通道,隧道内水平运输使用专用双头卡车来完成,大大提高了运输能力;在盾构2号台车后道路结构完成的条件下,可形成3个车道,进一步确保了工程运输的安全、高效性。

4) 施工难点、风险及相应对策

江中圆隧道工程采用的泥水平衡盾构机,无论是断面尺寸,还是盾构一次掘进长度,均创世界之最。在盾构掘进施工中存在许多施工难点及风险,包括:大型泥水平衡盾构进出洞、不良地质条件、盾构长距离掘进穿越长江、浅覆土施工、两隧道间净距小、隧道断面大、大直径隧道通用楔形管片错缝拼装、长距离泥水输送与泥水处理、大断面隧道施工期间抗浮、盾构推进与道路结构同步施工、连接通道施工、环境保护等。针对这些施工难点和风险,采取了相应对策和措施。

7.9.2 上海外滩通道工程

1) 工程概况

上海外滩通道为地下2层机动车通道,是上海中心城区规划的3条南北向主干道之一的东线重要组成部分。工程南起老太平弄中山南路路口南侧,沿中山南路、中山东二路、中山东一路向北,至外白渡桥下穿苏州河,穿越天潼路后向北转入吴淞路,在吴淞路东侧设出入口接地面道路,终点位于武进路吴淞路交叉口。在延安东路和长治路各设一对出入口匝道。上海外滩通道被誉为解决上海市中心交通问题的“心脏搭桥手术”式的工程；建成后将有效缓解外滩地区的交通拥堵，改善外滩环境，提升城市功能，并服务上海世博会交通。

天潼路至福州路区段隧道为上下 2 层双向 6 车道，总长 1 098 m，采用直径 14.27 m 土压平衡盾构施工。隧道直径为 13.95 m，内径为 12.75 m，最大纵坡为 5%。盾构从天潼路工作井始发，下穿大名路，从外白渡桥下过苏州河，沿中山东一路下穿外滩万国建筑群，最终到达福州路接收井，如图 7-36 所示。

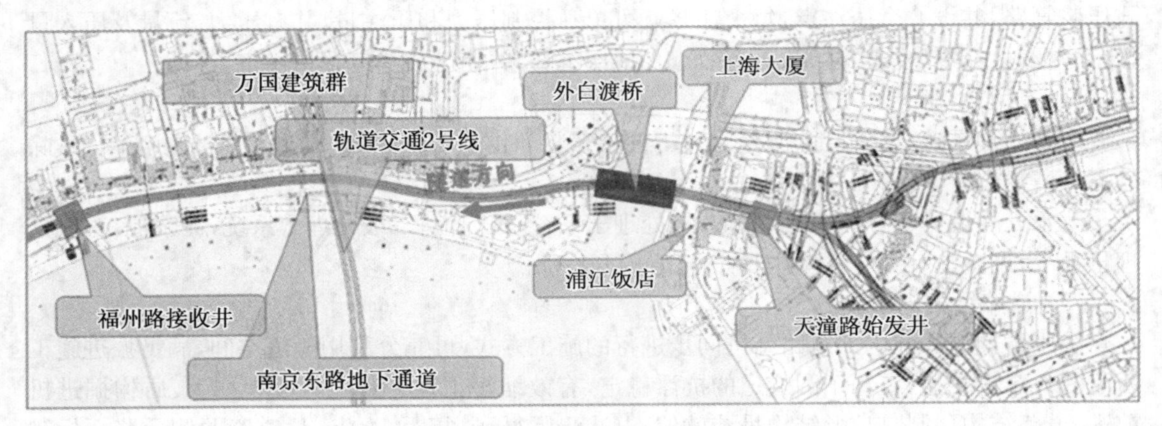

图 7-36　外滩通道工程隧道平面图

2）工程地质和周边环境

经勘查，沿线标高－74.64 m 范围内土层由第四系全新统至上更新统沉积地层组成。根据野外钻探鉴别及室内土工试验成果，结合静力触探及标贯试验成果，按其成因类型、土层结构及其性状特征，可划分为 9 层。受古河道切割影响，沿线⑥层缺失，⑦层埋藏较深，局部缺失，且厚度变化较大，并沉积⑤$_3$ 灰色粉质黏土层、⑤$_{3t}$ 灰色粉质黏土夹黏质粉土层（呈透镜体状）和⑤$_4$ 灰绿色粉质黏土层。

工程沿线陆域浅部土层中的地下水类型为潜水。勘探期间测得潜水稳定水位埋深为 0.90～2.50 m（绝对标高为 0.81～2.66 m），平均埋深为 1.55 m（平均标高为 1.76 m）。工程沿线场地揭示的承压水分布于⑦（⑦$_1$、⑦$_2$）层和⑨层中，⑦层为上海地区第 1 承压含水层，揭示的顶板标高为－24.19～－49.86 m；⑨层为上海地区第 2 承压含水层，揭示的顶板标高为－64.61～－67.60 m。

外滩通道圆隧道所处区域的管线极为复杂，不仅有 20 世纪初埋设的上下水管道，还有近十余年改扩建工程增设的市政管线（上水、信息、电力电缆、路灯电力、雨水、污水、煤气、军用电缆、合流污水管等）。福州路至天潼路沿线的重要建构筑物（上海海关、市总工会、友邦大厦、和平饭店、上海大厦、浦江饭店、外白渡桥、轨道交通 2 号线、南京东路人行地道和北京东路人行地道等 23 处）大部分均为重点保护对象。这些建筑物结构脆弱，基础薄弱，且紧邻隧道。如浦江饭店和上海大厦离隧道最小间距分别仅为 1.7 m 和 2.8 m，外白渡桥桩基距隧道只有 0.7 m，上穿轨道交通 2 号线，相距 1.46 m。工程所处施工环境相当敏感，微小的地层扰动都会对工程造成巨大的影响。

3）工程特点及难点

外滩万国建筑群的保护。盾构出洞阶段推进对建筑物的专项保护尤为重要，除了根据监测数据不断调整施工参数外，还需采取建筑物超前保护等非常规手段，力求把盾构推进对周边建筑物和环境的影响降至最低。

盾构上穿运营中的轨道交通 2 号线时，隧道底部距离 2 号线区间隧道顶部只有 1.46 m，且隧道覆土仅为 8.4 m，施工风险极大。

盾构外径为 14.27 m，相应出洞的洞门面积接近 170 m^2，且出洞时盾构坡度达 5%，盾构的轴线控制以及洞门的防渗漏有相当大的难度。

长距离浅覆土施工。盾构推进过程中有近 400 m 的覆土厚度仅为 8.5～9 m，约为 0.6D（D 为盾构直径），属于极浅覆土盾构施工的范畴。

穿越桩基群。盾构沿线需穿越苏州河防汛墙方桩、外白渡桥桩基、吴淞路闸桥匝道挡土墙桩基、北京东路、南京东路人行地道板桩。

苏州河河底覆土离隧道顶部最小距离<1D，故盾构穿越苏州河时，须严格控制河底土体的冒顶、突沉，以及盾构盾尾的渗漏。

4）盾构机选型

采用日本三菱公司设计制造的直径 14 270 mm 的土压平衡盾构，如图 7-37 所示。盾构机全长约为 99 m；盾构机后配套采用 2 节车架，车架之间设置联系钢梁进行管片、浆筒、预制构件等材料的运输，总推力 176 000 kN；总重量 3 900 t；盾尾密封采用 2 道钢丝刷、1 道钢板刷。

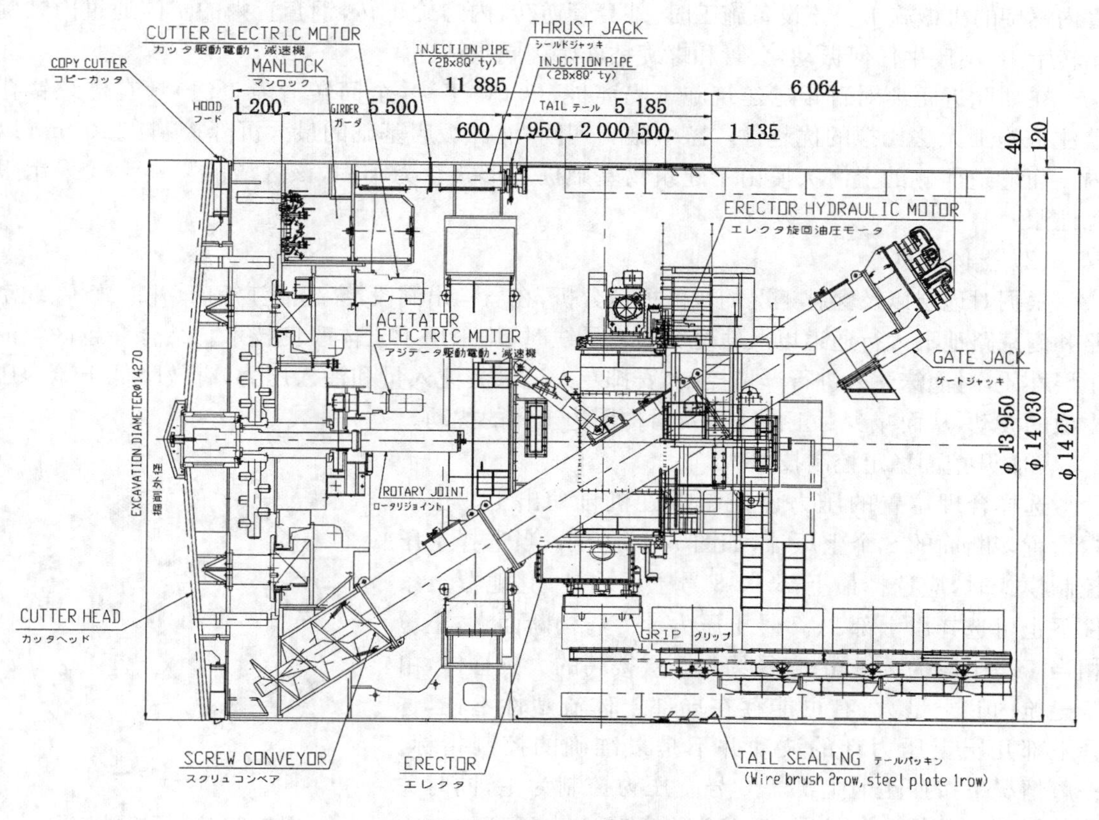

图 7-37　土压平衡盾构

5）盾构推进施工技术

外滩通道工程下穿北京东路通道有很大的风险，如图 7-38 所示。盾构穿越期间平曲线为 $R650$；覆土厚度为：11.48～11.77 m；盾构顶距离通道底部为 5.9 m。外滩通道工程下穿南京东路通道风险点：盾构穿越期间平曲线为 $R650$；竖曲线为 4.72%；覆土约为 10 m；盾构顶距离通道底部为 2.4 m；南京东路通道穿越期间仍旧是正常通行的，穿越的安全直接关系到行人的安全。

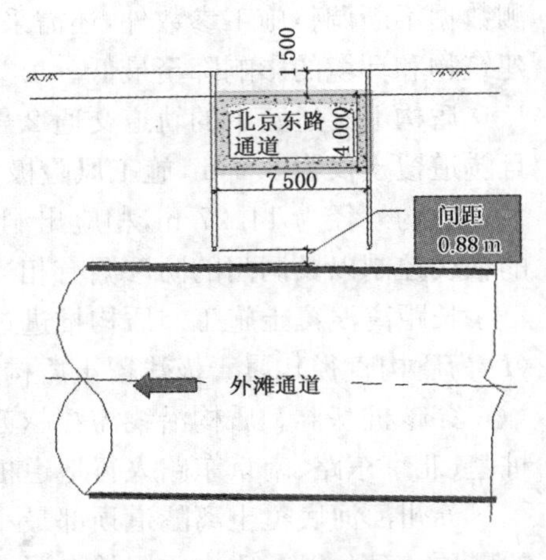

图 7-38　下穿北京东路通道示意图

为了减小盾构推进所引起地层损失对建筑物的影响，推进阶段施工时应密切关注施工参数的设定与地表变形之间的关系，主要就土压力、推进速度、出土量、注浆量和注浆压力设定与地面沉降关系进行分析，对各项技术数据进行全天候跟踪采集、统计、分析，并及时做出调整。

(1) 采用隔离措施保护浦江饭店

在隧道与浦江饭店间施工 1 排桩径为 800 mm 的钻孔灌注桩，分成 3 个区，桩长分别为 32 m、33.7 m 和 36 m，隔离范围为 103 m，桩间采用注浆加固。钻孔灌注桩采用 FCEC 外套管内螺旋的机械施工。该设备施工时，外套管逆转，内螺旋正转，钢套管内的土体通过内螺旋正转带出，不产生任何振动，套管和螺旋钻杆始终同步钻进。

在如此近距离对百年老建筑施工隔离桩，FCEC 工法（全回转清障工法）具有传统钻孔灌注桩施工无法比拟的优越性。整个施工期间，浦江饭店基础的最大沉降控制在 10 mm 以内。而隧道西侧的上海大厦由于建筑物基础桩基形式较为牢固，该区域的隔离形式采用跟踪注浆。

(2) 土体改良

根据对地层以及穿越工况的数值模拟分析，在盾构出洞段，穿越浦江饭店、外白渡桥、北京路和南京路地下人行通道以及轨道交通 2 号线时，均采用了土体改良技术。结合穿越区域的土层性质，对泡沫注入进行严格控制，安排专人记录其注入量和注入压力，有效降低土舱内压力值的波动，从而减少对正面土体及盾构周边土体的扰动。

(3) 开挖面稳定控制技术

选择合理位置的压力计控制螺旋机自动出土。土舱内设置多断面的 8 个土压计，如图 7-39 所示，当选择土压控制模式时，应选择最上部 1、8 号土压力计；其他覆土条件下也可选择以上部 2、7 号土压力计。盾构断面大，土舱相当于一个厚为 2.5 m，直径约为 5 层楼高的大圆柱体，由于土舱内储土量大，有可能存在局部土体流塑性不佳，选择下部几层土压力计的波动并不是最准确的控制指标。一般情况下按照土舱上部 1、8 号土压力控制为主，同时关注各层压力差值变化情况，土舱内上部压力由于离地面距离最近，最能快速反应上部荷载变化情况，有利于保持切

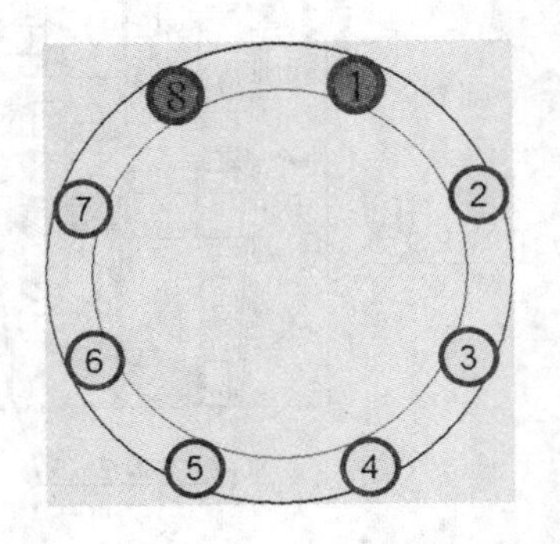

图 7-39　土压控制选择

口土体的稳定。

根据对盾构埋深、所在位置的土层状况以及监测数据的分析,对盾构正面土压力的设定实施优化调整。如在进出洞加固区推进时,土的自立性良好,土压力设定不宜过高,初始为理论计算值的 0.7～0.8 倍,然后逐渐加高;推进结束时达到理论计算值。

(4) 出土量

盾构推进时,每环理论出土量为 319.7 m^3,通过激光脉冲扫描仪、皮带机称重系统以及螺旋机转数统计 3 种方法监控盾构推进出土量。严格控制盾构的超挖和欠挖,使实际出土量大约为理论出土量的 98%～100%。

(5) 推进速度

控制合理的推进速度,保持盾构匀速施工,减少盾构对土体的扰动,达到控制地表变形的目的。正常推进阶段,盾构掘进速度约为 3～4 cm/min;在穿越外白渡桥、轨道交通 2 号线等重要建构筑物时,盾构掘进速度控制在 2 cm/mim 左右,并尽量保持均衡、匀速推进。

(6) 同步注浆

为了尽可能减少盾构施工对地面的影响,采用同步注浆法,及时填充盾构推进时在管片与土体间的建筑空隙。在穿越轨道交通 2 号线时,采用 6 注压浆法对盾尾后管片外部建筑空隙同步实施注浆,如图 7-40 所示。

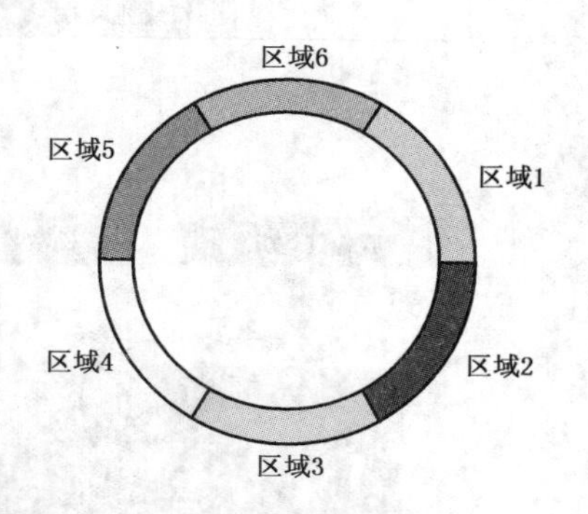

图 7-40　点注浆区域

由于上海外滩通道工程圆隧道段施工技术措施得当,解决了大断面大坡度进出洞以及浅覆土施工隧道稳定性等问题,确保了盾构顺利下穿浦江饭店、上海大厦、外白渡桥、北京东路及南京东路地道等建筑群,顺利到达福州路接收井,其沉降控制均在规范标准之内。地面沉降最大变形 20 mm。浦江饭店(距离隧道最近,仅 1.7 m,所有保护建筑物中变形最大)沉降小于 10 mm,不均匀沉降小于 5 mm;外白渡桥隆起 5 mm;地下人行通道最大隆起约 11 mm,盾构通过后期隆起的位置逐渐回落,最终的差异变形仅 1 mm。北京东路地道最大沉降量控制在3 mm以内,差异沉降变形约 1 mm。南京东路地道最大沉降量控制在 3 mm 以内,差异沉降变形约 2 mm。轨道交通 2 号线隆起约 11 mm,地铁运营未受影响。为我国大断面土压平衡盾构在软土地层中掘进隧道积累了经验,推动了地下施工技术的不断发展。

7.9.3　武汉长江隧道

武汉长江隧道设计为左右两条隧道,单向两车道,设计时速 50 km/h。工程范围包括:盾构始发井、到达井、盾构隧道、联络通道、A—F 6 条匝道、管理中心大楼、路面工程机设备安装工程。工程平面示意如图 7-41。盾构隧道左右线长 2 538 m,管片外径为 11 m,内径为 10 m,管片宽度为 2 m,管片分块形式为 6 标准块＋2 邻接块＋1 封顶块。工程设计有两条联络通道。

盾构隧道线路的平面最小转弯半径为 800 m,盾构隧道线间距为 16～28 m。线路纵坡大致为 U 形,线路最大下坡为 4.35%,最大上坡为 4.4%,隧道覆土厚度在 6.8～43 m。线路纵断面图如图 7-42 所示。

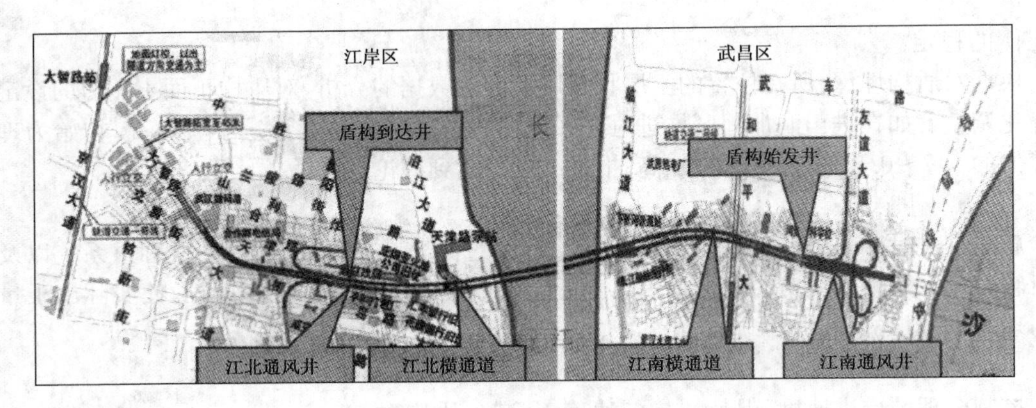

图 7-41　工程平面示意图

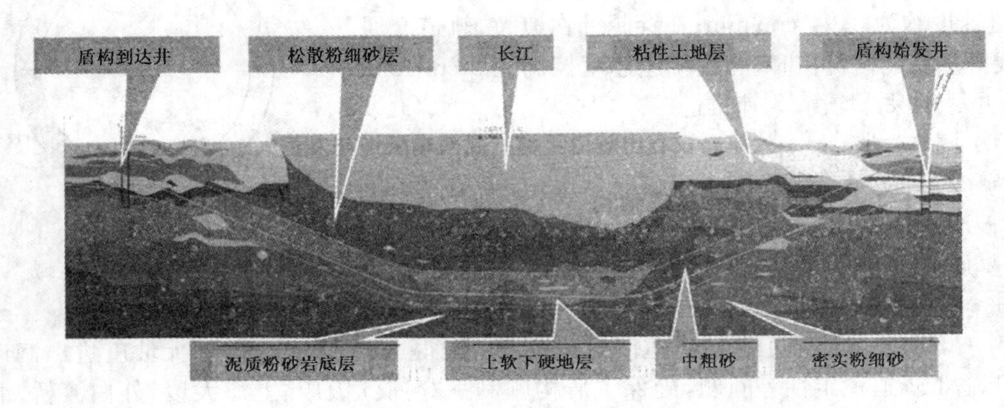

图 7-42　线路纵断面图

隧址区长江段水下地层上部由第四系全新统新近沉积松散粉细砂、中粗砂组成，中部由密实粉细砂组成，下部基岩为志留系泥质粉砂岩夹砂岩、页岩；江南及江北两岸地层除地表有松散状态的人工填土外，上部由第四系全新统冲积软可塑粉质黏土，中部由第四系全新统中密密实粉细砂组成，下部基岩为志留系泥质粉砂岩夹砂岩、页岩。

不良地质主要有：隧道场地 20 m 深度内松散粉细砂和稍密粉细砂为可轻微液化土层；分布于长江两岸近地表处的人工填土层均呈松散状态，分布于长江河床表层的粉细砂和中粗砂地层，呈松散状态。场地内分布有淤泥粉质黏土。

地下水主要有上层滞水、孔隙水和基岩裂隙水。

该工程设计施工方案主要是进出匝道和盾构井为明挖，围护结构包括：地下连续墙、钻孔灌注桩、搅拌桩、旋喷桩、SMW 桩等，结合深井降水；盾构隧道采用 2 台全新气垫膨润土式泥水平衡盾构机，由武昌向汉口方向施工，2 台盾构始发掘进时间间隔 2 个月。

工程重点、难点分析：工程地处繁华闹市区，盾构施工过程中的泥水处理；盾构工作井开挖深度大、地质条件差、地下水位高；隧道穿越黏土层、砂层和上部砂层下部岩石地层，地层复杂；盾构进出洞段覆土浅（最小 6.8 m）；隧道下穿建筑物群尤其四次下穿长江防洪大堤；盾构长距离过江施工；联络通道的施工；埋深大、水压高。

盾构始发流程，如图 7-43 所示。

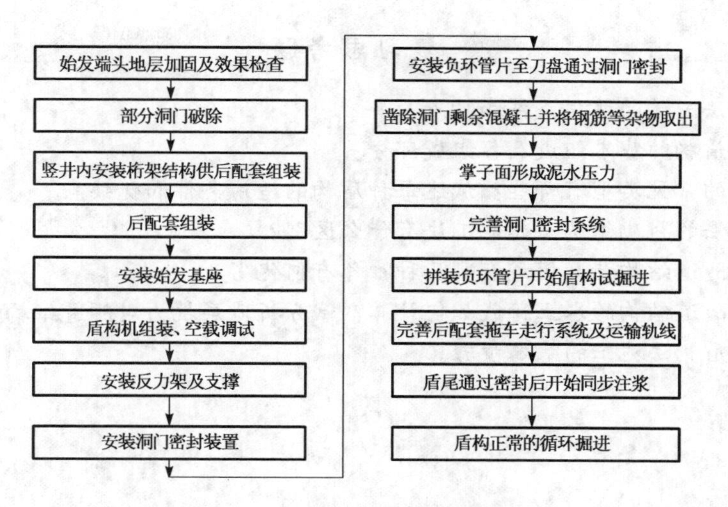

图 7-43　盾构始发流程

端头加固方案:采用三轴搅拌桩和双重管高压旋喷桩相结合的方式。土体加固以搅拌桩为主,高压旋喷为辅,旋喷桩加固搅拌桩与连续墙间的部分,其余段均由搅拌桩加固。东线隧道加固长度为 13.6 m,西线隧道加固长度为 8.3 m,横断面加固范围距隧道外围 3 m 范围内的正方形区域,该范围为强加固区。

在黏性土、浅覆土层地段掘进时,易出现黏附刀盘,地表冒浆,地表沉降量大,管片上浮。可以采取降低掘进速度、较高转速推进;均匀快速穿越;选择合适、压力波动小,减少对地层扰动;利用中部及上部 4 个注浆管注浆,采用稠度稍高的水泥砂浆,避免上浮。

盾构在砂性土层中掘进,地层不稳定容易坍塌;地表沉降量大,长江深槽段易发生冒顶。

盾构到达的流程如图 7-44 所示。

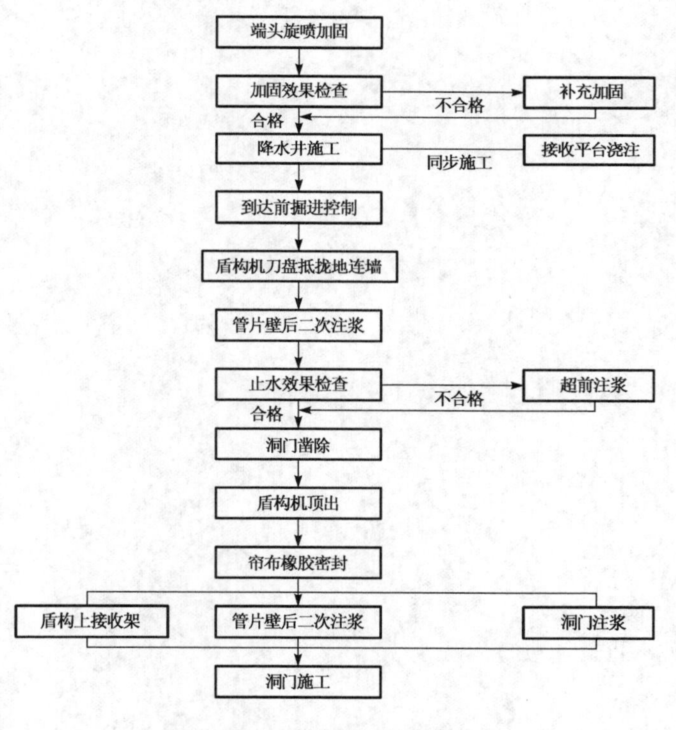

图 7-44　盾构到达流程图

本 章 小 结

本章主要介绍盾构法隧道的基本概念和设计内容。介绍了盾构机的组成、分类和施工过程,便于读者掌握盾构法隧道的优缺点。详细介绍隧道衬砌的不同类型以及在岩土压力下的荷载组合、计算理论和不同条件下的计算方法。

复习思考题

7-1 盾构法隧道的适用条件和特点?

7-2 简述盾构的基本组成及各组成部分。

7-3 盾构的常见类型有哪些?试述每种盾构的适用条件和优缺点。

7-4 盾构法的衬砌结构与其他工法有什么区别?

7-5 盾构隧道结构计算模式有哪几种?各有何优劣?

7-6 盾构隧道结构的水土荷载如何计算?试分析地层抗力对隧道结构内力的影响。

7-7 简述盾构法施工的基本步骤。

8 TBM 法隧道结构

8.1 概述

利用隧道掘进机(Tunnel Boring Machine,简称 TBM)在岩石地层中进行隧道开挖的方法,称为隧道掘进机法。该方法是利用回转刀盘和 TBM 推进装置的推进力使刀盘上的滚刀切割(或破碎)岩面,以达到破岩开挖隧道的目的。

按岩石的破碎方式,分为挤压破碎式和切削破碎式两种:前者是将较大的推力给刀具,通过刀具的楔子作用将岩石挤压破碎;后者是利用旋转扭矩在刀具的切线及垂直方向上切削破碎岩石。如果按刀具切削的旋转方式,可分为单轴旋转式和多轴旋转式两种。作为构造来讲,掘进机是由切削破碎装置、行走推进装置、出渣运输装置、驱动装置、机器方位调整机构、机架和机尾,以及液压、电气、润滑、除尘系统等组成。

TBM 最大的优点是快速。其掘进速度为常规钻爆法的 3～10 倍。此外,采用 TBM 施工还有优质、安全、环保和节省劳动力等优点。TBM 的缺点主要是对地质条件的适应性不如常规的钻爆法灵活;主机重量大;前期订购 TBM 费用较多;要求施工人员技术水平和管理水平高;对短隧道不能发挥其优越性。

英吉利海峡隧道的贯通运行,体现了掘进机法施工技术应用的最高水平。英吉利海峡隧道全长 48.5 km,海底段长 37.5 km,隧道最深处在海平面下 100 m。英国侧用 6 台掘进机,其中 3 台掘进机施工岸边段,3 台施工海底段,施工海底段的掘进机要向海峡中央单向推进 21.2 km,与法国侧向英国方向推进而来的掘进机对接贯通施工。法国侧共用 5 台掘进机,2 台施工岸边段,3 台施工海底段。掘进机在地层深处要承受 10 个大气压的水压力,推进速度达到平均进尺 1 000 m/月。

自 1978 年我国实行改革开放以来,已有甘肃省引大入秦工程、山西省万家寨引黄工程、锦屏二级水电站引水隧道和陕西省秦岭铁路隧道工程等项目使用 TBM 进行隧道施工,取得了良好的效果。秦岭隧道当时是长度最长、埋深最大的铁路隧道,首次使用了大型硬岩掘进机开挖。

8.2 TBM 的分类

掘进机可分为部分断面掘进机和全断面掘进机两大类。全断面岩石掘进机一般分为支撑式全断面岩石掘进机、护盾式全断面岩石掘进机、扩孔式全断面岩石掘进机和摇臂式掘进机。本章主要介绍目前应用较广的支撑式全断面岩石掘进机和护盾式全断面岩石掘进机。

8.2.1 支撑式(敞开式或开敞式)TBM

支撑式全断面岩石掘进机是利用支撑机构撑紧洞壁,以承受向前推进的反作用力及反扭矩。它适用于岩体整体性较好的隧洞。

掘进机主机上可根据岩性不同选择配置临时支护设备,如圈梁(环梁或钢拱架)安装机、锚杆钻机、钢丝网安装机、超前钻、管棚钻机等,喷混凝土机、灌浆机一般装置在掘进机后配套上。支撑式岩石掘进机如图 8-1 所示。

如遇有局部破碎带及松软夹层岩体,超前钻及灌浆设备预先固结周边岩石,然后再开挖。

(a) 支撑式全断面岩石掘进机

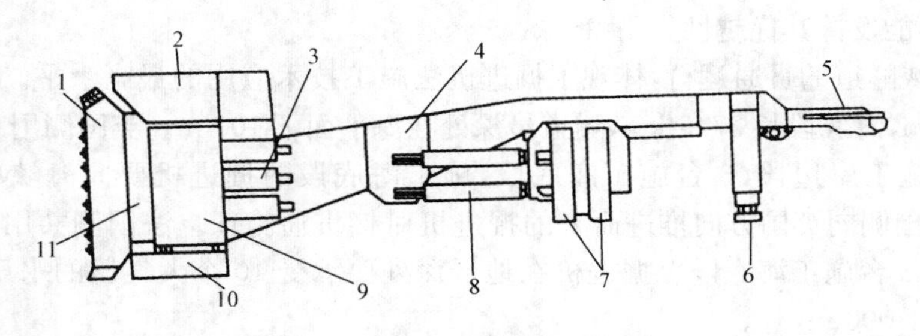

(b) 单水平支撑式掘进机

图 8-1

1—掘进刀盘;2—拱顶护盾;3—驱动组件;4—主梁;5—出渣输送机;6—后下支撑;7—撑靴;8—推进千斤顶;9—侧护盾;10—下支撑;11—刀盘支撑

8.2.2 护盾式 TBM

护盾式全断面岩石掘进机是在整机外围设置与机器直径相对应的圆筒形护盾结构,以利于掘进松软、破碎或复杂岩层,如图 8-2 所示。护盾式 TBM 可分为单护盾、双护盾(伸缩式)和三护盾三类。

当遇到复杂岩层,岩石软硬兼有时,则可采用双护盾掘进机。遇软岩时,软岩不能承受支撑板的压应力,盾尾推进液压缸支承在已拼装的预制衬砌块上或钢圈梁上,以推进刀盘破岩前进;遇硬岩时,则靠支撑板撑紧洞壁,由主推进液压缸推进刀盘破岩前进。

(a) 护盾式全断面岩石掘进机

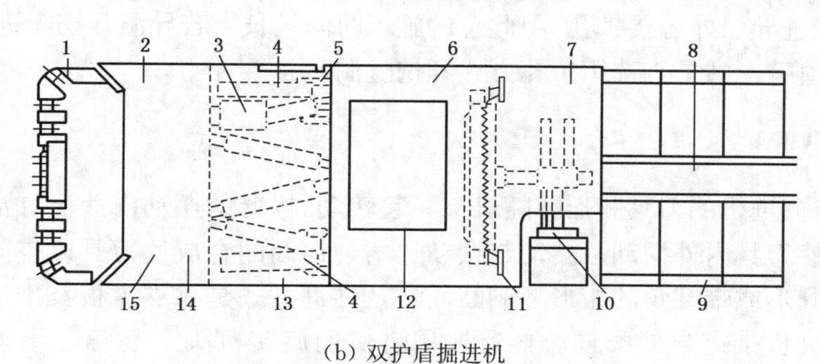

(b) 双护盾掘进机

图 8-2

1—掘进刀盘；2—前护盾；3—驱动组件；4—推进油缸；5—铰接油缸；6—撑靴护盾；7—尾护盾；
8—出渣输送机；9—拼装好的管片；10—管片安装机；11—辅助推进靴；12—水平撑靴；
13—伸缩护盾；14—主轴承大齿圈；15—刀盘支撑

8.2.3 扩孔式 TBM

扩孔式全断面岩石掘进机是先打导洞，然后分级或一次扩孔掘进成洞，如图 8-3 所示。在用支撑式或护盾式全断面掘进机开挖隧洞时，当刀盘最外缘的边刀滚动线速度超过刀具设计最大允许值(约 215 m/s)时，从破岩机理分析，破岩量将停止增加；根据机械设计计算，此时外缘边刀的使用寿命将急剧下降。由于刀盘最外缘边刀的滚动线速度为刀盘转动角速度和掘进

图 8-3 扩孔式全断面岩石掘进机

机开挖半径之乘积，因此，当开挖直径较大时，刀盘的转速受刀具最大线速度的限制而不得不相应减小，从而降低了掘进速度。为此，德国维尔特公司采用一台较小直径的全断面掘进机先沿隧洞轴线开挖一个导洞，然后再用扩孔式掘进机将隧洞扩至所需直径。扩孔式掘进机最大开挖直径可达 15 m。

由于扩孔式掘进机是先开挖导洞然后再扩孔，因此具有以下优点：开挖导洞时已掌握了详细的地质资料，在开挖导洞时可对围岩采取预防措施，以改善岩石质量，减少扩孔时出现突发情况而导致施工长期中断的风险。利用导洞可进行排水、降低地下水位和处理瓦斯。可及时进入关键的隧洞段或通风竖井。扩孔时可用导洞进行通风。由于机器主要支撑在导洞里，扩孔刀盘后面有足够的空间，可立即进行岩石支护。与全断面掘进机相比，较易改变开挖直径。扩孔技术也有其缺点，主要为：要用一台开挖导洞的全断面掘进机和一台扩孔式掘进机，总投资较高。除了掘进导洞外还要扩孔，因此总的施工时间较长。若导洞开挖需进行大量、复杂的岩石支护，则应慎重考虑是否选用扩孔方式开挖隧洞。

8.2.4 摇臂式 TBM

摇臂式岩石掘进机的刀具和摇臂随机头一起转动，摇臂的摆动由液压缸活塞杆的伸缩来传递，通过摇臂使刀具内外摆动。转动与摆动这两种运动的合成使刀具以空间螺旋线轨迹破碎岩石，可掘进圆形或带圆角的矩形隧洞断面。其推进方式是靠支撑板及推进液压缸推进机头，与支撑式掘进机推进方式类同。摇臂式掘进机的旋转机头上装有若干条顶部带刀具的摇臂。

摇臂式掘进机重量轻、搬运方便、造价低；机身有足够的空间用于布置钻眼及灌浆设备，作业状况容易直接观察；洞壁支护衬砌后，整机能够退出洞外；推力小、支撑比压小，适用于开挖岩石较软的隧洞。

8.3 TBM 的构造

8.3.1 刀具及刀盘

刀具是 TBM(全断面岩石掘进机)破碎岩石的工具，是掘进机的关键部件和易损件，TBM 目前使用的刀具多采用盘形滚刀。盘形滚刀的刀圈为整体结构，刀具形状为圆形，有单刃、双刃和多刃，见图 8-4。实践证明单刃盘形滚刀的破岩效果最好，且适应于中硬岩到硬岩(岩石单轴抗压强度 30 MPa～350 MPa)。

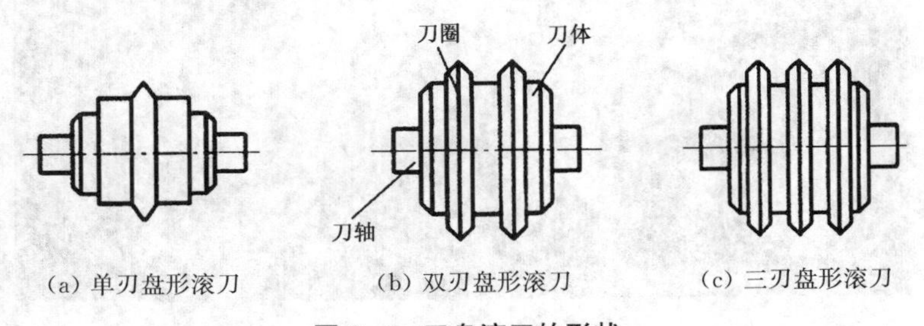

(a) 单刃盘形滚刀　(b) 双刃盘形滚刀　(c) 三刃盘形滚刀

图 8-4　刀盘滚刀的形状

对于盘刀楔入岩体产生破碎的机理，目前有三种不同的理论：一是由楔块作用引起剪切破坏；二是岩体在盘刀楔块作用下产生径向裂纹，裂纹扩展到岩体表面而破坏，或由相邻裂纹的交错而引起岩石破碎；三是盘刀楔入并滚压岩石时，岩石破坏属几种机理的结合，有裂缝扩展张拉破坏、剪切破坏及挤压破坏，一种为主，其他为辅，单用一种强度理论很难圆满地加以解释(见图 8-5)。以上三种盘刀破岩理论均假定岩体是均质且各向同性的。

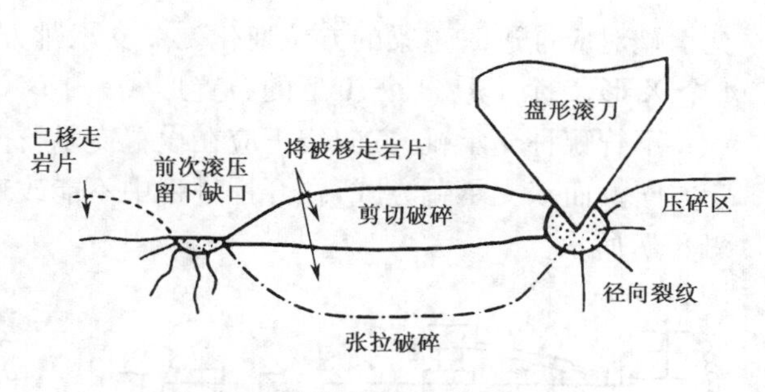

图 8-5　破岩机理示意图

TBM 与在软土掘进的盾构不同，是以围岩的自稳为前提的，因此，TBM 的设计相对来说是比较自由的，可以有各种各样的构造。但最重要的是刀盘和支撑靴。

(1) 球面刀盘和平面刀盘

刀盘的前面，以一定的间隔配置滚刀。滚刀一般由中心滚刀、正滚刀和边滚刀。滚刀的配置间隔，决定于滚刀的符合容量、岩石强度和日掘进进度要求等。在外周部分，为防止滚刀的刀体从刀头上飞出，设置一定的角度，并使刀头的切削面形状呈圆弧形。

(2) 周边支持型和中央主轴刀盘

周边支持型刀盘，是由圆筒状的筒体和主机架构成的，采用大口径轴承。其后背设有开口很大的周边支持结构。开挖石渣由设在刀盘前面和外周面的缝隙处理。施工时，通过把主机架作为料斗提升，将石渣送到排土装置中。该种刀盘与在软弱围岩中使用的盾构掘进机的刀盘是一样的，它在崩塌性地质条件下很有效。滚刀的突出量可以设置的很小，也允许在机内更换。

中央主轴型刀盘是一个圆板构造体，在其中心处设主轴，用小口径的轴承来支持。滚刀设置在圆板上。出渣是利用设在刀盘外周的刮板从下部收集，而后在外周部的料斗由上部送到排土装置中。滚刀安设在板的前面，不受主轴的限制，其设置方式比较自由。

8.3.2　反力支承靴部

支撑靴的作用是提供 TBM 推进时所需的反力。为提供充分的反力和不损失隧道壁面，应该加大其接触面，以减小接地压力，把上述支承靴称为主支承靴。

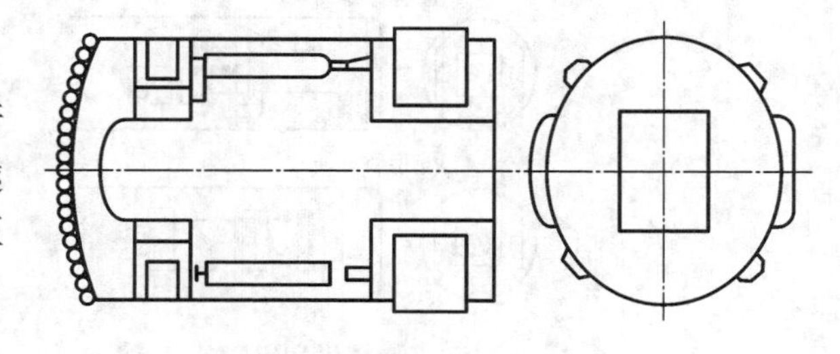

图 8-6　盾构型支承靴

1) 盾构型 TBM 支承靴

在盾构型 TBM 中，设有提供推进反力的主支承靴(尾部)和掌子面支承靴(前部)，主支承靴一般是水平的在左右设置一对，但对大口径的 TBM，有时在周边上要设置 4～5 个支承靴，见图 8-6。采用球面刀盘和盾壳保护，其地质适应范围很广；在开挖过程中可控制方向；因有盾壳，TBM 在隧道内的后退受到限制；千斤顶要具备两倍以上的推力；因使用管片，可改变为密闭型。

2) 敞开式 TBM 支承靴

有单支承靴方式和双支承靴方式两种。单支承靴方式是在主梁上左右设一对支承靴。该支承靴对应推进时主梁的方位变化。双支承靴方式是前后各有一对支承靴，前面的支承靴有4个X形、2个I形、3个T形的布置形式。

不管哪种支承靴，方向修正应在设置支承靴前进行。但单支承靴方式，开挖过程中也能改变方向。而双支承靴方式，在开挖进程中不能改变方向，受地质变化的影响小，直进性能好，如图8-7所示。

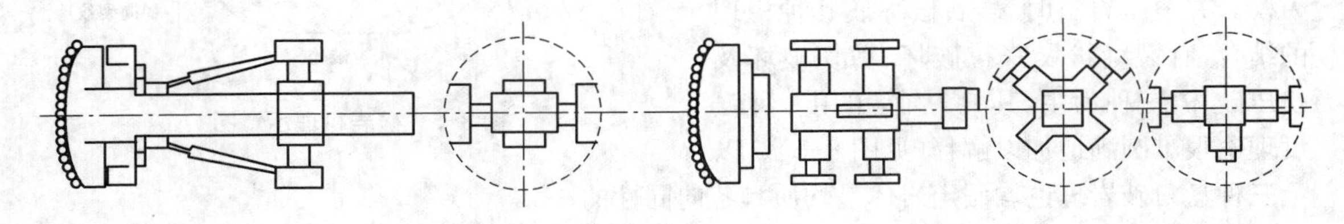

图8-7 敞开式TBM支承靴构造

双支承靴的特征是：支承靴把机体牢固地固定在壁面上，方向控制性能好；重量平衡好，下方向控制容易；方向控制只能在掘进前进行；因刀盘是板型的，不适合于黏性土的开挖。

8.3.3 推进部

TBM的推进部主要使用推进千斤顶，推进按下述动作循环进行(见图8-8)。

1) 扩张支承靴，固定机体在隧道壁上；

2) 回转刀盘、开动千斤顶前进；

3) 推进一个行程后，缩回支承靴，把支承靴移置到前方，返回1)的状态。

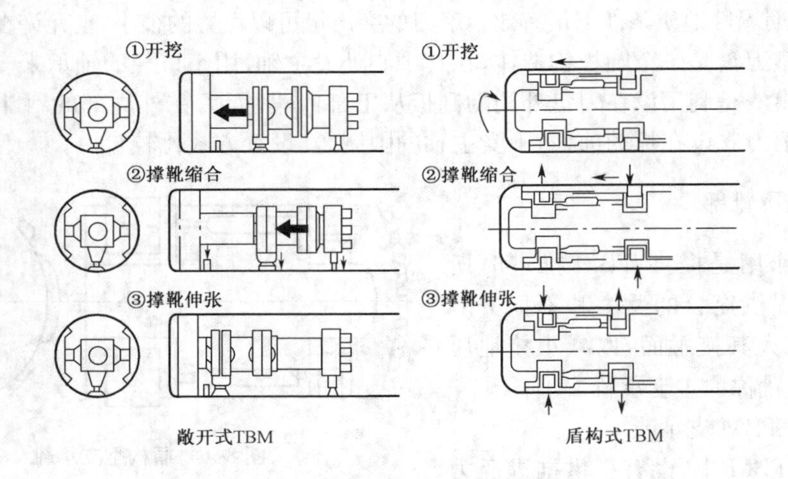

图8-8 掘进机的开挖循环

8.3.4 排土部

TBM的排土设备一般有皮带运输机、喷射泵、螺旋式输送机、泥土加压方式液体输送等。分别介绍如下：

皮带运输机在所有的梁型TBM和敞开式盾构TBM中使用，该方式运量大，可实现高速化，但有涌水时，排土困难。

螺旋式输送机用于密闭式盾构 TBM,也可以在土压式盾构中使用。使用该方法时,掌子面自稳性高,在无涌水时,掌子面可开放。

泥土加压方式液体输送使用在密闭式盾构 TBM 中,该法对掌子面的稳定效果很好。

8.3.5 TBM 的附属设施

TBM 的附属设施,包括后续设备和在整个洞内布设的设备以及洞外的设备。在这些设备中,通常多与钻爆法中采用的设备是一致的,TBM 的附属设备首先是洞内的后续设备,除了石渣运输设备外,还有超前钻孔机、集尘机、压缩机、喷射机、电力电缆等。

目前,在隧道施工中采用的出渣方式为:有轨方式、无轨方式、连续皮带运输方式、泥浆运输方式等几种。

在 TBM 施工中,无轨方式采用的比轨道方式少,是因为无轨运输空间要求大;TBM 隧道一般都较长,需要较强的通风设备,为此,应用要求能源大、排放大量有害气体的内燃机车的无轨方式有很多不利之处;在 TBM 掘进中,开挖和出渣是连续的,大型装载车运输时,如不使掘进中断,就要设置大型的储渣设施,这受工作空间限制有时是不可能的。

无轨方式的最大特点是,运输设施简便。在大断面隧道中,还是有采用的。TBM 后方设有几个与汽车容量相配合的斗仓,将汽车置于其下,即可直接将石渣排入。开挖中的石渣用皮带运输机连续地送到空斗仓中,走行路面是在 TBM 正后方的位置用石渣填筑而成的。

皮带运输机方式与后述的泥浆方式都是能发挥 TBM 特点的连续输送方式,是很有效的方式。但是输送石渣的条件比轨道方式和无轨方式都严格。皮带机输送石渣量的能力,是由装载断面和皮带速度及装载率决定的,并要考虑坡度、输送距离等条件。

8.4 采用 TBM 法的基本条件

全断面岩石掘进机的适用范围,应根据隧道周围岩石的抗压强度、裂缝状态、涌水状态等地层岩性条件的实际状况以及机械构造、直径等的机械条件以及隧道的断面、长度、位置状况、选址条件等进行判断。

8.4.1 工程地质条件

TBM 施工的地质调查主要是调查影响 TBM 使用的地质条件,如地质的硬软,破碎带的位置、规模,地下水的涌水,膨胀性地质等,对 TBM 工法是否适合,以及影响 TBM 开挖效率的地质因素等。调查的地质因素大体上可分为以下两类。

1) 影响是否选用 TBM 工法的地质因素

(1) 隧道地压

从目前的技术水平看,塑性地压大的软弱围岩,不适宜掘进机的施工,如断层破碎带、软弱泥岩及膨胀性地质条件下,会有很大的地压作用,掌子面难于自稳,TBM 掘进是极为困难的。

(2) 涌水状态

在软弱岩层和断层破碎带中,涌水的范围、大小、压力等,是造成掌子面崩塌和承载力低下的主要问题。在极端的情况下,机体会产生下沉,此时必须用护盾式 TBM。在涌水地段,TBM 的优点会丧失殆尽。

2）影响 TBM 效率的地质因素

影响 TBM 效率的因素主要有岩石强度、岩层裂隙等。这些因素对 TBM 切削岩石的能力影响极大。

（1）岩石强度

岩石的单轴抗压强度是影响掘进效率的关键因素之一。目前，对局部抗压强度超过 300 MPa的超硬岩，也可以采用 TBM 施工，但刀具和刀盘的消耗过大，是不经济的。经济较适合的强度约在 200 MPa 以下。

（2）岩层裂隙

岩层裂隙（节理、层理、片理）对开挖效率影响极大。裂隙适度发育的岩层，即使抗压强度大，也能进行比较有效的开挖。

（3）岩石硬度

岩石的硬度和耐磨性越高，刀具消耗越高，造成停机换刀次数可能增加，影响掘进速度。一般，在轴心抗压强度大于 100 MPa 的地质条件下，石英等坚硬的矿物含量很多、粒径很大。此时刀具的消耗很大，在经济上常常不太有利。

（4）破碎带等恶劣条件

在破碎带、风化带等难以自稳的条件下进行机械开挖，需要采取辅助方法配合施工。特别是在有涌水的条件下，施工更为困难，拱顶崩塌、支承反力降低等问题时有发生。为了克服这一缺点，最近已开发出盾构混合型的掘进机，但还不能完全满足复杂地质的要求。

从地层岩性条件看适用范围，掘进机一般只适用于圆形断面隧道，只有铣削滚筒式掘进机在软岩层中可掘削成非圆形隧道（自由断面隧道）。开挖隧道直径在 1.8～12 m 之间，以 3～6 m直径为最成熟。一次性连续开挖隧道长度不宜短于 1 km，也不宜长于 10 km，以 3～8 km 最佳。

开挖岩层的地质情况对掘进机进尺影响很大。在良好岩层中月进尺可达 500～600 m，而在破碎岩层中只有 100 m 左右，在塌陷、涌水、暗河地段甚至要停机处理。鉴于掘进机对不良地质的十分敏感，选用掘进机开挖施工隧道时应尽量避开复杂地层。

8.4.2 机械条件

TBM 不仅受到地质条件的约束，还受到开挖直径的约束。

一般在硬岩中，大直径的开挖是很困难的。日本的实例是最大直径 5 m 左右。其理由是：目前的 TBM 是单轴回转式的，开挖直径越大，刀头内周和外周的周速差越大，对刀头产生不良影响。此外，随着开挖直径的增大，要增大推力，支承靴也要增大，会出现运送上的困难和承载力问题。

此外，挖掘机械是采用压碎方式还是切削方式，对实际应用的适用范围也有差别。

8.4.3 开挖长度

TBM 进入现场后，一般要经过运输、组装的过程。根据 TBM 的直径和形式、运输途径、组装基地的状况等，要准备 1～2 个月。其次，TBM 的后续设备长 100～200 m，为进行掘进，先修筑一段长 200 m 左右的隧道。所以，隧道长度短时，包括机械购置费在内的成本是很高的，是不经济的。

当隧道长度在 1 000 m 以下时，固定费的成本急剧增大，到 3 000 m 左右时，成本大致是一定的。因此，TBM 适宜的长度最好是 3 000 m 以上。

8.4.4 工程所在地的设施条件

在 TBM 法中，因要进行机械的运输、组装等，故要对隧道所处地点的状况给以应有的注意。TBM 的运搬计划，要考虑道路的宽度、高度和重量的限制，根据组装的条件要充分调查运输时的分割方法(最小分割尺寸部重量)。

TBM 是在工厂试组装、试运输后进行分割，再运入现场。

与同样规模，但使用其他施工方法的隧道比，采用 TBM 工法要消耗较多的电力，例如，开挖直径 3 m 的隧道，消耗的电力约为双车道隧道的 1.5 倍。

综上所述，探讨掘进机在各类隧道开挖中的技术可行性、经济合理性是隧道工程中一项十分重要的课题。正确选择隧道的开挖方法是一件复杂而又细致的工作，主要取决于：工程规模：如隧道形状、长度、直径、埋深、走向以及围岩条件等。地质情况：如岩石类型及强度，地质的节理分布及发育程度，有无断层、暗河、溶洞，地下水的分布，隧道正上方有无建筑物、河流等。作业场地：交通运输能力(由于掘进机的机械部件多、重量大，现场搬运、解体等工作需要起重设备等配合)、水电来源、进出洞口场地等。施工进度要求由总控制工期的时间推算出平均月进尺指标。企业自身的实际能力：如制造维修能力、经济能力，施工队伍的技术、管理水平以及传统的施工习惯等。

8.5 TBM 法的支护技术

在 TBM 法施工情况下，支护形式也多采用喷混凝土、锚杆、钢支撑、混凝土衬砌等。有的还采用管片。表 8-1 是不同隧道类型的支护方式选择参照表。

表 8-1 不同支护形式选择参照表

隧道类型及形式		支 护 方 式
隧道完成断面	TBM 开挖断面	在公路隧道中采用砼管片作为永久衬砌，在水工隧道中采用喷射混凝土、锚杆、钢支撑等组合支护
TBM 导坑	爆破扩大	事前拆除管片支护
	TBM 扩大	使用可拆除和可切削的材料
隧道直径	2～5 m	多采用无支护钢支撑管片
	>5 m	多采用无支护、喷射混凝土、锚杆、钢支撑等组合支护
TBM 形式	敞开式	不适用管片支护
	盾构式	围岩不良处，采用仰拱管片，全闭合管片
隧道坡度	水平斜井	导坑时，可采用纤维喷浆等特殊配比的材料

从隧道直径看，2～3 m 的小直径的 TBM 采用钢支撑和管片较多，在 3 m 以上的工程中，采用喷混凝土、锚杆、钢支撑的组合形式较多。在上下水道中，钢支撑和管片占大多数，也有很多是无支护的。在发电站的水工隧道中，多采用喷混凝土。用 TBM 开挖导坑时，支护多是暂时的，扩大时要拆除，要尽量采用轻型，易于拆除。扩大也采用 TBM 时，导坑的支护要采用可

切削的材料。二次衬砌多在隧道开挖完成后施工。TBM 掘进和二次衬砌平行作业有困难时,为缩短工期,可采用兼有支护和衬砌作用的管片。

在敞开式 TBM 中,围岩条件差时,在刀盘和主支承靴间设置支护是可能的。在盾构式 TBM 中,后筒中或后筒后面可直接构筑支护,多采用管片。

支护形式与 TBM 的掘进坡度是相关的。在斜井中采用 TBM 时,导坑 TBM 可向上掘进,为防止出现掉块、崩塌、落石等重大事故,要设置安全所需的护壁;导坑直径小,要采用能保持良好作业环境的工法;要能早期产生支护效果;采用扩大 TBM 时,要采用可切削的材料。

8.6 工程实例

8.6.1 台湾雪山隧道

雪山隧道旧称坪林隧道,位于蒋渭水高速公路(国道五号,又称北宜高速公路)坪林至头城段之间。全长共 12.9 km,由东行线和西行线两条主隧道和一条导坑隧道组成,三对竖井,8 座车行联络通道和 28 座人行联络通道。

图 8-9 雪山隧道示意图

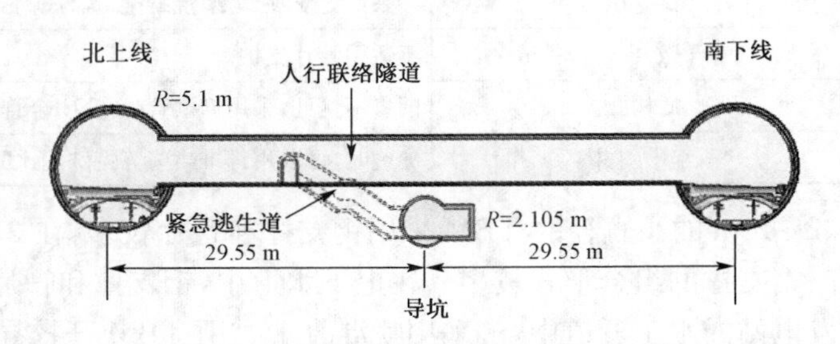

图 8-10 隧道断面示意图

隧道最大埋深720 m。雪山隧道遭遇6处断层及98处剪裂带，如图所示，断层破碎带最宽达80 m。四棱砂岩段全长约3 671 m，单轴极限抗压强度最高达3 000 kg/cm^2，探查及灌浆钻孔不易，严重影响施工进度。雪山山脉断层带中蓄含20 kg/cm^2以上之高压地下水，处理困难耗时。

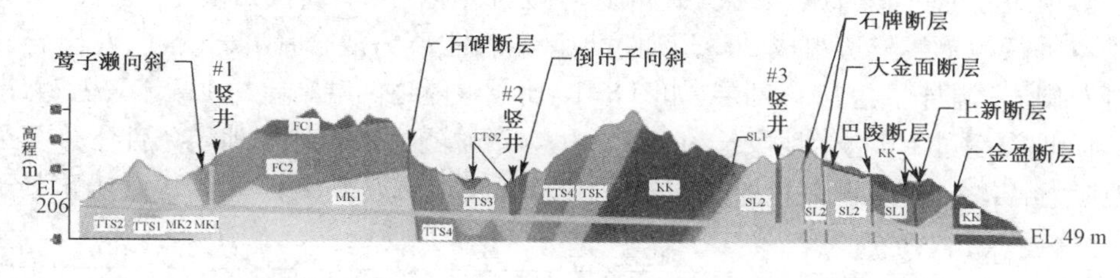

FC：枋脚层　　MK：妈冈层　　TTS：大桶山层
TSK：粗窟层　　KK：干沟层　　SL：四棱砂岩

图8-11　雪山隧道地质示意图

采用2台双护盾掘进机施工。TBM的开挖断面直径约为11.74 m，开挖后岩壁支撑以混凝土管片为主，隧道洞口段以钻爆法施工，导洞采用直径4.8 m双护盾掘进机施工。

图8-12　雪山隧道开挖用TBM

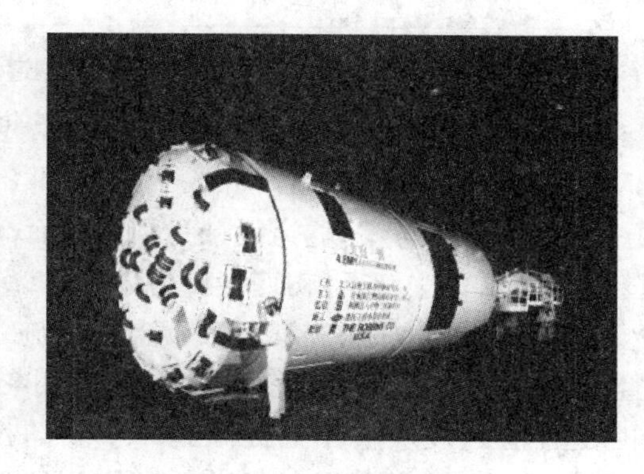

图8-13　导坑用TBM

图8-14　雪山隧道TBM洞口组装

洞口及导坑施工中发生涌水、坍塌多次。

8.6.2 秦岭铁路隧道

秦岭隧道位于西(西安)康(安康)铁路上,曾是我国最长单线铁路隧道,全长 18.46 km。由两座基本平行的单线隧道组成。隧道通过地区岩性主要为混合片麻岩、混合花岗岩、含绿色矿物混合花岗岩;洞身穿过 13 条断层,如图 8-15 所示。隧道两端高差约 155 米。隧道最大埋深约 1 600 米,埋深超过 1 000 米地段长约 3.8 公里。秦岭隧道穿越地段地质条件十分复杂,施工时有高地应力、岩爆、地垫、断裂带涌水、围岩失稳等不良地质灾害发生,工程建设任务十分艰巨。

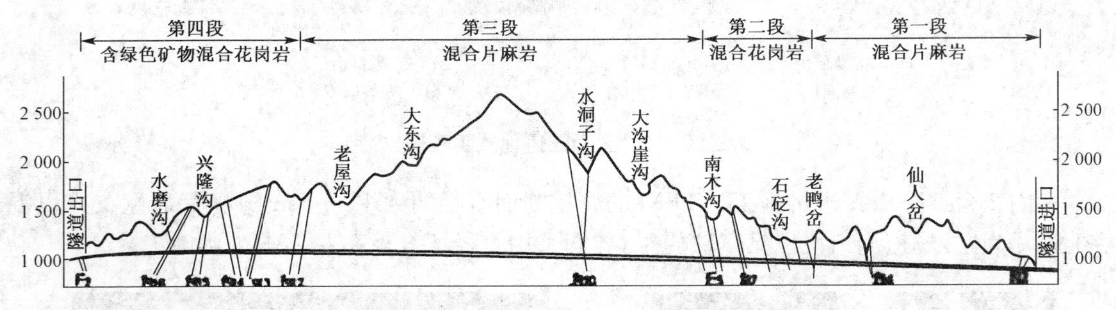

图 8-15 秦岭隧道地质纵断面示意图

经多种施工方案论证比较,决定秦岭Ⅰ线(左线)隧道使用 2 台 8.8 m 敞开式掘进机(TBM)由隧道两端相向施工,如图 8-16 和图 8-17 所示。喷锚支护、复合式衬砌及二次模筑混凝土衬砌的施工方案,隧道设计为圆形断面,成洞直径为 7.7 m,如图 8-18 所示。Ⅱ线(右线)隧道采用新奥法施工,初期支护为锚喷,二次支护为马蹄形带仰拱的模筑混凝土复合衬砌。

秦岭隧道地质复杂、工程巨大,在设计、施工、运营安全和维修管理方面都有许多技术难关,且Ⅰ线隧道采用掘进机施工,在我国铁路隧道施工中尚属首次。秦岭特长隧道的修建,使我国隧道工程建设从整体上提高到一个新的技术水平。隧道 1995 年 1月 18 日正式开工,1999 年 9 月 6 日全部贯通,2000 年 8 月 18 日西康铁路开通运营。

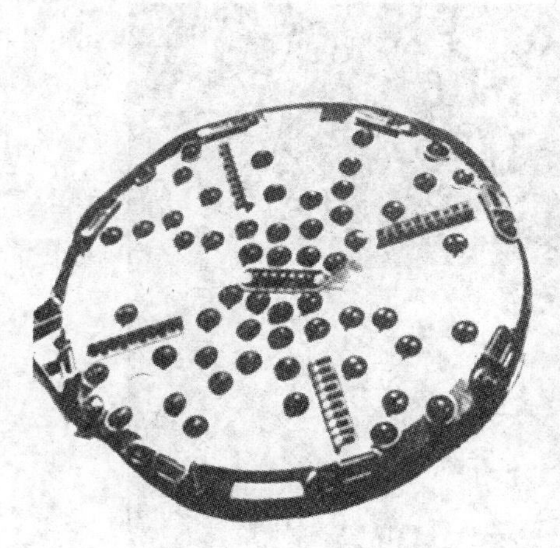

(a) 刀具实物

(b) 敞开式掘进机(TBM)

图 8-16 TBM 及其刀具

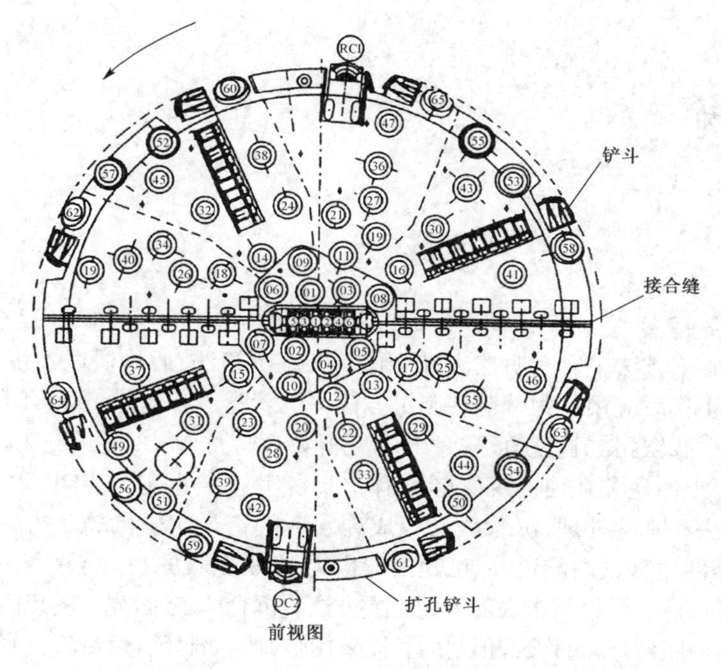

图 8-17　刀具布设图

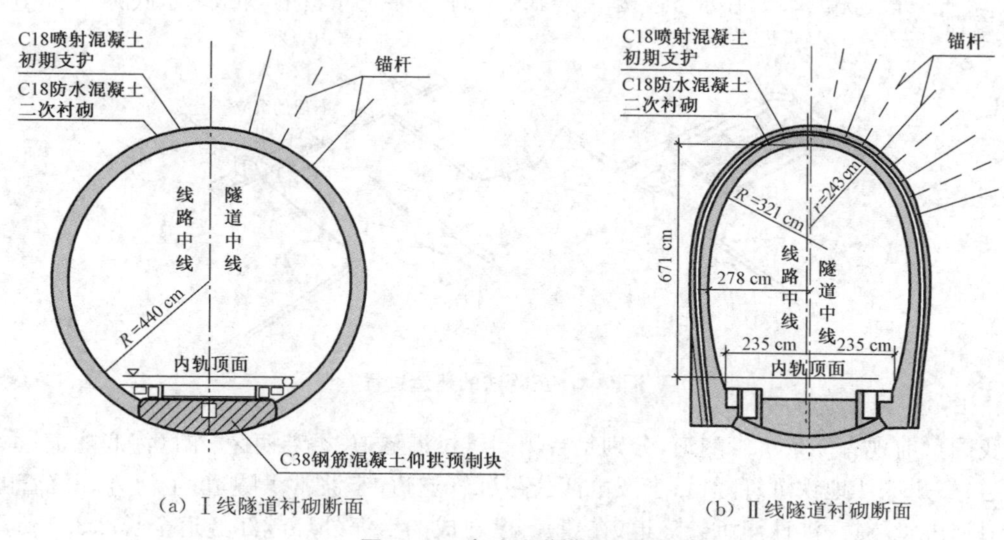

(a) Ⅰ线隧道衬砌断面　　(b) Ⅱ线隧道衬砌断面

图 8-18　秦岭隧道横断面图

本章小结

本章主要介绍了 TBM 的分类、构造及支护技术。

复习思考题

8-1　TBM 法与盾构法有什么异同？两者的适用条件如何？

8-2　如何根据地质条件选择合理的 TBM 类型？

9　沉管结构

9.1　概述

水底隧道的施工方法主要有明挖法、矿山法、气压沉箱法、盾构法以及沉管法。其中沉管法是20世纪50年代后应用最为普遍的施工方法。沉管隧道开始于1910年，美国跨越底特律河的世界第一座双线铁路沉管隧道；1941年荷兰开始鹿特丹Maas隧道施工，标志欧洲开始使用沉管隧道；世界上已建和在建的沉管隧道有100多座。20世纪50年代解决了两项关键技术——水力压接法和基础处理，沉管法已经成为水底隧道最主要的施工方法之一，尤其在荷兰，除了几座公路隧道和铁路隧道外，已建的隧道均采用沉管法。

沉管法又称沉埋法，是修筑水底隧道的主要方法。沉管施工时，先在隧址附近修建的临时干坞内(或利用船厂的船台)预制管段，预制的管段采用临时隔墙封闭，然后将此管段浮运到隧址的设计位置，在隧址处预先挖好一个水底基槽。待管段定位后，向管段内灌水、压载，使其下沉到设计位置。将此管段与相邻管段在水下连接，并经基础处理，最后回填覆土，即成为水底隧道，如图9-1。

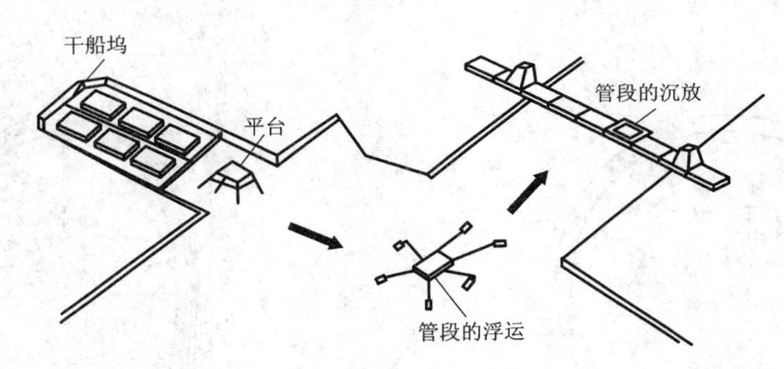

图9-1　沉管法的建造过程

我国目前现有9条沉管隧道，分别是台湾高雄过港隧道；香港西区、东区海底隧道；香港海底隧道；广州珠江地铁沉管隧道；宁波甬江公路沉管隧道；宁波常洪隧道；上海外环沉管隧道；天津海河沉管隧道；港珠澳沉管隧道(在建)。已建成的上海外环越江隧道全长2 880 m，为双向8车道，是亚洲最大的水底公路隧道，其中沉管段长736 m，一节沉管的管段横断面外部尺寸为9.55 m×43 m，长为108 m。

9.1.1　沉管隧道的特点

沉管法修筑隧道的施工特点如下：

(1) 对地质水文条件适应能力强。由于沉管法在隧址的基槽开挖较浅，基槽开挖和基础处理的施工技术比较简单，而且沉管受到水浮力，作用于地基的荷载较小，因而对各种地质条件适应能力较强。由于管段采用预制再浮运后沉放的方法施工，避免了难度很大的水下作业，故可在深水中施工，而且对于潮差和流速的适应能力也强。

(2) 可浅埋，与曲岸道路衔接容易。由于沉管隧道可浅埋，与埋深较大的盾构隧道相比，沉管隧道路面标高可抬高，这样与道路很容易衔接，无需做较长的引道，线形也较好。

(3) 沉管隧道的防水性能好。由于每节预制管段很长，一般为 100 m 左右(而盾构隧道预制管片环宽仅为 1 m 左右)，因而沉管隧道的管段接缝数量很少，管段漏水的机会与盾构管片相比明显减少。而且沉管接头采用水力压接法后，可达到滴水不漏的程度，这一特点对水底隧道的营运至关重要。

(4) 沉管法施工工期短。由于每节预制管段很长，一条沉管隧道只用几节预制管段就可完成(广州珠江隧道只用 5 节预制管段，每节长 22～120 m 不等)，而且管段预制和基槽开挖可同时进行，管段浮运沉放也较快，这就使沉管隧道的施工工期与其他施工方法相比要短得多。特别是管段预制不在隧址，使隧址受施工干扰的时间相对较短，这对于在运输繁忙的航道上建设水底隧道十分重要。

(5) 沉管隧道造价低。由于沉管隧道水底挖基槽的土方数量少，而且比地下挖土单价低，管段预制整体制作与盾构隧道管片预制相比所需费用也低，因此沉管隧道与盾构隧道相比，每延米的单价低。而且由于沉管隧道可浅埋，隧道长度相对埋深大的盾构隧道要短得多，这样工程总造价可大幅度降低，能节省大量建设资金。

(6) 施工条件好。沉管隧道施工时，不论预制管段还是浮运沉放管段等主要工序大部分在水上进行，水下作业少。除少数潜水工作外，工人们都在水上操作，因此施工条件好，施工较为安全。

(7) 沉管隧道可做成大断面多车道结构。由于采用先预制后浮运沉放的施工方法，故可将隧道横向尺寸做大，一个隧道横断面可同时容纳 4～8 个车道。

9.1.2 沉管隧道的分类

沉管隧道的施工，视现场条件、用途、断面大小等，有各种各样的方式。按其管段制作方法分为两类，即船台型和干坞型。

(1) 船台型

施工时，先在造船厂的船台上预制钢壳，制成后沿着滑道滑行下水，然后在漂浮状态下进行水上钢筋混凝土作业。这类沉管的断面，内截面一般为圆形，外截面则有圆形、八角形、花篮形等，如图 9-2 所示。此外，还有半圆形、椭圆形以及组合形沉管断面，如图 9-3 所示。以上这类管道，也称为圆形沉管。

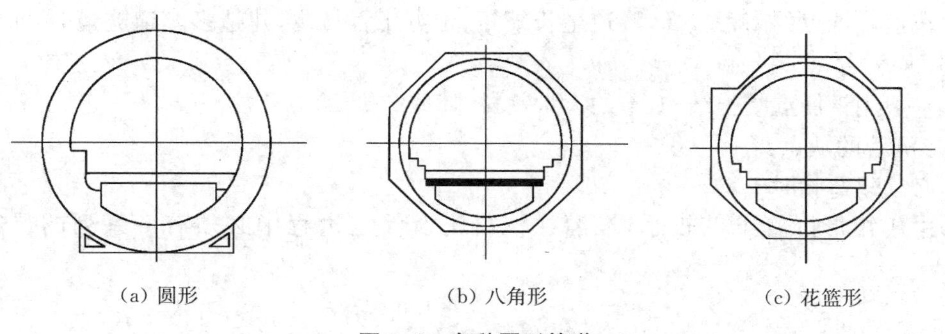

图 9-2 各种圆形管道

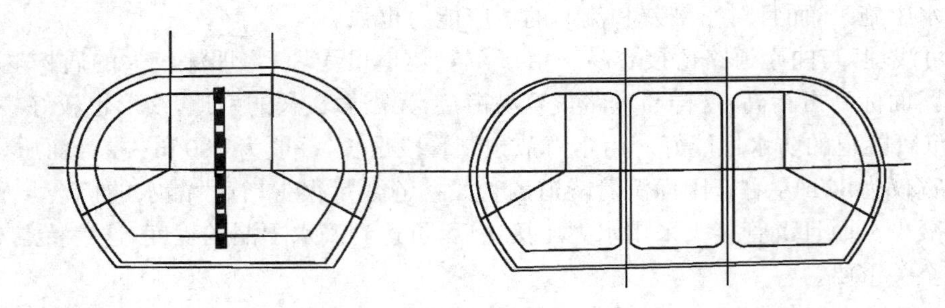

图 9-3　组合形沉管

这类沉管隧道的优点有：

① 圆形结构断面受力合理；

② 沉管的底宽较小，基础处理比较容易；

③ 钢壳既是浇筑混凝土的外模，又是隧道的防水层，这种防水层在浮运过程中不易碰损；

④ 当具备利用船厂设备条件时，可缩短工期，在工程需要的沉管量较大时更为明显。

这类隧道的缺点有：

① 圆形断面的空间利用率不高，车道上方空余一个净空界限以外的空间，使车道路面高程压低，从而增加了隧道全长，且圆形隧道一般只容纳两个车道，不便于建造多车道隧道。

② 耗钢量大，沉管造价高。

③ 钢壳制作时，因手工焊接不能避免，其焊接质量难以保证，可能出现渗漏，若出现此现象则难以弥补、堵截，且钢壳的抗蚀能力差。

(2) 干坞型

在临时干坞中制作钢筋混凝土管段，制成后往坞内灌水使之浮起并拖运至隧址沉设。这类沉管多为矩形断面，故也称为矩形沉管。矩形管段可以在一个断面内同时容纳 2～8 个车道，此外，有的管段还需加上维修管理、避险、排水设施等提供了所需要的宽度和空间，如图 9-4 所示。

矩形沉管的优点：

① 不占用造船厂设备，不妨碍造船工业生产；

② 车道上方没有多余空间，断面利用率较高；

③ 车道最低点的高程较高，隧道全长缩短，土方工程量少，建造多车道隧道时，工程量和施工费用均较省；

④ 一般用钢筋混凝土结构，节约大量钢材，降低造价。

矩形沉管的缺点：

1) 必须建造临时干坞；

2) 由于矩形沉管干舷较小，在灌注混凝土及浮运过程中必须有一系列的严密控制措施。

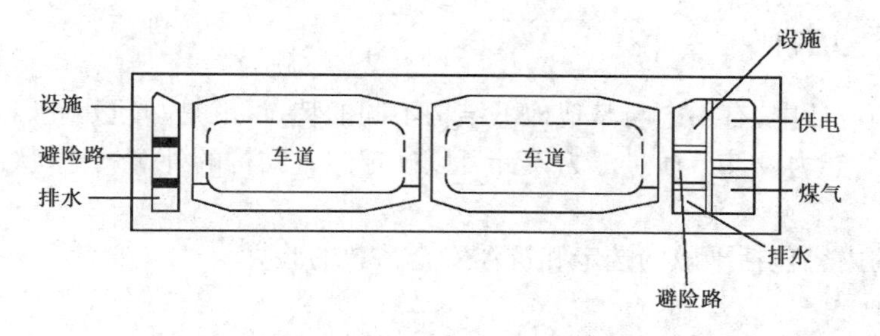

(a) 断面组成

(b) 沉管隧道管段预制

(c) 干坞注水与管段检漏

图 9-4 多功能矩形沉管

9.2 沉管结构设计

9.2.1 沉管的断面形状和尺寸

水底隧道设计中几何尺寸设计尤为重要的,常常成为隧道设计成功与否的关键。隧道截面尺寸首先取决于使用要求,应考虑车流量和道路相匹配,也应考虑其他的使用要求和辅助设施;同时还取决于施工条件和施工要求,即管段的浮运和沉放要求。一般首先根据使用要求确定管段内的净空尺寸,而沉管结构的外轮廓尺寸则应按满足浮运要求,同时还应满足截面的确定要求。在考虑以上综合条件的情况下,才能确定管段横断面的几何尺寸和形状。管段的长度则需要考虑经济条件、航道条件、管段断面形状、施工及技术条件等。

根据交通隧道的有关规定,对于双向行车隧道,每个方向行车道应有各自的管道,一般车行道宽度为 3.5 m,车行道边缘距侧墙的间距为 0.8～1.0 m,车行道净空高度为 4.5 m。车行道与侧墙的空间通常做成人行道,空间高度可低于车行道高度,可供隧道管理人员或抛锚的汽车驾驶员使用。据此可推算一条双车行道宽度大于 9 m。在隧道顶部,按规定应有 0.35 m 留作照明和信号设备的空间,如果使用纵向通风系统,则附加净空应增加到0.85 m。

9.2.2 沉管的浮力设计

在沉管结构设计中，有一个与其他地下结构不同的特点，就是必须处理好浮力与重量的关系，这就是所谓的浮力设计。通过浮力设计可以确定沉管结构的外廓尺寸，从而确定沉管结构横断面尺寸。

浮力设计的内容包括干舷的选定和抗浮安全系数的验算。

1）干舷

这里干舷是指管段在浮运时，为了保持管段稳定必须使管顶露出水面的高度部分。具有一定干舷的管段，遇到风浪而发生侧倾后，它就自动产生反向力矩，保持平衡，如图 9-5 所示。

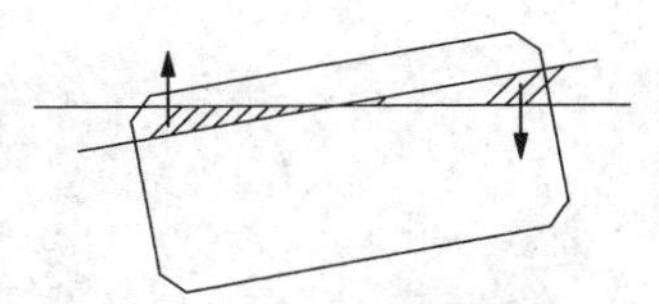

图 9-5　管段干舷与反倾覆力矩

一般矩形断面管段，干舷为 10～15 cm，而圆形和八角形断面的管段则多为 40～50 cm。干舷的高度应适当，过小其稳定性较差，过大则沉放困难。

有些情况下，由于管段的结构厚度较大，无法自浮，可以设置浮筒、钢或木围堰助浮。另外，管段制作时，混凝土容重和模壳尺寸常有一定幅度的变动，而河水比重也有一定的变化幅度，浮力设计时，按照最大混凝土容重、最大混凝土体积和最小河水比重进行干舷的计算。

2）抗浮安全系数

在管段沉放施工阶段，应采用 1.05～1.1 的抗浮安全系数。管段沉放完毕回填土时，周围河水与砂、土相混，其比重大于原来河水比重，浮力也相应增加。因此施工阶段的抗浮安全系数务必大于 1.05，防止复浮。

在覆土完毕以后的使用阶段，抗浮安全系数应采用 1.2～1.5，计算时可以考虑两侧填土所产生的负摩擦阻力。

设计时需要按照最小混凝土重度、最小混凝土体积和最大河水比重来计算抗浮安全系数。

3）沉管结构的外廓尺寸

在沉管式水底隧道中，总体设计只能确定隧道的内净宽度以及车道净空高度。沉管结构的外廓尺寸必须通过浮力设计才能确定。在浮力设计中，既要保持一定的干舷，又要保证一定的抗浮安全系数。所以沉管结构的外廓高度往往超过车道净空高度与顶底板厚度之和。

9.2.3 作用在沉管结构上的荷载

作用在沉管结构上的荷载有结构自重、水压力、土压力、浮力、施工荷载、波浪压力、水流压力、沉降摩擦力、车辆活荷载、沉船荷载，以及地基反力、温度应力、不均匀沉降和地震等所产生的附加应力。

上述荷载中，作用在沉管上的水压力是主要荷载。尤其是覆土高度较小时，水压力常是最大荷载。水压力又非定值，受到高低潮位的影响，还要考虑台风时和特大洪峰时的水位压力。

作用在沉管上的垂直向土压力，一般为河床底到沉管顶面间的土体重量。在河床不稳定地区，还要考虑到水位变迁的影响。作用在沉管侧面上的水平土压力并非常量，在隧道建成初期，土的侧压力较大，随着土的固结发展而减小。设计时按最不利组合分别取用。

施工荷载是压载、端封墙、定位塔等施工设施的重量。在计算浮运阶段的纵向弯矩时这些荷载是主要荷载，通过调整压载水箱的位置可以改变弯矩的分布。

波浪压力和水流压力对结构设计的影响很小，但对于水流压力必须进行水工模型试验予以确定，据此设计沉放工艺及设备。

沉降摩擦力则是由于回填后，沉管沉降和沉管侧回填土沉降并不同步，管侧回填土大于沉管，因此在沉管侧壁外承受向下摩擦力。为了降低摩擦系数，常在侧壁外喷软沥青以减少摩擦。

在水底隧道中，车辆交通荷载则往往可以忽略。沉船荷载由于产生的几率太小，对此项荷载是否设计计算，计算采用荷载值的大小仍存在争议。

地基反力的分布规律有各种不同的假设，直线分布中反力强度和各点沉降量成正比，即温克尔假定，又可以分为单一系数和多种地基系数两种；也可假定地基为半无限弹性体，按弹性理论计算反力。

沉管内外壁之间存在温差，外壁基本上与周围土体一致，视为恒温，而内壁的温度与外界一致，四季变化。一般冬季外高内低，夏天外低内高，温差将产生温度应力。由于内外壁之间的温度传递需要一个过程，一般设计需要考虑持续 5～7 天的最高温度和最低温度的温差。

混凝土的收缩影响是由施工缝两侧不同龄期的混凝土的剩余收缩所引起的，因此应按照初步的施工计划规定龄期并设定收缩差。

地震及其他荷载可按有关规定考虑，在此不作详述。

9.2.4 管段结构设计

沉管段的结构设计，按横断面和纵断面分别进行。首先确保在各荷载作用下管段是安全的、经济的。沉管的断面结构形式大多数是多孔箱形结构。这种多孔箱形结构和其他高次超静定结构一样，其结构内力分析必须经过“假定截面尺寸→分析内力→修正尺寸→复算内力”的几次循环，工作量较大。为了避免采用剪力钢筋，改善结构性能，减少裂缝出现，在水底隧道的沉管结构中，常采用变截面或折拱形结构，如图 9-6 所示。即使在同一管段内，因隧道纵坡和河底标高的变化，各处截面所受水压力、土压力不同，特别在接近岸边时由于荷载变化急剧，不能只以一个断面的结构分析结果和河中段全长的横断面配筋计算来代替整节管段，所以目前一般采用电子计算机分析。

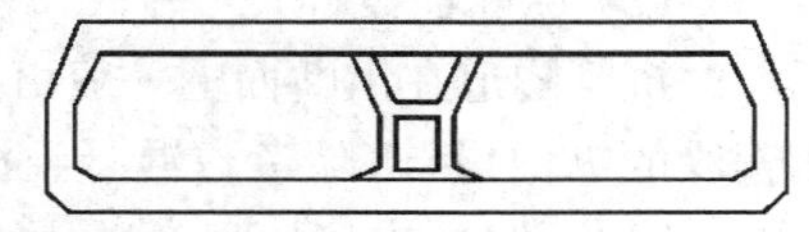

图 9-6　折拱形结构

1）钢壳方式的管段设计

（1）横断面设计

钢壳方式管段的设计特征是钢壳同时要作为混凝土灌注时的模板。而灌注后的管段与干坞方式的管段是一样的。

钢壳要与混凝土成为一体，作为永久构件存在。在设计上因存在腐蚀、残留应力和与混凝土成为一体等问题，很难视为承载的一个有效构件。因此目前多按临时构件来设计。

钢壳方式的管段的强度是按具有一定间隔的横向肋，形成各自独立的横向闭合框架和受到作用在肋间荷载的平面骨架进行计算的。

横断面方向的钢壳断面，一般决定于混凝土灌筑时的应力。随着混凝土的灌筑，吃水深度增加，水压增大，设计断面也应随之变化。因此，应对每一施工阶段的混凝土重力和水压进行应力计算，而后按最危险状态，决定钢壳断面。

(2) 纵断面设计

把整个钢壳视为纵断方向的梁，按施工荷载研究强度和变形。设计状态可分为：进水时、混凝土灌筑时、拖航停泊时等状态。

钢壳在船台上制作，纵向进水时的状态会产生较大的应力，故多由此状态决定断面尺寸。混凝土灌筑时的应力，视一次混凝土灌注量、灌注地点、灌注顺序有很大的变化，因此，一次灌筑混凝土的区段和灌筑顺序，要按使断面力最小的原则决定。

为使断面力最小，应按管段中央左右对称的划分灌筑区段。最初的灌筑位置，最好设在管段全长的 1/4 处。

除上述状态外，还应研究牵引时波浪产生的应力、停泊时波浪产生的应力等，这些状态会产生局部集中应力而需加强。

2）钢筋混凝土管段的设计

(1) 横断面设计

用于船坞制作的钢筋混凝土管段，从施工角度看，在应力方面是不会有问题的。决定横断面时，要注意考虑对浮力的平衡。

决定断面尺寸时，一般都采用平面框架结构进行应力计算。此时，作为结构体系的支承条件，要设定地基的反力系数，但其值的选用，要考虑地层的性质、基础宽度等。

横断面构件的厚度，一般按钢筋混凝土构件的计算即可。沉管隧道主要是受水压、土压的作用，设计荷载多为永久荷载，同时，在水下维修也是困难的。因此，混凝土和钢筋的应力，要根据开裂宽度、混凝土的徐变等影响，加以充分研究后选定设计的目标值。

计算构件的厚度时，要考虑施工钢筋的布置。特别是大水深的沉管隧道和大断面的沉管隧道，应按大径钢筋、小间隔配置。

(2) 纵断面设计

沉管隧道在纵断面上一般由敞开段、暗埋段、沉埋段以及岸边竖井等部分构成，如图 9-7。管段的纵向设计，除考虑混凝土灌筑时、牵引时、沉放时的状态外，还要考虑完成后的地震影响、地层下沉影响、温度变化的影响等。

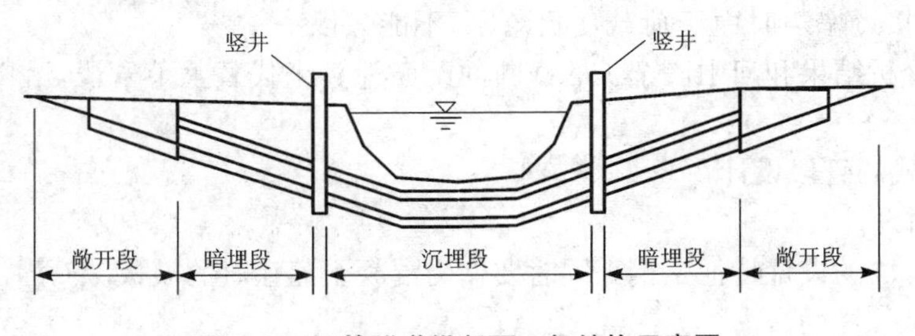

图 9-7　沉管隧道纵断面一般结构示意图

3）配筋

沉管结构的混凝土强度，宜采用 C30、C35、C40。

由于沉管结构对贯通裂缝非常敏感，非贯通裂缝宜控制在 0.15～0.20 mm 以下，因此采用钢筋等级不宜过高，不宜采用 HRB 400 及以上的钢筋。

4）预应力的作用

一般情况下，沉管隧道采用普通混凝土结构而不用预应力混凝土结构。因沉管的结构厚度并非由强度决定，而是由抗浮安全系数决定。由抗浮安全系数决定的厚度对于强度而言常常有余而非不足。施加预应力结构虽有提高抗渗性的长处，但若只为防水而采用预应力混凝土结构并不经济。

当隧道跨度较大，达三车道以上或者水压力、土压力又较大时，沉管结构的顶板、底板受到的剪力相对大。为此有的工程中在最深的部位管段中采用预应力混凝土结构，其余各节都采用普通混凝土的管段结构，这样更突出预应力的优点。

9.2.5 管段接头设计

管段沉放完毕之后，必须与前面已沉放好的管段或竖井接合起来，这项连接工作在水下进行，故亦称水下连接。

管段接头应具有以下功能和要求：第一是水密性的要求，即要求在施工和运营阶段均不漏水；第二是接头应具有抵抗各种荷载作用和变形的能力；第三是接头的各构件功能明确，造价适度；第四是接头的施工性好，施工质量能够保证，并尽量做到能检修。常用的接头有 GINA 止水带、OMEGA 止水带以及水平剪切键、竖直剪切键、波形连接件、端钢壳及相应的连接件。水平剪切键可承受水平剪力，竖直剪切键可承受竖直剪力及抵抗不均匀沉降，波形连接件增加接头的抗弯抗剪能力，端钢壳主要是起安装端封门和接头其他部件、调整隧道纵坡的作用。

1）接头类型

沉管段的接头部是沉管法最具有特征的部分。在设计时，要保证具有良好的止水性能和充分的传递力。在采用可挠性接头时，要满足伸缩等必要的功能，以及施工性、经济性等条件。

接头的构造有：与管段具有同样强度、刚性的连续构造形式和管段能够相互伸缩、转动的柔性构造的可挠性接头形式。

(1) 连续构造接头的设计。此种接头在美国、加拿大采用较多。日本初期的沉管隧道也多采用这种接头。连续构造接头有扩大管段端部断面的形式、在管段外周设置橡胶密封垫的止水装置、和本体形成同一断面的结构形式，也有等断面的形式，如图 9-8 所示。前者的刚度、强度几乎与本体相同。后者因结合处的断面小，强度要达到与本体相同则难度更大。后者刚度也比本体小，但是管段端部无需扩大，外侧是等断面的管段，制作较方便。

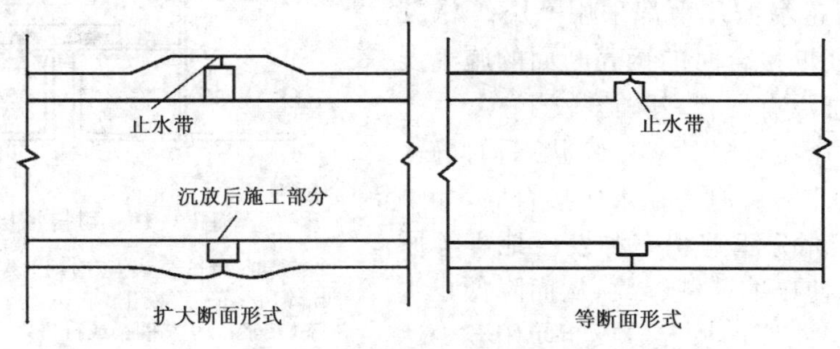

图 9-8 连续接头构造

使管段相互结合、传递力的方法有:沉放后用内部钢筋混凝土衬砌连接接头的方式和焊接钢板传力的方式。不管哪种方式,都要能承受因地震、地层下沉、温度变化等造成的轴向拉力、压力、弯矩、剪力等。

(2) 可挠性接头(柔性接头)的设计。柔性接头是能使管段接头处产生伸缩、转动的结构。但不容许无限制的位移,要根据止水性及交通功能等,规定出容许的位移值,使接头的位移在容许范围之内。为满足此条件并使管段内应力不超过容许值,要进行控制。应合理地决定接头的设置地点和接头的刚性,并研究具体的接头构造。图 9-8 所示为柔性接头,图 9-10 所示为日本东京港使用的可挠性接头。

柔性接头的设置地点与构造条件、地质条件、地震条件有关。

2) 止水构造

在管段的接头处,不管采用哪种接头方式,都要进行止水构造的设计。一般橡胶密封垫的一次止水构造是最基本的构造。

决定橡胶密封垫的材质、形状尺寸时要满足以下条件:止水构件材质的长期稳定性和耐久性,管段接合时具有所规定的止水性,水力压接时具有合适的荷载—压缩变形特性,有永久的止水性能等。采用可挠性接头时,要在设计的伸缩量条件下能确保止水性;接合后,对外侧水压是安全的。

为满足这些要求,必须进行橡胶的材质试验、压缩特性试验、剪切试验、止水性能试验等。据此决定最佳形状尺寸和硬度。一般橡胶的材质多采用天然橡胶和合成橡胶。在设计橡胶密封垫时,要注意橡胶的永久变形量。对可挠性接头,还应掌握橡胶的动力特性。

目前在初期止水上几乎都采用 GINA 橡胶止水带,为吸收初期接合时的钢壳断面的施工误差,在前面和底部设有突起,其硬度较小。

止水带在水压接合时处于压缩状态,对静水压有足够的止水能力。但是在水压接合时,如果止水带没有处于充分压缩状态和发生地震等原因,接头会张开,使压缩荷载释放,从而降低止水性能,产生漏水。此外止水带要长期使用至少达 50～100 年,设置后更换也不容易,因此,在设计

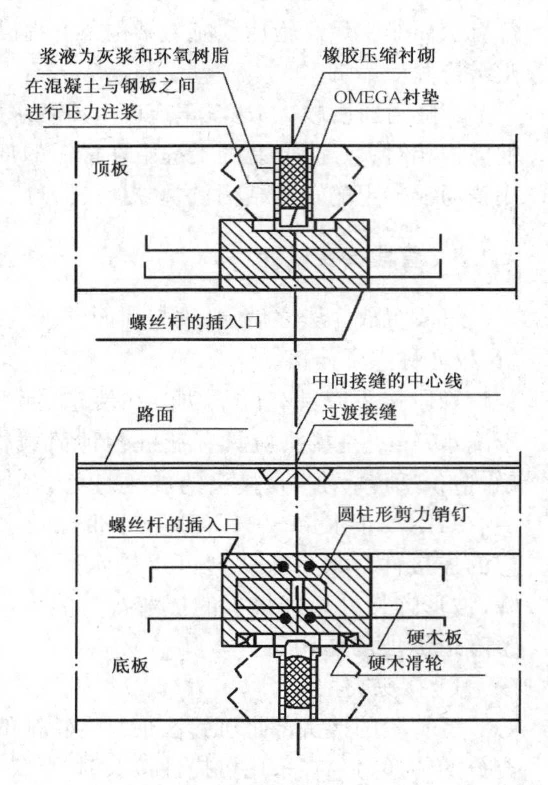

图 9-9　柔性接头构造

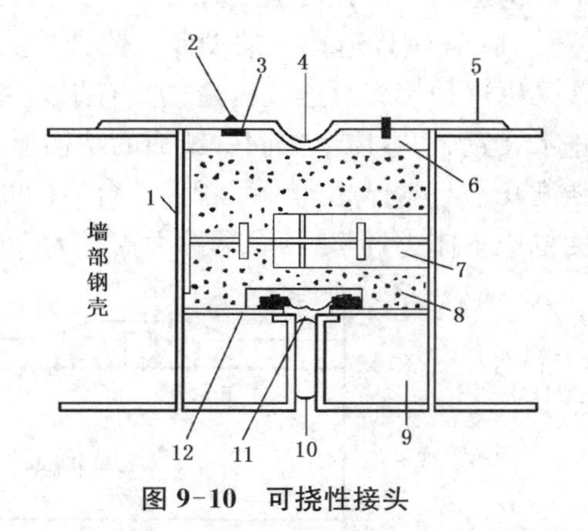

图 9-10　可挠性接头

1—接缝材料；2—施工时用的螺栓；3—垫板；4—凹形钢板；5—钢板Ⅱ；6—发泡苯乙烯；7—抗剪缝；8—灰浆；9—垫圈梁或衬垫梁；10—橡胶垫；11—W 型二次止水橡胶；12—钢框梁

时必须考虑橡胶的老化问题。

止水带的安全性，从设置到整个使用期间，要考虑三种状态，即水压接合时的状态，正常状态，地震时的状态。止水带必须按这三种状态进行设计和安全性检验。

二次止水装置是为一次止水发生故障而设的具有止水构造的安全阀，要能承受外水压。

3）最后接头

沉管隧道的接头，一般分为中间接头、与竖井的接头及最后接头，其结构形式有些差异。其中，最后接头是最后一节管段与前设管段的接头，与管段一般段的接头不完全相同。最后接头的位置，一般设在管段与竖井处。最后接头处的水深比较浅时，可在接头范围设围堰，用内部排水方式施工。也可采用与水力压接相同的方法做最后接头，即在最后接头周围安设橡胶密封垫的止水板，而后排出内部的水，使止水板水压压接。此法与水深关系不大，是比较合理的方法。

总之，最后接头必须考虑施工作业条件和安全性，合理确定位置、结构和施工方法等。从目前采用的最后接头的施工方法看，一般有干施工、水下混凝土、接头箱体、止水板、楔形箱体等几种形式。后两种方式是新开发的最后接头方式，如图 9-11 所示。

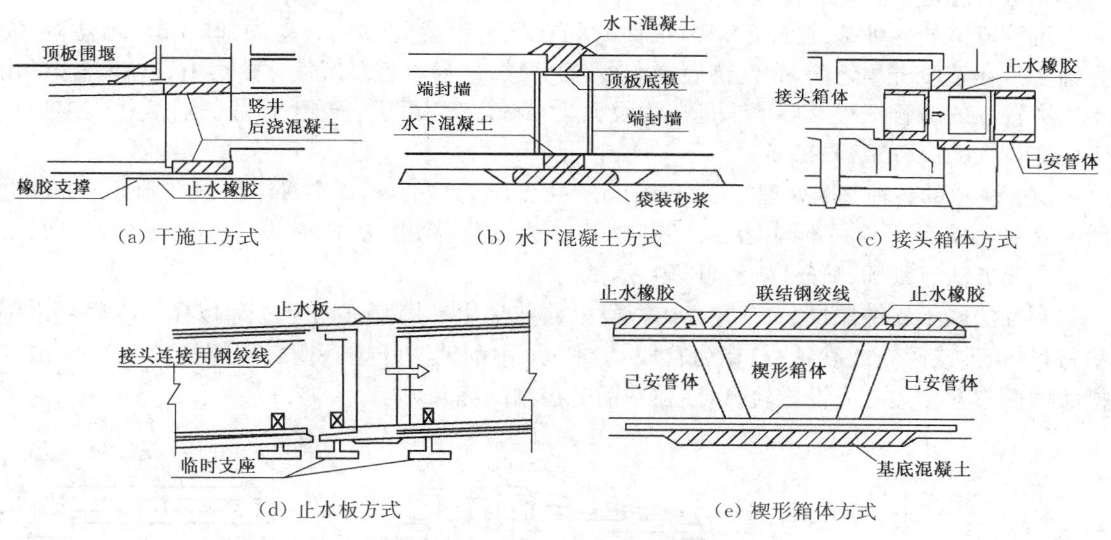

图 9-11　最后接头的各种方式

9.2.6　基础设计

1）地质条件与沉管基础

在一般地面建筑中，如果建筑物基底下的地质条件差，就得做合适的基础，否则就会发生有害的绝对和差异沉降，甚至发生建筑物坍塌的危险。

在水底沉管隧道中，情况就完全不同。首先不会产生由于土固结或剪切破坏所引起的沉降。因作用在沟槽底部的荷载在设置沉管后非但未增加，反而减小了，如图9-12所示。所以沉管隧道很少需要构筑人工基础以解决沉降问题。此外，沉管隧道施工是在水下开挖沟槽的，没有产生流沙现象的问题，不像地面建筑或其他方法施工的水底隧道那样，遇到流沙时必须采用费用较高的疏干措施。所以，沉管隧道对各种地质条件的适应性很强，正因如此，一般水底沉管隧道施工时不必像其他水底隧道施工法那样，须在施工前进行大量的深水钻探工作。

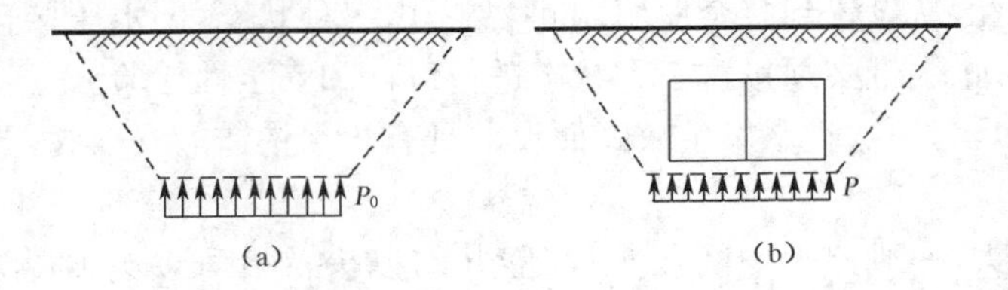

图 9-12　管底压力变化

2）基础处理

沉管隧道对各种地质条件的适应性都很强，这是它的一个很重要的特点。然而在沉管隧道中，也仍需要进行基础处理，不过其目的不是为了应对地基土的沉降，而是因为在开槽作业中，不论是使用哪一类型的挖泥船，完成后的槽底表面总有不同程度的不平整。这种不平整度，使槽底表面与沉管底面之间存在很多不规则的空隙。这些不规则的空隙会导致地基土受力不均而局部破坏，从而引起不均匀沉降，使沉管结构承受较高的局部应力，从而导致开裂。因此在沉管隧道中必须进行基础处理——垫平，以消除这些有害的空隙。

沉管隧道的各种基础处理方法，按照时间在沉管设置前或后分为先铺法和后填法两类。先铺法是在管段沉放之前，先在槽底铺上砂、石垫层，然后将管段沉放在垫层上，这种方法适用于底宽较小的沉管工程。后填法是在管段沉放完毕之后，再进行垫平作业。后填法大多适用于底宽较大的沉管工程。

沉管隧道的各种基础处理方法均以消除有害空隙为目的，所以各种不同的基础处理方法之间的差别，仅是垫平途径不同而已。但其效率、效果以及费用的差别，在设计时必须详细斟酌。

主要方法有刮铺、喷砂、压注（压砂、压浆）。

刮铺法属于先铺法（图 9-13）。在管段沉放前采用专用刮铺船上的刮板在基槽底刮平铺垫材料（粗砂或碎石或砂砾石）作为管段基础。采用刮铺法开挖基槽底应超挖 60～80 cm，在槽底两侧打数排短桩安设导轨，以便在刮铺时控制高程和坡度。

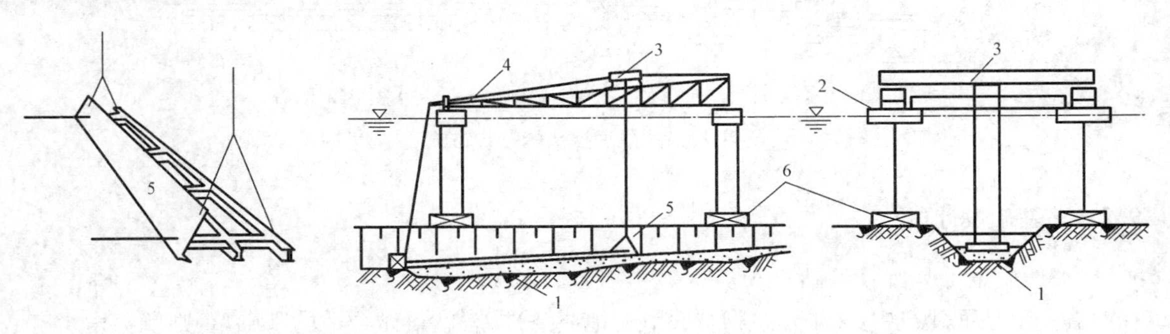

图 9-13　刮铺法

1—粗砂或砾石垫层；2—驳船；3—车架；4—桁架及轨道；5—钢犁；6—锚块

喷砂法和压注法属于后填法（图 9-14，图 9-15）。喷砂法是从水面上用砂泵将砂、水混合料通过伸入管段底下的喷管向管段底喷注、填满空隙。砂垫层厚度 1 m 左右，可沿着轨道纵向移动的桁架外侧挂三根 L 形钢管，中间为喷管，两侧为吸管。砂的平均粒径约为 0.5 mm。砂水混合物的浓度和排出速度与喷出形成的砂饼直径有直接关系。

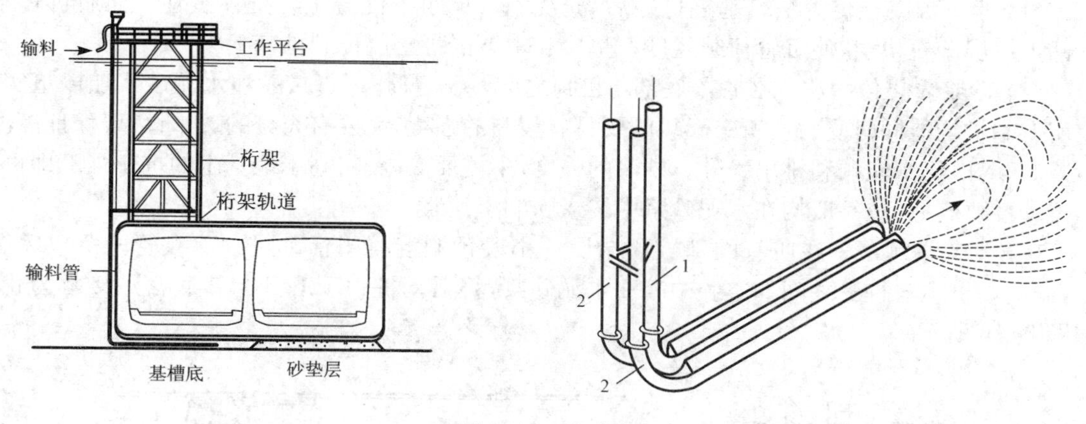

图 9-14　喷砂法

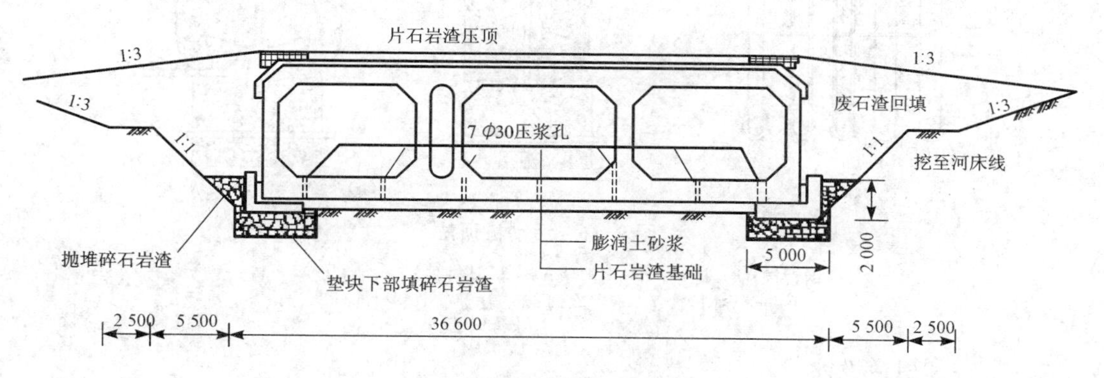

图 9-15　压注法

压注法是在管段沉放后向管段底面压注水泥砂浆或砂作为管段基础。根据压注材料不同分成压浆法和压砂法两种。压浆法是在开挖基槽时应超挖 1 m 左右，然后摊铺一层厚 40～60 cm的碎石，两侧抛堆砂石封闭后，通过隧道内部的压浆设备，在管段底板上带单向阀的压浆孔，向管底空隙压注注入由水泥、膨润土、黄砂和缓凝剂配成的混合砂浆。压砂法与压浆法相似，但注浆材料为砂水混合物。

3）软弱土层中的沉管基础

如果沉管下的地基土特别软弱，容许承载力非常小，仅作垫平处理是不够的，解决的办法有：以砂置换软土层，打砂桩并加荷预压，减轻沉管重量，采用桩基。在这些办法中，以砂置换软土层会增加很多工程费用，且在地震时有液化危险，故在砂源较远时是不可取的。打砂桩并加荷预压的方法也会大量增加工程费用，且不论加荷多少，要使地基土达到固结密实所需的时间很长，对工期影响较大，所以一般不用。减轻沉管重量的方法对于减少沉降有效，但沉管的抗浮安全系数本来就不大，减轻沉管重量的办法并不实用。因此比较适宜的办法还是采用桩基。

沉管隧道采用桩基后，也会遇到一些通常地面建筑所遇不到的问题。首先，基桩桩顶标高在实际施工中不可能达到完全齐平。因此，在管段沉放完毕后，难以保证所有桩顶与管底接触。为使基桩受力均匀，在沉管基础设计中必须采取一些措施，包括以下三种：

(1) 水下混凝土传力法。基桩打好后，先浇一二层水下混凝土将桩顶裹住。而后再在水下铺上一层砂石垫层，使沉管荷载经砂石垫层和水下混凝土层传到桩基上去。

(2) 砂浆囊袋传力法。在管段底部与桩顶之间，用大型化纤囊袋灌注水泥砂浆加以垫实，使所有基桩均能同时受力。所有囊袋既要具有较高的强度，又要有充分的透水性，以保证灌注砂浆时，囊内河水能顺利排出囊外。砂浆的强度，不需要太高，略高于地基土的抗压强度即可，但流动性要高些，故一般均在水泥砂浆中掺入膨润土泥浆。

(3) 活动桩顶法。在所有的基桩顶端设一小段预制混凝土活动桩顶。在管段沉放完毕后，向活动桩顶与桩身之间的空腔中灌注水泥砂浆，将活动桩顶顶升到与管底密贴接触为止，如图 9-16 所示。

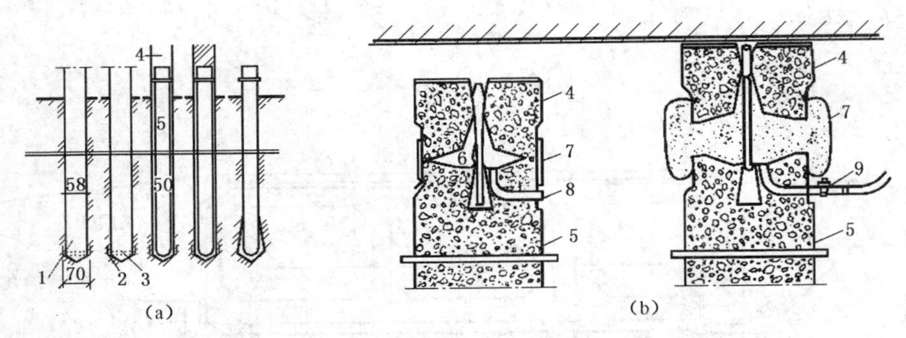

图 9-16 活动桩顶法

1—钢管桩；2—桩靴；3—水泥浆；4—活动桩顶；5—预制混凝土桩；
6—导向管；7—尼龙布囊；8—压浆管；9—控制阀

9.2.7 竖井和引道设计

1) 竖井

竖井分别位于沉管隧道的两端，是沉管隧道和陆上隧道的接续点(图 9-17)。对公路隧道还具有风井的功能。对于其他用途的隧道，多用于排水设施、电气设施、附属设施等的收容空间。竖井设计的主要任务是确保其稳定性。竖井的稳定，一般是由地震及施工时的稳定性要求决定的。

在公路沉管隧道中，在竖井中通常要设置以下设备：通风、电力、监视控制及排水设备。而在铁路沉管隧道中，这些设备的规模要小很多。

在竖井的工程实例中，通常采用以下基础形式：直接基础，钢管桩基础，现浇混凝土基础，钢管板桩基础，沉箱基础，复合基础＋现浇混凝土基础，钢管桩＋钢沉箱，基础形式要根据地质条件、隧道规模、埋深以及竖井的功能要求等条件选定。

2) 引道

引道构造通常是明渠式的。此时视引道深度的变化，可采用 U 形挡墙、L 形挡墙或反 T 形挡墙、重力式挡墙等多种形式的构造。采用挡墙形式的区间，其开挖深度一般不要超过 15 m。

陆上隧道，一般采用明挖法施工。如深度很深，可采用沉箱法。

引道设计应特别注意是 U 形挡墙的上浮性。为此要选定合理经济的结构形式。

对浮力的上浮安全系数，一般取 1.1～1.2。为此，可加大底板厚度或底板伸出，并对管段在基础两侧和顶部进行回填或在基础上设置抗拔桩。

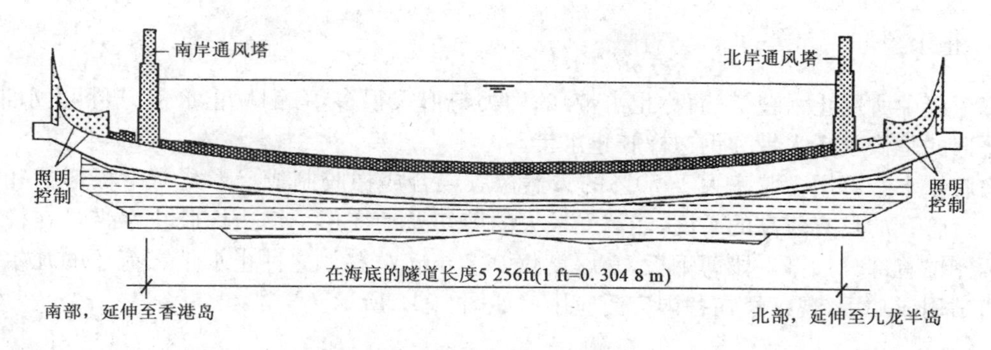

图 9-17　沉管隧道通风竖井

9.3　接缝管段处理与防水措施

9.3.1　变形缝布置与构造

钢筋混凝土的沉管结构若无合适措施，容易因隧道的纵向变形而导致开裂。此外，不均匀沉降等影响也容易导致管段开裂，这类纵向变形引起的裂缝是通透性的，对管段防水极为不利，因此在设计中必须采用适当措施加以防止。最有效的措施是设置垂直于隧道轴向方向的变形缝，将每节管段分割为若干节段。根据实际经验，节段的长度不宜过大，一般为 15～20 m 左右。

节段间的变形缝构造，满足以下四点要求：①能适应一定幅度的线变形与角变形。变形缝前后相邻节段的端面之间留一小段间隙，以便张、合活动，间隙中以防水材料充填。间隙宽度应按变温幅度与角度适应量来决定。②在浮运、沉放时能传递纵向弯矩。可将管段侧壁、顶板和底部中的纵向钢筋在变形缝处采取构造措施。即外排纵向钢筋全部切断，而内排纵向钢筋则暂时不予切断，任其跨越变形缝，连贯于管段全长以承受浮运、沉放时的纵向弯矩。待沉放完毕后再将内排纵向钢筋切断，因此须在浮运之前安设临时的纵向预应力筋，待沉放完毕后再撤去。③在任何情况下能传递剪力。④变形前后均能防水，一般均在变形缝处设置一道或二道止水缝带。

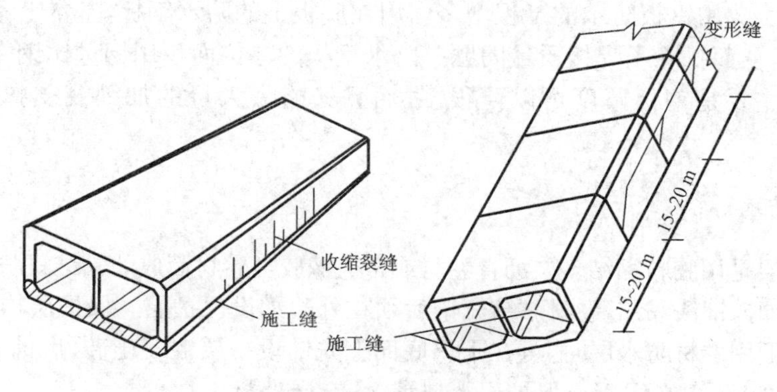

图 9-18　变形缝布置

9.3.2 止水缝带

变形缝中所用止水缝带(简称止水带)的种类与形式很多,有铜片止水带、塑料止水带,使用较普遍的是橡胶止水带和钢边橡胶止水带。

橡胶止水带可用含胶率大于70%的天然橡胶或合成橡胶制成。形式有平板形的和带管孔的。带管孔的具有较高的柔度,能承受较大的剪切差动变形。钢边橡胶止水带是在橡胶止水带两侧锚着部分加镶一段薄钢板,其厚度仅0.7 mm左右。这种止水带在荷兰的凡尔逊水底隧道试用成功后,现已经在各国广泛应用。如图9-19所示。

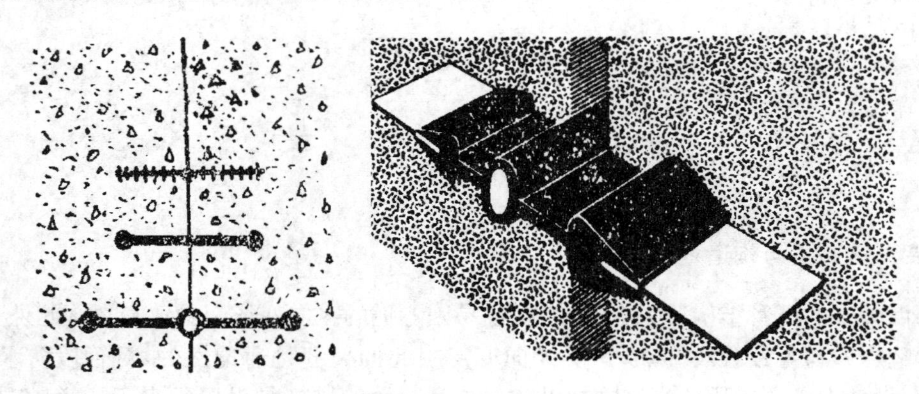

图 9-19 钢边橡胶止水带

9.3.3 管段外壁防水措施

沉管的外壁防水措施有沉管外防水和沉管自防水两类。外防水包括了钢壳、钢板防水、卷材防水、涂料防水等不同方法;自防水主要采用防水混凝土。实践证明,如有适当的措施,沉管自身防水完全可以取代外防水。

9.3.4 钢壳与钢板防水

钢壳防水指在沉管的三面(底和两侧墙)甚至四面(包括顶面)用钢板包裹的防水方法。由于耗钢量大、焊缝防水可靠性不高、钢材防锈、钢板与混凝土之间黏结不良等问题仍未切实解决,已日趋淘汰,改用钢板防水的工程增多。用在底板下的防水钢板,基本上不用焊接,而用拼装贴封的方法,从而排除了焊接质量问题。防水钢板的单位面积用钢量比钢壳的低得多,仅为其1/4左右。主要是钢板厚度可以薄很多,而且又略去大量的加劲及支撑,基本上不使用型钢。

9.3.5 卷材防水

卷材防水层是用胶料黏结多层沥青卷材或合成橡胶类卷材而成的黏结式防水层。沥青类卷材一般采用焦油摊铺法黏结,卷材黏结完毕后须在外边加设保护层。保护层构成视部位不同而异。管段底板下用卷材防水层时,可在干坞底面上先铺设一层混凝土砖,后铺50～60 mm的素混凝土作为保护层,再在混凝土保护层上摊铺3～6层卷材。

卷材防水的主要缺点是施工工艺较繁琐,而且在施工操作过程中稍有不慎就会因起壳而导致返工，返工耗时、耗力。若在管段沉放过程中发现防水层起壳，根本无法补救。

9.4 沉管隧道施工过程

沉管隧道的施工，大体上可以分为管段制作、沉管隧道段施工、竖井及引道施工等部分。

9.4.1 管段制作

管段作为隧道的主体工程，其制作基本要求是：本身不漏水，承受最大水压时也不漏水；管段本身是均质的，重量对称，以保证浮运时稳定、结构牢固。沉管管段制作方式分为干坞方式和船台方式。

1）船台方式

船台方式先在船厂船台上制成钢壳，而后将其牵引、停泊在悬浮状态下，灌注内部混凝土而成的。钢壳由外壳、横向桁架、纵向桁架、舱壁、衬垫组成。钢壳制作完成后即可下水，下水方式可与船同样的方法经滑道下水，也可用起重机吊下水。钢壳的浮运由船拖拉或推进，直到将其浮运到隧址水面。在随后的混凝土衬砌施工时，通常要在钢壳面上预留两个材料出入口，由此送入衬砌的混凝土材料及钢筋等。一般采用混凝土泵，并严格控制每一次浇筑量和浇筑顺序，做到对称施工，待浇筑完毕，搬出各种临时材料后，封闭顶面上的预留出入口，这样，管段制作完毕。

2）干坞方式

与船台方式不同，此时管段是在管段制作码头制作，完成后牵引，在装配码头处搭载各种沉设设备并沉设的。一般来说，在这种情况下，管段的制作是几个管段同时进行的。因此，干坞的规模要求很大。

在干坞制作矩形混凝土管段的基本工艺，与地面类似的钢筋混凝土结构的施工工艺大致相同，但由于采用浮运沉设施工方法，而且最终沉设在河底水中，因此对材料均匀性和水密性要求特别高，这是一般地面土建工程中没有的。因而制作沉管除了从构造方面采取措施外，必须在混凝土选材、温控、模板等方面采取特殊措施。为了保证管段的水密性，在制作中，管段混凝土的防裂问题非常突出，因此对施工缝、变形缝的布置须慎重安排。管段纵向施工缝需采取防水措施。为防止发生横向通透性裂缝，通常可把横向施工缝做成变形缝，每节管段由变形缝分为若干段。

干坞灌水前必须在管段两端面 500～100 cm 处设置临时封墙，临时封墙可用木料、钢材或钢筋混凝土支承，封墙设计按静水压力计算。

9.4.2 沟槽施工

沉放前要先在欲沉放地点开挖沟槽。沟槽开挖比通常的航道疏浚开挖深度要深，而且对底面的平整精度要求较高。因此，要仔细选择疏通方法，一般使用各种疏浚船进行施工。特别要注意的是，不要扰动海底沟槽面的土质，在沉放过程中始终保持良好的状态。疏通断面的坡面坡度视土质和波浪的影响等决定。基础底面为保证平整，应用砾石等铺设均匀。

沟槽施工的费用通常占总费用的很小一部分，但航道的变更、管体泊位以及拖航水路的疏浚等的处理量是很大的。因此要规划各阶段的疏浚土量和弃渣场，选择疏浚方法和作业设备。

9.4.3 管段的浮运

管段制作完成后，开始向船坞内注水，这时，需派检查人员从管段预留出入口进入沉管内部，检查管段是否漏水。一旦发生漏水现象应立即向坞内注水，查明管段漏水原因并做修补。当船坞内水位接近干舷量时，应向压载水箱内注水，以防止管段上浮失稳。当管段完全被水淹没后，再排出压载水箱内的水，使管段上浮至浮运时的干舷量。在调整好各节管段后，可打开船坞的坞门，用拖船将管段拖出，浮运到隧道址。

将管段从存泊区（或干坞）拖运到沉放位置的过程可采用拖轮拖运或岸上绞车拖运。当水面较宽，拖运距离较长时，一般采用拖轮拖运。水面较窄时，可在岸上设置绞车拖运。

宁波甬江水底沉管隧道的沉管浮运时，由于江面窄水流急，且受潮水的影响，采用了绞车拖运“骑吊组合体”方法浮运过江，图 9-20a。

广州珠江沉管隧道施工时，由于干坞设在隧道的岸上段，江面宽只有 400 m 左右，浮运距离短，主要采用绞车和拖轮相结合的方式，即在一艘方驳上安置一台液压绞车作为后制动，2 台主制动绞车设在干坞岸上，3 艘顶推拖轮顶潮协助浮运，图 9-20b。

日本东京港沉管隧道沉管运距长达 4 km，前后各有一艘拖轮，两艘方驳在管段两侧护送，并用两艘拖轮做辅助顶推，浮运时间 1 d，纯运行时间为 2 h，图 9-20c。

管段浮运到沉放位置后，要转向或平移，对准隧道中线待沉。

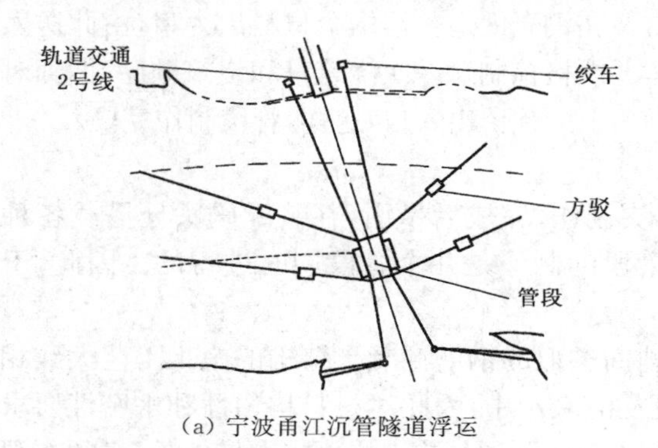

(a) 宁波甬江沉管隧道浮运

4
2
3
3
1
4
5
6
7

(b) 广州珠江沉管隧道浮运

1—管段；2—方驳；3—液压绞车；4—顶推拖轮；
5—备用拖轮；6—芳村岸；7—水流方向

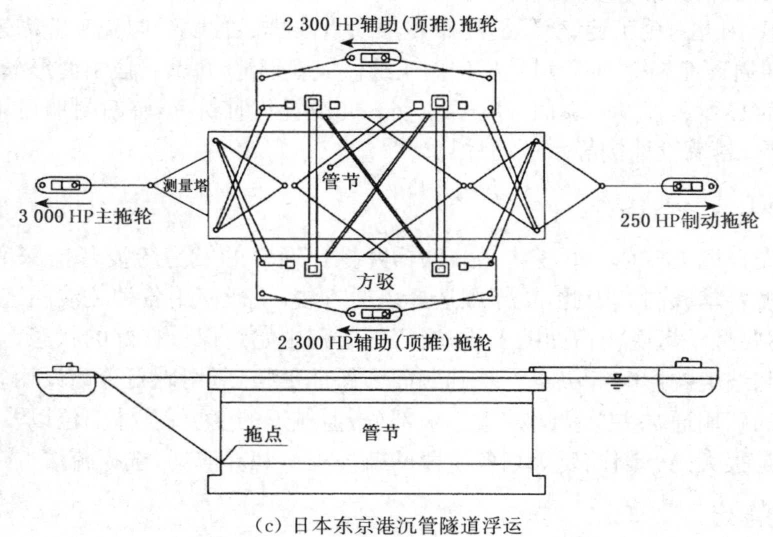

(c) 日本东京港沉管隧道浮运

图 9-20　沉管隧道管段浮运方式

9.4.4 管段的沉放与水下连接

1) 管段的沉放作业

管段沉放是沉管隧道施工的关键环节，它不但受到气候、河道条件的直接影响，还受到航道、设备条件的制约，所以，在沉管隧道施工中，关于管段的沉埋并没有统一套用的方法，大体可以分为吊沉法和拉沉法两种形式，沉埋作业的主要环节可以概括如下：①拖运管段到沉放现场；②用缆绳定位管段，以便精确沉放；③施加下沉力。

吊沉法中根据施工方法和起重设备的不同又分为分吊法、扛吊法、骑吊法以及拉沉法等。

(1) 分吊法

在管段预制时，预埋 3～4 个吊点，在沉放作业中采用 2～4 艘起重船提着各个吊点，将管段沉放到设计的位置上，如图 9-21，图 9-22 所示。

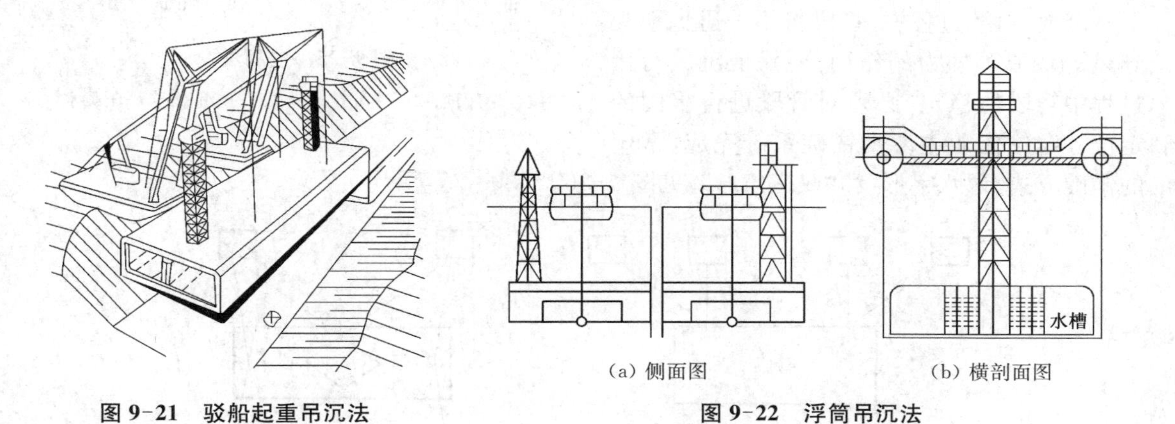

(a) 侧面图　(b) 横剖面图

图 9-21　驳船起重吊沉法

图 9-22　浮筒吊沉法

(2) 扛吊法

又称为驳扛吊法，有双驳扛吊和四驳扛吊两种，具体做法是将驳分布在管段左右，左右驳之间加设两根“扛棒”，“扛棒”下吊沉管，然后沉放，如图 9-23 所示。

(3) 骑吊法

骑吊法是用水上作业平台“骑”于管段上方，将其慢慢地吊放沉放，如图 9-24 所示。其平

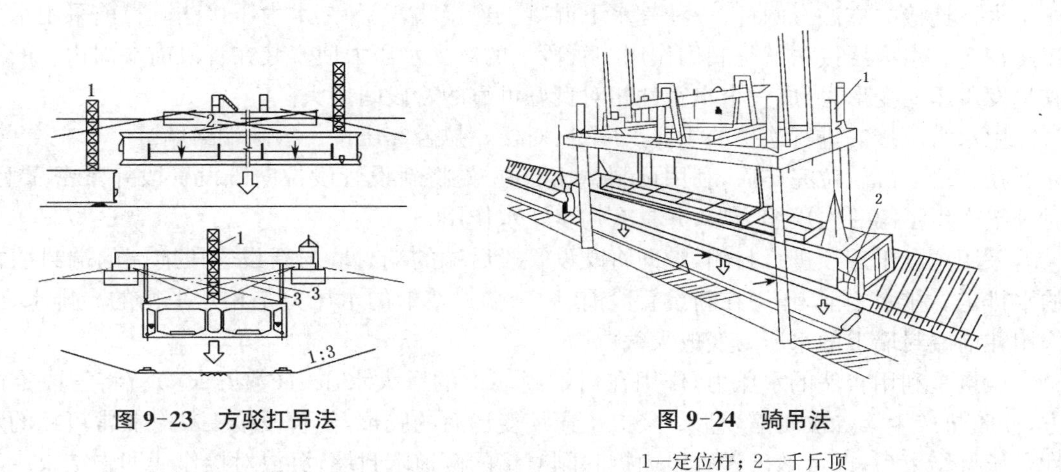

图 9-23　方驳扛吊法

图 9-24　骑吊法

1—定位杆；2—千斤顶

台部分实际就是一个浮箱，反复调整浮箱内水压进行定位。这种方法适用于水面宽阔，而不易用缆索固定管段的水面。其优点在于不须抛锚，作业时对航道影响较小，但设备费用大，故较少采用。

(4) 拉沉法

这种方法的主要特点在于既不用浮吊、方驳，也不用浮箱、浮筒，管段沉放时，不是向管段内灌注水，而是利用预先设置在水底沟槽底板上的水下桩墩，通过设在管段顶面的钢撬架上的卷扬机和扣在水下桩墩上的钢索，将管段慢慢拉下水，沉放到桩墩上，如图9-25所示，使用此法必须设置水底桩墩，因费用较大而较少使用。

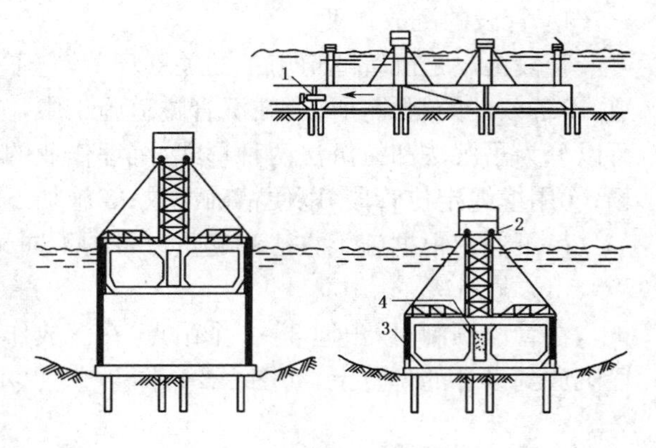

图 9-25　拉沉法

1—拉合千斤顶；2—拉沉卷扬机；3—拉沉索；4—压载水

沉放、对接过程中，管段将不可避免地受到风、浪、流等外力的作用，要保证沉放对接过程中管段的稳定，必须对管段进行牢固的定位。定位作业主要由锚碇系统完成，常用的锚碇方式有“八字形”和“双三角形”，见图 9-26。

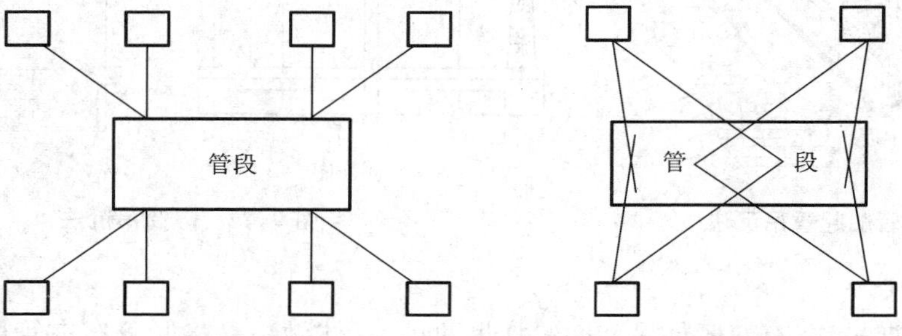

管段

(a) 八字形锚碇系统

管　段

(b) 双三角形锚碇系统

图 9-26　沉管定位的锚碇系统图

2) 管段的水下连接

水下连接的方法有两种，一种是水下混凝土连接法，一种是水力压接法。目前采用水力压接法较多。水力压接法就是利用作用在管段上的巨大水压力使安装在管段前端周边上的一圈胶垫发生压缩变形，形成一个水密性相对良好可靠的管段间接头。

用水力压接法进行连接的主要工序是:对位—拉合—压接—拆除端封墙。

在管段下沉就位完毕后，利用预制鼻托定位，先将新设管段拉向既设管段并紧密靠上，这时胶垫产生了第一次压缩变形，并具有初步止水作用。

采用拉合千斤顶进行封闭，随即将既设管段后端的端封墙与新设管段前端的端封墙之间的水排走。排水之前，作用在新设管段前、后二端封墙上的水压力是相互平衡的。排水之后，作用在前端封墙上的水压力变成大气压力。

压接是利用自然的水压力，作用在后端封墙上的巨大水压力(数万 kN)就将管段推向前方，使胶垫产生第二次压缩变形。经二次压缩变形后的胶垫，使管段接头具有非常可靠的水密性。压接结束后，即可从已设管段内拆除刚对接的两道端封墙，沉放对接作业即告结束。

水力压接法具有工艺简单、施工方便、质量可靠、节省工料费等优点，目前在各国水底隧道中普遍采用，见图 9-27。

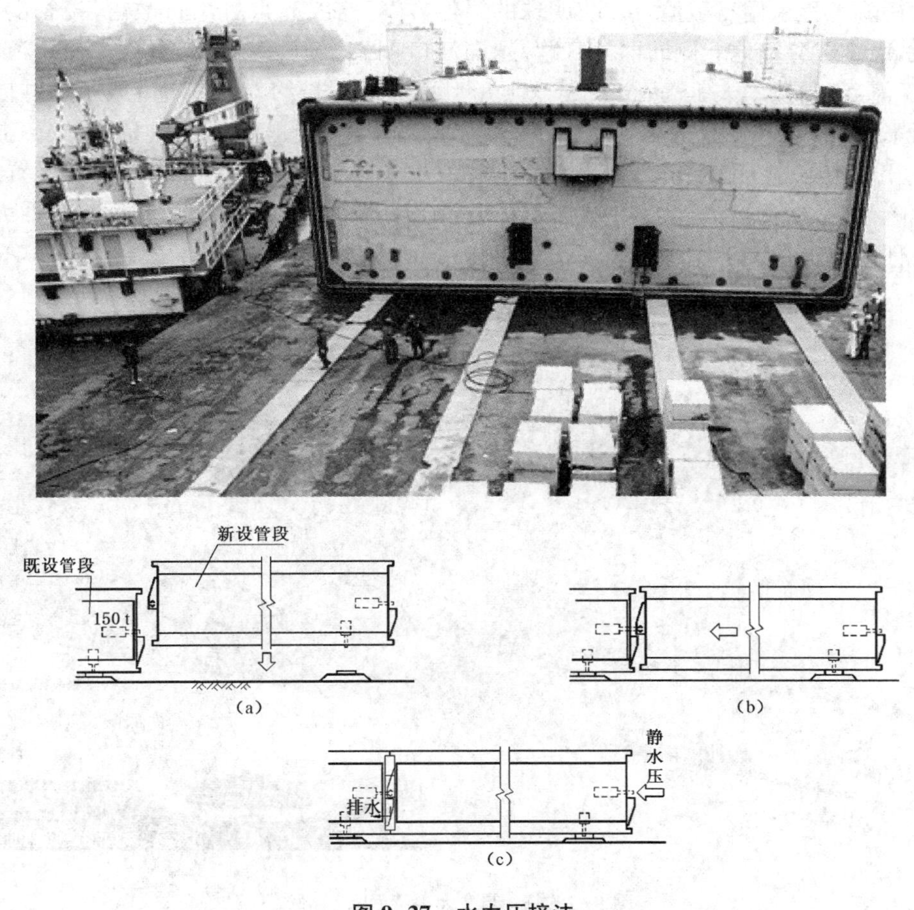

图 9-27　水力压接法

9.4.5　回填与覆盖

回填对防止管体侧面的水流冲刷，或防止沉船、抛锚、走锚等对管体的破坏是很重要的。回填材料主要采用易于获取、费用低、在地震时不易流动、投入后不会对水质有污染的材料。日本东京湾隧道的回填采用了砂质碎石，直径大于 0.15 m 的占 30%以上。根据日本的经验，在管体上面通常设 0.15 m 的钢筋混凝土保护层，还另设 1.0～2.0 m 的回填防护层。

9.5　工程实例——港珠澳大桥沉管段

9.5.1　工程概况

珠港澳大桥工程包括三项内容：一是海中桥隧工程；二是香港、珠海和澳门三地口岸；三是香港、珠海、澳门三地连接线。根据达成的共识，海中桥隧主体工程(粤港分界线至珠海和澳门口岸段，下同)由粤港澳三地共同建设；海中桥隧工程香港段(起自香港石散湾，止于粤港分界线，下同)、三地口岸和连接线由三地各自建设。

海中桥隧工程采用石散湾-拱北/明珠的线位方案，路线起自香港石散湾，接香港口岸，经香港水域，沿 23DY 锚地北侧向西，穿(跨)越珠江口铜鼓航道、伶仃西航道、青州航道、九州航道，止于珠海/澳门口岸人工岛，全长 35.6 km，其中香港段长约 6 km；粤港澳三地共同建设的主体工程长约 29.6 km。主体工程采用桥隧结合方案，穿越伶仃西航道和铜鼓航道段约 6.7 km采用隧道方案，其余路段约 22.9 km 采用桥梁方案。为实现桥隧转换和设置通风井，主体工程隧道两端各设置一个海中人工岛，东人工岛边缘距粤港分界线约 150 m，西人工岛东边缘距伶仃西航道约 1 800 m，两人工岛最近边缘间距约 5 250 m，如图 9-28。

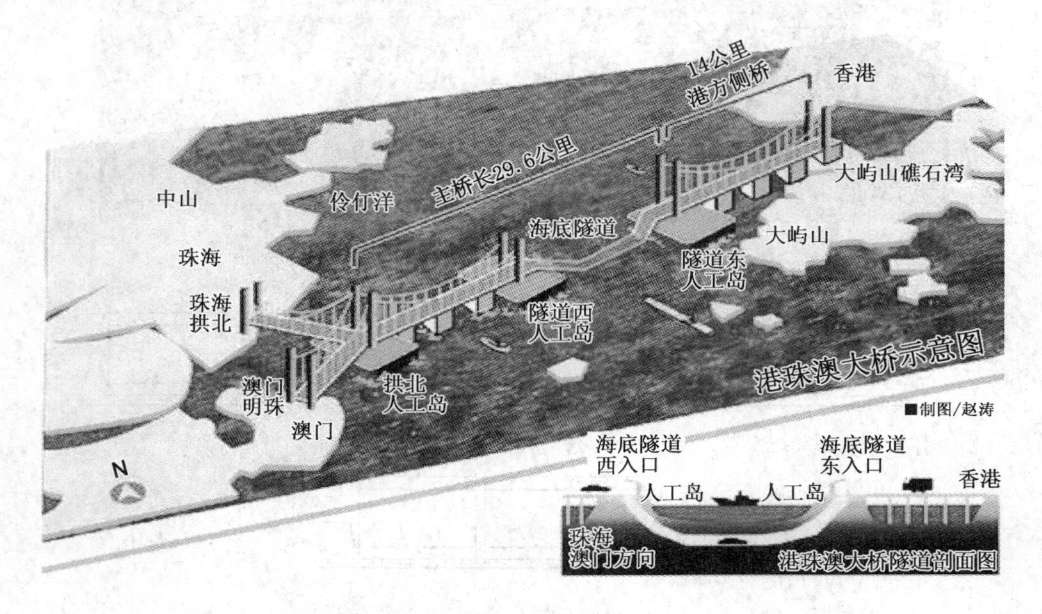

图 9-28　珠港澳大桥平面示意图

珠港澳桥隧主体工程采用双向六车道高速公路标准建设，设计速度采用 100 km/h。全线桥涵设计车荷载等级采用公路-Ⅰ级，同时满足香港《Structure Design Manual for Highways and Railways》中规定，大桥的设计使用寿命为 120 年。

9.5.2　沉管段介绍

1) 断面形状与尺寸

珠港澳大桥中总长约 5.6 km 的海底隧道由 33 节沉管连接而成。管段横截面为矩形，宽度采用 2×14.25 m、净高采用 5.1 m。两侧为车道，中间留有维修管理、避险和排水设施等所需的空间。管段是在珠海桂山岛预制厂的临时干坞中预制成型(图 9-29)。

2) 基础处理

珠港澳大桥海底隧道巨大的沉管，是铺设在完全软土的海底，海底表面淤泥含水量高达 50%～60%，因此在沉管隧道安装之前，需进行基础处理(图 9-30)。为使沉管安装之后减少沉

(a) 桂山岛预制厂平面图

(b) 预制沉管管节

图 9-29　管段预制厂

降，先在基槽下打挤密砂桩，直径 1.2 m 的砂桩直达 20 多 m 深处的硬土层，然后在基槽中做碎石基床基础，在近 50 m 深的海底，铺设一条 42 m 宽、30 cm 厚平坦的碎石垫层，而碎石垫层的平整度误差控制在 4 cm 以内。

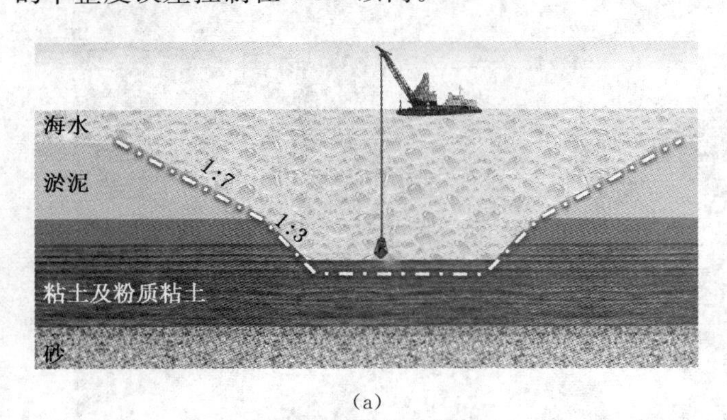

(a)

(b)

图 9-30 沉管基槽开挖

3）浮运

管段预制好后，采用浮运(图 9-31)的方式到达预定海域。沉管的内部会分割成 6 个水箱，6 个水箱之间留有空隙，并以水管相连接，沉管在海上运输的时候，往水箱里灌水和排水来控制沉管的浮和沉。以首节(E1)沉管为例，管段长 112.5 m，宽 37.95 m，高 11.4 m，吃水深度约为 11.1 m，总重量达到 44 000 t，总排水量为 47 000 t，通过 8 艘总马力超过 4 万匹的拖轮拖动面积超过 10 个篮球场的珠港澳大桥海底隧道首节沉管，经过 7 小时才浮运到预定海域。

图 9-31 沉管浮运

4）管段水下对接

以上准备工作都做好后，在合适的气象条件下将管段浮运到预定地点就可以下沉进行对接。各管段之间采用水力压接法进行对接(图 9-32),该工程是世界上难度最大的海底隧道工程,误差控制在几厘米以内,被称为“深海之吻”。在每个沉管的横截面四周,都安装有巨大的GINA橡胶止水带,相当于一个大的胶圈。两节沉管拉合到一定程度后,胶圈形成了一个密封的状态,这时候将两个管节封闭门之间的水和空气抽掉,形成了一个真空的空腔,海水巨大的压力将会推动待接沉管往前压,使橡胶止水带充分压缩,从而完成了两个沉管的对接。海面抛锚固定后通过遥控注、排水控制沉管浮沉,收放 24 条缆绳控制沉管方向和状态,声呐系统测相对位置,数控拉合系统对接。沉管完全到位之后,以混凝土和碎石等对管外进行回填和覆盖。类似的对接进行 33 次,完成管段全部对接工作需花费三年时间,以形成一条双向六车道约5.6 km长的海底沉管隧道。

(a)

(b)

图 9-32　管段水下对接

本 章 小 结

沉管法是一种适宜水下隧道建造的方法,其主要难点在于施工的组织设计。本章简要介绍了沉管法的基本原理、施工过程和各环节的注意事项。

复习思考题

9-1　沉管结构的适用条件如何? 与盾构法隧道比有什么优缺点?

9-2　沉管结构设计的关键点在哪些方面?

9-3　沉管结构管段结构方式有哪些?

9-4　沉管结构设计的方法和原则是什么?

9-5　简述沉管管段之间连接处理的方法。

10 顶管法施工

10.1 引言

顶管作为非开挖施工技术，其历史悠久，据中东地区的出土文物考证，早在罗马时代，人们利用杠杆原理，通过地下土层将管道从路堤的侧面顶入一条罗马供水涵洞窃取水源，即在不干扰周围地面的情况下敷设了地下管道。

顶管法是隧道或地下管道穿越铁路、道路、河流或建筑物等各种障碍物时采用的一种暗挖式施工方法。施工时，先以准备好的顶压工作坑(井)为出发点，将管下放卸入工作坑后，通过传力顶铁和导向轨道，用支承于基坑后座上的液压千斤顶将管压入土层中，同时挖除并运走管正面的泥土(图 10-1)。

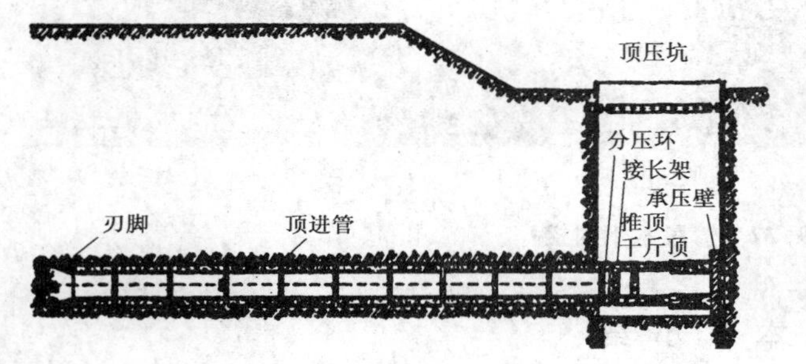

图 10-1　顶管法施工示意图

当第一节管全部顶入土层后，接着将第二节管接在后面继续顶进，只要千斤顶的顶力足以克服顶管时产生的阻力，整个顶进过程就可循环重复进行。由于顶管法中的管段既可以实现在土中掘进时的空间支护，又是最后的建筑构件，故具有双重作用的优点，因而可以加快进度，降低造价。特别是当采取加气压等辅助措施后，能解决穿越江河和各种构筑物等特殊环境下的管道施工，为世界许多国家所采用。近年来，头部和管节分开顶进的盾构式工具管的出现，中继接力技术的发展，促进了顶管法施工技术的应用，使顶进距离越来越长。

1896 年顶管法的应用始于美国的北太平洋铁路铺设工程的施工。

1948 年是日本最早顶管的施工，顶进一根内径为 600 mm 的铸铁管，顶距只有 6 m，主顶为手摇液压千斤顶。直到 1957 年前后，日本才采用液压油泵来驱动油缸作为主顶动力。

1953 年我国最早的顶管施工顶进管径 900 mm 的铸铁管，穿越白云观西墙外的铁路路基(污水管工程)。

1964 年前后，进行了大口径机械式顶管的各种试验。当时，口径在 2 m 的钢筋混凝土管的一次推进距离可达 120 m，同时，中继间也开始在顶管施工中应用。

1967 年前后，我国研制成功小口径遥控土压式机械顶管机，口径有 700～1 050 mm 多种规格。同时采用了液压纠偏系统。

1978 年前后，国内开发成功挤压法顶管；1981 年在我国的浙江甬江进行的顶管施工，单边一次顶进管径 2 600 mm 钢管距离达 581. 9 m，成为当时世界上单边一次顶进最长的顶管工程。

1985 年上海修建穿越黄浦江的取水工程，采用顶管施工方法，顶进钢管直径为3 000 mm，顶距达 1 128 m 。

顶管作为一种现代化的非开挖施工方法，与定向钻、盾构并列为当今三大非开挖技术。顶管施工因其环境破坏小、施工周期短、综合成本低、社会效益显著等优点，被越来越广泛地应用于穿越公路、铁路、河流与地上建筑物的地下管线等施工中，尤为适宜大直径油气管道以微型隧道方式顶进穿越。并且近年来随着新技术和设备的不断开发和采用，顶管施工的应用范围也日益广泛。目前，我国顶管施工技术日趋成熟，顶进用混凝管管径正在逐步扩大，最大已达到 4 m；多次采用顶管法穿越黄浦江、黄河等河流，曾创造了管径 3. 5 m 钢管与中继环相配合一次顶管 1 743 m 的钢管顶进世界纪录。

顶管法常用钢筋混凝土管，每节管的长度为 2. 5～3. 5 m，重量以不超过 10 t 为宜。顶管按挖土方式的不同分为机械开挖顶进、挤压顶进、水力机械开挖和人工开挖顶进等。顶进的施工设备主要有顶进工具管、开挖排泥设备、中继接力环、后座顶进设备等。

10. 2 顶管的关键技术

1）方向控制

管道能否按设计轴线顶进，是顶管（尤其是长距离顶管）成败的关键。顶进方向失去控制会导致管道偏离设计轴线，造成所需顶力的增大，严重的甚至会导致工程无法正常进行。高精度的方向控制也是保证中继环正常工作的必要条件。

2）顶力大小及方向

如仅采用管尾顶进方式，顶管的顶推力必然随着顶进长度的增加而增大。但由于受到顶推动力和管道强度的制约，顶推力并不能无限制地增大。因此只采用管尾推进方式，管道的顶进距离必然受到限制。一般采用中继环接力顶推技术加以解决。此外，顶力的方向控制也十分重要，能否保证顶进中顶推合力的方向与管道轴线方向一致是控制管道方向、同时也是确保顶管工程正常实施的关键。

3）工具管开挖面正面土体的稳定性

在开挖和顶进过程中，尽量减小对正面土体的扰动是防止坍塌、涌水和确保正面土体稳定的关键。正面土体的失稳会导致管道受力情况急剧变化，甚至会造成顶进方向的偏离。

4）承压壁后靠结构及土体的稳定性

顶管工程中，多数情况下必须有顶管工作井。顶管工作井一般采用沉井结构或钢板桩支护结构，除了需要验算结构的强度和刚度外，还应确保后靠土体的稳定性，可以采用注浆、增加后靠土体地面超载等方式限制后靠土体的滑动。若后靠土体失稳，不仅会影响顶管的正常施工，严重的还会影响到周围环境。

10.3　顶管的工程设计

顶管工程设计主要应解决好工作井设置、顶管顶力估算、承压壁后靠结构及土体的稳定问题。

10.3.1　工作井的设置

顶管施工常需设置两种形式的工作井：

(1) 供顶管机头安装用的顶进工作井(顶进井)；

(2) 供顶管工具管进坑和拆卸用的接收工作井(接收井)。

工作井实质上是方形或圆形的小基坑,其支护形式同普通基坑,与一般基坑不同的是因其平面尺寸较小,支护经常采用钢筋混凝土沉井和钢板桩。在管径不小于 1.8 m 或顶管埋深不小于 5.5 m 时普遍采用钢筋混凝土沉井作为顶进工作井。当采用沉井作为工作井时,为减少顶管设备的转移,一般采用双向顶进;而当采用钢板桩支护工作井时,为确保土体稳定,一般采用单向顶进。其顶进程序如图 10-2a 所示。

有的工作井既是前一管段顶进的接收井,又是后一管段顶进的顶进井(图 10-2b)。

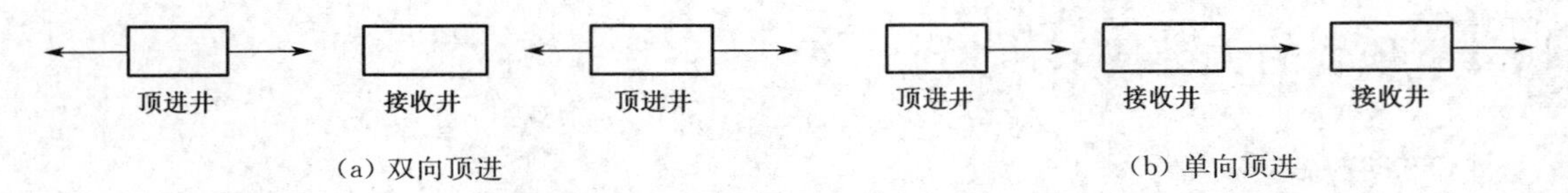

(a) 双向顶进　　　(b) 单向顶进

图 10-2　顶管顶进程序示意图

当上下游管线的夹角大于 170°时,一般采用矩形工作井施行直线顶进,常规的矩形工作井平面尺寸可根据表 10-1 选用;当上下游管线的夹角不大于 170°时,一般采用圆形工作井施行曲线顶进。

表 10-1　矩形工作井平面尺寸选用表

顶管内径/mm	顶进井(宽×长)	接收井(宽×长)	顶管内径/mm	顶进井(宽×长)	接收井(宽×长)
800～1 200	3.5 m×7.5 m	3.5 m×(4.0～5.0)m	1 800～2 000	4.5 m×8.0 m	4.5 m×(4.0～5.0)m
1 350～1 650	4.0 m×8.0 m	4.0 m×(4.0～5.0)m	2 200～2 400	5.0 m×9.0 m	5.0 m×(5.0～6.0)m

注:采用泥水平衡顶管施工时,其顶进井的宽度尚应在其一侧增加 1 m 宽度以布置泥水旁通装置。

从经济、合理的角度考虑,工作井在施工结束后,一部分将改为阀门井、检查井。因此,在设计工作井时要兼顾一井多用的原则。工作井的平面布置应尽量避让地下管线,以减小施工的扰动影响,工作井与周围建筑物及地下管线的最小平面距离应根据现场地质条件及工作井的施工方法确定。采用沉井或钢板桩支护的工作井,其地面影响范围可按有关公式进行计算,在此范围内的建筑物和管线等均应采取必要的技术措施加以保护。

顶管工作井的深度如图 10-3 所示,其计算公式为

(1) 顶进井

$$H_1 = h_1 + h_2 + h_3 \tag{10-1}$$

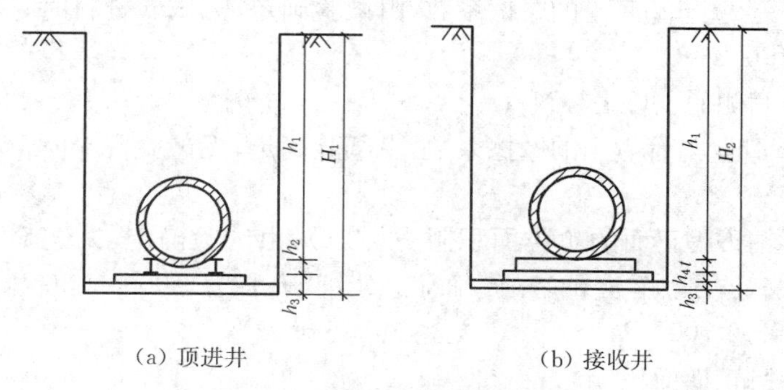

图 10-3　顶管工作井深度示意图

式中　H_1——顶进井的深度(m)；

h_1——地表至导轨顶的高度(m)；

h_2——导轨高度(m)；

h_3——基础厚度(包括垫层)(m)。

(2) 接收井

$$H_2 = h_1 + t + h_3 + h_4 \tag{10-2}$$

式中　H_2——接收井的深度(m)；

h_1——地表至支承垫顶的高度(m)；

t——管壁厚度(m)；

h_4——支承垫厚度(m)。

工作井的洞口应进行防水处理，设置挡水圈的封门板，进出井的一段距离内应进行井点降水或地基加固处理，以防止土体流失，保持土体和附近建筑物的稳定。工作井的顶标高应满足防汛要求，坑内应设置集水井，在暴雨季节施工时为防止地下水流入工作井，应事先在工作井周围设置挡水围堰。

可作为顶管工作井的钢筋混凝土沉井的相关设计参见第 11 章。

10.3.2　顶管顶力的计算

顶管顶力必须克服顶管管壁与土层之间的摩阻力及前刃脚切土时的阻力，从而把管道顶推入土体中。作为设计承压壁和选用顶进设备的依据，需要预先估算出顶管顶力。顶管顶力可按式(10-3)进行计算

$$P = K[N_1 f_1 + (N_1 + N_2) f_2 + 2Ef_3 + RA] \tag{10-3}$$

式中　P——顶管的最大顶力(kN)；

N_1——顶管以上的荷载(包括线路加固材料重量)(kN)；

f_1——顶管管壁与其上荷载的摩擦系数，由试验确定，无试验资料时，可视顶管上润滑处理情况，采用下列数值：涂石蜡为 0.17～0.34，涂滑石粉浆为 0.30，涂机油调制的滑石粉浆为 0.20，无润滑处理为 0.52～0.69，覆土为 0.7～0.8；

N_2——全部管道自重(kN)；

f_2——管底管壁与基底土的摩擦系数，由试验确定，无试验资料时，视基底土的性质可采用 0.7～0.8；

E——顶管两侧的土压力(kN)；

f_3——顶管管壁与管侧土的摩擦系数，由试验确定，无试验资料时，视土的性质可采用 0.7～0.8；

R——土对钢刃脚正面的单位面积阻力(kPa)，由试验确定，无试验资料时，视刃脚构造、挖土方法、土的性质确定，对细粒土为 500～550 kPa，对粗粒土为 1 500～1 700 kPa；

A——钢刃脚正面面积(m^2)；

K——系数，一般采用 1.2。

10.3.3 顶管承压壁后靠土体的稳定性验算

顶管工作井普遍采用沉井或钢板桩支护结构，对这两种形式的工作井都应首先验算支护结构本身的强度。此外，由于顶管工作井承压壁后靠土体的滑动会引起周围土体的位移，影响周围环境，并影响到顶管的正常施工，所以在工作井设置前还必须验算承压壁后靠土体的稳定性，以确保顶管工作井的安全和稳定。

1) 沉井支护工作井承压壁后靠土体的稳定验算

采用沉井结构作为顶管工作井时，可按图 10-4 所示的顶管顶进时的荷载计算图，验算沉井结构的强度和沉井承压壁后靠土体的稳定性。沉井结构强度验算详见第 11 章的相关内容。沉井承压壁后靠土体在顶管顶力超过其承受能力后会产生滑动，由图10-4可见，沉井承压壁后靠土体的极限平衡条件为水平方向的合力 $\sum F = 0$，即

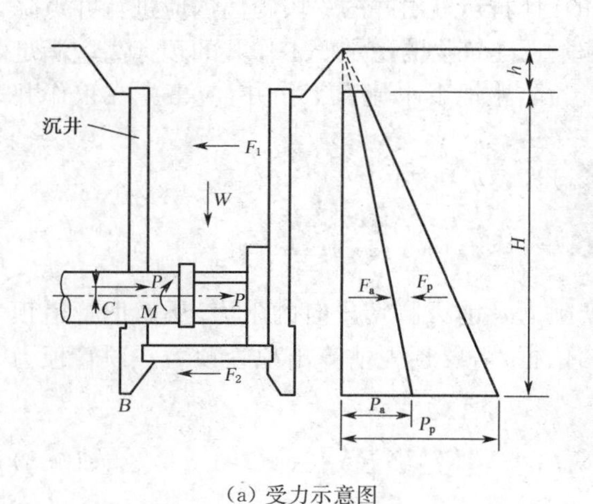

(a) 受力示意图

(b) 实景

图 10-4 沉井工作井

$$P = 2F_1 + F_2 + F_p - F_a \tag{10-4}$$

式中 P——顶管最大计算顶力(kN)；

F_1——沉井一侧的侧面摩阻力(kN)，$F_1 = \frac{1}{2} p_a H B_1 \mu$，其中 p_a 为沉井一侧井壁底端

的主动土压力强度，H 为沉井的高度(m)，B_1 为沉井一侧(除顶进方向和承压井壁方向外)的侧壁长度(m)，μ 为混凝土与土体的摩擦系数，视土体而定；

F_2——沉井底面摩阻力(kN)，$F_2=W\mu$，其中 W 为沉井底面的总竖向压力(kN)；

F_p——沉井承压井壁的总被动土压力(kN)，

$$F_p = B\left[\frac{1}{2}\gamma H^2\tan^2\left(45^\circ+\frac{\varphi}{2}\right)+2cH\tan\left(45^\circ+\frac{\varphi}{2}\right)+\gamma hH\tan^2\left(45^\circ+\frac{\varphi}{2}\right)\right]$$

F_a——沉井顶向井壁的总主动土压力(kN)，

$$F_a = B\left[\frac{1}{2}\gamma H^2\tan^2\left(45^\circ-\frac{\varphi}{2}\right)-2cH\tan\left(45^\circ-\frac{\varphi}{2}\right)+\gamma hH\tan^2\left(45^\circ-\frac{\phi}{2}\right)\right]$$

$$+\frac{2c^2}{\gamma}-\frac{2cq\sqrt{K_a}}{\gamma}+\frac{q^2K_a}{2\gamma}$$

式中 B——沉井承压井壁宽度(m)；

h——沉井顶面距地表的距离(m)；

γ——土体重度(kN/m^3)；

φ——内摩擦角(°)；

c——黏聚力(kPa)，取各层土的加权平均值。

需要强调的是，在中压缩性至低压缩性黏性土层或孔隙比 $e\leqslant 1$ 的砂性土层中，若沉井侧面井壁与土体的空隙经密实填充且顶管顶力作用中心基本不变，可在承压壁后靠土体稳定验算时考虑 F_1 及 F_2。实际工程中，在无绝对把握的前提下，式(10-4)中的 F_1 及 F_2 均不予考虑。若不考虑 F_1 及 F_2，一般采用下式进行沉井承压壁后靠土体的稳定性验算

$$P\leqslant\frac{F_p-F_a}{S} \tag{10-5}$$

式中 S——沉井稳定系数，一般取 1.0～1.2。土质越差，S 的取值越大。

2) 钢板桩支护工作井承压壁后靠土体的稳定验算

顶管顶力 P 通过承压壁传至板桩后的后靠土体，为了计算出后靠土体所承受的单位面积压力 p，首先可以假设不存在板桩。

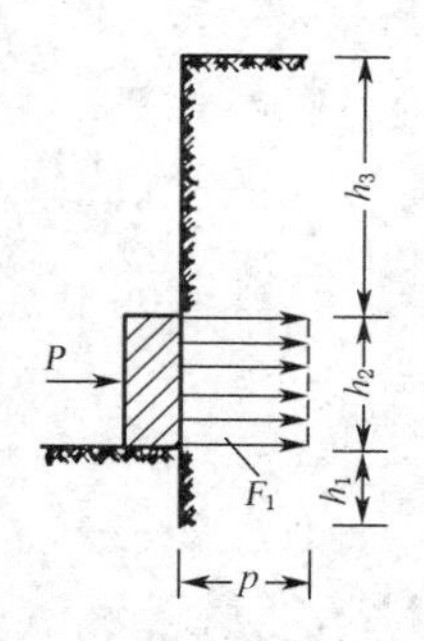

(a) 没有板桩墙的协同作用

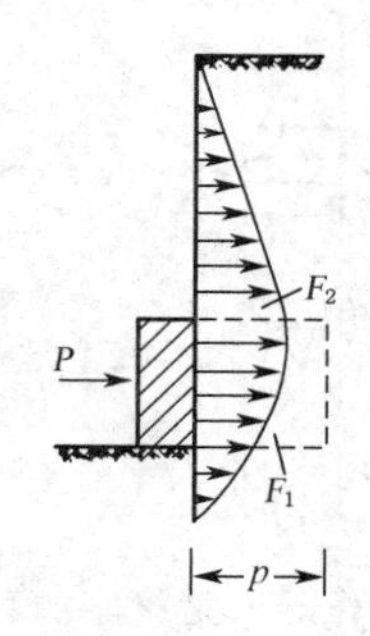

(b) 在板桩墙的协调作用下(荷载曲线类似于弹性曲线)

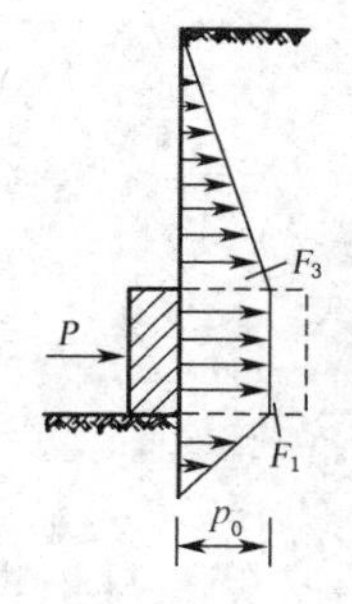

(c) 在板桩墙的协调作用下(荷载曲线近似于梯形)

(d) 实景

图 10-5 承压壁在单段支护条件下对土体的作用

根据图 10-5a 可得出

$$p = \frac{P}{F} \tag{10-6}$$

式中　P——承压壁承受的顶力(kN)；

F——承压壁面积(m^2)，

$$F = bh_2$$

其中，b——承压壁宽度(m)，其余符号如图 10-5a 所示。

由于板桩的协调作用，便出现了一条类似于板桩弹性曲线的荷载曲线(图 10-5b)。因板桩自身刚度较小，承压壁后面的土压力一般假设为均匀分布，而板桩两端的土压力为零，则总的土体抗力呈梯形分布(见图 10-5c，其面积 $F_3 = F_1$)，由板桩静力平衡条件(水平向合力为零)得

$$p_0\left(h_2 + \frac{1}{2}h_1 + \frac{1}{2}h_3\right) = ph_2 \tag{10-7}$$

式中　p_0——承压壁后靠土体的单位面积反力(kPa)，如图 10-5c 所示；

p——承压壁承受顶力 P 后的平均压力(kPa)

$$p = \frac{P}{bh_2}$$

当顶进管道的敷设深度较大时，顶管工作井的支护通常采用如图 10-6a 所示的两段形式。在两段支护的情况下，只有下面的一段参与承受和传递来自承压壁的作用力，因而仍可用上述公式。至于 h_4，则可不必考虑。下面一段完全参与起作用的前提是要用混凝土将下段板桩与上段板桩之间的空隙填充起来，以构成封闭的传力系统。否则，需将 h_3 缩短到上段板桩的下沿。

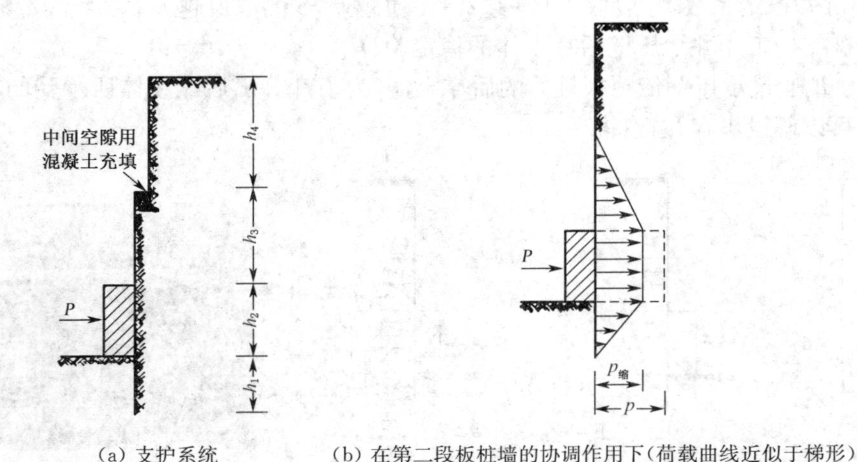

(a) 支护系统　　(b) 在第二段板桩墙的协调作用下(荷载曲线近似于梯形)

图 10-6　承压壁在两端支护条件下对土体的作用

图 10-7、图 10-8 分别为钢板桩单段、两段支护条件下的顶管工作井承压壁稳定性计算示意图。

从图 10-7、图 10-8 两图中可见当 A 点在后靠土体被动土压力线上或在其左侧(即承压壁后靠土体反力等于或小于承压壁上的被动土压力)时,则后靠土体是稳定的,由此推导得后靠土体的稳定条件为

单段支护
$$\gamma \lambda_{\mathrm{p}} h_3 \geqslant S \frac{2P}{b(h_1 + 2h_2 + h_3)} \tag{10-8}$$

两段支护
$$\gamma \lambda_{\mathrm{p}} (h_3 + h_4) \geqslant S \frac{2P}{b(h_1 + 2h_2 + h_3)} \tag{10-9}$$

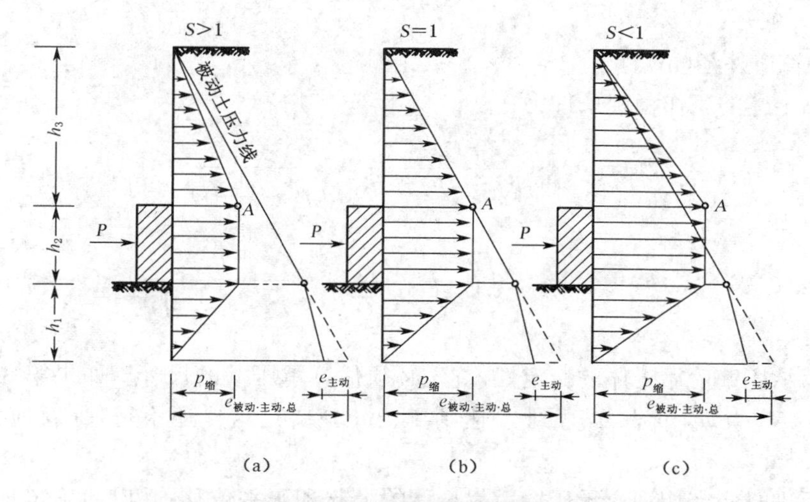

图 10-7　钢板桩单段支护条件下的承压壁稳定性计算

(a) 安全系数 $S>1$,表明足够稳定;(b) 安全系数 $S=1$,表明尚且稳定;(c) 安全系数 $S<1$,表明不稳定

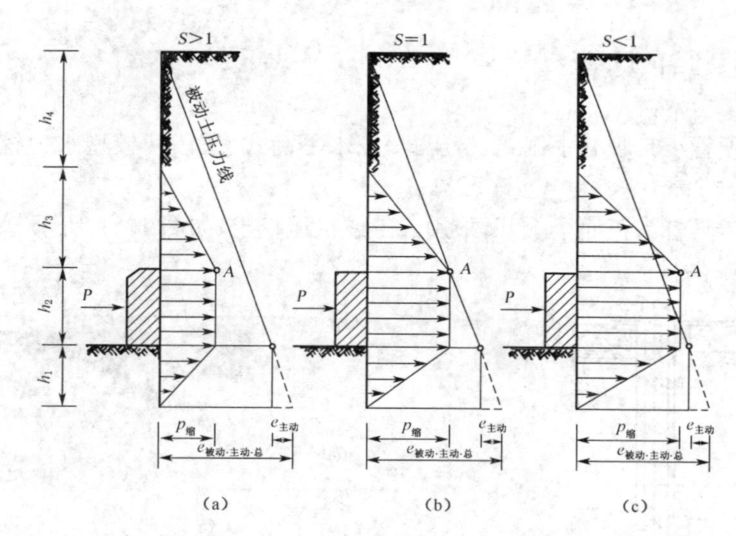

图 10-8　钢板桩两段支护条件下的承压壁稳定性计算

(a) 安全系数 $S>1$,表明足够稳定;(b) 安全系数 $S=1$,表明尚且稳定;(c) 安全系数 $S<1$,表明不稳定

式中　λ_p——被动土压力系数，$\lambda_p=\tan^2\left(45°+\frac{\varphi}{2}\right)$；

γ——土的重度(kN/m^3)；

S——安全系数，一般取 $S=1.0\sim1.2$，后靠土体土质越差，S 取值越大。

上述推导是基于单向顶进的情况，若是双向顶进，即后靠板桩上留有通过管道的孔口时，则平均压力应修改为

$$p=\frac{P}{bh_2-\frac{1}{4}\pi D^2} \tag{10-10}$$

式中　D——管道外径(m)。

同理后靠土体的工作稳定条件为

单段支护
$$\gamma\lambda_p h_3\geqslant S\left(\frac{2P}{h_1+2h_2+h_3}\cdot\frac{h_2}{bh_2-\frac{1}{4}\pi D^2}\right) \tag{10-11}$$

两段支护
$$\gamma\lambda(h_3+h_4)\geqslant S\left(\frac{2P}{h_1+2h_2+h_3}\cdot\frac{h_2}{bh_2-\frac{1}{4}\pi D^2}\right) \tag{10-12}$$

为了计算承压壁后靠土体的稳定性，首先必须估算承压壁的尺寸。如果第一次计算得出 $S<1$，那就必须增大 h_2 或者 b，直到 S 达到 1 为止。要是这样还不行，那就应该降低 P 的数值。

在顶管顶进时应密切观测承压壁后靠土体的隆起和水平位移，并以此确定顶进时的极限顶力，按极限顶力适当安排中继环的数量和间距。此外，还可以采取降水、注浆加固地基以及在承压壁后靠土体地表施加超载等办法来提高土体承受顶力的能力。

10.4　常用顶管工具管

目前常用的顶管工具管有手掘式、挤压式、泥水平衡式、三段两铰型水力挖土式和多刀盘土压平衡式等。

手掘式顶管工具管为正面全敞开，采用人工或机械挖土，如图 10-9 所示。

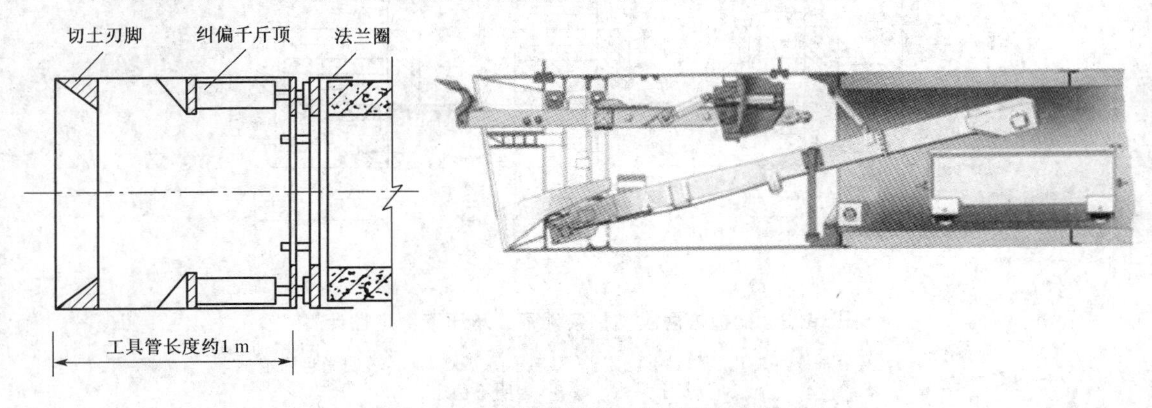

图 10-9　手掘式或敞开式顶管工具管

挤压式顶管工具管正面有网格切土装置或将切口刃脚放大，由此减小开挖面，采用挤土顶进，如图 10-10 所示。

泥水平衡式顶管工具管正面设置削土刀盘，其后设置密封舱，在密封舱中注入稳定正面土体的护壁泥浆，刮土刀盘刮下的泥土沉入密封舱下部的水中并通过水力运输管道排放至地面的泥水处理装置，如图10-11所示。

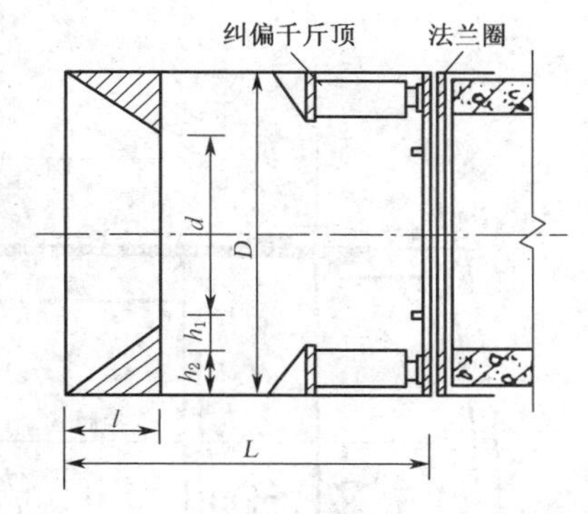

图 10-10 挤压式顶管工具管

L—工具管长度；D—工具管外径；l—喇叭口长度；
h_1—土斗车轮高度；d—喇叭口小口直径；
h_2—纠偏千斤顶高度

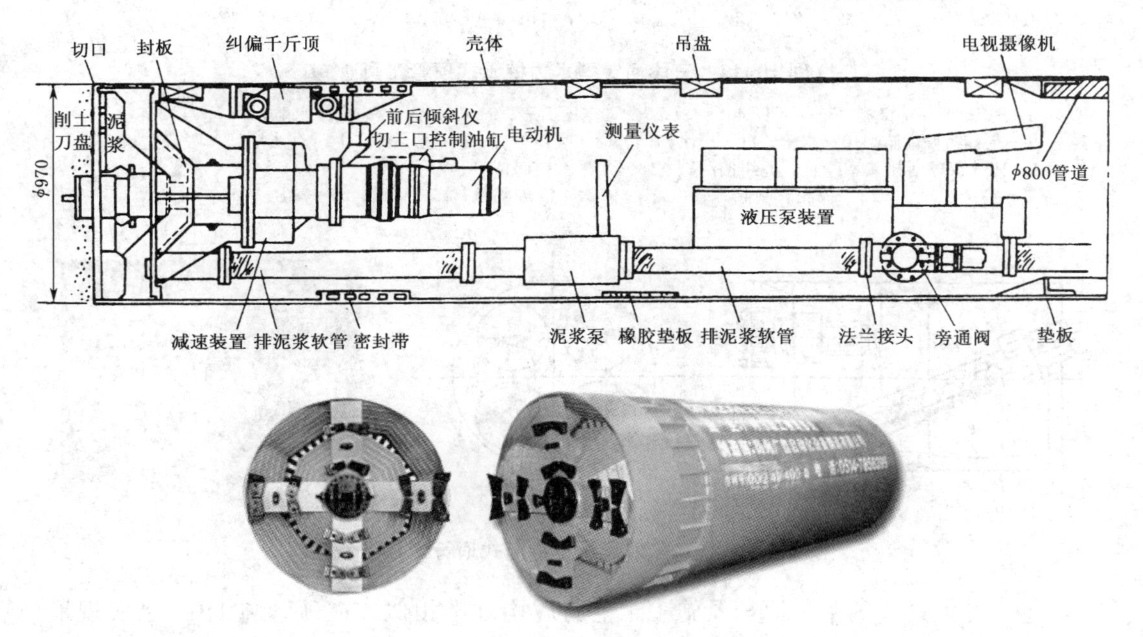

图 10-11 泥水平衡式顶管工具管

三段两铰型水力挖土式顶管的工具管的内腔分为前、中、后三个舱室。前舱为冲泥舱，舱前端装有切削、挤压土的格栅。中舱为操作室，两者之间用胸板隔开。后舱为控制室，设有各种测试仪器和仪表。在千斤顶顶推下，格栅将土体切开，再经高压水射流破碎、搅混成流态，由吸泥泵吸出并送入水力运输管道排放至地面的贮泥水池，如图 10-12 所示。

多刀盘土压平衡式顶管工具管头部设置密封舱，密封隔板上装设数个刀盘切土器，顶进时螺旋器出土速度与工具管推进速度相协调，如图 10-13 所示。

近年来，顶管法已普遍用于建筑物密集市区以及穿越江河、堤坝和铁路路基的地下工程。钢筋混凝土管道和外包钢板复合式钢筋混凝土管道的顶距已达 100～290 m，钢管的顶距已达 1 200 m。在合理的施工条件下，采用一般顶管工具管引起的地表沉降量可控制在 50～100 mm，而采用泥水平衡式顶管工具管引起的地表沉降量更在 30 mm 以下。

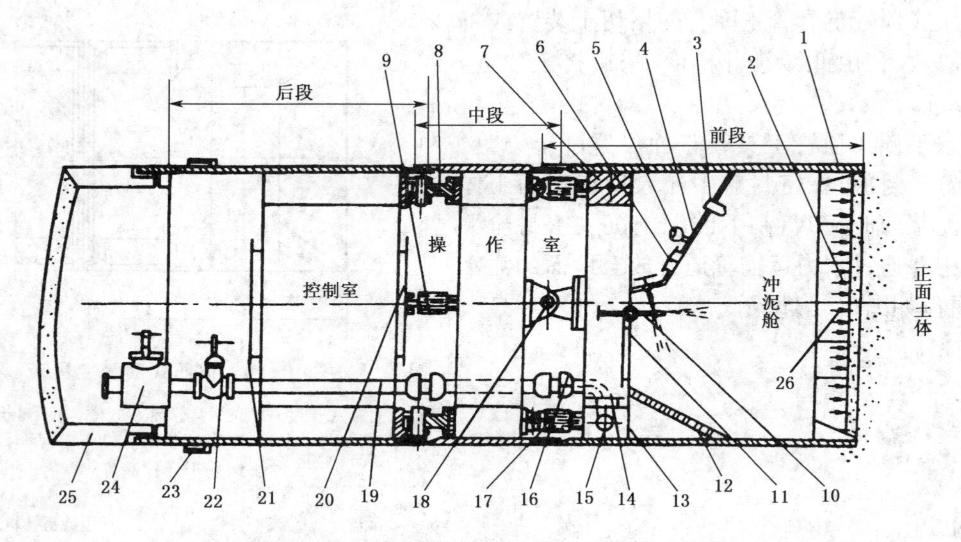

图 10-12　三段两铰型水力挖土式顶管工具管

1—刃脚；2—格栅；3—照明；4—胸板；5—真空压力表；6—观察窗；7—高压水舱；8—垂直铰链；9—左右纠偏油缸；10—水枪；11—小水密门；12—吸口格栅；13—吸泥门；14—阴井；15—吸管进口；16—双球活接头；17—上下纠偏油缸；18—水平铰链；19—吸泥管；20—气闸门；21—大水密门；22—吸泥管闸阀；23—泥浆环；24—清理阴井；25—管道；26—气压

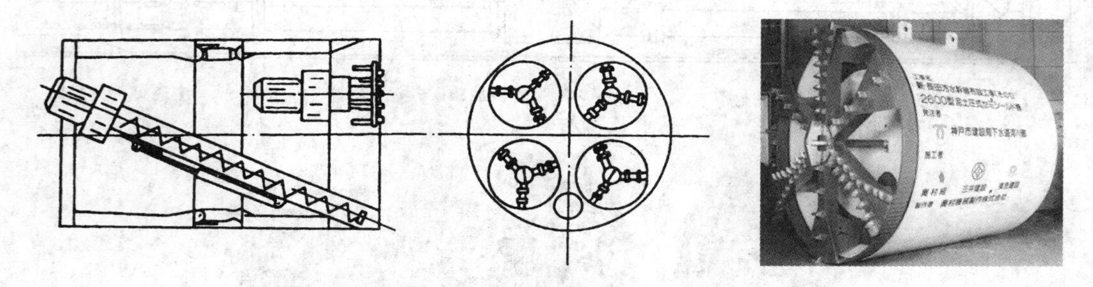

图 10-13　多刀盘土压平衡式顶管工具管

上述顶管工具管的基本原理及施工工艺与盾构基本相似。在顶管施工中，已实现地面遥控操作，管道轴线和标高可采用激光测量仪连续量测，并能做到及时纠偏，智能化程度较高。

10.5　中继环

10.5.1　中继接力原理

在长距离的顶管工程中，当顶进阻力（顶管掘进迎面阻力和管壁外周摩阻力之和）超过主千斤顶的容许总顶力、管节容许的极限压力或工作井承压壁后靠土体极限反推力三者中之一，无法一次达到顶进距离要求时，应采用中继接力顶进技术，实施分段顶进，使顶入每段管道的顶力降低到允许顶力范围内。

采用中继接力技术时，将管道分成数段，在段与段之间设置中继环，见图 10-14。中继环将管道分成前后两个部分，中继油缸工作时，后面的管段成为承压后壁，前面管段被推向前方。中继环按先后次序逐个启动，实现管道分段顶进，由此达到减小顶力的目的。采用中继接力技术以后，管道的顶进长度不再受承压壁后靠土体极限反推力大小的限制，只要增加中继环的数量，就可增加管道顶进的长度。中继接力技术是长距离顶管不可缺少的技术措施。

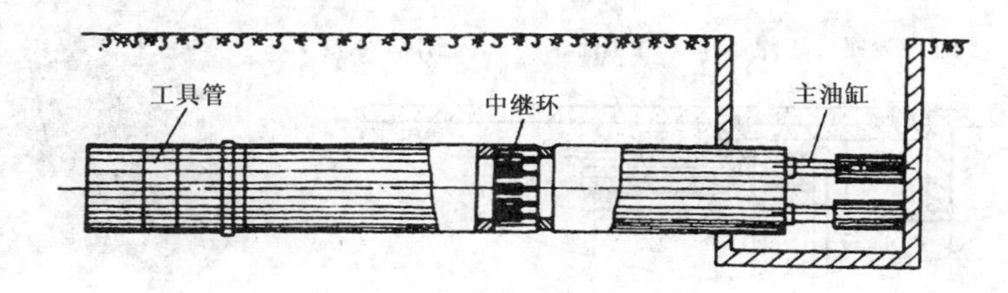

(a) 中继环的位置

(b) 主顶设备

图 10-14　中继环示意图

中继环安装的位置应通过顶力计算，第 1 组中继环主要考虑工具管的迎面阻力和管壁摩阻力，并应有较大的安全系数。其他中继环则考虑克服管壁的摩阻力，可留有适当的安全系数。

顶进管线中继环布置的设计与多种因素相关，如设计所需总顶力、主千斤顶能提供的最大顶力、管节的抗压强度以及后背墙的承载能力等，其中有关设计顶力部分，工程上为留有一定的安全储备，1 号中继环按最大顶力的 60%设计计算，后续中继环和主千斤顶按最大顶力的 80%设计计算。

10.5.2　中继环构造

中继环必须具备足够的强度、刚度及良好的水密封性，并且要加工精确、安装方便。其主体结构由以下几个部分组成：

(1) 短冲程千斤顶组(冲程为 150～300 mm，规格、性能要求一致)；

(2) 液压、电器与操纵系统；

(3) 壳体和千斤顶紧固件、止水密封圈；

(4) 承压法兰片。

液压操纵系统应按现场环境条件布置，可采用管内分别控制或管外集中控制。中继环的壳体应和管道外径相同，并使壳体在管节上的移动有较好的水密封性和润滑性，滑动的一端应与管道采用特殊管节相接。

用于钢管管道的中继环构造如图 10-15 所示，其前后管段均设置环形梁，前环形梁上均布中继油缸，两环形梁间设置替顶环，供中继油缸拆除时使用。前后管段间是套接的，其间有橡胶密封圈以防止泥水渗漏。前后环形梁在顶进结束后割除。

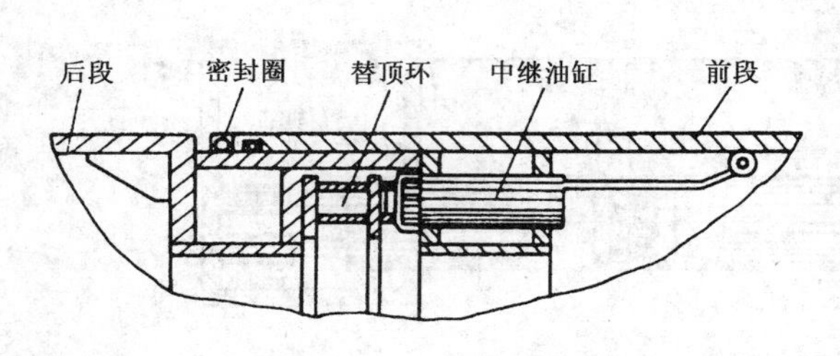

图 10-15　中继环构造图

中继间的布置要满足顶力的要求，同时使其操作方便、合理，提高顶进速度。中继环在安放时，第 1 只中继环应放在比较前面的位置。因为掘进机在推进过程中推力的变化会因土质条件的变化而有较大的变化。所以，当总推力达到中继环总推力 40%～60%时，就应安放第 1 只中继环，以后，每当达到中继环总推力的 70%～80%时，安放另一只中继环。而当主顶油缸达到中继环前方总推力的 90%时，就必须启用中继环。

10.5.3　中继环自动控制

中继环序号从工具管向工作井依次按 1#、2#……编号。工作时，首次启动 1# 中继环工作，其后面的管段即成为顶推后座，等该中继环顶推行程达到允许行程后停止 1# 中继环，启动 2# 中继环工作，直到最后启动工作井千斤顶，使整个管道向前顶进了一定长度。

中继环是根据控制的指令启动或停止操作的，它严格按照预定的程序动作。当置于管道中的中继环数量超过 3 只时，假如有 5 只中继环，则 1# 环的第二循环可与 4# 环的第一循环同步进行，2# 环的第二循环与 5# 环的第一循环同步进行，依此类推。因此只有前三只中继环的工作周期占用实际的顶进时间，其余中继环的动作不再影响顶管速度。应用中继环自动控制程序，可解决长距离顶管的中继环施工的工效问题。

10.6　管道及其接口

顶管所用管道按其材质分钢筋混凝土管和钢管两类，钢管接口一般采用承插、法兰、螺纹或焊接，钢筋混凝土管的接口有表 10-2 中所列的三种形式。

表 10-2　钢筋混凝土管的接口

接口型式	管内径/mm	每节管长/m	连接方式	止水材料
平口式	800，1 000，1 200	3.0	I 型钢套环	齿形橡胶圈 2 根
企口式	1 350，1 500，1 650，1 800，2 000，2 200，2 400	2.0	企口式	"q"形橡胶圈 1 根
承插式	2 200，2 400，2 700，3 000	2.0	F 型钢套环	齿形橡胶圈 1 根

10.6.1 排水管道

排水管道采用的预制钢筋混凝土管道的接口型式如表 10-3 所示。

顶管施工普遍采用表中编号 8、9、10 三种接口型式。

表 10-3 排水管道接口型式

编号	管内径/mm	接口型式	编号	管内径/mm	接口型式
1	300	承插式、砂浆接缝	6	1 350～1 500	平口式、有筋砂浆接缝
2	400	承插式、柔性接缝	7	1 650～1 800	平口式、柔性接缝
3	600	企口式、砂浆接缝(有筋或无筋)	8	800～2 000	平口钢套环柔性接缝
4	800	企口式、柔性接缝	9	1 350～2 400	钢板插口柔性接缝
5	1 000～1 200	平口式、砂浆接缝	10	2 200～3 000	新型企口带柔性接缝

10.6.2 煤气管道

煤气管道一般采用铸铁管和钢管，钢管的主要类型见表 10-4。

表 10-4 煤气管道类型

管内径/mm	钢管壁厚/mm	成型方式	接头方式
73	4	螺旋缝电焊或直缝电焊，电焊又分为单面焊接及双面焊接 如果焊钢管，钢管允许应力取该钢种所规定的抗拉强度的 80%，单面焊取 40%	一般为焊接，异型管采用法兰
100	4～5		
150	4.5～6		
200	6～8		
250	6～8		
300	6～8		
400	6～8		
500	8～10		
600	8～10		
700	8～10		
800	8～12		
900	10～12		
1 000	10～12		
1 200	10～12		

10.6.3 上水管道

上水管道普遍采用的钢筋混凝土管及钢管类型见表 10-5。

顶管管道接口施工中还必须注意以下问题：

(1) 钢筋混凝土管接头的槽口要求尺寸准确、光洁平整且无气泡；

(2) 橡胶圈的外观和任何断面都必须致密均匀，无裂缝、空隙和凹痕等缺陷，橡胶圈应保持清洁，无油污，且不得在阳光高温下直晒；

表 10-5　上水管道类型

尺寸	管材				
	钢筋混凝土管			钢管	
管内径/mm	管节长度/m	承插接头接口间隙/mm	每 100 只接头允许渗水量/L	管壁厚度/mm	焊接接头每 100 只接头允许渗水量/L(水压<7 kg/cm^2)
75				4.5	
100	3	10	5.94	5	1.76
150	3	15	8.91	4.5～6	2.63
200	3	15	11.87	6～8	3.51
300	4	17	17.81	6～8	5.27
400	4.98	20	23.75	6～8	7.02
500	4.98	20	29.68	6～8	8.70
600	4.98	20	35.62	8～10	10.54
700	4.98	20	41.56	8～10	12.29
800	4.98	20	47.49	8～12	14.05
900	4.98	20	53.43	8～12	15.80
1 000	4.98	20	59.37	10～12	17.56
1 200	4.98	20	71.24	10～12	21.07
1 500	—	—	89.05	10～12	26.34
1 600	—	—	106.86	10～14	31.61
2 000	—	—	118.73	10～14	35.12

(3) 钢套环必须进行防腐处理，刃口无瑕疵，焊接处平整；

(4) 衬垫板的厚度应按设计顶力的大小确定，黏贴时，凹凸对齐，环向间隙应符合要求；

(5) 承插时外力必须均匀，保证橡胶圈不移位、不反转、不露出管外，否则应拔出重插；

(6) 顶管结束后，按设计要求以弹性密封膏或水泥砂浆填料填充管内间隙，并与管口抹平。

源于日本的微型顶管施工法，是一种遥控、可导向的顶管施工，近年来广泛用于地下管线的敷设。微型顶管口径在 400 mm 以下，人无法进入管内作业。微型顶管施工设备主要由切削系统、激光导向系统、出碴系统、顶进系统、控制系统等组成，根据激光导向系统测量偏斜数据，可操纵液压纠偏系统，从而实现调节铺管方向的目的。微型顶管的一次顶进长度大多在 50～60 m，有的甚至达到百米及以上。

10.7　顶管法施工主要技术措施

10.7.1　顶进中的方向控制

在顶管的顶进过程中要严格控制方向，以便于一方面能校正在直线上、曲线上、坡道上的管道偏差，另一方面能保证曲线、坡道上所要求的方向变更。

在顶进过程中，应经常对管道的轴线进行观测，发现偏差需及时采取措施纠正。

管道偏离轴线主要是由于作用于工具管的外力不平衡造成的，外力不平衡的主要原因有：

(1) 推进的管线不可能绝对在一条直线上；

(2) 管道截面不可能绝对垂直于管道轴线；

(3) 管节之间垫板的压缩性不完全一致；

(4) 顶管迎面阻力的合力不一定与顶管后端推进顶力的合力重合一致；

(5) 推进的管道在发生挠曲时，沿管道纵向的一些地方会产生约束管道挠曲的附加抗力。

上述原因造成的直接结果就是顶管的顶力产生偏心。顶进施工中应随时监测顶进中管节接缝上的不均匀压缩情况，从而推算接头端面上的应力分布状况及顶推合力的偏心度，并据此调整纠偏幅度，防止因偏心过大而使管节接头压损或管节中部出现环向裂缝。

顶进中的方向控制可采用以下措施：

(1) 严格控制挖土，两侧均匀挖土，左右侧切土钢刃角要保持吃土 10 cm，正常情况下不允许超挖；

(2) 发生偏差，可采用调整纠偏千斤顶的编组操作进行纠正，要逐渐纠正，不可急于求成，否则会造成忽左忽右；

(3) 利用挖土纠偏，多挖土一侧阻力小，少挖土一侧阻力大，利用土本身的阻力纠偏；

(4) 利用承压壁顶铁调整，加换承压壁顶铁时，可根据偏差的大小和方向，将一侧顶铁楔紧，另一侧顶铁楔松或留 1～3 cm 的间隙，顶进开始后，则楔紧一侧先走，楔松一侧先不动，这种方法很有效，但要严格掌握顶进时楔的松紧程度，掌握不好容易使管道由于受力不均而出现裂缝。

以上这些措施在顶进施工中可以同时采用，也可单独采用，主要根据具体情况采取相应的措施。

10.7.2 减少顶进阻力的措施

顶管的顶进阻力主要由迎面阻力和管壁外周摩阻力两部分组成。为了充分发挥顶力的作用，达到尽可能长的顶进距离，除了在管道中间设置若干个中继环外，更为重要的是尽可能降低顶进中的管壁外周摩阻力。目前常采用的顶管减阻措施为触变泥浆减阻。

1) 原理及适用条件

将按一定配合比制成的膨润土泥浆压入已顶进土层中的管节外壁，并填满管节外壁与周围土壤间的空隙。此时管壁周围形成一个充满泥浆的外环，在外环和圆管之间，通过膨润土泥浆，使土压力间接传递到圆管上。由于圆管整体均为膨润土悬浮液所包围，必然受到浮力。故在顶进中，只要克服管壁与膨润土泥浆间的摩阻力即可。由于膨润土泥浆的触变性及其润滑作用是相当突出的，在未压注泥浆的情况下，管壁表面摩阻力约为 10～15 kPa，而采用泥浆压注后总阻力仅为一般顶进法的 1/4～1/6。

2) 性能及制作

触变泥浆系膨润土、苛性钠(NaOH)或碳酸钠(Na_2CO_3)及水，按一定的配合比混合而成，加碱的作用在于使泥浆形成胶体，保持良好的稠度及和易性，土颗粒不易沉淀。配合比的参考资料见表 10-6。

表 10-6　触变泥浆配合比

配方号	干膨润土重量比/%	水重量比/%	加碱按土重量的百分比计
1	20	80	4
2	25	75	4
3	14	86	2

触变泥浆的制作方法是先将膨润土碾成粉末,徐徐洒入水中拌和,使呈泥浆状,再将碱水倒入泥浆中拌和均匀。此后泥浆逐渐变稠,数小时后即成糊状。由于膨润土都是天然沉积的黏土,产地不同,化学成分常有变化,故制浆配合比,亦应相应调整。例如按某种配合比制成泥浆后,如经过一昼夜后仍然太稀,此时可先提高用碱量,或同时适当增加膨润土。再过24 h,如泥浆成糊状即为适度。最好的办法是用剪力仪测出剪力与稠度,使泥浆稠度掌握适度。

触变泥浆的稠度与压入土层中的土壤颗粒粒径大小有关,故在每立方米泥浆中应有适量的膨润土,才能保证泥浆的稳定性。如果泥浆太稀,就失去其支承和润滑作用。在通常情况下,每立方米泥浆中至少应有 40 kg 膨润土。表 10-7 为土壤颗粒粒径与泥浆中的膨润土含量的关系。

表 10-7　土壤颗粒粒径与泥浆中膨润土含量的关系

压浆土层的土壤平均粒径/mm	每立方米泥浆中干状膨润土含量/($kg \cdot m^{-3}$)	压浆土层的土壤平均粒径/mm	每立方米泥浆中干状膨润土含量/($kg \cdot m^{-3}$)
50.0	100	1.0	34
30.0	82	0.3	24
10.0	60	0.2	21
3.0	45	0.1	18
2.0	40		

3) 泥浆压注

在整个顶进过程中,在顶进范围内,要不断地压注膨润土泥浆,并使其均匀地分布于管壁周围。为此,压浆嘴必须沿管壁周围均匀设置。压浆嘴的间距及数量,应按泥浆在土壤中的扩散程度而定。如在密实的砂层和砂砾层中,间距要小,在松散的砾石层中则可适当放大。压浆嘴的布置,可采用在整个管周上用一根环形管与各压浆嘴相连接,也可将压浆嘴分成上半部和下半部,各自联成一组。在顶进中由圆管下半部压浆嘴压浆易于扩散,而在静止时则由上半部压浆嘴压浆易于扩散。为避免泥浆流入工作面,通常在切削环后部第二节圆管处开始压浆。由于顶进中泥浆是随着圆管向前移动的,常常会使后部形成空隙,故每隔一定距离应设置压浆孔进行中间补浆。

为使压浆产生良好的效果,施工时应做到:

(1) 对工程线路进行调查研究,摸清土层情况,分析出大颗粒含量及颗粒级配;

(2) 根据土层颗粒粒径,确定膨润土泥浆的稠度;

(3) 计算出土层压力,据此求出膨润土悬浮液注入的压力;

(4) 注意做到连续压浆,使其饱满、均匀。

与盾构法相比，顶管法和盾构法存在诸多相同点，两者都属于暗挖法施工地下工程的主要施工方法，都需要有出发工作井和接收井；工作面的开挖方法及稳定原理，出、进洞施工技术基本相似，二者都要注意防水处理，壁后注浆；施工过程都需要控制地表沉降、保护周边环境。

但同时两者又有诸多不同点。

(1) 盾构法的衬砌为管片，且每环管片由6～8片组成，在盾构机的盾尾进行拼装，拼装好后不再移动；顶管法的衬砌为管节，且每环管节是一次预制成功的，由顶进装置依次顶进，直至第一节管节到达接收井位置。

(2) 盾构法施工的盾构千斤顶布置在盾构机的支撑环外沿，而顶管法施工的主顶进装置布置在尾部的工作井内或中继环上。前者的推进反力需要已经拼装好的管片与土体间摩阻力提供，后者的顶进反力则需要后靠土体来提供。

(3) 盾构千斤顶活塞的前端必须安装顶块，顶块与管片的接触面上安装橡胶或柔性材料的垫板。顶管法的主顶千斤顶的行程较短，不能一次将管节顶到位，须在千斤顶收缩后在中间加垫块或顶铁。

(4) 盾构法主要用于大断面城市地下隧道、水工隧道、公路隧道的施工，顶管法主要适用于断面小的地下管线铺设。

10.8 工程实例——嘉兴市污水处理排海管道工程

10.8.1 工程概况

嘉兴市排海管道工程是污水处理工程的一个重要组成部分。正常排放管总长2 050 m，管道内径2 000 mm，从高位井向大堤外顶进，出洞口管内底标高－20.23 m，前1 747.5 m为下坡顶进，坡度－2.5%，最后302.5 m为平坡顶进，终点管内底标高－24.60 m。采用F-B型钢承口式钢筋混凝土管，楔形橡胶圈接口，多层胶合板衬垫。在平坡段内设有16根内径380 mm的扩散上升管，用垂直顶升工法施工。

工程的地质情况：第④层为砂质粉土夹粉砂(灰色，饱和，稍密至中密，中等压缩性土，强度较高。顶板高程－13.70～－11.10 m，层厚4.90～6.60 m)；第④a层为粉质黏土(饱和，流塑，局部分布，中等偏高压缩性土，强度一般，顶板高程－16.20 m，层厚2.00 m)；第⑤层为淤泥质粉质黏土－淤泥质黏土(灰色，饱和，流塑，高压缩性土，强度低，渗透系数$K<10^{-6}$ cm/s。顶板高程－19.50～－13.60 m，层厚7.30～9.40 m，浅滩区未钻穿)；第⑥层为黏土-粉质黏土(灰绿-黄色，硬塑-可塑，中等偏低压缩性土，强度较高。顶板高程－23.00～－22.60 m，层厚0.60～1.80 m)。

10.8.2 顶管机型选择

排放管在出洞后的150～200 m范围内将遇到④层砂质粉土夹粉砂、④a层粉质黏土⑤层淤泥质粉质黏土－淤泥质黏土，随后的顶进主要在⑤层淤泥质粉质黏土-淤泥质黏土中进行。土层变化大，地质状况并不十分理想。由于一次顶进距离2 050 m，在国内施工中距离较长，施工难度极大，经多次比选论证，采用密封式大刀盘泥水加压平衡顶管机(见图10-16)。

图 10-16　密封式大刀盘泥水加压平衡顶管机

10.8.3　顶进技术措施

1）应用泥浆减小摩阻力

对于长距离顶管，管节外壁摩阻力远大于正面阻力。所以顶进施工中在管节外壁注入润滑泥浆，形成泥浆套（见图 10-17），减小管壁与土体间的摩阻力。润滑泥浆的触变性在于：泥浆在输送和灌注过程中具有流动性，呈胶状液体；经过一定静置时间，泥浆固结产生强度，呈胶凝状；管节顶进时泥浆被扰动，结构被破坏，又呈胶状液体。

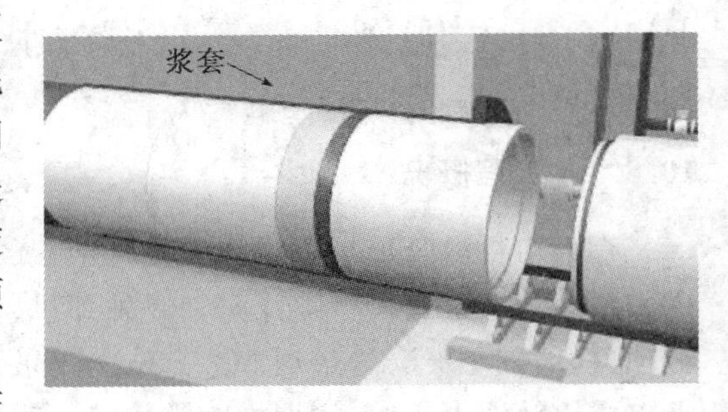

图 10-17　泥浆润滑示意图

顶进时通过顶管机铰接处及管节上预留的注浆孔，向管道外壁压入一定量的减阻泥浆，在管道四周形成一个泥浆套，以减小管节外壁和土层间的摩阻力，从而减小顶进时的顶力。由于顶进距离长，一次压浆无法到位，需要接力输送，为此在管道内设置 5 个泥浆接力站，平均每隔300 m设 1 个站，解决了顶进时同步跟踪压浆和沿线补压浆的难点。

2）应用中继接力环

根据实际顶进施工情况，共设置了 8 个中继接力环（见图 10-18），分别布置在距顶管机尾部的 0 m、30 m、126 m、255 m、495 m、1 110 m、1 416 m、1 674 m处，余下的 376 m 由主顶承担。中继接力环设置 2 道密封装置，在正常顶进中没有使用中继接力环，只是在停顿等待较长时间后，由于顶进阻力成倍增大，起顶时使用 2# 、4# 中继接力环。

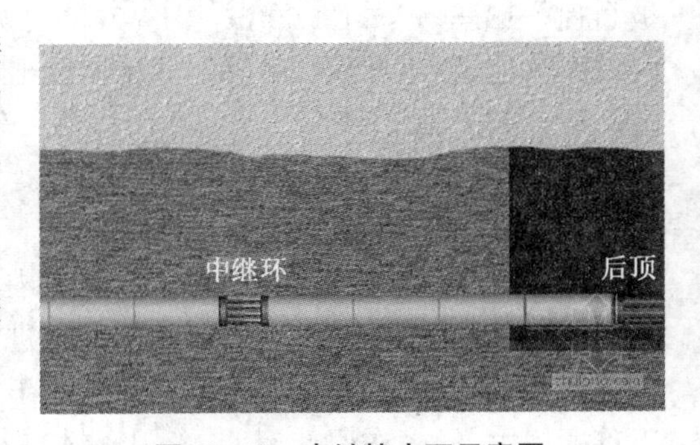

图 10-18　中继接力环示意图

3）轴线控制

施工误差引起的管道轴线弯曲是影响土体与

管壁摩擦产生的摩阻力大小的主要因素，管道轴线弯曲可使摩阻力成倍增长。轴线偏差的曲率半径越小，则阻力越大。严格控制轴线波动的幅度，纠偏时控制轴线平滑过渡，尤其要控制好前 10 节管节的轴线，以求形成准确的通道。

本章小结

本章介绍了顶管的工作原理，重点掌握顶进阻力计算、后靠土体稳定性验算及中继环的技术原理。

复习思考题

10-1 保证顶管工程的成功实施，需要解决好哪些关键问题？

10-2 常用的顶管工具管有哪些？

10-3 阐述中继接力顶进技术的原理。

10-4 顶管工作井后靠土体稳定性验算，当工作井分别采用沉井（第 11 章）和钢板桩时，有何不同？

11 沉井法

11.1 引言

目前，沉井已经是修建深基础和地下深构筑物的主要基础类型和较广泛应用的方法之一，它在地面上或地坑中，先制作开口钢筋混凝土筒身，达到一定强度后，在井筒内分层挖土、运土，随着井内土面逐渐降低，沉井筒身借其自重克服与土壁之间的摩擦阻力，不断下沉而就位的一种深基础或地下工程施工工艺。当前，沉井已广泛应用于桥梁墩台、取水构筑物、排水泵站、大型设备等的基础以及地下仓库、盾构或顶管施工的工作井等工程。

在国外，曾有文献记载在罗马帝国的全盛时期跨越台伯河(Tiber)的桥已经采用了沉井施工，还有文献提到荷兰人也曾使用浅而简易的沉井建造堤岸。有确切记录的是1738年，瑞士工程师查尔斯·拉贝雷(Charles Labelye)在拉姆比斯(Lambeth)和威斯敏斯特(Westminster)之间的泰晤士河(Thames)上建造桥梁时，采用了80 ft长、30 ft宽、16 ft深的木沉井。该沉井选用长9 in、宽12 in的枞木做骨架并在两边分别覆盖了3 in厚的板，四角使用熟铁条加固。沉井在岸上制作完毕后利用潮水托运到位并下沉，其顶面仅仅高于最低潮水位，施工时利用低潮的间歇时间抽干井内水并使用块石砌筑桥墩，待高潮沉井被淹时就暂停施工，如此间歇施工直到桥墩高出水面。这种方法在10年后同样应用在罗伯特·麦尼(Robert Milne)建造的泰晤士河第三桥和1816年詹姆士·沃克(James Walker)建造的泰晤士河上第一座铁桥中。

我国近现代最早应用沉井技术施工的成功实例出现在1894年2月，由詹天佑亲自主持修筑的天津滦河大桥采用了气压沉箱法施工取得了成功。此后是20世纪30年代由我国著名桥梁专家茅以升主持设计建造的钱塘江大桥，这是我国第一座自行设计的大型公路铁路双层两用桥梁，该桥首次采用气压沉箱法掘泥打桩获得了成功，打破了外国人认为“钱塘江水深流急，不可能建桥”的预言。

沉井结构和施工工艺主要有如下特点：

(1) 沉井结构截面尺寸和刚度大，承载力高，抗渗及耐久性好，内部空间可以利用，可用于很深的地下工程的施工；

(2) 沉井施工不需要复杂的机械设备，在排水和不排水情况下，均能施工；

(3) 可用于各种复杂地形、地质和场地狭窄条件下的施工，对邻近建筑物影响较小，甚至不影响；

(4) 当沉井尺寸较大时，在制作和下沉过程中，均能采用机械化施工；

(5) 可在地下水很丰富、土的渗透系数大，难以将地下水排开，地下有流沙或有其他有害的土层情况下施工；

(6) 与大开挖施工相比，可大大减少挖、运、回填土方量，加快施工进度，降低施工费用。

鉴于沉井施工整体性好，刚度大，变形小，对邻近建筑物影响较小，浇筑质量易于控制，且内部空间又可充分利用，沉井施工法被广泛应用。近年来，由于经济不断发展的需要，各类工程的建设规模日益扩大，高耸建筑、大跨度结构相继出现，城市建设开始向地下空间延伸，而桥梁建设开始向宽阔水域、外海方向发展。在这些重大工程中，沉井的平面尺寸逐渐增大，下沉深度不断加深，中小沉井逐步发展成为大型沉井甚至超大型沉井，并作为一种主要的大型基础和深水基础形式得到越来越广泛地应用。目前，国内外已建成的沉井工程中不少深度达到30 m以上，平面尺寸达到3 000 m^2以上，一些特殊用途的沉井深度可达到100 m以上。1944—1956年间，日本首先采用壁外喷射高压空气（即气幕法）的方法以降低井壁与土体的摩擦阻力，使沉井的下沉深度达到156 m；到60年代末至70年代初，沉井的下沉深度超过200 m。自20世纪50年代起，欧洲开始向井壁与土之间压入触变泥浆以降低侧摩阻力，这种方法至今仍广为流行。

20世纪60年代在南京长江大桥建设中发展了重型沉井、深水钢筋混凝土沉井和钢沉井。南京长江大桥是我国自行设计建造的首座特大铁路、公路两用桥梁，桥墩基础结构共分为四种类型：1号墩为重型混凝土沉井基础，采用钢板桩围堰筑岛法施工；2、3号墩为钢沉井加管柱基础，钢沉井下至一定深度后，再在井孔内插入直径3 m的预应力钢筋混凝土管柱，下沉至基岩，钻孔嵌固；4、5、6、7号墩为浮式钢筋混凝土沉井基础，沉井穿过细砂、粗砂、砾砂，总厚约35 m覆盖层，底部嵌入新鲜基岩层；8、9号墩为钢板桩围堰管柱基础，管柱下沉至基岩，钻孔嵌固。这是我国第一次在桥墩基础设计中采用沉井技术。

自1970年12月开工至1975年12月竣工的常德沅江大桥以钢沉井基础形式建造主桥水中墩，在下沉中曾发生N4墩沉井严重倾斜，倾斜度达23°56′09″，井顶平面南北高差达3.935 m，倾斜率44.4%。最终通过采用施加恒定水平作用力并辅以定向吸泥等方法将大型沉井扶正，可见沉井的施工控制极为关键。

自1995年9月开工至1997年10月竣工的江阴长江大桥北锚沉井是当时整体规模为世界第一的沉井，沉井下沉开始使用排水下沉方法，井内用水力冲土，泥泵吸泥方法取土，分节浇注，分3次下沉到地下30 m处。到地下30 m处，已无法排干井底的水，故改用高压水枪冲泥、真空吸泥的方法，对砂土以吸为主，对黏土以冲为主，到最后1 m时，采用空气幕法助沉，使沉井偏位和倾斜值小于规范要求。终沉时，顶面中心偏位仅9.9 cm，四角最大高差9.6 cm，平面扭转7′53″，总取土方20.6万m^3。该沉井的顺利施工标志着我国的沉井施工水平已达国际先进水平。

自1997年3月开工至2000年9月竣工的芜湖长江大桥是国内采用板桁结构建造的一座公路、铁路两用的桥梁。它的铁路引桥0161#桥台采用的是沉井基础，设计为矩形钢筋混凝土结构，沉井地处巨厚软土层，厚度达44.67 m，具有低强度、高压缩性及易产生流变、触变等不良特性，在沉井施工之前采用砂桩挤密的方法加固地基。沉井施工中分7节预制下沉，第1节采用排水开挖下沉，其余节采用不排水吸泥下沉。

自1998年5月开工至2003年8月竣工的海口世纪大桥S、N主塔沉井全高20.1 m，断面尺寸为30.4 m×19.2 m，内分为15个方格，外壁厚1.4 m，内隔墙厚0.8 m。沉井下部14 m高为双壁钢壳，内灌注水下混凝土，上部为钢筋混凝土。设计要求下沉到−36.0 m高程的硬黏土夹砂层。沉井下沉采用了泥浆套助沉措施。

2006年11月开工的向家坝水电站的沉井群由10个23 m×17 m的沉井组成，前期作为挡土墙及纵向围堰堰基进行二期基坑开挖，后作为二期围堰结构的一部分。1#～10#沉井依次沿一期土石围堰成“L”形错开布置，相邻井间距2 m；沉井群在施工过程中采用了泥浆套、空气幕不同的助沉措施。

2007 年开工建设的泰州长江大桥，其中塔沉井基础，长 58 m，宽 44 m，总高度为 76 m，相当于半个足球场大，25 层楼高，其下部 38 m 为双壁钢壳混凝土沉井，上部 38 m 为钢筋混凝土沉井。沉井沉入 19 m 深水和 55 m 河床覆盖层，为当时世界上入土最深的水中沉井基础。同为泰州长江大桥，其南、北锚碇基础均采用矩形沉井基础。其中，北锚碇基础沉井长和宽分别为 67.9 m 和 52 m(第一节沉井长和宽分别为 68.3 m 和 52.4 m)，高 57 m；南锚碇基础沉井长和宽分别为67.9 m和 52 m(第一节沉井长和宽分别为 68.3 m 和 52.4 m)，高 41 m，如图11-1a 所示。

(a) 泰州长江大桥沉井着床

(b) 南京四桥北锚沉井下沉

(c) 马鞍山长江大桥南锚沉井下沉

(d) 武汉鹦鹉洲长江大桥北锚沉井下沉

(e) 沪通铁路长江大桥 28 号墩沉井浮运

图 11-1 沉井在国内工程中的应用

2008 年开工的南京第四长江大桥，其北锚碇沉井长 69 m，宽 58 m，高 52.8 m，为世界上平面尺寸最大的矩形陆地沉井，如图 11-1b 所示。

2010 年开工的马鞍山长江公路大桥，其南、北锚碇基础采用了沉井结构。其中，南锚碇沉井采用矩形截面，长 60.2 m，宽 55.4 m，高 48 m；北锚碇沉井亦长 60.2 m，宽 55.4 m，高为 41 m，如图 11-1c 所示。

2010 年 8 月开工的武汉鹦鹉洲长江大桥，其北锚碇沉井采用了圆环形，中间圆孔内设置十字形隔墙，圆环内沿圆周均布有小直径井孔。沉井总高 43 m，直径 66 m，如图 11-1d 所示。

2014 年开工的沪通铁路长江大桥，其主墩基础采用了沉井结构。底部钢沉井长 86.9 m，宽 58.7 m，钢沉井自身高度分别为 44 m 和 56 m，沉井总高为 105 m 和 115 m，如图 11-1e 所示。

表 11-1 为部分沉井作为深水基础在国内外桥梁工程中的应用参数。

表 11-1　沉井在国内外桥梁工程中的应用参数简表

建造年份	国家	工 程 名 称	平面尺寸(m)	下沉深度(m)
1936	美国	旧金山—奥克兰大桥主塔锚碇沉井	43.5×28	73.28
1938	加拿大	狮门大桥北塔锚碇沉井	36.57×20.68	12.7
1938	美国	新格林维尔桥两主塔锚碇沉井	36×24	58(62)
1995	中国	江阴大桥北锚碇沉井	69×51	58
1998	日本	明石海峡大桥 1 号锚碇基础	ϕ80	65
2003	中国	海口世纪大桥主墩沉井	30.4×19.2	40.6(含桥墩)
2007	中国	泰州长江大桥中塔沉井	58.4×44.4	76
2007	中国	泰州长江大桥北锚碇沉井	67.9×52	57
2007	中国	泰州长江大桥南锚碇沉井	67.9×52	41
2008	中国	南京长江四桥北锚碇沉井	69×58	52.8
2010	中国	马鞍山长江大桥北锚碇沉井	60.2×55.4	51
2010	中国	马鞍山长江大桥南锚碇沉井	60.2×55.4	51
2011	中国	武汉鹦鹉洲长江大桥北锚碇	66	43
2014	中国	沪通铁路长江大桥主墩	86.9×58.7	115

11.2　沉井的分类、组成及其施工方法

11.2.1　沉井的类型

沉井的类型较多，一般可按以下几个方面进行分类：

1）按沉井横截面形状分类

（1）单孔沉井

单孔沉井的孔形有圆形、正方形及矩形等(图 11-2a)。圆形沉井承受水平土压力及水压力的性能较好，而方形、矩形沉井受水平压力作用时断面会产生较大的弯矩，因而圆形沉井的井壁可做得较方形及矩形井壁薄一些。方形及矩形沉井在制作及使用时常比圆形沉井方便，

为改善方形及矩形沉井转角处的受力条件，并减缓应力集中现象，常将其四个外角做成圆角。

(2) 单排孔沉井

单排孔沉井有两个或两个以上的井孔，各孔以内隔墙分开并在平面上按同一方向排布。按使用要求，单排孔也可以做成矩形、长圆形及组合形等形状(图 11-2b)。各井孔间的隔墙可提高沉井的整体刚度，利用隔墙可使沉井能较均衡地挖土下沉。

(3) 多排孔沉井

多排孔沉井即在沉井内部设置数道纵横交叉的内隔墙(图 11-2c)。这种沉井刚度较大，且在施工中易于下沉，如发生沉井偏斜，可通过在适当的孔内挖土校正。这种沉井的承载力很高，适于做平面尺寸大的建筑物的基础。

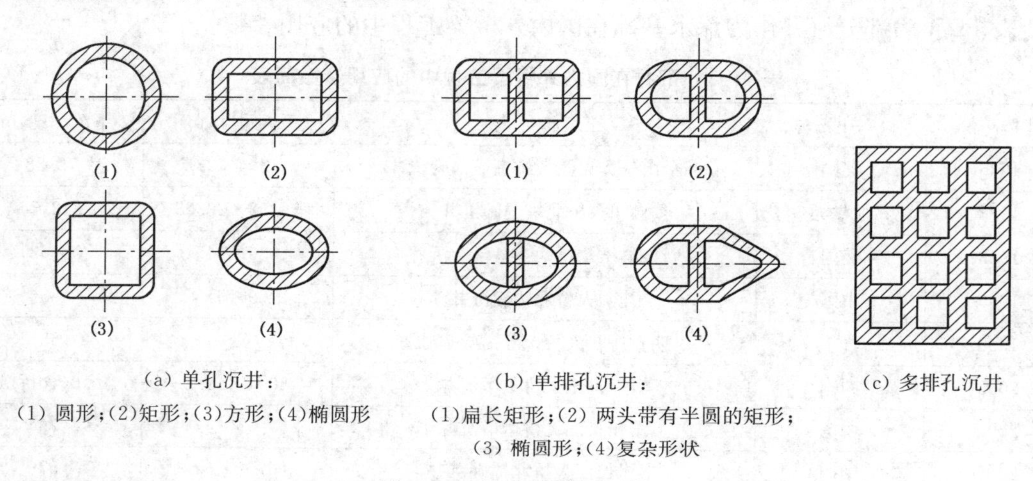

(a) 单孔沉井：
(1) 圆形；(2)矩形；(3)方形；(4)椭圆形

(b) 单排孔沉井：
(1)扁长矩形；(2) 两头带有半圆的矩形；
(3) 椭圆形；(4)复杂形状

(c) 多排孔沉井

图 11-2　沉井横截面形状

2) 按沉井竖直截面形状分类

(1) 柱形沉井

柱形沉井的井壁按横截面形状做成各种柱形且平面尺寸不随深度变化(图 11-3a)。柱形沉井受周围土体的约束较均衡，只沿竖向切沉，不易发生倾斜，且下沉过程中对周围土体的扰动较小。其缺点是沉井外壁面上土的侧摩阻力较大，尤其当沉井平面尺寸较小、下沉深度较大而土又较密实时，其上部可能被土体夹住，使其下部悬空，容易造成井壁拉裂。因此柱形沉井一般在入土不深或土质较松散的情况下使用。

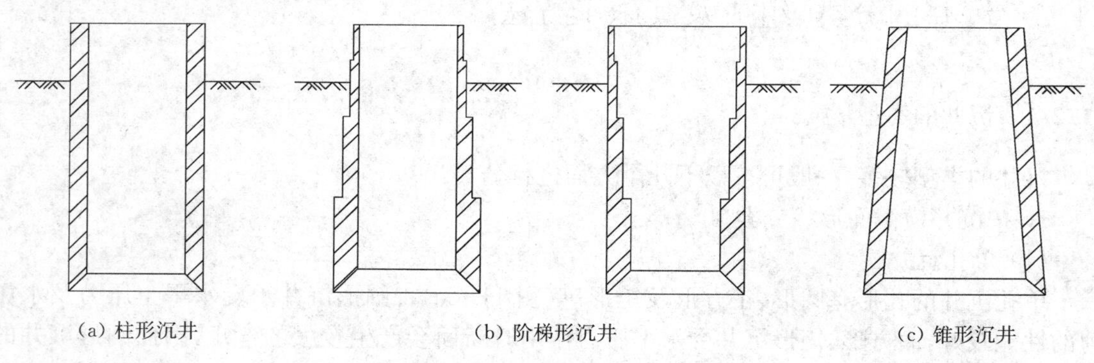

(a) 柱形沉井　　(b) 阶梯形沉井　　(c) 锥形沉井

图 11-3　沉井的竖直剖面形式

(2) 阶梯形沉井

阶梯形沉井井壁平面尺寸随深度呈阶梯形加大(图 11-3b)。由于沉井下部受到的土压力及水压力较上部的大,故阶梯形结构可使沉井下部刚度相应提高。阶梯可设在井壁的内侧或外侧。

(3) 锥形沉井

锥形沉井的外壁面带有斜坡,坡比一般 1/20～1/50(图 11-3c)。锥形沉井也可减少沉井下沉时土的侧摩阻力,但下沉不稳定且制作较难,较少用。

11.2.2 沉井结构组成

沉井一般由井壁、刃脚、隔墙、井孔、凹槽、射水管、封底和盖板等部分组成(图 11-4),井孔即为井壁内由隔墙分成的空腔。

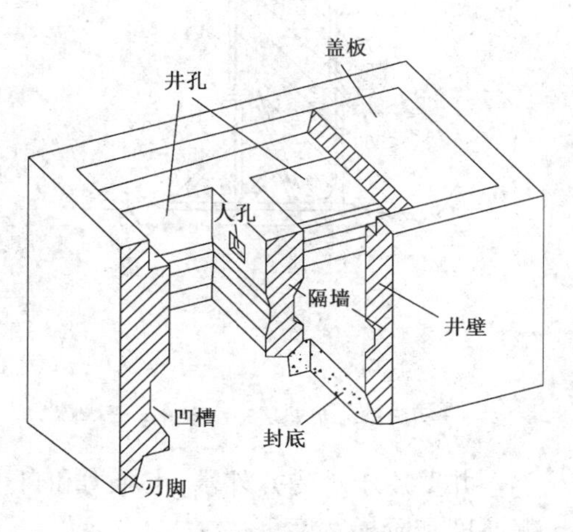

图 11-4 沉井构造图

刃脚能减少下沉阻力,使沉井依靠自重切土下沉。根据土质软硬程度和沉井下沉深度来决定刃脚的高度、角度、踏面宽度和强度,在土层坚硬的情况下,刃脚或踏面常用型钢加强(图 11-5)。

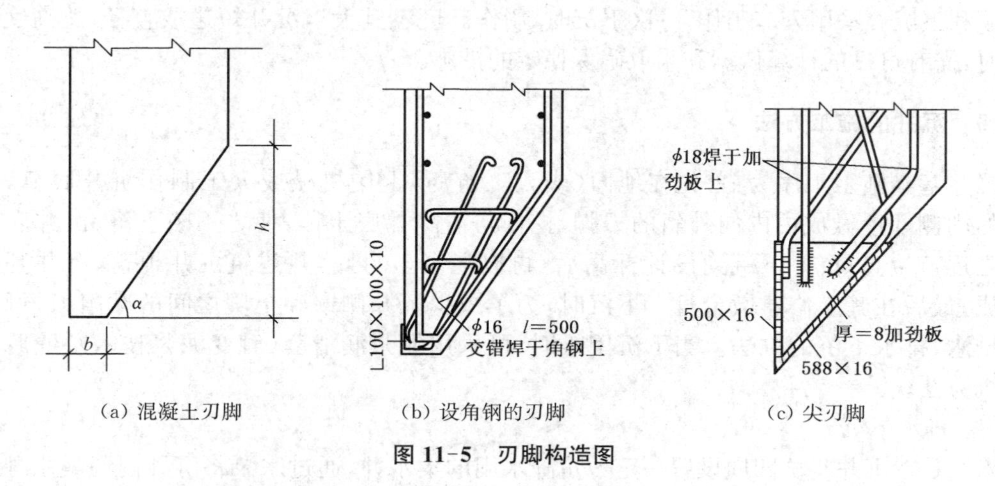

(a) 混凝土刃脚 (b) 设角钢的刃脚 (c) 尖刃脚

图 11-5 刃脚构造图

刃脚的支设方式取决于沉井重量、施工荷载和地基承载力。常用的方法有垫架法、砖砌垫座和土模。在软弱地基上浇筑较重的沉井,常用垫架法(图 11-6a)。垫架的作用是将上部沉井重量均匀传给地基,使沉井井身浇筑过程中不会产生过大不均匀沉降,使刃脚和井身产生裂缝而破坏;使井身保持垂直;便于拆除模板和支撑。

采用垫架法施工时,应计算井身一次浇筑高度,使其不超过地基承载力,其下砂垫层厚度亦需计算确定。直径(或边长)不超过 8 m 的较小的沉井,土质较好时可采用砖垫座(图11-6b),砖垫座沿周长分成 6～8 段,中间留 20 mm 空隙,以便拆除,砖垫座内壁用水泥砂浆抹面。对重量轻的小型沉井,土质较好时,甚至可用土胎模(图 11-6c),土胎模内壁亦用水泥砂浆抹面。

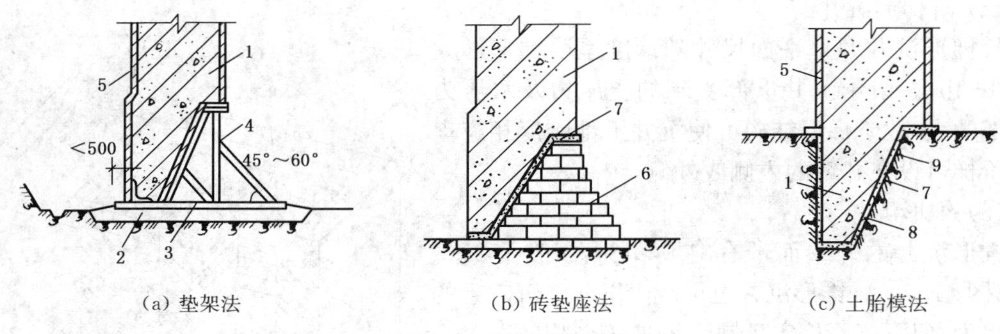

(a) 垫架法　　(b) 砖垫座法　　(c) 土胎模法

图 11-6　沉井刃脚支设

1—刃脚；2—砂垫层；3—枕木；4—垫架；5—模板；6—砖垫座；7—水泥砂浆抹面；8—刷隔离层；9—土胎模

井壁用于承受井外水、土压力和自重，同时起防渗作用。根据下沉系数和地质条件决定井壁厚度和阶梯宽度等。

设置内隔墙能增大沉井刚度，缩小外壁计算跨度，同时又将沉井分成若干个取土井，便于掌握挖土顺序，控制下沉方向。

沉井视高度不同，可一次浇筑，也可分节浇筑，应保证在各施工阶段都能克服侧壁摩阻力顺利下沉，同时保证沉井结构强度和下沉稳定。沉井分节制作时，其高度应保证其稳定性并能使其顺利下沉。采用分节制作，一次下沉时，制作高度不宜大于沉井短边或直径，总高度超过12 m时，需有可靠的计算依据和采取确保稳定的措施。

11.2.3　沉井的施工方法

沉井基本施工工序为：首先在地面（或人工筑岛）上用机械或人工制作沉井底节，底节下部的内侧井壁做成由内向外斜的刃脚，挖掘与清除井底土体，使之不断下沉，沉井底节以上随之逐节接高；沉井下沉到设计标高后，再以混凝土封底，并建筑沉井顶盖，沉井基础便告完成，最后在其上修建墩台身。下沉时，为了减少沉井侧壁和土壤之间的摩阻力，可以采用不排水、排水下沉的方法。当下沉困难时，可采用泥浆润滑套（触变泥浆技术）、壁后压气等助沉方法。

(1) 排水下沉

该法是在沉井基坑四周设置一定数量降水用的集水井，通过水泵将沉井内与集水井的水排到排水沟或排水管道，通过挖掘机等取土机械将土挖运，同时沉井在自重作用下，下沉至设计标高。该工艺简单直观，质量容易控制，施工过程中对下沉的速度、偏移、突沉等问题易于控制，适用于场地面积大、土质较好、地下水位较低的施工地点（图 11-7）。

(2) 不排水下沉

钻吸排土沉井施工技术是软土地层中不排水下沉的工艺，它通过特制的钻吸机组，在水中用高压水冲结合潜水钻破土、真空吸泥相配合的方法，对土体切削破碎且同时完成排泥工作，从而使沉井下沉至设计标高。该工艺无振动、无噪声，对环境影响小，具有技术先进、经济合理、施工安全可靠、保证下沉质量等优点（图 11-8）。

该法适用于穿过地层中较厚的亚砂土或粉砂层，且含水量很大（含水量为 30%～40%）的土层时，或附近水源补给丰富，沉井下面的土层不稳定，容易出现流砂或涌土的土层地段。

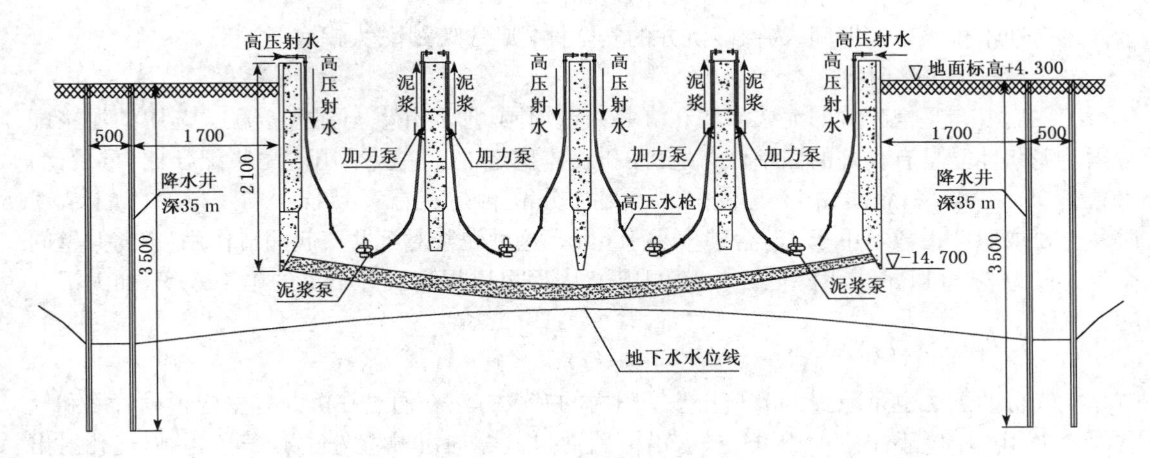

图 11-7　排水下沉

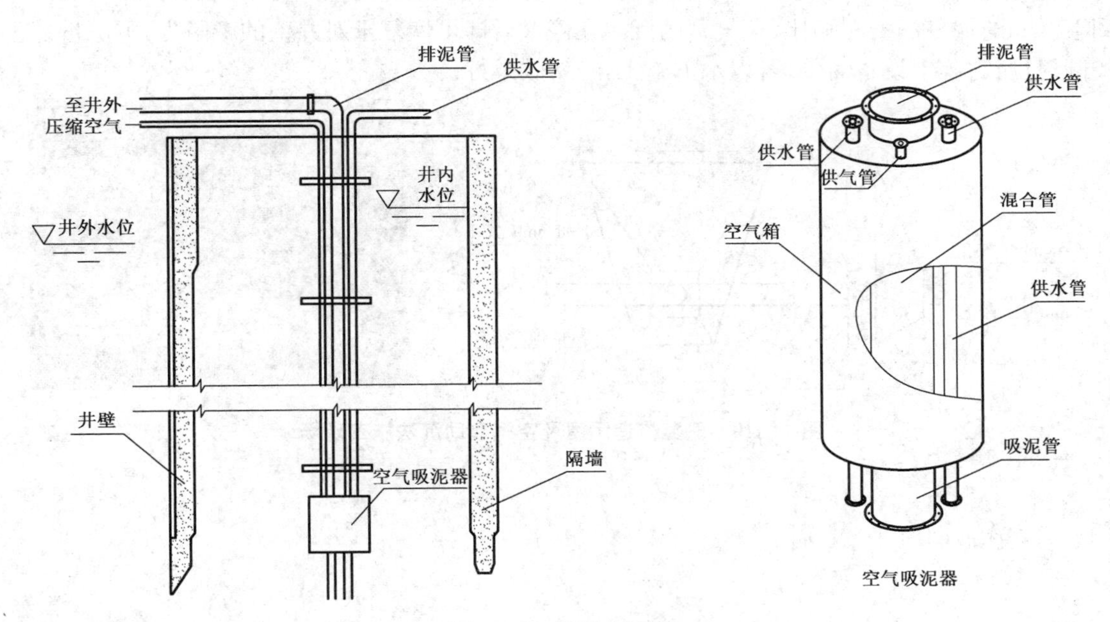

图 11-8　不排水下沉

大型沉井的下沉深度较深，从目前大型沉井的建造经验来看，一般由普遍采用的是前期排水下沉（由于目前的有效降水能力，深度一般不超过20 m），后期不排水下沉的综合方案。常见排水下沉时的开挖方式有“大锅底”开挖和分区开挖，前者呈放射状从内部向外开挖，后者则分成4～6个“小锅底”开挖，如图 11-9 所

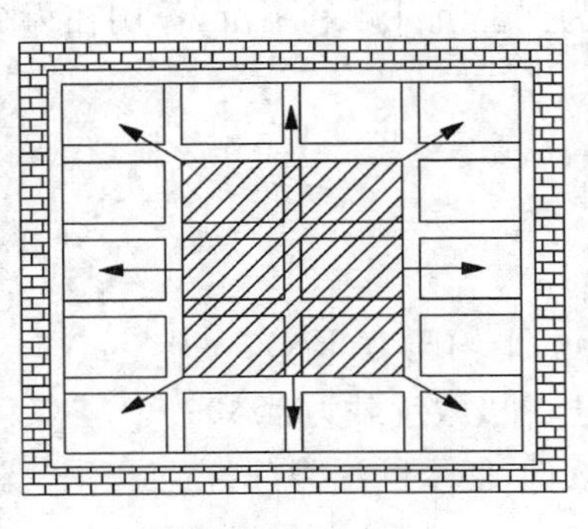

(a)“大锅底”开挖

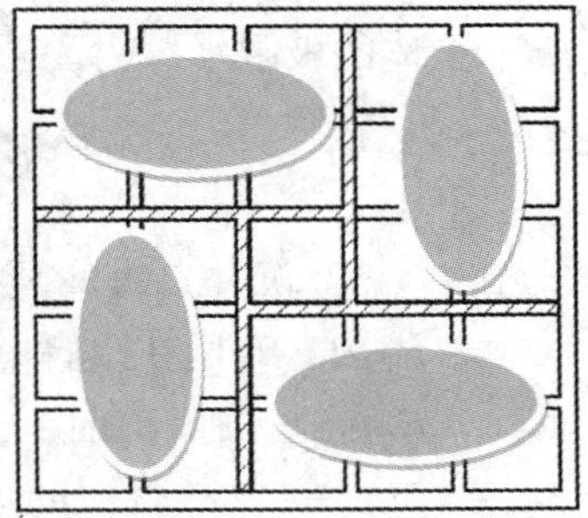

(b) 分区开挖

图 11-9　两种开挖方式示意

示。在后期不排水下沉期间，为保障沉井的安全性，则一般采用“大锅底开挖”。

3）泥浆润滑套沉井法

泥浆润滑套是把配置的泥浆灌注在沉井井壁周围，形成井壁与泥浆接触。选用的泥浆配合比使泥浆性能具有良好的固壁性、触变性和胶体稳定性。一般采用的泥浆配合比（重量比）为黏土 35%～45%，粉质黏土 55%～65%，另加分散剂碳酸钠 0.4%～0.6%，其中黏土或粉质黏土要求塑性指数不小于 15，含砂率小于 6%。这种泥浆对沉井壁起润滑作用，它与井壁间摩阻力仅为 3～5 kPa，大大降低了井壁摩阻力，因而可以提高沉井下沉的施工效率，加大沉井的下沉深度。

4）空气幕助沉法

空气幕助沉法也是减少下沉时井壁摩阻力的有效方法。通过在沉井井壁内预设管路和气龛（图 11-10），向管路内注入压缩空气，沿管路通过气龛向沉井壁外喷射，气流沿喷气孔射出再沿沉井外壁上升，形成一层空气帷幕，使井壁周围土松动，进而减少井壁摩阻力，促使沉井顺利下沉。与泥浆润滑套相比，空气幕助沉法在停气后即可恢复土对井壁的摩阻力，下沉量易于控制，且所需施工设备简单，可以水下施工，经济效果好。

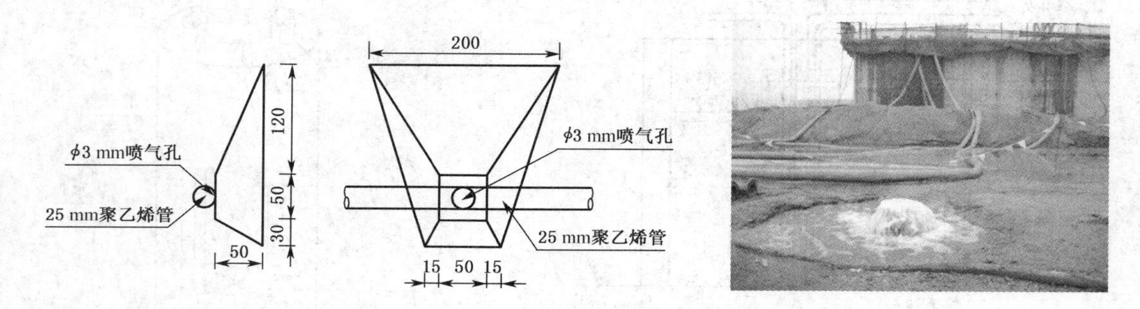

图 11-10　气龛构造示意及空气幕助沉法施工现场

11.3　沉井的下沉阻力

11.3.1　刃脚反力的计算

根据刃脚反力分析法，为保证沉井顺利下沉，作用在刃脚上的平均压力应等于或略大于刃脚下土体的极限承载力。

$$R_b = G - N_w - R_f \geqslant (1.15 \sim 1.25) R_{mp} \tag{11-1}$$

式中　G——沉井自重（kN）；

R_b——作用在刃脚上的平均压力（kN）；

R_{mp}——刃脚踏面上土的极限承载力（kN）；

N_w——井壁排出的水重，即水的浮力（kN）。当采用排水下沉时，$N_w = 0$；

R_f——沉井侧面的总摩阻力（kN）。

《给水排水工程钢筋混凝土沉井结构设计规程》（CECS 137）提供了地基极限承载力的经

验数值，如表 11-2 所示。

表 11-2　地基土的极限承载力

土的种类	极限承载力(kPa)	土的种类	极限承载力(kPa)
淤泥	100～200	软塑、可塑状态粉质黏土	200～300
淤泥质黏土	200～300	坚硬、硬塑状态粉质黏土	300～400
细砂	200～400	软塑、可塑状态黏性土	200～400
中砂	300～500	坚硬、硬塑状态黏性土	300～500
粗砂	400～600		

11.3.2　侧摩阻力的计算

沉井基础的关键技术是确保其平稳下沉，而下沉过程中侧壁摩阻力的大小往往是下沉过程中的一个重要参数。因此，侧摩阻力历来是岩土工程领域比较关注的问题之一，也是比较棘手的问题。长期以来，设计中采用的摩阻力分布图式和现行规范中给出的建议模式均是由大直径桩的下沉机理分析得出的。

对于井壁高度大于 5 m 的沉井，《给水排水工程钢筋混凝土沉井结构设计规程》(CECS 137)对沉井井壁外侧摩阻力的分布做出了如下规定：

(1) 当沉井外侧为直壁时，假定摩阻力随入土深度线性增大，并且在 5 m 深处增大到最大值 f_k，5 m 以下保持常值，如图 11-11a 所示；

(2) 当井壁外侧为阶梯形时，在 5 m 深处增到(0.5～0.7) f_k，5 m 以下不变，在台阶处增大到 f_k，如图 11-11b 所示。

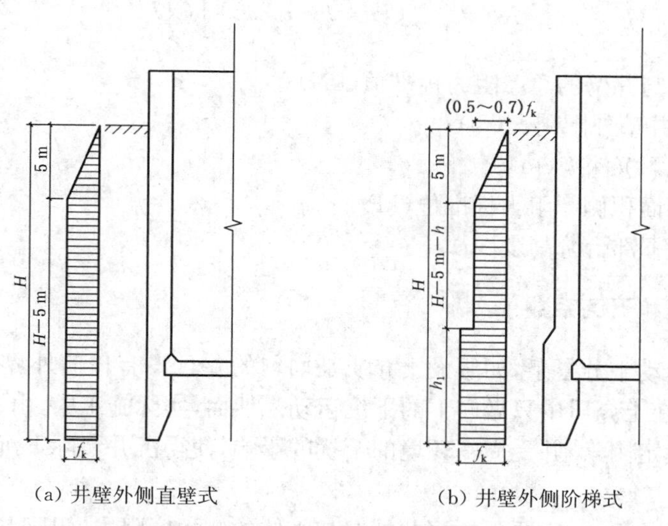

(a) 井壁外侧直壁式　　(b) 井壁外侧阶梯式

图 11-11　摩阻力沿井壁外侧的分布图形

图 11-11(a)所示为主要用于井壁外侧无台阶的沉井，目前采用较多；图 11-11(b)所示沉井主要由于井壁外侧台阶以上的土体与井壁接触并不紧密，可在空隙中灌砂助沉，因此，摩阻力有所减少，故目前采用也较多。

还应指出：在淤泥质黏土及亚黏土中，由于土壤的内聚力等因素的作用，若沉井停止下沉的时间越长，f_k 值就越大，有时可能高达 40 kN/m² 以上；当沉井在开始起步下沉时，f_k 值又下降到较小值。但由于淤泥质土的承载力很低，这时，沉井就会突然下沉，其最大沉降量可达 3～5 m，只需数十秒就能完成。所以，沉井在淤泥质黏土和亚黏土中下沉时，土体须进行加固处理，否则会造成严重的质量事故。

沉井下沉过程中，井壁与土的摩阻力可根据工程地质条件及施工方法和井壁外形等情况，并参照类似条件沉井的施工经验确定。当缺乏可靠的地质资料时，井壁单位面积的摩阻力可参考表 11-3 选用。

表 11-3　土体与井壁的单位面积摩阻力标准值 f_k

序号	土层类别	单位面积摩阻力 f_k(kN/m²)
1	流塑状态黏性土	10～15
2	可塑、软塑状态黏性土	10～25
3	硬塑状态黏性土	25～50
4	泥浆土	3～5
5	砂性土	12～25
6	砂砾石	15～20
7	卵石	18～30

注：井壁外侧为阶梯式且采用灌砂助沉时，灌砂段的单位摩阻力标准值可取 7～10 kN/m²。

沉井下沉时，土体与井壁的总摩阻力 R_f 值则为

图 11-11a：
$$R_f = (H - 2.5) f_k U \tag{11-2}$$

图 11-11b：
$$R_f = \left[\frac{1}{2}(H + h_1 - 2.5)\right] f_k U \tag{11-3}$$

式中　R_f——土体与井壁的总摩阻力标准值(kN)；
U——沉井井壁外围周长(m)；
H——沉井下沉深度(m)；
f_k——单位面积侧摩阻力标准值(kPa)；
h_1——沉井下部台阶高度(m)。

11.3.3　稳定系数和下沉系数

沉井的下沉运动十分复杂，如假设土介质是均匀的并且没有任何外界干扰及不均匀开挖等因素的影响，它在土介质中只做向下的下沉运动。然而，实际施工中，由于沉井规模大，施工场地存在诸多不确定因素，并受周围环境的干扰的影响，使得沉井实际下沉呈现一种复杂的空间运动。

沉井下沉所受的阻力，主要包括沉井外壁与土体的侧面摩阻力、刃脚踏面和隔墙下土体的正面阻力两种。实际工程中一般用稳定系数来保证沉井首次接高期间的稳定性，用下沉系数法来验算沉井的下沉条件。

$$K_s = (G - N_w)/(R_f + R_b) \tag{11-4}$$

$$K = (G + G' - F)/(R_f + R_1 + R_2) \tag{11-5}$$

式中 K_s——下沉系数；

K——稳定系数，又称接高系数；

G——沉井自重(kN)；

G'——施工荷载，按沉井表面 0.2 t/m² 进行计算(kPa)；

N_w——井壁排出的水重，即水的浮力(kN)，当采用排水下沉时，$N_w=0$；

R_b——下沉期间，沉井的刃脚部分或预留支承部分的反力(kN)，当刃脚底面和斜面的土方被挖空时，$R_b=0$；

R_f——沉井侧面的总摩阻力(kN)；

R_1——接高期间，沉井刃脚踏面及斜面下土的支承力(kN)；

R_2——接高期间，沉井隔墙下土的支承力(kN)。

小型沉井启动下沉时，刃脚底面和斜面的土方均被取走，因此在计算下沉系数时，一般取 $R_b=0$；但大型沉井下沉期间，常保留部分支承面积 $R_b\neq 0$，按照支承面积不同，分为三种情况。支承面积可能取刃脚踏面和隔墙底部面积之和，即全截面支承；也可能取刃脚踏面面积，即全刃脚支承；也可仅取刃脚踏面面积的一半，即半刃脚支承。

沉井接高期间，为防止地基承载力不足而发生突沉，要求稳定系数 $K<1$，一般取 0.8～0.9。当 $K>1$ 时，说明地基土的极限承载力有限，不足以支承巨大的沉井重量，需要进行地基处理，以提高地基承载力，从而保证沉井接高期间的稳定性。

工程中下沉系数 K_s 取值一般为 1.15～1.25，在 K_s 取值时，尚需针对工程下沉速度的具体情况加以考虑。在刚开始下沉及下沉速度快时 K_s 的取值稍小些，位于淤泥质土层和沉井下沉速度快时，K_s 取小值，位于其他土层中，K_s 取大值。

11.4 沉井的结构设计计算

11.4.1 沉井底节验算

沉井底节为沉井的最下部一节，沉井底节自抽除垫木开始，刃脚的支承位置就在不断变化。

(1) 在排水或无水的情况下下沉

这种工作条件下可视情况良好，可以直接看到并控制挖土的情况，可以将沉井的支承点控制在使井体受力最为有利的位置上。对于圆端形或矩形沉井，当其长边大于 1.5 倍短边时，支承点可设在长边上，两支点的间距等于 0.7 倍边长，如图 11-12 所示，以使支承处产生的顶部弯矩与长边中点处产生的底部弯矩大致相当，并按此条件验算并控制沉井自重产生井壁顶部混凝土的拉应力。

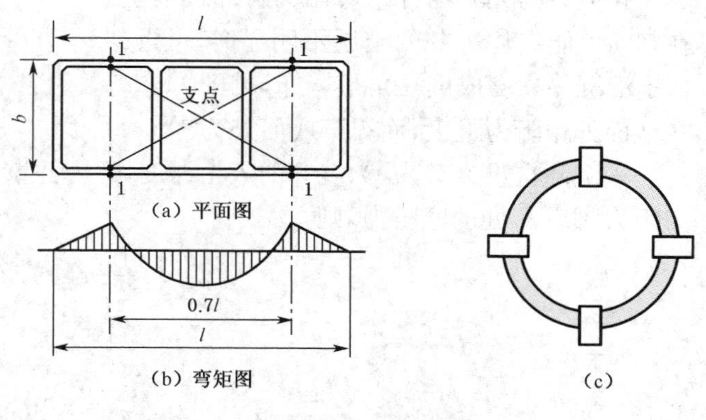

图 11-12 支承在 1 点上的沉井

(2) 不排水下沉的沉井

由于不能直接看到挖土的情况，刃脚下土的支承位置难以控制，可将底节沉井作为梁类构件并按照下列假定的不利位置进行验算，如图 11-13 所示。

① 假定底节沉井仅支承于长边中点，两端下部土体被挖空，按照悬臂构件验算沉井自重在长边中点附近最小竖向截面上所产生的井壁顶部混凝土拉应力；

② 假定底节沉井支承于短边的两端点，验算由于沉井自重在短边处引起的刃脚底面混凝土的拉应力。

桥梁上的大型沉井一般都设有纵横隔墙，为控制大型沉井的姿态，一般对刃脚内侧的土块进行保护性的保留 3～4 m(图 11-9)，沉井的下沉总是内部下沉带动刃脚的下沉，不会出现外井壁下部临空现象，上述验算工况并不适用。

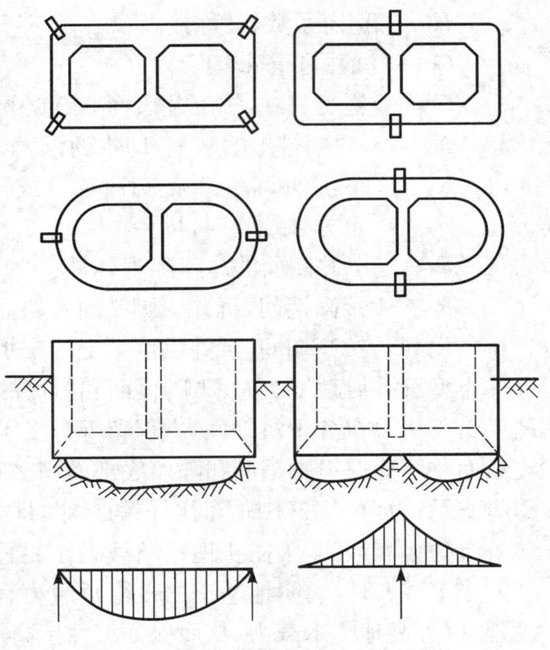

图 11-13　不排水情况下的支承点

11.4.2　沉井井壁计算

沉井井壁应进行竖直和水平两个方向的内力计算。

1）竖直方向

竖直方向的计算工况主要考虑“卡井”的时候，沉井被四周土体嵌固而沉井端部土体已被完全掏空，一般在下部土层比上部土层软的情况下出现，这时下部沉井呈悬挂状态，井壁会有在自重作用下被拉断的可能，因而应验算井壁的竖向拉应力。

拉应力的大小与井壁摩阻力分布图有关，在判断可能夹住沉井的土层不明显时，可近似假定沿沉井高度成倒三角形分布，见图 11-14。在地面处摩阻力最大，而刃脚底面处为零。

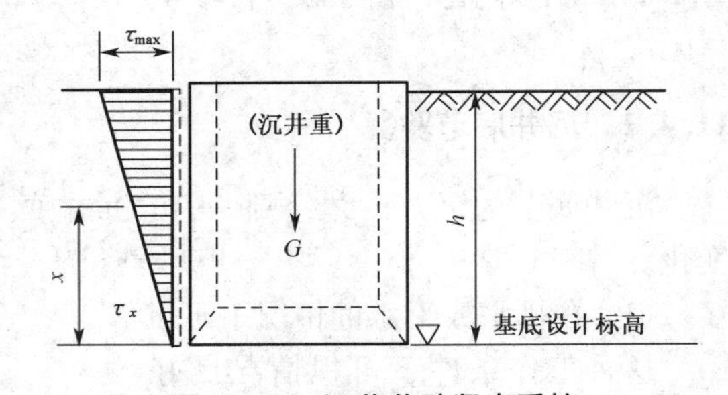

图 11-14　沉井井壁竖直受拉

该沉井自重为 G, h 为沉井的入土深度，U 为井壁的周长，τ 为地面处井壁上的摩阻力，τ_x 为距刃脚底 x 处的摩阻力，则

$$G = \frac{1}{2}\tau h U$$

$$\tau = \frac{2G}{hU}$$

$$\tau_x - \frac{\tau}{h}x = \frac{2Gx}{h^2 U}$$

离刃脚底 x 处井壁的拉力为 S_x，其值为

$$S_x=\frac{Gx}{h}-\frac{\tau_x}{2}xU=\frac{Gx}{h}-\frac{Gx^2}{h^2}$$

为求得最大拉应力，令 $\frac{\mathrm{d}S_x}{\mathrm{d}x}=0$

$$\frac{\mathrm{d}S_x}{\mathrm{d}x}=\frac{G}{h}-\frac{2Gx}{h^2}=0$$

$$\therefore x=\frac{1}{2}h \tag{11-6}$$

$$S_{\max}=\frac{G}{h}\cdot\frac{h}{2}-\frac{G}{h^2}\cdot\left(\frac{h}{2}\right)^2=\frac{1}{4}G$$

最危险截面在沉井入土深度的1/2处，最大计算拉力为沉井全部重力标准值的1/4，沉井处于轴心受拉的状态。假定接缝处混凝土不承受拉应力而完全由钢筋承担，计算竖向受拉纵筋所需的面积。此时钢筋的抗拉安全系数可采用1.25，且需验算钢筋的锚固长度。

对于不同安全等级最大轴向拉力的规定详见表11-4，等截面井壁的最大计算拉力为沉井全部重力标准值的比值。

表11-4　沉井竖向拉力计算及其最小配筋率

沉井施工状态	沉井结构或受其影响建筑物的安全等级与拉力计算取值			纵向钢筋最小构造配筋率
	一级	二级	三级	
排水下沉	0.50G	0.30G	0.25G	钢筋混凝土最小配筋率不宜少于0.1%；少筋混凝土不宜少于0.05%
不排水下沉	0.40G	0.25G	0.20G	
泥浆套中下沉	0.30G	0.25G	0.20G	

2）水平方向

（1）水平方向应验算刃脚根部以上，高度等于该处壁厚的一段井壁。

计算时除计入该段井壁范围内的水平荷载外，并应考虑由刃脚悬臂传来的水平剪力。根据排水或不排水的情况，沉井井壁在水压力和土压力等水平荷载作用下，应作为水平框架验算其水平方向的弯曲。

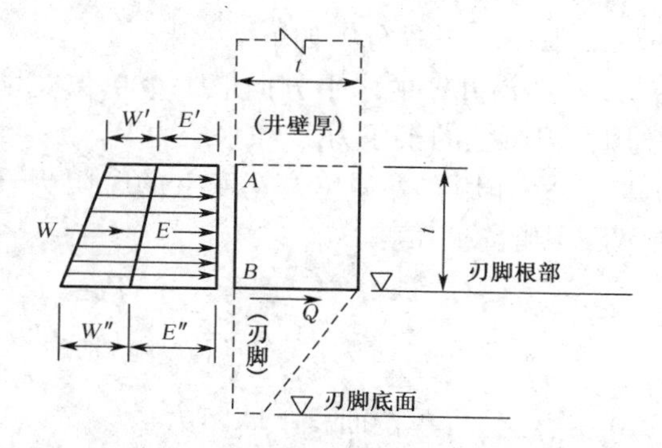

图11-15　刃脚底部以上1倍井壁厚处井壁的水平荷载分布

作用在该段井壁上的荷载为

$$q=W+E+Q \tag{11-7}$$

式中　q——作用在井壁 t（框架）上的荷载（$\mathrm{kN/m^2}$）；

W——作用在井壁 t 段上的水压力（kPa），

其作用点距刃脚根部为 $\frac{W'+2W''}{W'+W''}\cdot\frac{t}{3}$，$W=\frac{W'+W''}{2}t$，其中，$W'=\lambda h'\gamma_{\mathrm{w}}$，

$W'' = \lambda h'' \gamma_w$ 分别为 A 点和 B 点的水压力强度；λ 为折减系数，砂性土取 1.0，黏性土取 0.7；

E——作用在井壁 t 段上的土压力，$E = \dfrac{E' + E''}{2} t$，$E'$ 和 E'' 分别为作用在 A 点和 B 点的土压力压力强度，其作用点距刃脚根部为 $\dfrac{E' + 2E''}{E' + E''} \cdot \dfrac{t}{3}$；

Q——由刃脚传来的剪力，其值等于计算刃脚竖直外力时分配于悬臂梁上的水平力(kN/m)。

(2) 其余各段井壁的计算，可按井壁断面的变化，取每一段中控制设计的井壁(位于每一段最下端的单位高度)进行计算。

上部井段按照作用在水平框架上的均布荷载 $q = W + E$。然后用同样的计算方法，求得水平框架的最大弯矩 M、轴向压力 N、剪力 Q，并据此设计水平钢筋。

采用泥浆润滑套下沉的沉井，泥浆压力大于上述水平荷载，井壁压力应按泥浆压力(即泥浆重度乘以泥浆高度)计算。

采用空气幕下沉的沉井，井壁压力与普通沉井的计算相同。

11.4.3 沉井刃脚验算

1) 沉井刃脚竖向钢筋

沉井刃脚部分可分别作为悬臂或水平框架验算其竖向及水平向的弯曲强度。在按照竖向悬臂构件时，刃脚高度为其悬臂长度，并可根据以下两种不利情况来进行控制计算，以求得刃脚内外侧竖向钢筋数量。

(1) 当沉井下沉途中，刃脚内侧已切入土中深约 1 m，刃脚因受井孔内土体的横向压力而在刃脚根部水平断面上产生最大的向外弯矩，使沉井刃脚内侧受拉，这是设计刃脚内侧竖向钢筋的主要依据，如图 11-16 所示。

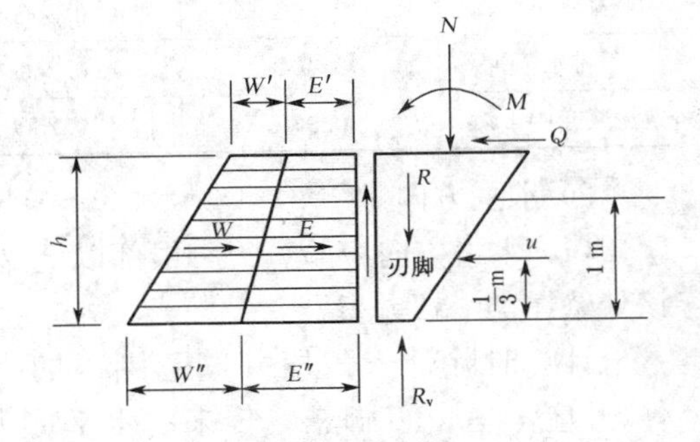

图 11-16 刃脚的荷载分布

其分析过程分解如下：

① 沿井壁的水平方向取一个单位宽度，计算作用在刃脚上的土压力 E 和水压力 W。

② 作用在井壁单位宽度上的摩阻力 T，取下列两式中的较小值：

$$T = \mu E = E\tan\phi = 0.5E$$

$$T = \tau A \tag{11-8}$$

式中 τ——单位面积上摩阻力；

A——面积。

③ 刃脚下单位宽度上土的垂直反力

$$R_v = G - T \tag{11-9}$$

其中 G 为沉井外壁单位周长上的沉井自重，其值等于该沉井的总重除以沉井的周长；不排水情况下应扣除浮力。

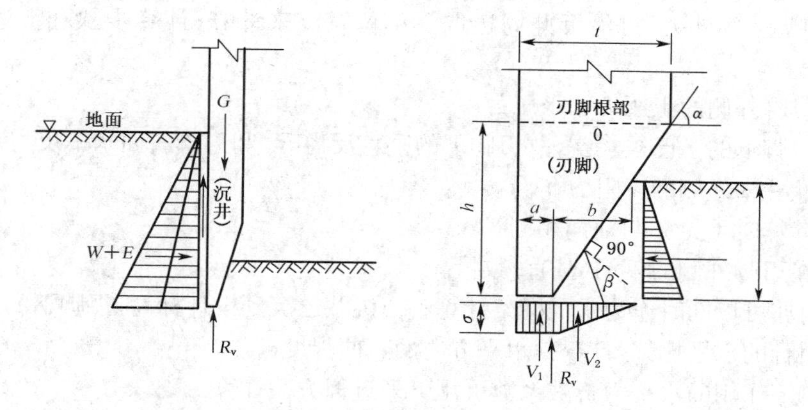

图 11-17 刃脚的垂直反力及 R_v 的作用点计算

R_v的作用点可见图 11-17，假定作用在刃脚斜面上的土体反力的方向与斜面上的法线成β角，β为土体与刃脚斜面之间的外摩擦角（一般取 $\beta=30°$）。作用在刃脚斜面上的土体反力可分解为水平力 U 与 V_2，刃脚底面上的垂直反力为 V_1，则

$$R_v = V_1 + V_2 \tag{11-10}$$

$$\frac{V_1}{V_2} = \frac{\sigma a}{\sigma \cdot \frac{1}{2}b} = \frac{2a}{b} \tag{11-11}$$

其中，$b=\frac{t-a}{h}$。

解以上联立方程即可得 V_1、V_2。假定 V_2为三角形分布，则 V_1、V_2的作用点距刃脚外壁距离分别为 $\frac{a}{2}$ 和 $a+\frac{b}{3}=a+\frac{t-a}{3h}$。

④ 作用在刃脚斜面上的水平反力 U 可按下式计算：

$$U = V_2\tan(\alpha-\beta) \tag{11-12}$$

U 的作用点在距刃脚底面 1/3 高处。

⑤ 刃脚重力 g 按下式计算：

$$g = \gamma_h h \frac{t+a}{2} \tag{11-13}$$

式中 γ_h——混凝土容重；

h——刃脚高度。

⑥ 求得作用在刃脚上的所有外力的大小、方向和作用点之后，即可求算刃脚根部处截面上每单位周长内(井壁)的轴向压力 N、水平剪力 Q 及对截面重心轴的弯矩 M。并据此计算在刃脚内侧的钢筋(竖直)数量。

(2) 当沉井已沉到设计标高，刃脚下的土已被掏空，这时刃脚处于向内挠曲的不利情况，如图 11-18 所示，按此情况确定刃脚外侧竖向配筋。

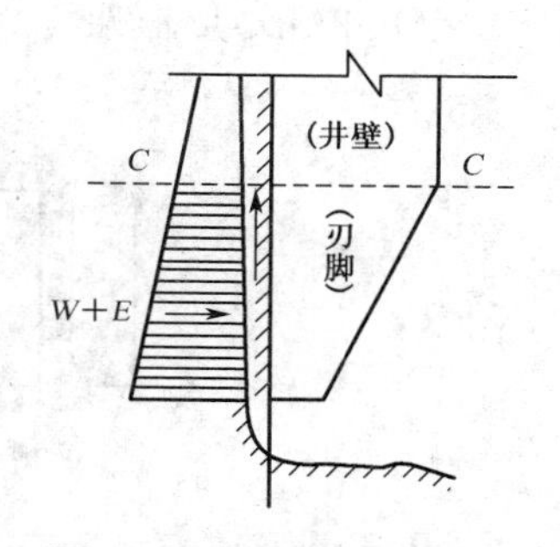

图 11-18 刃脚向内挠曲

作用在刃脚上的外力，可沿沉井周边取一单位宽度来计算，计算步骤和上述(1)的情况类似。

① 计算刃脚外侧的土压力和水压力；

② 由于刃脚下的土已被掏空，故刃脚下的垂直反力 R_v 和刃脚斜面水平反力 U 等于零；

③ 作用在井壁外侧的摩阻力 T；

④ 刃脚计算时重力 g 与前面相同；

⑤ 计算在刃脚外侧的钢筋(竖直)数量。

刃脚竖向亦可以同时作为水平框架计算。当沉井已沉到设计标高，刃脚下的土已被挖空，将刃脚作为闭合的水平框架，计算其水平方向的弯曲强度。

沉井刃脚上作用的水平力折减系数可用下列近似方法计算：

刃脚沿竖向视为悬臂梁，其悬臂长度等于斜面部分的高度。当内隔墙的底面距刃脚底面为 0.5 m，或大于 0.5 m 而有竖向承托加强时，作用于悬臂部分的水平力可乘以折减系数 α：

$$\alpha = \frac{01L_1^4}{h^4 + 0.05L_1^4} \leqslant 1 \tag{11-14}$$

悬臂部分的竖直钢筋应伸入悬臂根部以上 0.5 L_1 的高度，并在悬臂全高按剪力和构造要求设置箍筋。

刃脚水平方向可视为闭合框架，当刃脚悬臂的水平力乘以折减系数 α 时，作用于框架的水平力应乘以折减系数 β：

$$\beta = \frac{h^4}{h^4 + 0.05L_2^4} \tag{11-15}$$

式中 L_1——支承在内隔墙间的外壁最大计算跨径(m)；

L_2——支承在内隔墙间的外壁最小计算跨径(m)；

h——刃脚斜面部分的高度(m)。

(2) 刃脚水平钢筋计算

刃脚水平向受力最不利的情况是沉井已下沉至设计标高，刃脚下的土已挖空，尚未浇筑封底混凝土的时候，由于刃脚有悬臂作用及水平闭合框架的作用，故当刃脚作为悬臂考虑时，刃脚所受水平力乘以 α，而作用于框架的水平力应乘以系数 β 后，其值作为水平框架上的外力，由此求出框架的弯矩及轴向力值，再计算框架所需的水平钢筋用量。

根据常用沉井水平框架的平面形式，现列出其内力计算式，以供设计时参考。

1) 单孔矩形框架

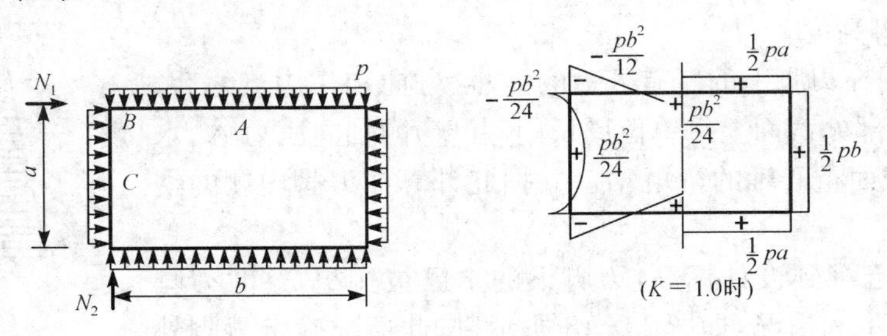

图 11-19 单孔矩形框架内力图

沿沉井竖向截取 1 m 高的水平框架，荷载取每段上、下端的平均值。刃脚以上高度等于壁厚的一段，除承受水、土压力外，还要承受刃脚传来的剪力。

A 点处的弯矩 $$M_A = \frac{1}{24}(-2K^2 + 2K + 1)pb^2 \tag{11-16}$$

B 点处的弯矩 $$M_B = -\frac{1}{12}(K^2 - K + 1)pb^2 \tag{11-17}$$

考虑支座宽度的因素，可对支座弯矩进行折减，但不得超过中心线处弯矩计算值的 1/3。

C 点处的弯矩 $$M_C = \frac{1}{24}(K^2 + 2K - 2)pb^2 \tag{11-18}$$

轴向力 $$N_1 = \frac{1}{2}pa \tag{11-19}$$

$$N_2 = \frac{1}{2}pb \tag{11-20}$$

式中 $K=a/b$，a 为短边长度，b 为长边长度。

2）单孔圆端形

$$M_A = \frac{K(12 + 3\pi K + 2K^2)}{6\pi + 12K}pt^2 \tag{11-21}$$

$$M_B = \frac{2K(3 - K^2)}{3\pi + 6K}pr^2 \tag{11-22}$$

$$M_C = \frac{K(3\pi - 6 + 6K + 2K^2)}{3\pi + 6K}pr^2 \tag{11-23}$$

$$N_1 = pr \tag{11-24}$$

$$N_2 = p(r + l) \tag{11-25}$$

式中 K——$K=L/r$，r 为圆心至圆端形井壁中心的距离。

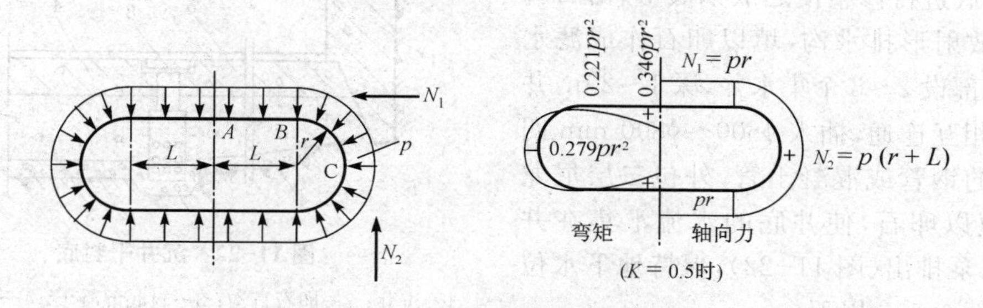

图 11-20 单孔圆端形框架内力图

3）双孔矩形

$$M_A = \frac{K^3 - 6K - 1}{12(2K - 1)}pb^2 \tag{11-26}$$

$$M_B = \frac{-K^3 + 3K + 1}{24(2K + 1)}pb^2 \tag{11-27}$$

$$M_C = -\frac{2K^3+1}{12(2K+1)}pb^2 \tag{11-28}$$

$$M_D = \frac{2K^3+3K^2-2}{24(2K+1)}pb^2 \tag{11-29}$$

$$N_1 = \frac{1}{2}pa \tag{11-30}$$

$$N_2 = \frac{K^3+3K+2}{4(2K+1)}pb \tag{11-31}$$

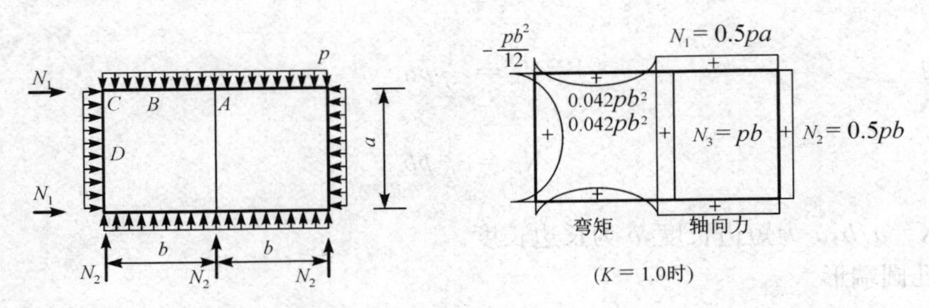

图 11-21 双孔矩形框架内力图

11.5 沉井的封底计算

当沉井快下沉到设计标高时,应停止井内挖土和抽水,使其靠自重下沉至设计或接近设计标高,再经 2～3 d 下沉稳定,或经观测累计下沉量较小时,即可进行沉井封底。

封底方法有排水封底和不排水封底两种,宜尽可能采用排水封底。

1) 排水封底(干封底)

方法是将新老混凝土接触面冲刷干净或打毛,对井底进行修整使之成锅底形,由刃脚向中心挖放射形排水沟,填以卵石作成滤水暗沟,在中部设 2～3 个集水井,深 1～2 m,井间用盲沟相互连通,插入 ϕ600～ϕ800 mm 四周带孔眼的钢管或混凝土管,外包二层尼龙网,四周填以卵石,使井底的水流汇集在井中,用潜水泵排出(图 11-22),保持地下水位低于基底面 0.5 m 以下。

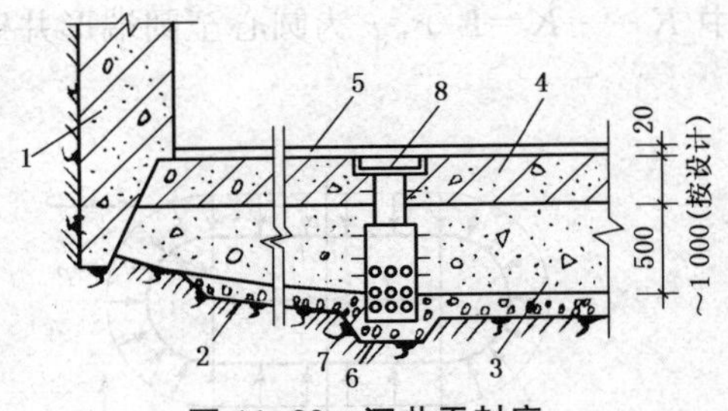

图 11-22 沉井干封底

1—沉井;2—卵石盲沟;3—封底混凝土;4—底板;5—砂浆面层;6—集水井;7—ϕ600～ϕ800 mm 带孔钢或混凝土管,外包尼龙网;8—法兰盘盖

封底一般铺一层 150～500 mm 厚碎石或卵石层,再在其上浇一层厚约 0.5～1.5 m 的混凝土垫层,在刃脚下切实填严,振捣密实,以保证沉井的最后稳定。达到 50%设计强度后,在垫层上绑钢筋,两端伸入刃脚或凹槽内,浇筑上层底板混凝土。封底混凝土与老混凝土接触面应冲刷干净;浇筑应在整个沉井面积上分层、不间断地进行,由四周向中央推进,每层厚30～50 cm,并用振捣器捣实;当井内有隔墙时,应前后左右对称地逐孔浇筑。

混凝土采用自然养护，养护期间应继续抽水。待底板混凝土强度达到70%并经抗浮验算后，对集水井逐个停止抽水，逐个封堵。封堵方法是将滤水井中水抽干，在套管内迅速用干硬性的高强度混凝土进行堵塞并捣实，然后上法兰盘用螺栓拧紧或四周焊接封闭，上部用混凝土垫实捣平。

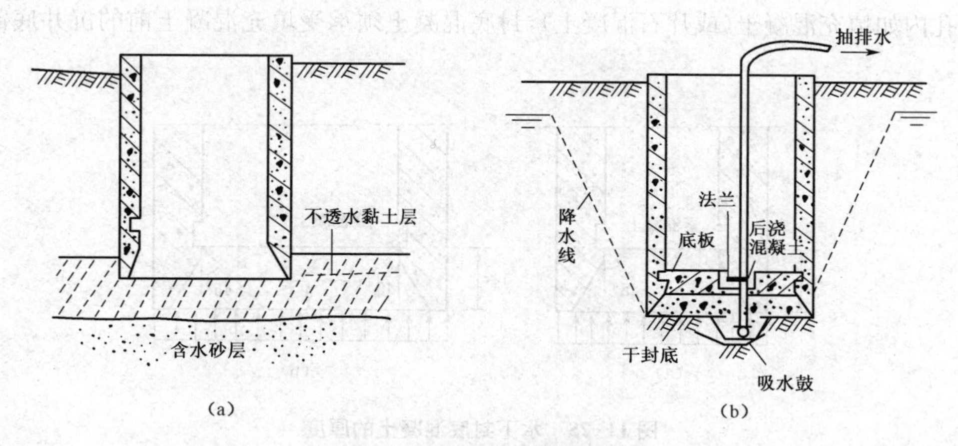

图 11-23　沉井可干封底的情况

当沉井刃脚下有足够厚不透水黏土层，可采用干封底，见图 11-23，但必须注意不透水黏土层的厚度应有保障，一般需满足如下条件：

$$A\gamma' h + cUh > A\gamma_w H_w \quad (11\text{-}32)$$

式中　A——沉井底部面积(m^2)；

γ'——土的有效重度（即浮重度）(kN/m^3)；

h——刃脚下面不透水黏土层厚度(m)；

c——黏土的黏聚力(kPa)；

U——沉井刃脚踏面内壁周长(m)。

2) 不排水封底（水下封底）

当井底涌水量很大或出现流沙现象时，沉井应在水下进行封底。待沉井基本稳定后，将井底浮泥清除干净，新老混凝土接触面用水枪冲刷干净，并抛毛石，铺碎石垫层。封底水下混凝土采用导管法浇筑（图 11-24）。

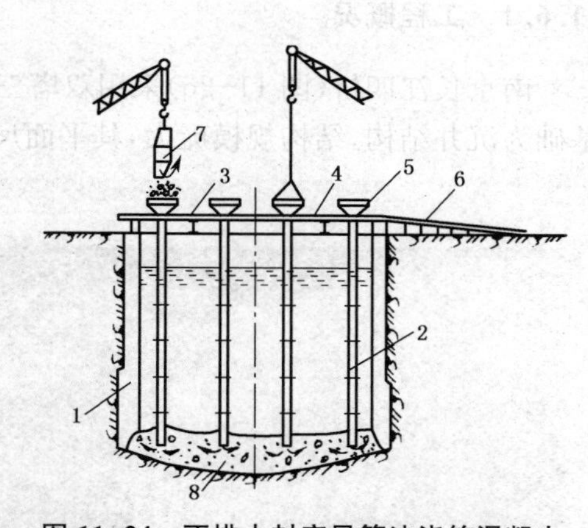

图 11-24　不排水封底导管法浇筑混凝土

1—沉井；2—导管；3—大梁；4—平台；5—下料漏斗；6—机动车跑道；7—混凝土浇筑料斗；8—封底混凝土

待水下封底混凝土达到所需强度后（一般养护 7～14 d），方可从沉井内抽水，检查封底情况，进行检漏补修，按排水封底方法施工上部钢筋混凝土底板。

水下封底混凝土的厚度应足够大，主要目的是保证在外荷载情况下混凝土板不出现拉应力。如图 11-25(a)，地面的地基反力通过封底混凝土沿与竖向成 45°的分配线传至井壁和内隔墙。若两条 45°的分配线在封底混凝土内或板底面相交，封底混凝土内应不出现拉应力；若两条 45°的分配线在封底混凝土内或板底面上不相交，如图 11-25b，则应按照简支支承的单向板或双向板计算，板的计算跨度取图中所示的 A、B 两点间的距离。

混凝土封底的厚度应根据基底的水压力和地基土的向上反力计算确定。井孔不填充混凝土的沉井，封底混凝土须承受沉井基础全部荷载所产生的基底反力，井内如填砂时应扣除其重力。井孔内如填充混凝土（或片石混凝土），封底混凝土须承受填充混凝土前的沉井底部的静水压力。

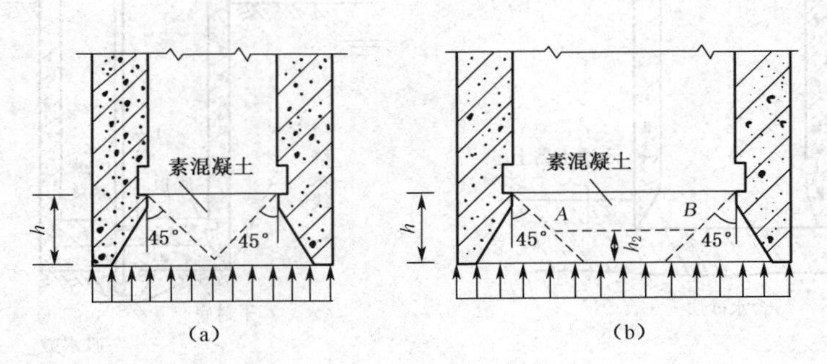

图 11-25　水下封底混凝土的厚度

周边简支支承的圆板或双向板在承受均匀荷载时，板中心的最大弯矩值及其计算，可参考系列教材《工程结构设计原理》有关章节进行。

11.6　南京长江四桥北锚碇沉井的下沉

11.6.1　工程概况

南京长江四桥（图 11-26）采用双塔三跨钢箱梁悬索桥设计结构，主跨 1 418 m。其北锚碇基础为沉井结构，结构规模庞大，其平面尺寸（69 m×58 m）为目前国内最大的陆地桥梁沉井。

图 11-26　南京长江四桥效果图

沉井基础埋深 52.8 m，顺桥向长度 69 m，横桥向长度 58 m，如图 11-27 所示。

沉井共分十一节，除第一节为钢壳混凝土沉井外，其余十节均为钢筋混凝土沉井。沉井共分 20 个井孔。沉井标准井壁厚 2.0 m，第一节沉井井壁壁厚 2.1 m，第七至十一节沉井井壁加厚至 2.5 m；隔墙标准壁厚 2.4 m；顶板厚 7.8～13.8 m；封底厚度 10 m。沉井井壁及隔墙自第二节起加厚。

由于北锚碇沉井所处位置濒临长江大堤最近约 80 m，地质条件极为复杂，沉井底部支撑在密实的卵砾石层上，给沉井的下沉施工带来诸多不确定因素。在沉井下沉施工中存在以下诸多施工难点：

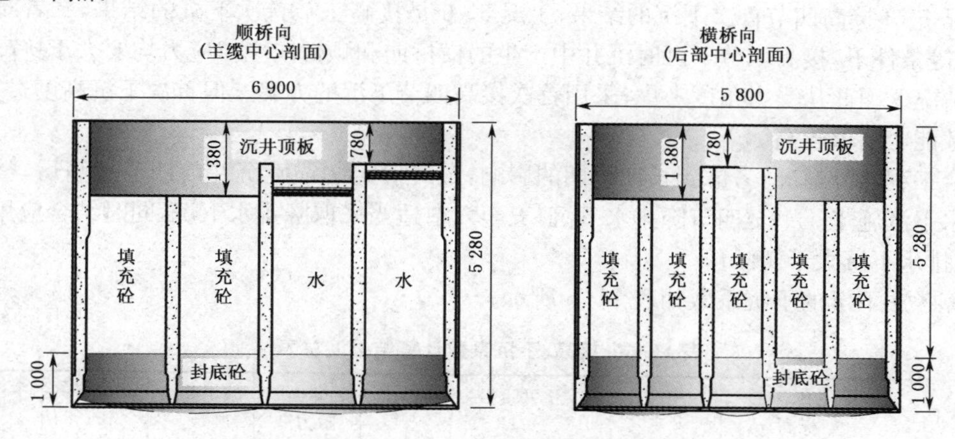

图 11-27　北锚碇的竖向剖面(单位：cm)

(1) 沉井位置处地质以砂层为主，且粉砂和细砂层较厚，易出现涌砂等不利状况；

(2) 在沉井下沉后期，须穿过较厚的密实砂层，地基承载力较大，最终沉井支撑在密实的圆砾石层，仅靠自重下沉困难；

(3) 施工中沉井一旦出现偏斜，纠偏困难；

(4) 沉井下沉施工过程不可见，下沉过程中抽水对长江大堤及附近结构物有不同程度影响。

11.6.2　下沉方案

南京长江四桥北锚碇沉井体形巨大，结构复杂，且施工工艺步骤繁多，考虑到工期及长江汛期的影响，通过 8 种不同工况对下沉造成的沉井结构应力计算分析，以更合理的安排沉井接高下沉施工工序。

计算分析中采用 ABAQUS 有限元计算软件，计算结果如表 11-5 所示。

表 11-5　不同工况计算结果

工况	工况情况	沉井受约束情况	沉井最大拉应力/MPa	
			顺桥向	横桥向
工况 1	接高四节后，首次整体下沉	限制刃脚处三个方向自由度	1.6	2.3
工况 2	接高四节后，首次整体下沉	限制刃脚处竖向和平行井壁方向的自由度	3.8	5.5
工况 3	接高第五节，二次下沉	限制刃脚处三个方向自由度	1.0	1.3
工况 4	接高第五节，二次下沉	限制刃脚处竖向和平行井壁方向的自由度	2.0	3.1
工况 5	接高三节后，首次整体下沉	限制刃脚处三个方向自由度	2.0	3.1

（续　表）

工况	工况情况	沉井受约束情况	沉井最大拉应力/MPa	
			顺桥向	横桥向
工况 6	接高三节后，首次整体下沉	限制刃脚处竖向和平行井壁方向的自由度	5.1	7.6
工况 7	接高五节后，首次整体下沉	限制刃脚处三个方向自由度	1.7	2.3
工况 8	接高四节后，首次整体下沉	横桥向分区隔墙支撑	0.07	2.3

工况 1、2 接高四节首次下沉的结果，工况 5、6 是接高三节首次下沉的结果，二者对比发现，在同等条件下，接高三节下沉时沉井中产生的横桥向和顺桥向主拉应力均要大于接高四节下沉的情况。因此从受力角度考虑，采用首次接高四节下沉的方案。但首次下沉高度过大，则地基承载能力要求较高。

结合工程实际情况，考虑到长江汛期的影响，最终确定北锚碇沉井前四节接高后，整体采取降排水下沉施工。一至四节降排水下沉，五至六节适当采取降排水下沉，同时结合应用半排水下沉，排水下沉大于 19 m。

计算各次下沉的下沉系数如表 11-6 所示。

表 11-6　接高、下沉系数计算结果汇总表

计算工况	刃脚踏面标高/m	工况	沉井重量/t	正面阻力/t	外侧面摩阻力/t	施工荷载/t	浮力/t	下沉系数 K
首节及第二节沉井混凝土浇筑完成	+0.8	半刃脚支承	32 709.0	14 095.5	3 060	244.0	0	1.92
		全刃脚支承	32 709.0	25 788.0	3 060	244.0	0	1.14
		全截面支承	32 709.0	60 993.0	3 060	244.0	0	0.51
施工第三、四节		沉井接高系数	61 131.6	60 993.0	3 060	244.0	0	0.96
下沉沉井稳定	−14.7	半刃脚支承	61 131.6	9 982.4	17 068.4	244.0	0	2.27
		全刃脚支承	61 131.6	18 263.1	17 068.4	244.0	0	1.74
		全截面支承	61 131.6	43 195.2	17 068.4	244.0	0	1.02
施工第五、六节		沉井接高系数	89 512.9	43 195.2	17 068.4	244.0	17 686.3	1.20
下沉沉井稳定	−24.7	半刃脚支承	89 512.9	11 998.1	28 032.2	244.0	25 014.9	1.62
		全刃脚支承	89 512.9	21 950.7	28 032.2	244.0	25 014.9	1.30
		全截面支承	89 512.9	52 917.2	28 032.2	244.0	25 014.9	0.80
施工第七、八节		沉井接高系数	120 005.2	52 917.2	28 032.2	244.0	25 014.9	1.18
下沉沉井稳定	−34.7	半刃脚支承	120 005.2	11 324.3	42 544.2	244.0	42 650.8	1.44
		全刃脚支承	120 005.2	20 718.1	42 544.2	244.0	42 650.8	1.23
		全截面支承	120 005.2	49 001.8	42 544.2	244.0	42 650.8	0.85
施工第九、十、十一节		沉井接高系数	142 623.6	49 001.8	42 544.2	244.0	42 650.8	1.09
下沉沉井稳定	−48.5	半刃脚支承	142 623.6	11 324.3	64 015.2	244.0	56 474.0	1.15
		全刃脚支撑	142 623.6	32 493.1	64 015.2	244.0	56 474.0	0.90
		全截面支撑	142 623.6	63 682.7	64 015.2	244.0	56 474.0	0.68

11.6.3 下沉过程

沉井首次降排水下沉从 2009 年 5 月 14 日开始，2009 年 6 月 2 日下沉到位，共经历 20 d，其中下沉准备工作 5 d，实际下沉天数 15 d，沉井累计下沉 16.14 m。沉井下沉到位后刃脚底部标高－15.34 m，沉井埋入土体 19.64 m，沉井顺桥向最大偏位 58 mm，顺桥向倾斜度1/382，横桥向最大偏位 91 mm，横桥向倾斜 1/724，沉井平面扭转角 3′04″，沉井下沉状态和几何姿态均正常(图 11-28a)。

沉井第二次下沉从 2009 年 7 月 12 日开始，2009 年 7 月 23 日下沉到位，共经历 12 d，沉井累计下沉 25.24 m。沉井下沉到位后刃脚底部标高－24.44 m，沉井埋入土体 28.74 m，沉井顺桥向最大偏位 62 mm，顺桥向倾斜度 1/1 046，横桥向最大偏位 78 mm，横桥向倾斜1/3 051，沉井平面扭转角 5′19″，沉井下沉状态和几何姿态均正常(图 11-28b)。

沉井第三次下沉从 2009 年 9 月 17 日开始，2009 年 9 月 27 日下沉到位，共经历 11 d，沉井累计下沉 38.00 m。沉井下沉到位后刃脚底部标高－33.70 m，沉井埋入土体 41.50 m，沉井顺桥向最大偏位 85 mm，顺桥向倾斜度 1/1 192，横桥向最大偏位 91 mm，横桥向倾斜1/6 441，沉井平面扭转角 4′19″，沉井下沉状态和几何姿态均正常(图 11-28c)。

沉井第四次下沉从 2009 年 11 月 28 日开始，2009 年 12 月 18 日下沉到位，共经历 21 d，沉井累计下沉 13.29 m。沉井下沉到位后刃脚底部标高－48.43 m，沉井埋入土体 52.73 m，沉井顺桥向最大偏位 27 mm，顺桥向倾斜度 1/1 658，横桥向最大偏位 62 mm，横桥向倾斜 1/12 989，沉井平面扭转角 5′03″，沉井下沉状态和几何姿态均正常(图 11-28d)。

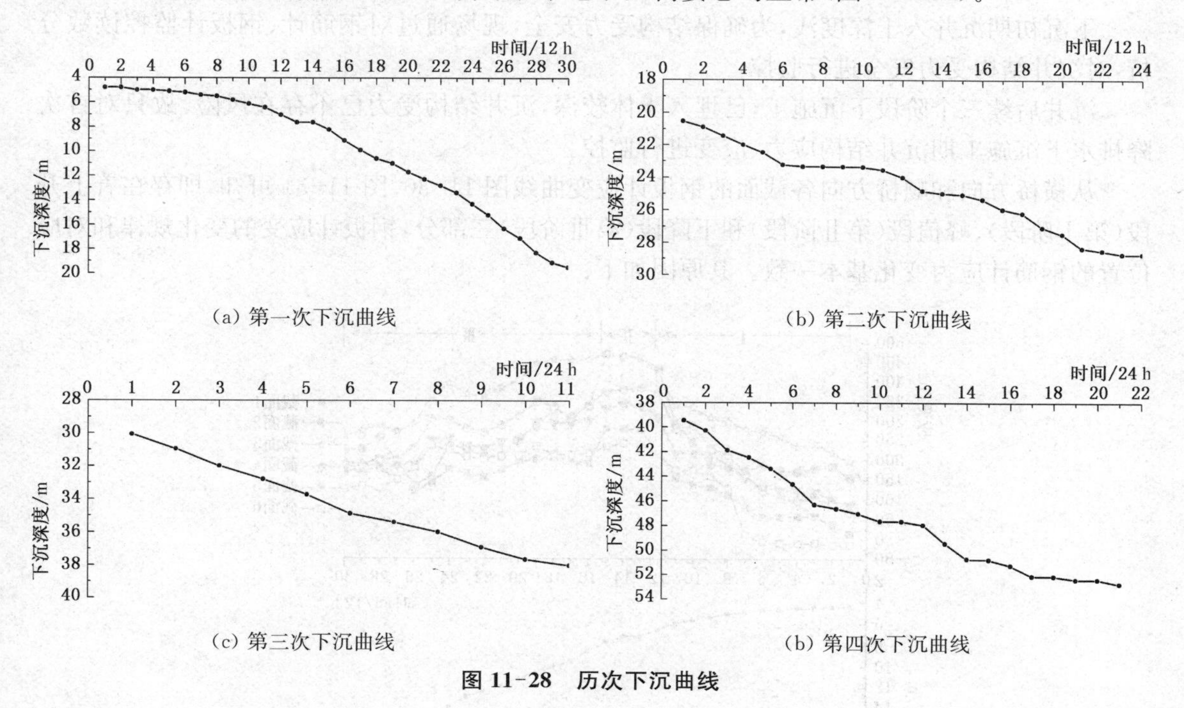

图 11-28　历次下沉曲线

11.6.4 监控成果

考虑到施工阶段、运营阶段的监控要求，并结合科研需要，布置的各类仪器数量如表 11-7

所示，布置示意图如 11-23 所示。

表 11-7　监控仪器数量汇总表

监控项目	监控内容	传感器类型	仪器数量
沉井结构应力应变	首节钢壳沉井刃脚和隔墙关键部位应力应变	钢板计 钢筋计	11 22
沉井刃脚、隔墙反力	井壁刃脚和隔墙反力	土压力计	6
沉井侧壁土压力	侧壁土压力	土压力计	60

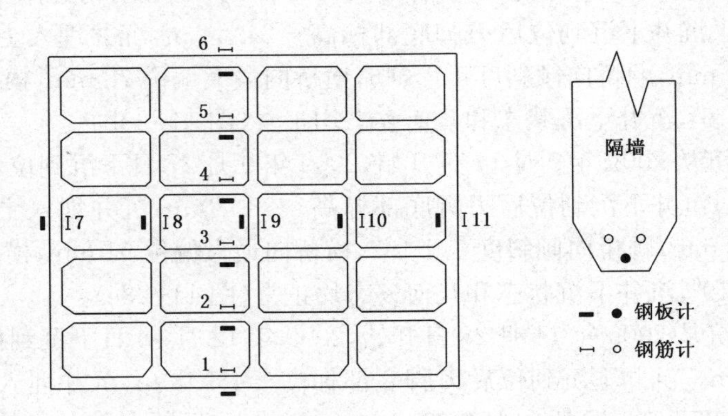

图 11-29　部分仪器布置示意图

下沉初期沉井入土深度浅，为确保结构受力安全，现场通过对钢筋计、钢板计监控读数分析，对沉井结构受力安全进行监控。

沉井后续三个阶段下沉施工，已埋入土体较深，沉井结构受力已不存在风险，故只对首次降排水下沉施工期沉井结构应力、应变进行监控。

从横桥方向和顺桥方向各截面的钢板计应变曲线图 11-30、图 11-31 可知，即存在着上升段(第Ⅰ阶段)、峰值段(第Ⅱ阶段)和下降段(第Ⅲ阶段)三部分，钢板计应变的变化规律和对应位置的钢筋计应力变化基本一致。其原因如下：

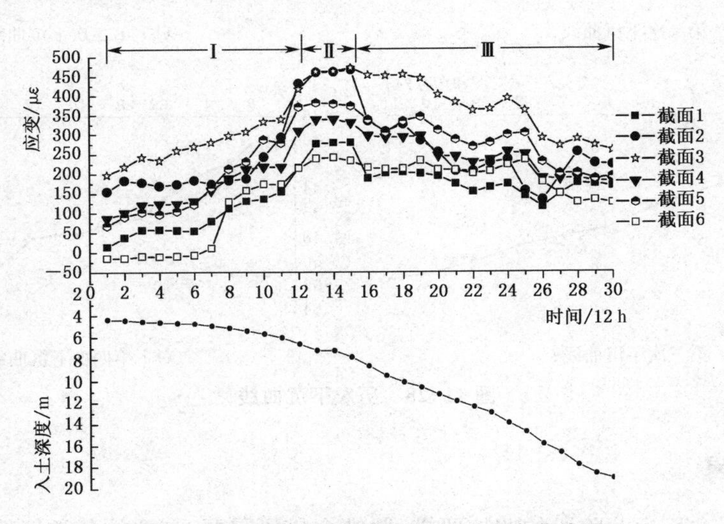

图 11-30　横桥方向各截面钢板计应变曲线图

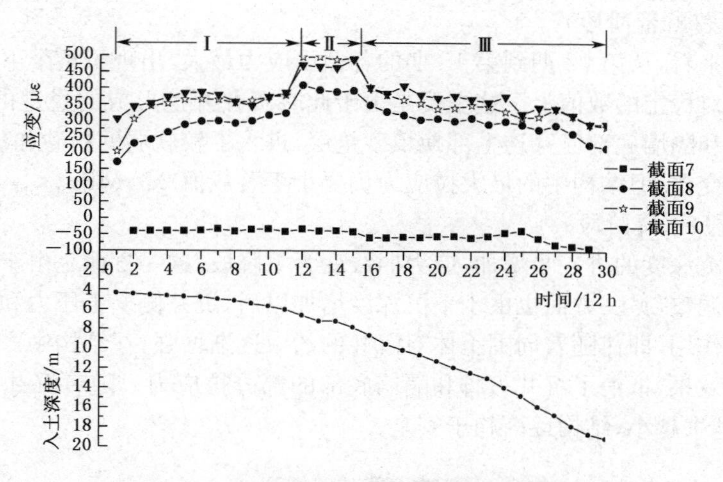

图 11-31 顺桥方向各截面钢板计应变曲线图

(1) 第Ⅰ阶段(上升阶段)

随着沉井的下沉,井底土体的开挖从中间 6 井孔“小锅底”逐渐向全部 20 井孔的“大锅底”过渡,在这个过程中,隔墙底部土体逐渐被掏空,形成的梁式构件的跨径也逐渐增大,在沉井自重和施工荷载的作用下,各隔墙墙体底部拉应力亦将随之增加。

(a) 底层钢壳沉井

(b) 泥浆泵排泥照片

(c) 高压水枪冲泥照片

(d) 首次下沉

图 11-32 现场实景

(2) 第Ⅱ阶段(峰值阶段)

从数值大小来看,从第 12 期到第 15 期的各截面应力最大,出现了整个下沉阶段的峰值并且维持在一个相对稳定的数值上。这主要是由于此时沉井开挖形成的稳定的锅底结构,形成大跨。沉井刃脚和隔墙底部已穿透上部换填砂垫层,进入了较软弱的粉砂和黏土层,使得相应土体的支承条件变差,但结构中的最大拉应力仍要小于警戒值 240 MPa。

(3) 第Ⅲ阶段(下降阶段)

随着沉井下沉深度的进一步增加,应力曲线变为下降段,这一方面是由于根据监控结果对开挖方案进行了调整,另一方面也由于下沉深度增加以后,沉井侧壁土压力和侧摩阻力逐渐增大且发挥了显著作用,即伴随着周围土体对沉井的约束逐渐增强,在结构中产生了较为明显的类似预压应力的效果,抵消了沉井刃脚和隔墙底部的部分拉应力。随着沉井下沉深度的进一步增大,应力值越来越小,结构逐渐趋于安全。

本章小结

本章介绍了沉井的基本原理,主要掌握沉井下沉过程中下沉系数、稳定系数等可沉性指标计算,理解各种下沉工艺、最不利工况计算方法。

复习思考题

11-1　简述沉井的主要下沉方法。

11-2　沉井下沉困难或下沉过快时,可以采取哪些措施?

11-3　沉井刃脚在下沉过程中会处于哪两种不利工况?

11-4　沉井的底节井壁如何验算?

11-5　沉井干封底需要满足哪些条件?

11-6　结合所学知识,当沉井作为连续梁桥的永久基础时,需要计算哪些内容?

12 地下结构工程引起的环境问题

地下工程施工对周围环境带来一定的影响，会造成建筑物不均匀沉降、开裂、甚至倒塌；也会产生近旁的地下隧道、管线变形过大等问题。本章主要阐述基坑工程、盾构隧道工程、顶管管道工程及降水对环境的影响。

12.1 基坑工程引起的环境问题

近年来，基坑的规模越来越大，开挖深度越来越深，且城市区域往往建筑物密集、管线繁多、地铁车站密布、地铁区间隧道纵横交错，在这种复杂城市环境条件下，深基坑工程开挖对周边已有建（构）筑物及管线的影响显得尤为重要。图 12-1 为城市基坑工程典型的周边环境条件。

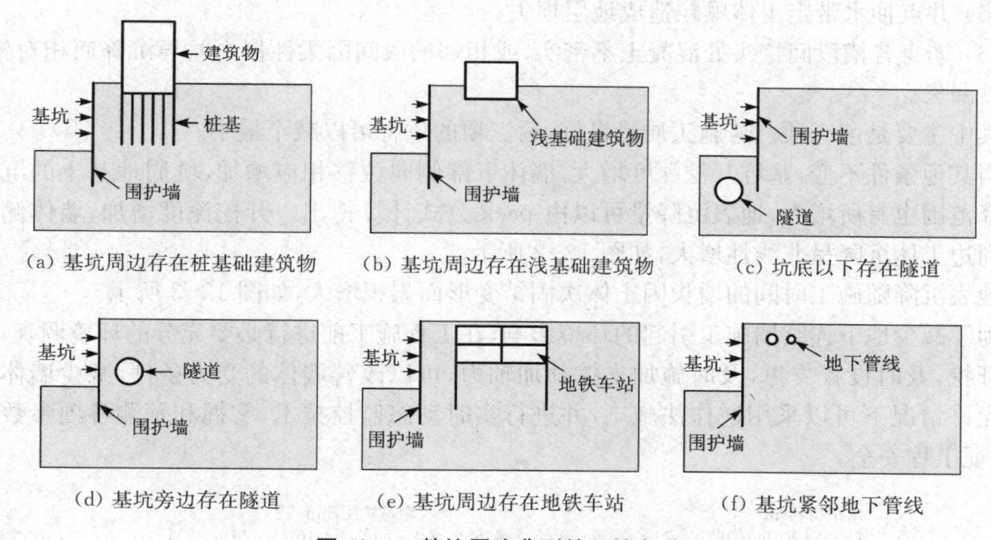

图 12-1　基坑周边典型的环境条件

基坑工程对环境的影响主要包括以下三个方面：

一是基坑工程围护结构施工阶段对周围环境的影响。主要取决于支护结构形式及施工方法，如地下连续墙及钻孔灌注桩等的施工会引起土体侧向应力的释放，进而引起周围的地层变形。

二是基坑工程土方开挖阶段对周围环境的影响。主要取决于地下水位的变化、支护结构的位移以及基底土体的隆起。

三是地下结构施工阶段对周围环境的影响。主要取决于支护结构和土体的类型，如拆除支撑和土体蠕变引起土压力的改变。

上海市中心的某大楼是第一批优秀历史保护建筑，距离其 18 m 的深基坑开挖直接导致其沉降超过 6 cm,使这栋建筑物 160 多处出现碎裂、开裂、渗水、起皮剥落、瓷砖空鼓等。某地铁车站的基坑开挖深度超过 17.5 m,基坑开挖导致距离基坑 16 m 的一栋建筑最先发生沉陷,而后建筑物整体倾斜率超过 0.8%,成为危房;距离基坑 20 m 左右的两座 15 层住宅楼出现大量的裂缝;基坑边的自来水管两次断裂。

由此可见,对于复杂环境条件下的基坑工程,需全面掌握基坑周边环境的状况,确定周边环境的容许变形量,采用合理的分析方法分析基坑开挖可能对周边环境的影响,必要时采取相关措施对周边环境进行保护。

12.1.1　围护结构施工的环境影响

1）地下连续墙施工的环境影响

地下连续墙施工引起地表沉降主要由以下几方面产生：

(1) 开挖和支撑过程中的墙体移动(刚性位移)与墙体挠曲变形；

(2) 坑底地基土回弹、塑性隆起；

(3) 因降水导致墙外土层固结和次固结沉降；

(4) 槽内挖土,因护壁泥浆不理想,使外侧土层向槽内变形；

(5) 井点抽水带走土体颗粒造成地层损失；

(6) 墙身各槽段间接头处混凝土不密实,或相邻槽段间因柔性接头差异沉降而相对错移,致土砂漏失。

其中主要是前三项。若施工质量良好,后三项的危害可以减至最小。

当其他条件不变,基坑开挖深度增大,墙体下部侧向位移相应增加,坑周地基土的沉降量与沉降范围也有所增大,地表沉降量可以由 peck 公式计算得出。开挖深度增加,墙体侧向位移与周边土体沉降呈非线性增大,如图 12-2 所示。

地表沉降随施工时间的增长因土体次固结变形而累积增大,如图 12-3 所示。

为了减少地下连续墙施工引起的环境影响,在工程施工前进行必要充分的环境调查,分段分层开挖,及时设置支撑,及时施加支撑预加轴力,可以改善墙体的受力条件,减少墙体变位量。允许情况下可以采用逆作法施工,并进行实时动态监控技术,掌握和预测各项参数和状态,保证工程安全。

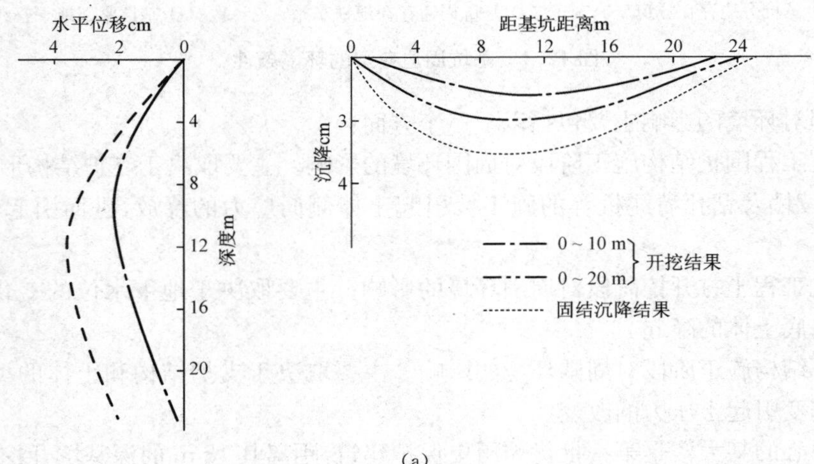

(a)

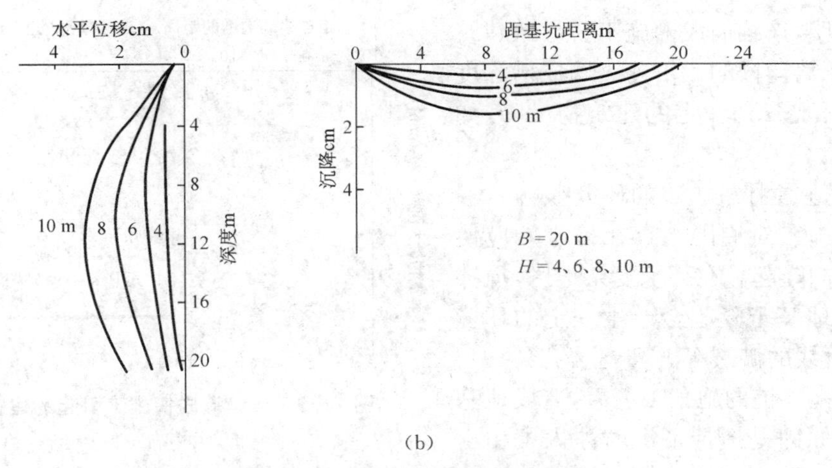

（b）

图 12-2　开挖宽度和深度的影响

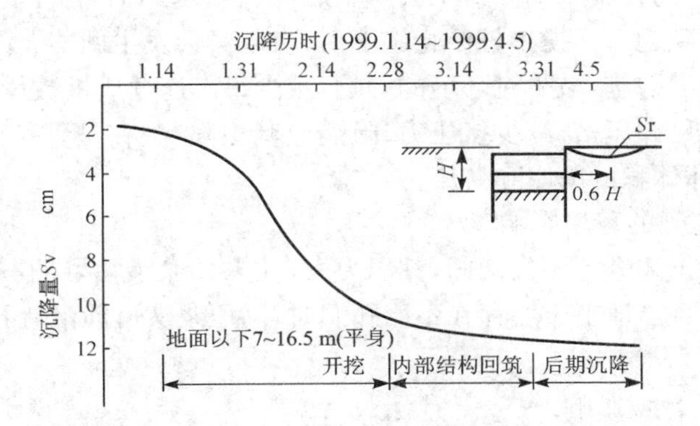

图 12-3　地表沉降最大值的时间历程曲线

文献研究给出了硬黏土中地下连续墙成槽施工引起的土体侧移和地表沉降的情况，如图 12-4所示。

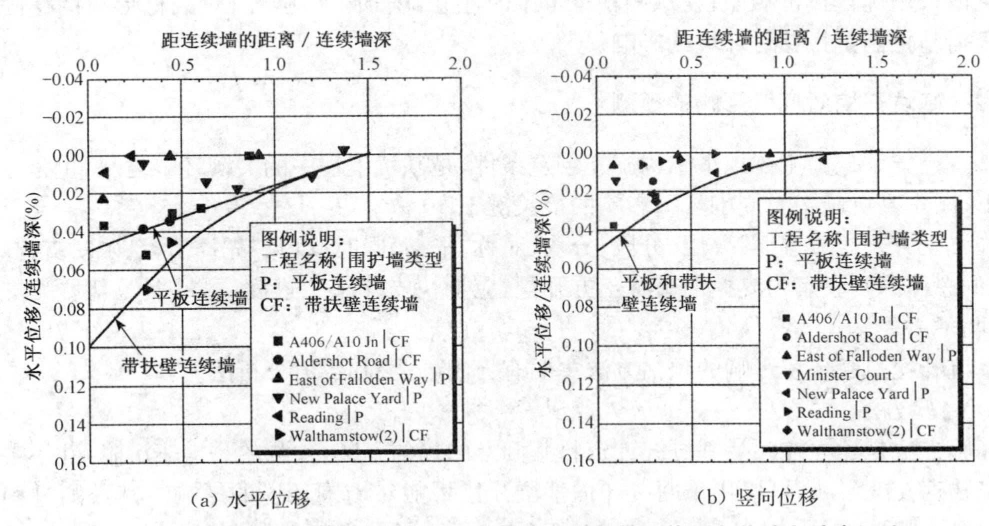

（a）水平位移　　　　（b）竖向位移

图 12-4　硬黏土地层中地下连续墙成槽施工引起的土体侧向位移和地表沉降

研究表明,连续墙成槽施工会导致建筑物沉降,在距离沟槽约1倍连续墙成槽深度的范围内,可观察到一定的建筑物沉降,如图12-5所示。

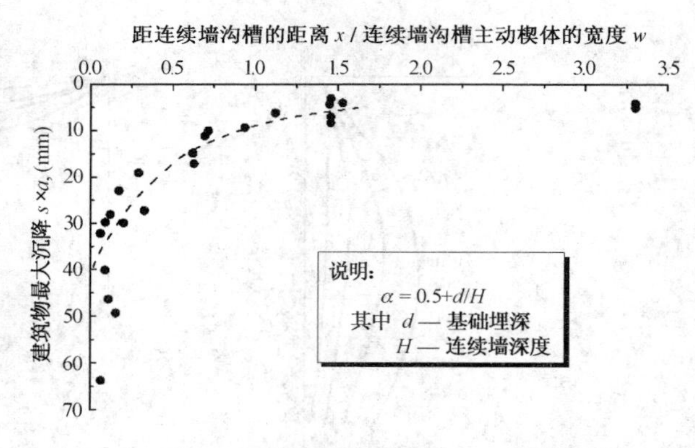

图12-5 连续墙成槽施工引起的建筑物沉降

2)水泥土搅拌桩施工的环境影响

搅拌桩施工对周围土存在挤土效应使地基产生竖向隆起。在环境复杂地区,搅拌桩施工造成地基土隆起会产生一定的环境后果,例如管线的破裂等。

从深层搅拌桩的施工工艺看,造成地基隆起的主要原因是搅拌下沉时注入了相当体积的浆液,同时注浆压力对地层产生挤压作用,原有地层土产生附加应力和体积扩张,使得地基土产生竖向隆起;而在施工期间挤土会产生超静孔隙水压力,由于饱和应力和体积扩张,使得地基土产生竖向隆起。当搅拌桩停止施工后,隆起又会发生回落。

可以采取以下施工措施,减少对环境的影响:减少每次连续成桩数量,减缓成桩速率;在被保护对象与桩之间挖设卸压槽,减少挤压力,阻隔地基土隆起;在被保护对象与桩之间进行挖孔取土,减少注入浆体体积的膨胀和挤压。

3)高压旋喷桩施工的环境影响

高压旋喷桩是对土体进行原位加固,其压力大,注入的浆液多,使得被加固的土体向外挤压,形成挤压效应,并且当地下土层存在不明孔洞时,高压浆液可能沿着孔洞流向周边,导致周边管线变形、隆起等。

4)钢板桩施工的环境影响

由于钢板桩重量轻、施工快捷、可回收再利用、可兼做隔水帷幕等优点,在上海等软土地区广泛应用。由于一般采用振动法沉入地基中,其对环境的主要影响包括挤土、噪声、振动、拔桩导致地面沉降等。

可以采用优化拔桩顺序;在桩侧一定范围内注浆,增加土体强度;对拔桩形成的空隙及时填充等措施控制钢板桩对环境的影响。

12.1.2 基坑开挖对环境影响的预测

基坑土方开挖为主体地下结构施工创造条件,是基坑工程中的关键环节之一,也是控制基坑变形、减小基坑施工对周围环境影响的最关键工序。

基坑土方开挖应遵循“分层、分段、分块、对称、平衡、限时”以及“先撑后挖、限时支撑、严禁超挖”的总体原则。有内支撑的基坑土方开挖,应加快支撑施工进度,尽量缩短基坑无支撑暴露时间。

基坑开挖引起环境影响的预估方法主要有:经验方法和数值分析法。

1)经验方法

经验方法是建立在大量基坑统计资料基础上的预估方法,预测的是地表沉降,并不考虑周围建筑物存在的影响,可以用来间接评估基坑开挖可能对周围环境的影响。其预测过程分为以下三个步骤。

(1) 预估基坑开挖引起的地表沉降曲线

预估基坑开挖引起的地表沉降曲线步骤如图12-6所示。

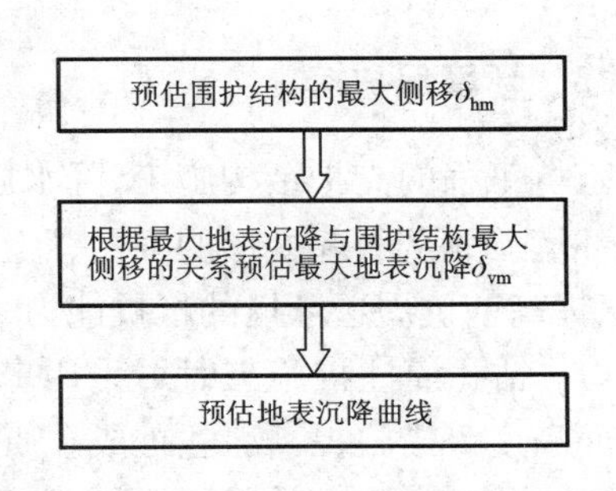

图 12-6　预估基坑开挖引起的地表沉降曲线步骤

围护结构的最大侧移可根据平面竖向弹性地基梁方法计算,也可以根据大量围护结构的变形实测统计规律进行估算。确定了围护结构的最大侧移后,可以根据最大地表沉降与围护结构最大侧移的关系预估最大地表沉降,图12-7给出了上海地区二者之间的统计关系。

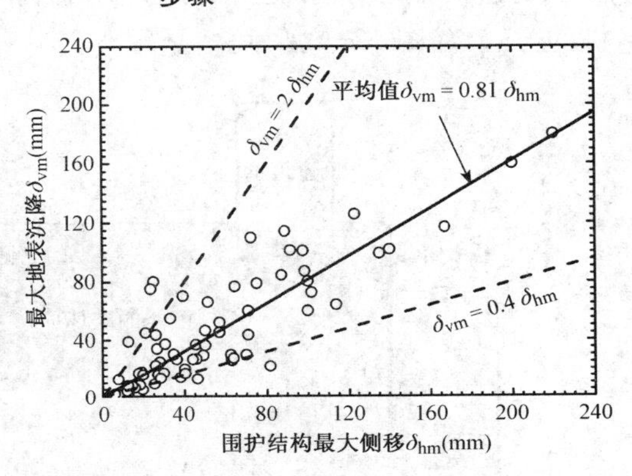

图 12-7　上海地区地表最大沉降与围护结构最大侧移之间的关系

预估地表沉降曲线的方法有 Peck 法、Bowles 法、Clough 和 O'Rourke 法、Hsieh 和 Ou 法等。详细可查阅《基坑工程手册》。

(2) 预估建筑物因基坑开挖引起的角变量

经验方法评估基坑开挖对周边建筑物的影响的第二步是基于上述地表沉降曲线,预估建筑物因基坑开挖而承受的角变量。工程上常用计算地表沉降的转角作为结构体承受的角变量,但并不尽合理。然而要准确估算角变量非常困难。

(3) 判断建筑物的损坏程度

根据第二步的估算,得到了建筑物所承受的角变量,可以用来评估建筑物的损坏程度。

表 12-1　角变量与建筑损坏程度的关系

角变量	建筑物损坏程度
1/750	对沉降敏感的机器的操作发生困难
1/600	对具有斜撑的框架结构发生危险
1/500	对不容许裂缝发生的建筑的安全限度
1/300	间隔墙开始发生裂缝
1/300	吊车的操作发生困难
1/250	刚性的高层建筑物开始有明显的倾斜
1/150	间隔墙及砖墙有相当多的裂缝
1/150	可挠性砖墙的安全限度(墙体高宽比大于4)
1/150	建筑物产生结构性破坏

2) 数值分析方法

基坑工程与周边环境是一个相互作用的系统,连续介质有限元方法是模拟基坑开挖问题的有效方法,能考虑复杂的环境因素。目前,已经成为重要的分析手段。由于有限元分析的复杂性使得其易导致不合理甚至错误的分析结果,因此常与其他方法进行相互校核。

12.1.3 环境保护措施

基坑工程的支护结构施工、降水以及基坑开挖是影响周边环境的“源头”，因此保护基坑周边的环境首先从引起变形的“源头”上采取措施。其次，从基坑变形的传播途径采取措施。第三，从提高基坑周边环境的抵抗能力采取措施。

（1）钻孔灌注桩施工时可采用套打、提高泥浆相对密度、采用优质泥浆护壁、适当提高泥浆液面高度等措施提高灌注桩成孔质量、控制孔壁坍塌、减小孔周土体变形。

（2）隔断法可以采用钢板桩、地下连续墙、树根桩、深层搅拌桩、注浆加固等构成墙体，墙体承受施工引起的侧向土压力和差异沉降产生的摩阻力，如图 12-8 所示。国外也有采用微型桩的方式，如图 12-9 所示。

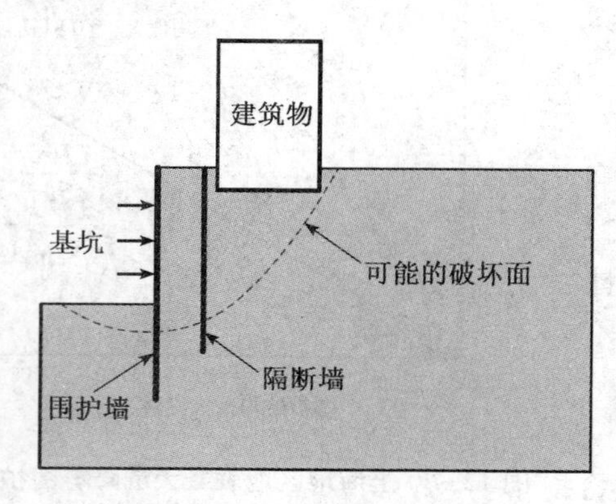

图 12-8 隔断法保护示意图

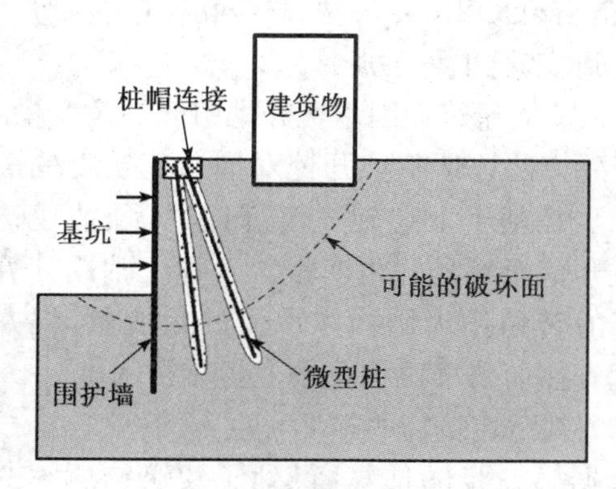

图 12-9 微型桩保护示意图

上海地铁河南中路站车站结构为双层三跨式矩形框架，基础埋深 17 m。车站周边施工环境复杂，地下管线多，其中基坑南侧东海商都为特级环境保护。为了减少车站地下连续墙施工对地基沉降的影响，先施工两排树根桩隔断墙，内放钢筋笼，注入快硬双液浆；拱脚间配合用砂浆配筋桩土体置换，使地下连续墙成槽时坑外主动土压力和地面超载传递到树根桩，以最大限度减少成槽塌方和地表沉降，如图 12-10 所示。

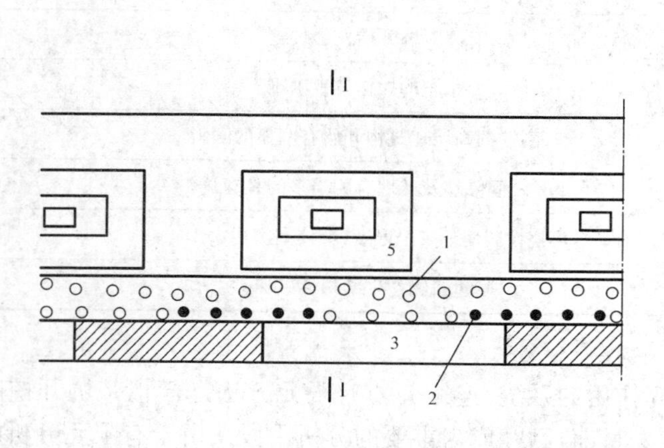

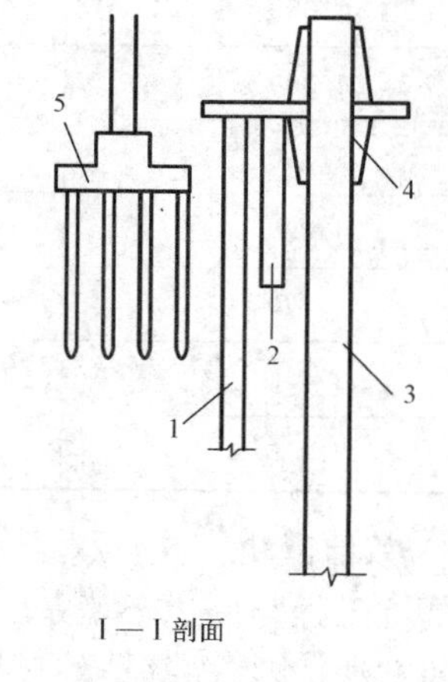

图 12-10 树根桩隔断墙示意图

1—树根桩；2—砂浆配筋桩；3—地下连续墙槽段；4—高导墙；5—东海商都独立基础

需要指出的是，目前对隔断法作用机制的研究较少，虽然有一些工程应用实例，但大部分依靠经验设计，尚缺乏理论基础。

(3) 从提高基坑周边环境的抵抗能力采取的措施包括：基础托换、注浆加固和跟踪注浆。

基础托换的方法是在基坑开挖前，采用钻孔灌注桩或者锚杆静压桩等方式，在建筑物下方进行基础补强或替代基础，将建筑物荷载传至深处刚度较大的土层，减小建筑物基础沉降。图 12-11 为采用静压桩托换建筑物基础的示意图。

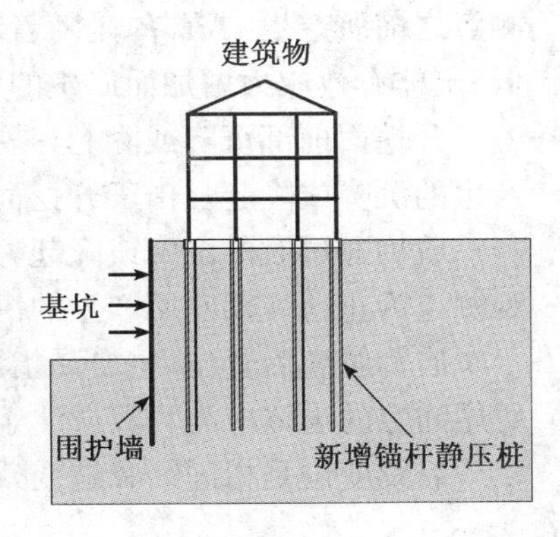

图 12-11 锚杆静压桩托换建筑物基础示意图

基坑开挖前在临近房屋基础下预先注浆加固也是常用方法之一。一般在保护对象的侧面和底部设置注浆管，对其土体进行注浆加固，注浆加固的深度一般应从基础下方延伸到滑动面以下。

基坑开挖过程中，当邻近建筑物变形超过容许值时，可对其进行注浆加固，并根据变形的发展情况，实时调整注浆位置和注浆量，使保护对象的变形处于控制范围内，确保其正常运行。跟踪注浆可以采用双液注浆，并加强监测，严格控制注浆压力和注浆量，以免引起结构损坏。

12.2 盾构施工引起的环境问题

在软土地层中建造盾构隧道，除了应保证开挖面的稳定之外，还要研究盾构在推进、衬砌、注浆以及隧道建成后的地层移动情况，以减少各施工阶段的地层移动量，达到减少周围环境影响的目的。

12.2.1 盾构施工引起地层变形的主要规律

在盾构掘进过程中，地层变形的特征是以盾构机为中心呈三维扩散分布，且分布随着盾构机的推进向前移动，如图 12-12 所示。

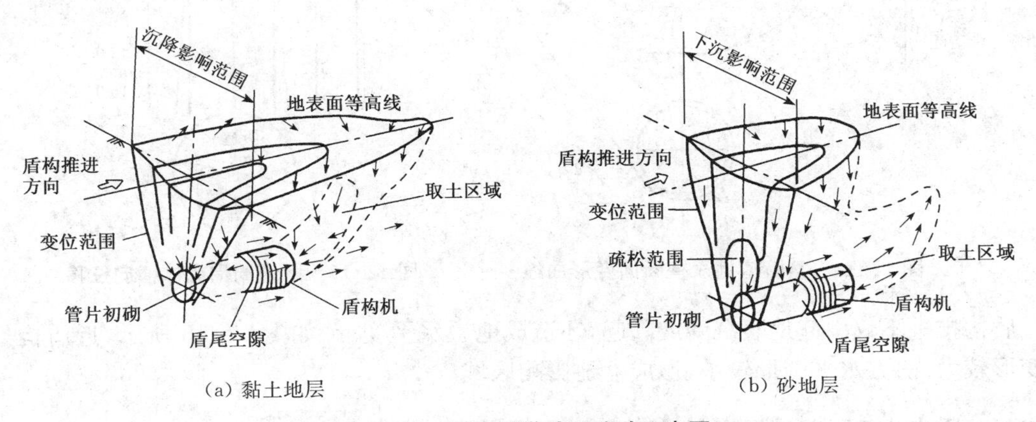

图 12-12 盾构隧道地层移动示意图

地层竖向变形随盾构的推进分为：先期沉降、开挖面前部的下沉或隆起、盾构通过时变位、盾构脱离后变位、后续变位，如图 12-13 所示。

先期沉降是指自隧道开挖面距地面观测点还有相当距离的时候开始，直到开挖面到达观测点之前所产生的沉降，是随着盾构掘进引起地下水位降低而产生的。是由于孔隙水压力降低、土体有效应力增加而产生的固结沉降。

开挖面前部沉降或隆起，是指开挖面距观测点极近时至开挖面位于观测点正下方之间所产生的沉降或隆起。由于开挖面水土压力不平衡所致。

盾构通过时的沉降或隆起，是指从开挖面到达观测点的正下方之后直到盾构机尾部通过观测点为止这一期间所产生的沉降，主要是由于土的扰动所致。

盾构脱离后变位，主要是指盾构机的尾部通过观测点正下方之后所产生的沉降或隆起，是盾尾间隙的土体应力释放或注浆加固而引起土体的弹塑性变形。

后续变位是指固结和蠕变残余变形沉降，主要是由于地层扰动和有效应力增大所致。

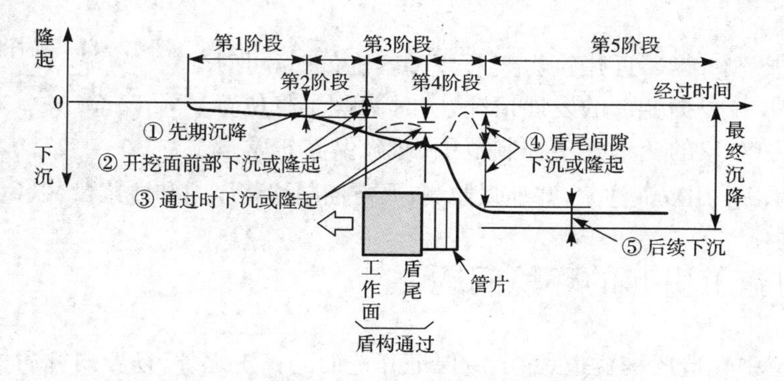

图 12-13　盾构推进时地层变形阶段示意图

在横断面上，地表变形曲线的特点是在与隧道轴线垂直的平面上形成沉降槽，隧道上方沉降量最大，向两侧逐渐减小。如图 12-14 所示。

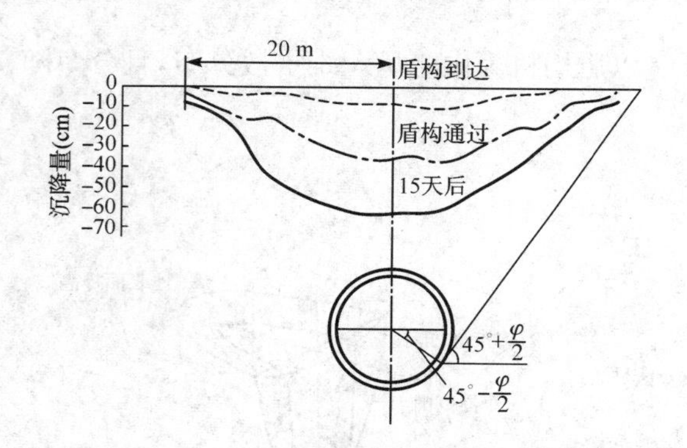

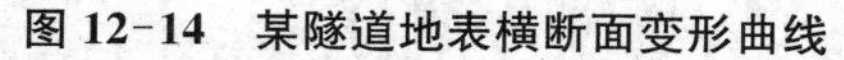
图 12-14　某隧道地表横断面变形曲线

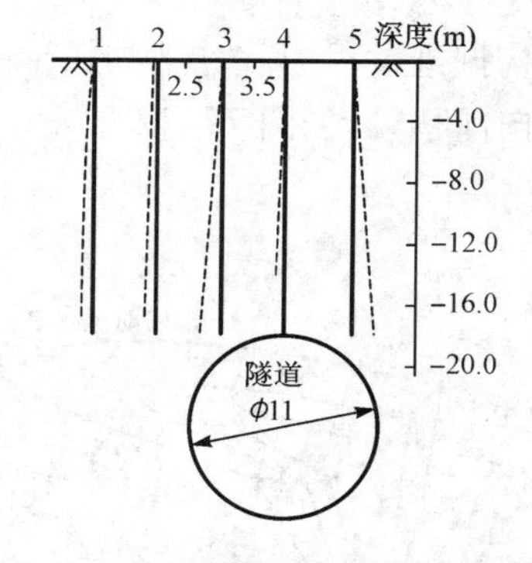

图 12-15　隧道周围土体横向位移

盾构推进不仅引起地表沉降或隆起，还造成地层水平变形，如图 12-15 所示，近盾构处水平变形较大，前方水平变形较小，形成盆地影响区域。

12.2.2　盾构施工引起地层变形的机理

盾构推进过程中各阶段的变形原因和机理如表 12-2 所示。

表 12-2　盾构掘进施工引起的土体沉降机理

沉降类型	原　因	地层状况变化	变形机理
先期沉降	地下水位降低	有效应力增加	孔隙比减小，土体固结
盾构达到前的隆起或沉降	工作面坍塌、过量开挖、工作面挤压	土体应力释放或挤压、扰动	弹塑性变形
盾构通过的沉降	盾构姿态的变化、盾构外壳和土体之间的摩擦挤压	扰动	弹塑性变形
盾尾空隙的沉降	盾尾空隙及注浆	土体应力释放或挤压	弹塑性变形
土体次固结沉降	土体蠕变和固结，管片受力变形引起的相应变形	孔隙水压力消散等	固结及蠕变变形 弹塑性变形

可以看出，盾构掘进施工引起的土体变形主要包括两部分：瞬时变形和后期变形。瞬时变形主要是由盾构施工中地层损失等引起的土体初始应力状态改变而产生的变形。地层损失主要是盾构掘进中，实际开挖土体体积和竣工隧道体积之差。后期沉降主要是土体的固结变形和次固结变形。

12.2.3　盾构施工引起地层变形的预测方法

盾构施工时的地层移动预测方法，早期仅仅依赖于几何学的方法，如 Bringgs、Rozsa、eck、村山、松岗等人的方法，后来发展有吉越，Jeffery 等方法，但考虑的还是单一地层条件。近期多采用有限元法，可以考虑多层地层、盾尾空隙、注浆等施工因素。

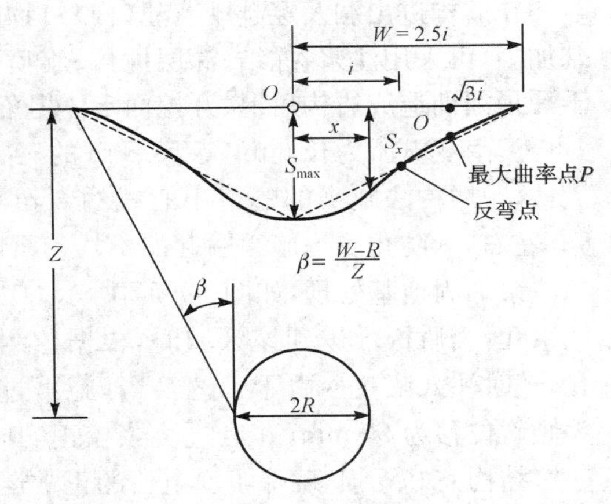

图 12-16　地面沉降的横向分布

理论公式一般采用 Peck 公式，其假定盾构施工引起的地面沉降是在不排水情况下发生的，所以沉降槽体积应等于地层损失的体积。根据这个假设并结合采矿引起的地面位移的一种估算方法，Peck 提出了盾构施工阶段地面沉降的估算公式。地面沉降的横向分布认为是正态分布曲线，如图 12-16 所示。

$$S_x = S_{\max}\exp\left(-\frac{x^2}{2i^2}\right) \tag{12-1}$$

$$S_{\max} = \frac{V_1}{\sqrt{2\pi}i} \approx \frac{V_1}{2.5i} \tag{12-2}$$

式中　S_x ——距中心为 x 的地面沉降量(m)；

V_1 ——地层损失量，等于单位长度的沉降槽体积(m^3/m)；

$S_{\max}$ ——隧道中心处最大沉降量(m)；

i——沉降槽宽度系数(m)。

地层损失量与盾构机械、施工方法、地层条件、地面环境、施工管理等有关。可以根据经验进行取值。

有限元法有弹性介质的有限元法和弹塑性介质有限元法。

由于盾构推进过程中,周围土体受到扰动,若采用弹性介质的有限元法分析计算,往往估算值偏小,因此将土体作为弹塑性介质来进行有限元分析计算更为接近实际情况。在弹塑性分析中,必须根据不同的土质适当选用相应的土体本构模型。

弹塑性介质有限元法估算盾构施工引起的地表沉降,能更好地反映土体特性对地表沉降的影响,考虑了土体本身的压缩性、剪胀性等因素,并能反映出沉降前后土体的应力变化和土体位移情况等。但是,采用该方法时,确定合适的土体本构模型和测定土体各种参数较困难。

12.2.4 环境保护措施

盾构施工时提高开挖面稳定的措施应根据地质条件、盾构机具、施工方法而定。对于闭胸盾构,如泥水盾构、土压平衡盾构等,是依靠泥水压力或者泥土压力来保证开挖面稳定的。施工中应严格控制掘进参数,必要时采取同步注浆和跟踪注浆等方法。

在盾构进出洞及穿越既有建(构)筑物时,必要时预先进行地基加固,可采用注浆、冻结、深层搅拌、旋喷等方法,同时防止推进千斤顶漏油造成盾构后退、开挖面土体坍落。

沪南变电所为长 3 m,高 16.3 m 的三层钢筋混凝土框架结构大楼,距盾构法施工的隧道中心线约 6 m,隧道顶部覆土厚度仅 6 m左右,为防止隧道施工引起的不均匀沉降对大楼的影响,采用了注浆加固地基处理,如图 12-17 所示。在变电所的四周布置了注浆孔,当盾构推进到该区域时,根据监测的沉降资料选定注浆孔,随时注入浆液。由于工艺恰当,施工过程中变电所发生的最大倾斜位移为 50 mm,并经过注浆校正实际倾斜位移为 20 mm,建筑结构完好无损,确保了变电所的正常运行。

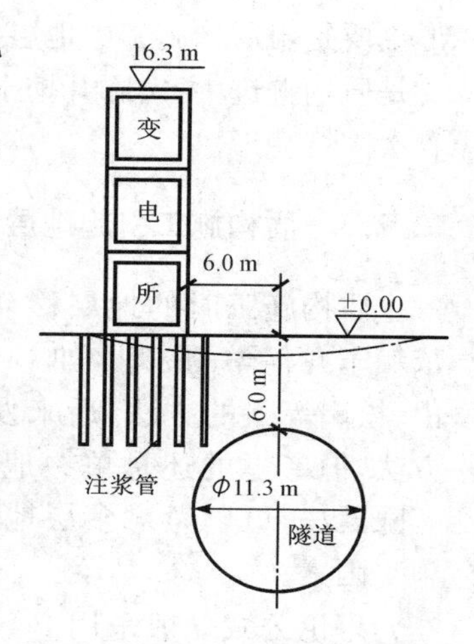

图 12-17 注浆加固示意图

12.3 顶管施工引起的环境问题

12.3.1 顶管施工时的地层移动机理

顶管施工引起的地层移动主要由施工中发生的各种地层损失而造成,其次还由管道周围受扰动与受剪切破坏的重塑土体的再固结以及土的流变所引起。顶管施工引起的地层损失有以下几种。

(1) 工具管开挖引起的地层损失

顶管施工中采用人工或机械进行全断面开挖顶进时,要采用气压、水泥或土压等手段来平衡正面土压力,但很难保证正面土体的原始应力状态毫不扰动。在顶进过程中,正面土体发生松弛时,土体向开挖面方向移动引起地层损失。有时土压平衡装置使正面土体承受的压力大于静止侧压力,正面土体自开挖面向外移动,由此引起负的地层损失,导致地面隆起。对于泥水平衡式及土压平衡类型的工具管在正常操作条件下，地层损失可控制在±(0.1%～1%)；局部气压工具管由于其密封舱内气压不易稳定，尤其是在砂土层中和夹砂的黏性土中，地层损失一般达到±(1%～2%)；挤压式及网格式工具管在黏土中顶进时往往出土量不足95%，其施工引起的负地层损失可达2%～5%。根据以上数据，基本上可预估多种类型的顶管工具管正面开挖引起的地层损失。

(2) 工具管纠偏引起的地层损失

顶管工具管在改变顶进方向诸如曲线推进、纠偏、抬头和叩头顶进过程中，工具管顶进轴线与管道设计轴线形成一夹角，开挖的坑道为椭圆形与非圆形。此夹角越大，则超挖程度、对土体的扰动和地层损失越大。椭圆面积与设计坑道圆形面积之差值，即为工具管纠偏引起的地层损失。

值得注意的是，在含水松软的土层中因工具管外周土体的自立性很差，随工具管的顶进其外周空隙被随即塌下的土体所填充，所以该部分地层损失很难以压浆来弥补。

(3) 管道外周空隙引起的地层损失

一般的顶管工具管较管道外径大2～4 cm，因此工具管顶进后管道外周与土体之间存在环形空隙，如果不能及时充分的以触变泥浆充填，周围土体极易产生移动填入环形空隙，导致地层损失。在顶进过程中管道外周的触变泥浆起到支承土体和减阻的作用。但由于在顶进过程中管道与其外周的触变泥浆发生相对运动，管道外壁因管节生产、运输、堆放和顶进安装中的尺寸误差产生的不平直现象，管道与触变泥浆的摩擦和管道的局部凸出就会带走环形空隙中的部分触变泥浆。特别应留意的是中继环的外周应与管道外周保持平直，若中继环外周高出管道外周，中继环在顶进过程中往往会带走较多的泥浆甚至带走一部分管道外周的土体。工具管后面一定距离的管道外周环形空隙的触变泥浆若发生失水现象而又未及时补浆，也可能造成较大的地层损失。从大量的工程实践中可知，顶管施工中管道外周空隙所引起的地层损失是产生地表沉降的主要原因。

(4) 工具管及管道与周围地层摩擦而引起的地层损失

工具管在顶进过程中外围土体产生剪切扰动，也会产生地层损失。在工具管后的管道，因其外径较工具管外径略小，且因外围有触变泥浆减阻，管道对土体的剪切扰动相对较小。但在顶进过程中管道产生某些偏离设计轴线的局部折曲处，此时管道对土体的剪切扰动会增大。在管道折曲部分，顶进顶力轴线与管道轴线间产生偏心距离，因而使偏心受压的管节产生纵向折曲，由此会引起作用于管节外壁上的附加地层抗力，如图12-18所示。

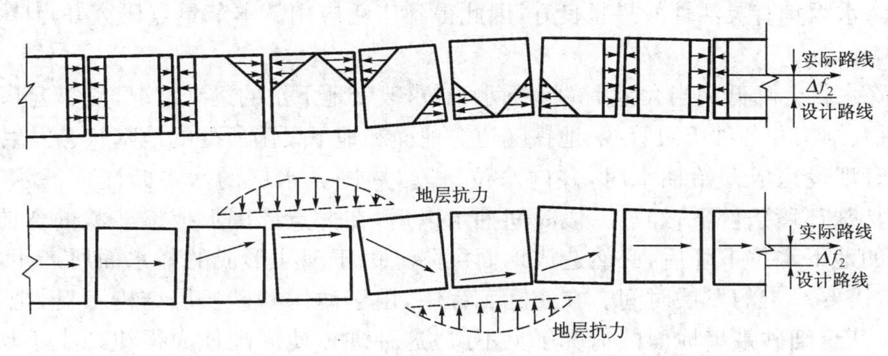

图12-18 偏心受压管节纵向挠曲引起的附加地层抗力

在管道外壁存在附加地层应力的地段，土体受到较大的剪切扰动，且通过部分地段的管道总长度较大，管道挠曲曲率越大，这部分土体受到剪切扰动的强度也越大，相应产生的地层损失也越大。所以在一部分顶管工程中，顶管管节刚出工作井就因导向不当产生局部挠曲，则在工作井附近就会产生较大的地层损失和地面沉降或隆起。

(5) 工具管进出工作井引起的地层损失

顶管工具管在进出工作井洞口时，因洞口空隙封堵不及时产生水土流失和正面土体倒塌，会引起较大的地层损失和地面沉降。

(6) 管道及中继环接头密封性不好引起的地层损失

管道接头及中继环与管道的接头密封性不好时，极易发生水土流失，这在饱和含水砂性土中表现较为突出，接头泥水渗透往往引起较大的地层损失。

(7) 顶进过程中工作井后靠土体变形引起的地层损失

顶管工作井承压壁承受较大顶力后产生较大变形，尤其是钢板桩围护的工作井的问题比较严重，工作井后靠土体产生滑动及隆起，相应使工作井出洞一侧产生地层损失，从而可能产生破坏性地面沉陷。

12.3.2　顶管施工引起地层移动的预测方法

顶管法施工引起地层移动的预测法一般沿用与之相似的盾构法引起地层移动的预测法，详见上一节。

12.3.3　环境保护措施

在地面沉降限制严格的地段，应选用施加压力易于控制的泥水平衡和土压平衡类工具管，将此部分地层损失尽量控制在0.1%～0.5%的范围，减少由于顶管工具管开挖面引起的地层移动，且及时适量均匀注浆并且适量补浆等。

12.4　降水对环境的影响

12.4.1　降水引起的地面沉降

1) 基坑降水引起的地面沉降

井点降水因具有灵活性效果且良好，因此得到广泛应用。本节重点研究井点降水对周围环境的影响。

井点降水将会降低相当大范围的地下水水位，改变地下水的运动情况，使邻近基坑开挖区域的建筑物、结构和各种市政管线、地铁隧道等地面和地下设施所处的地基状态发生变化。

井点管埋设完成开始抽水时，井内水位下降，周围含水层的水不断流向滤水管。在无承压水等特殊环境条件下，经过一段时间抽水以后，在井点周围形成漏斗状的弯曲水面，漏斗范围内的地下水位下降后，必然造成地面沉降。由于漏斗形成的降水面所产生的沉降是不均匀的，需要一定的发展时间。在实际工程中，由于滤网和砂滤层结构不良，把土层中的黏粒、粉粒甚至细砂带出地面的情况屡见不鲜，这种现象使周围地面很快产生不均匀沉降，造成地面建筑和地下管线不同程度的损坏。这种现象可以通过提高降水效果把其影响减少到最低程度。

根据详细观测资料，在降水井近旁一般是压缩位移，地面曲率是下凹的；稍远通常为拉伸位移，地面曲率上凸的，在中间距离的地面方可观测到一反弯带，在这个反弯带中位移量稍微减少，位移的方向则发生变化，起先为拉伸，在降水几分钟之后，则变成压缩。可以认为，相当于含水层内水量排除较多时反弯带外移。图12-19所示为短期降水时，井附近地面沉降凹地的一般形状，从井到上凸带外缘的距离大小不等，主要取决于降水含水层的埋藏深度、地下水渗流速度、流量以及含水层和覆盖层的弹性特征。降水井周围的地面挠曲一般为一个圆形或椭圆形凹地，由于含水层的厚度和岩性变化不一定成径向对称。

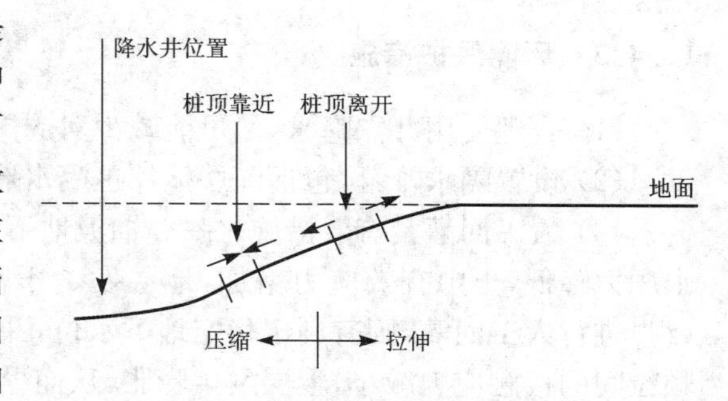

图 12-19　井点附近的地面变形

12.4.1.2　长期抽取地下水降水引起的地面沉降

在松散或半固结的海相或陆相的冲击、洪积层中，其地层结构一般由粗、中、细砂层组成含水层，由间隔于其中的黏性土层组成不透水层或弱透水层，构成多层承压含水层组。如在这层含水组中大量长期抽取地下水，必将引起含水层承压水头下降，形成区域性的地下水降落漏斗。地层结构、岩性特点以及承压水头下降的历时及大小，决定该地点的沉降范围、幅度以及沉降速率，并且大多数的沉降变形表现为非弹性的永久变形。

降水引起地层压密而产生的地面沉降，是由于含水层(组)内地下水位下降，土层内液压降低，使有效应力增加的结果。

降水引起的地面沉降，是土力学范畴内的一种固结过程。一般认为，固结是由主固结和次固结两部分组成。主固结是由于土骨架弹性性质引起的变形过程，伴随着孔隙水的渗流，随着超孔隙水压逐渐消散而发生。次固结或蠕变，是土骨架结构的重新调整所引起的。

12.4.2　降水引起地面沉降的估算

降水造成地面沉降量的估算方法分为：经典固结理论公式、由应力应变关系和相关方法计算、半经验公式。

(1) 黏性土层的沉降计算

日本东京采用一维固结理论公式计算总沉降量，并预测数年内的沉降值，如图12-20所示。上海采用一维固结方程，以总应力法将各水压力单独作用时所产生的变形量叠加的方法。美国的利莱以一维固结理论为基础，根据分层实测的应力应变关系对美国加州中部某沉降区计算。

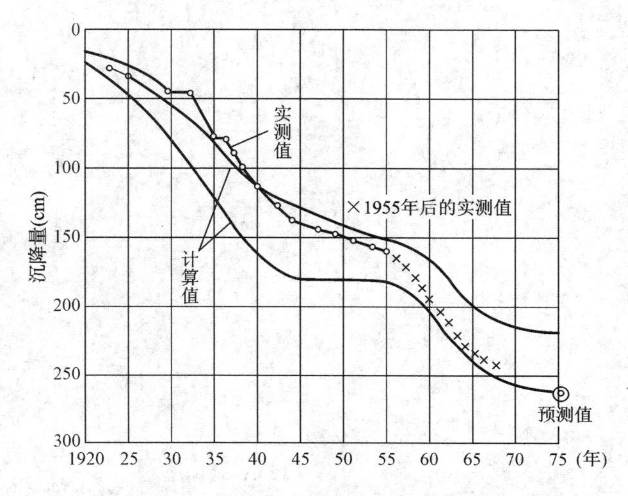

图 12-20　东京南沙町地面沉降预测曲线

(2) 砂层的沉降计算

含水砂层一般具有良好的透水性，变

形可在短时间完成，不需要考虑固结效应，可以使用弹性变形公式计算。

12.4.3 环境保护措施

(1) 合理使用井点降水，尽可能减少对周围环境的影响。

(2) 设置隔水帷幕，包括深层搅拌桩隔水墙、砂浆防渗板桩、树根桩隔水帷幕。

(3) 人工回灌是有效措施之一。抽汲地下水导致地面沉降，是由地下水位下降，导致孔隙水压力降低，土中有效应力增加，地层发生压密变形的外在表现。与之相反，对地下含水层(组)进行人工回灌，则有利于稳定地下水位，并促使地下水位回升，使土中孔隙水压力增大，土颗粒间的接触应力减小，上层发生膨胀，从而导致地面回弹现象，减缓地面沉降速率，并减小地面沉降总量。

复习思考题

12-1 简述基坑工程施工引起的环境问题有哪些？

12-2 如何控制由于基坑开挖而引起的侧向变形？基坑开挖引起侧向变形对周围环境有什么影响？

12-3 盾构施工对环境主要有什么影响？如何预防这些不利影响？

12-4 顶管施工对环境有什么影响？

12-5 简述地下水位变化对环境的影响。

参 考 文 献

[1] 朱合华,张子新,廖少明.地下建筑结构[M].北京:中国建筑工业出版社,2005.

[2] 王树理,王树仁,孙世国,等.地下建筑结构设计[M].北京:清华大学出版社,2007.

[3] 王树理,王树仁,孙世国,等.地下建筑结构设计[M].2版.北京:清华大学出版社,2009.

[4] 王树理.地下建筑结构设计[M].3版.北京:清华大学出版社,2015.

[5] 门玉明,王启耀.地下建筑结构[M].北京:人民交通出版社,2007.

[6] 周传波,陈建平,等.地下建筑工程施工技术[M].北京:人民交通出版社,2008.

[7] 关宝树.地下工程[M].北京:高等教育出版社,2007.

[8] 贺少辉,叶锋,项彦勇,等.地下工程[M].北京:北京交通大学出版社,清华大学出版社,2008.

[9] 徐辉,李向东.地下工程[M].武汉:武汉理工大学出版社,2009.

[10] 彭立敏,刘小兵.交通隧道工程[M].长沙:中南大学出版社,2003.

[11] 王后裕,陈上明,言志信.地下工程动态设计原理[M].北京:化学工业出版社,2008.

[12] 杨其新,王明年.地下工程施工与管理[M].成都:西南交通大学出版社,2005.

[13] 吴能森,熊孝波,王照宇.地下工程结构[M].武汉:武汉理工大学出版社,2010.

[14] 李志业,曾艳华.地下结构设计原理与方法[M].成都:西南交通大学出版社,2003.

[15] 高谦,罗旭,吴顺川.现代岩土施工技术[M].北京:中国建材工业出版社,2006.

[16] 贾仁辉,王成.隧道工程[M].2版.重庆:重庆大学出版社,2005.

[17] 夏明耀,曾进伦.地下工程设计施工手册[M].北京:中国建筑工业出版社,2002.

[18] 夏明耀,曾进伦.地下工程设计施工手册[M].2版.北京:中国建筑工业出版社,2014.

[19] 周健,刘文白,贾敏才.环境岩土工程[M].北京:人民交通出版社,2004.

[20] 周健,屠洪权,缪俊发.地下水位与环境岩土工程[M].上海:同济大学出版社,1995.

[21] 刘国彬,王卫东.基坑工程手册[M].2版.北京:中国建筑工业出版社,2009.

[22] 孔恒,宋克志.城市地下工程邻近施工关键技术与应用[M].北京:人民交通出版社,2013.

[23] 本书编纂委员会.岩石隧道掘进机(TBM)施工及工程实例[M].北京:中国铁道出版社,2004.

[24] 上海市建设工程安全质量监督总站.中心城区深基坑工程建设周边环境风险控制指南[M].北京:中国建筑工业出版社,2011.

[25] 朱永全,宋香玉.隧道工程[M].北京:中国铁道出版社,2006.

[26] 高少强,隋修志.隧道工程[M].北京:中国铁道出版社,2003.

[27] 张凤祥,朱合华,傅德明.盾构隧道[M].北京:人民交通出版社,2004.

[28] 张凤祥,傅德明,杨国祥.盾构隧道施工手册[M].北京:人民交通出版社,2005.

[29] 于书翰,杜谟远.隧道施工[M].北京:人民交通出版社,1999.

[30] 李志高.地下综合体深基坑施工环境影响及保护研究[D].上海:同济大学,2006.

[31] 刘钊,佘才高,周振强.地铁工程设计与施工[M].北京:人民交通出版社,2004.

[32] 余暄平等.上海长江隧道工程盾构施工技术[J].上海建设科技,2007(4):47-50.

[33] 黄德中,马元.上海外滩通道超大直径土压平衡盾构施工技术[J].地下工程与隧道,2010(1):15-17.

[34] 胡琦.新型盖挖法在轨道交通7号线常熟路站工程中的应用[J],上海建设科技,2009(1):44-46.

[35] 周文波.盾构法隧道施工技术及应用[M].北京:中国建筑工业出版社,2004.

[36] 吴波,阳军生.岩石隧道全断面掘进机施工技术[M].合肥:安徽科学技术出版社,2008.

[37] 门玉明. 地下建筑工程[M]. 北京:冶金工业出版社,2014.
[38] 徐国庆. 嘉兴污水处理排海管道工程超长距离混凝土顶管技术[J]. 上海建设科技,2002(3).
[39] 王梦恕. 中国隧道及地下工程修建技术[M]. 北京:人民交通出版社,2010.
[40] 卜良桃,曾裕林. 城市地下工程施工技术与工程实例[M]. 北京:中国环境出版社,2013.
[41] 许明. 地下结构设计[M]. 北京:中国建筑工业出版社,2014.
[42] 台湾雪山隧道简介[EB/OL]. (2014-04-25). http://wenku.baidu.com/link? url=jIqO4gN5ZiDJNmSUVKEqOWi7YXOfvU3vjYSJJiPu9vKkg24YidVYxuhT83r5vllWFGl4ap59aQEPWNsE3VI_-f4Qiwl9enkBFcQq8TD_tVa.
[43] 中华人民共和国住房和城乡建设部. 建筑基坑支护技术规程(JGJ 120—2012)[S]. 北京:中国建筑工业出版社,2012.
[44] 中华人民共和国住房和城乡建设部. 建筑地基基础设计规范(GB 50007—2011)[S]. 北京:中国建筑工业出版社,2011.
[45] 中华人民共和国住房和城乡建设部. 建筑地基处理技术规范(JGJ 79—2012)[S]. 北京:中国建筑工业出版社,2012.
[46] 中华人民共和国住房和城乡建设部. 建筑桩基技术规范(JGJ 94—2008)[S]. 北京:中国建筑工业出版社,2008.
[47] 中华人民共和国建设部. 岩土工程勘察规范(GB 50021—2001)[S]. 北京:中国建筑工业出版社,2009.
[48] 中华人民共和国住房和城乡建设部. 地下工程防水技术规范(GB 50108—2008)[S]. 北京:中国计划出版社,2008.
[49] 重庆市城乡建设委员会,中华人民共和国住房和城乡建设部. 建筑边坡技术规范(GB 50330—2013)[S]. 北京:中国建筑工业出版社,2014.
[50] 重庆交通科研设计院,中华人民共和国交通部. 公路隧道设计规范(JTG D70—2004)[S]. 北京:人民交通出版社,2004.
[51] 中交第一公路工程局有限公司,中华人民共和国交通运输部. 公路隧道施工技术规范(JTG F60—2009)[S]. 北京:人民交通出版社,2009.
[52] 中交第一公路工程局有限公司,中华人民共和国交通运输部. 公路桥涵施工技术规范(JTG/T F50—2011)[S]. 北京:人民交通出版社,2011.
[53] 上海市政工程设计研究总院(集团)有限公司,中国工程建设标准化协会. 给水排水工程钢筋混凝土沉井结构设计规程(CECS137:2015)[S]. 北京:中国计划出版社,2015.
[54] 铁道第二勘察设计院,中华人民共和国铁道部. 铁路隧道设计规范(TB 10003—2005)[S]. 北京:中国铁道出版社,2005.
[55] 北京市规划委员会,中华人民共和国住房和城乡建设部. 地铁设计规范(GB 50157—2013)[S]. 北京:中国建筑工业出版社,2013.
[56] 中华人民共和国住房和城乡建设部. 城市轨道交通工程监测技术规范(GB 50911—2013)[S]. 北京:中国建筑工业出版社,2013.